看图学 液压维修技能

KANTUXUE YEYA WEIXIU JINENG

第二版

陆望龙 编著

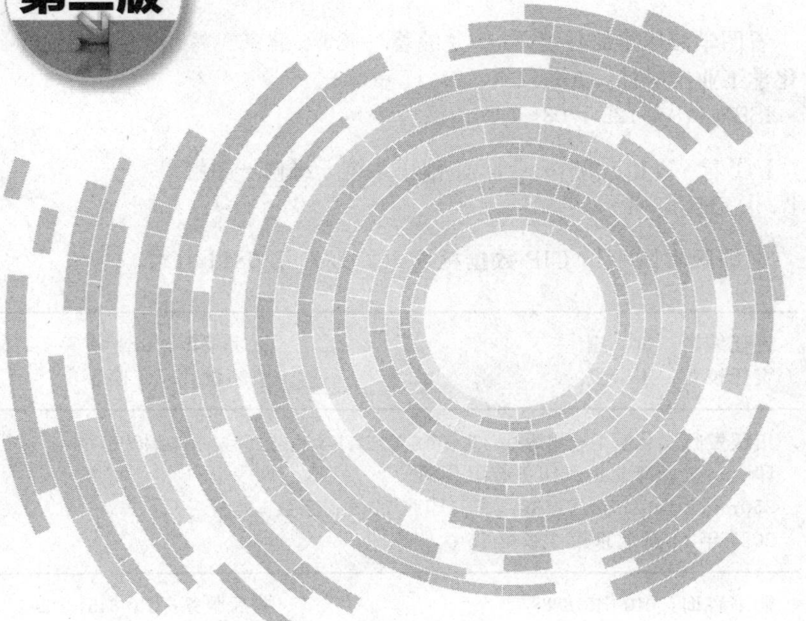

 化学工业出版社

·北京·

本书以“用图说话”的方式，结合大量图表及生动形象的语言、比喻来阐述液压维修技能，内容主要介绍各种液压元件的外观、工作原理和内部结构等基本知识，各种液压元件、液压回路的故障分析与排除、拆装和修理方法等基本技能。

希望广大从事液压维修工作的读者从中受益，能够逐步成为一个既有知识又有技能的“高级液压维修人才”。

图书在版编目（CIP）数据

看图学液压维修技能/陆望龙编著.—2版.北京：化学工业出版社，2014.1（2024.11重印）

ISBN 978-7-122-17081-1

Ⅰ.①看… Ⅱ.①陆… Ⅲ.①液压系统-维修-图解 Ⅳ.①TH137-64

中国版本图书馆CIP数据核字（2013）第081140号

责任编辑：黄 滢　　文字编辑：云 雷
责任校对：宋 夏　　装帧设计：王晓宇

出版发行：化学工业出版社（北京市东城区青年湖南街13号 邮政编码100011）
印　　装：河北延风印务有限公司
850mm×1168mm 1/32　印张12　字数334千字
2024年11月北京第2版第15次印刷

购书咨询：010-64518888　　售后服务：010-64518899
网　　址：http://www.cip.com.cn
凡购买本书，如有缺损质量问题，本社销售中心负责调换。

定　价：49.80元

前言

FOREWORD

《看图学液压维修技能》第一版（以下简称原版）自 2010 年 1 月出版以来，深受液压维修朋友欢迎，已经 4 次印刷。考虑到近几年来液压维修知识的更新很快，因此拟对原版进行修订，推出第二版。

与原版一样，这次修订仍以“用图说话”的方式，用大量的图、表和生动形象的语言、比喻来阐述液压维修技能。主要介绍各种液压元件的外观、工作原理和内部结构等基本知识，各种液压元件、液压回路的故障分析与排除、拆装和修理方法等基本技能。希望广大从事液压维修工作的读者从中受益，能够逐步成为一个既有知识又有技能的“高级液压维修人才”，这就是编写本书的主旨。

本次修订，除了对各类液压元件有关内容进行总体细化之外，还特别增加了第 5 章中“伺服阀”的内容，重新改写了“叠加阀”的相关内容。语言上做到通俗易懂、形象生动，是一本液压维修技能入门的普及读物。此外，本次修订还增加了更多的三维立体图，相信即使没有学过机械制图的人员也能看懂，并从中学到一些实用的液压维修基本知识和基本技能。本书中也有难点，希望读者仍能下苦功夫学习，因为液压维修技能需要不断地实践和积累。

感谢刘玉锋、陈黎明、陆桦、江祖专、郜海根、罗文果、马文科、李刚、朱皖英等专家及同行对本书的指导和参与工作。

知识改变命运，技能创造财富！笔者真诚希望能给广大从事液压维修的同行们提供一本真正实用的读物，以提高液压维修技能。但由于编者水平有限，书中不足之处在所难免，希望广大读者批评指正。

编著者

第一版前言

FOREWORD

知识改变命运，技能创造财富。

本书以“用图说话”的方式，用大量的图、表和生动形象的语言、比喻来阐述液压维修技能，介绍了各种液压元件的外观、工作原理和内部结构等基本知识；各种液压元件、液压回路以及液压系统的故障分析与排除、拆装和修理方法等基本技能。希望广大从事液压维修工作的读者能够逐步成为一个既有知识又有技能的“高级液压技术人才”，这是编写本书的主旨。

本书语言通俗易懂、形象生动，是一本液压维修技能入门的普及读物，相信即使没有学过机械制图的人员也能看懂，并从中学到一些实用的液压维修基本知识和技能。但书中也有难点，希望读者能下苦功夫学习，因为液压维修技能需要不断实践和积累。

感谢刘玉峰、陈黎明、陆桦、罗文果、马文科、李刚、朱皖英、李泽深等专家及同行对本书的指导和帮助。笔者真诚希望能给广大从事液压维修的同行们提供一本真正实用的读物，以提高液压维修技能。

由于编者水平有限，书中不足之处在所难免，希望广大读者批评指正。

编著者

目录 Contents

第1章

概　述

1.1 液压传动的用途与实例

<table>
<tr><th>项目</th><th>图示及说明</th></tr>
<tr><td>定义</td><td>以液体为介质，用其产生的压力传递能量的方式称为液压传动。液压系统将动力从一种形式转变成另一种形式。这一过程通过利用密闭液体作为媒介而完成，以液体作为工作介质来实现能量的传递和转换。通过密闭液体处理传递力或传递运动的科学叫做“液压学”
液体几乎是不可压缩的，所以压力可以很快地建立，并能几乎无损失瞬间迅速地传输到相当远的地方，到达每个角落。因而封闭油液像刚性机械零件一样“刚性”地传递运动，是一种又柔又刚的传动方式
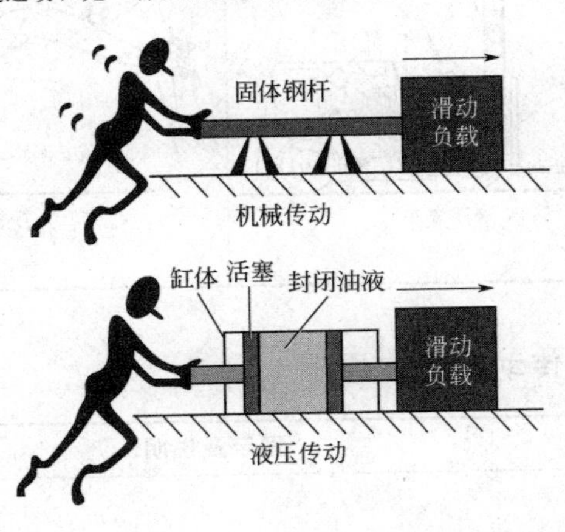
</td></tr>
<tr><td>用途</td><td>液体用来传递动力，向外做功和输出运动：
① 凡是需要做往复直线运动并输出力的地方可用到液压（液压缸）；
② 凡是需要做回转运动并输出转矩的地方可用到液压（液压马达）；
③ 凡是需要做摆动并输出扭力的地方可用到液压（摆动液压马达）；
④ 用以上三种简单运动复合，可使液压系统完成液压设备的各种复杂运动（多自由度），并对其进行运动方向、速度快慢和输出力的控制</td></tr>
</table>

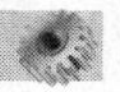

续表

项目	图示及说明
实例	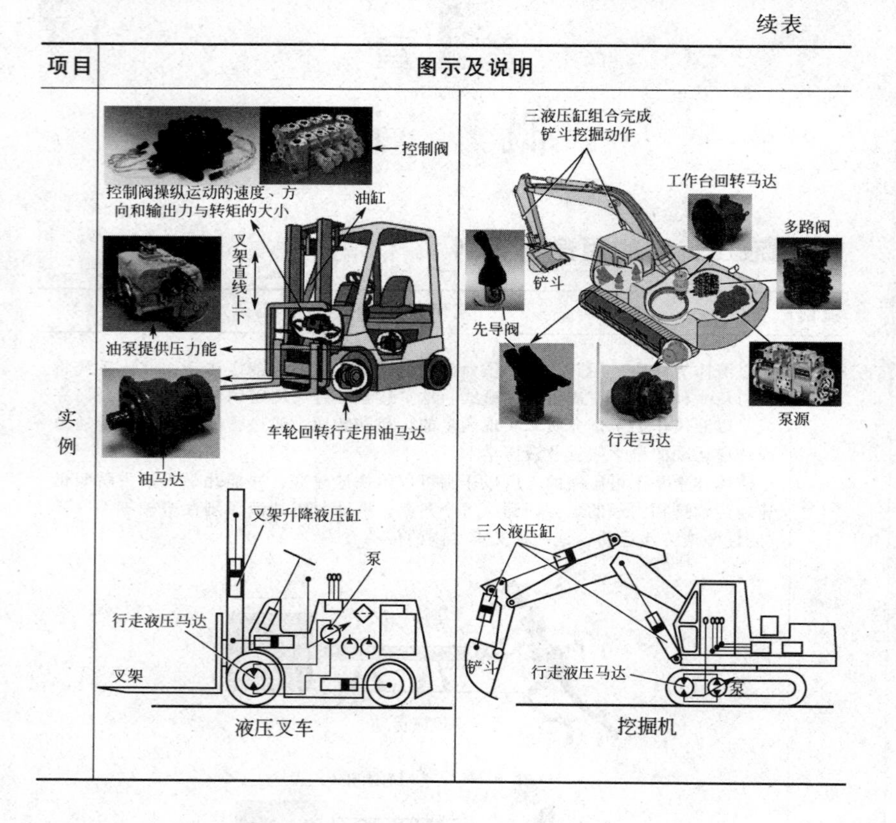

1.2 液压传动的工作原理

项目	图示及说明
帕斯卡原理	液压传动的工作原理就是帕斯卡原理： ① 加于密闭容腔内液体任一部分的压强（液压传动中称“压力”），将按其原来的大小由液体向各个方向传递； ② 压力总垂直作用于容器内的任意表面上； ③ 如果忽略不计因液面高度产生重力的影响，液体中各点的压力在所有的方向上均相等，图中有 $p_1=p_2$

续表

项目	图示及说明
帕斯卡原理	帕斯卡原理
为何帕斯卡原理能被液压传动方式所采用	(1) 能进行力的传递与放大 根据帕斯卡定律有 $p_1=p_2=p$，得：$F_1/A_1=p_1=p_2=F_2/A_2$，有 $F_2=F_1\times A_2/A_1=p_1\times A_2$ 通过封闭容腔内的液体，在活塞1上施加力 F_1，产生的压力 p 作用在活塞2的 A_2 面上产生力 $F_2=p\times A_2$，于是力进行了传递，并放大了 A_2/A_1 倍。大活塞与小活塞的面积比，决定了小活塞的受力被放大的倍数。例如，如果小活塞的面积 A_1 是 1cm^2，受到的作用力为 10N，而大活塞 A_2 的面积是 100cm^2，那么后者受到的作用力就是 1000N 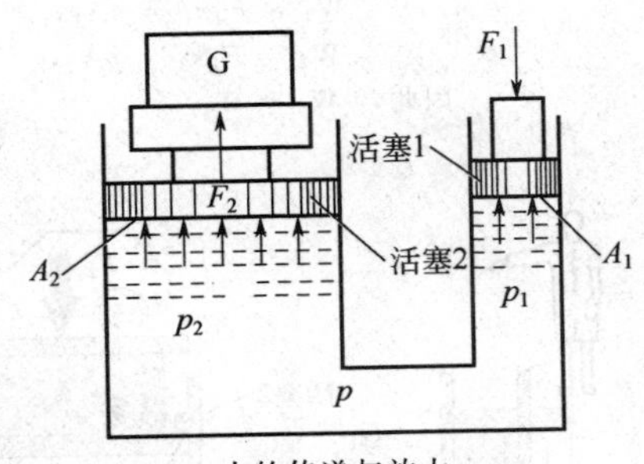 力的传递与放大 (2) 能进行压力的传递与放大 在活塞1面积 A_1 上作用压力为 p_1 的压力油，产生向右的推力 $F_1=p_1\times A_1$，如果忽略活塞的加速力，则活塞2上产生的反作用力为 F_2，有 $F_1=F_2$，而 $F_2=p_2\times A_2$，于是有： $p_1\times A_1=p_2\times A_2$，即 $p_2=p_1\times A_1/A_2$ 压力进行了传递并放大了 A_1/A_2 倍

续表

<table>
<tr><th>项目</th><th>图示及说明</th></tr>
<tr><td>为何帕斯卡原理能被液压传动方式所采用</td><td>
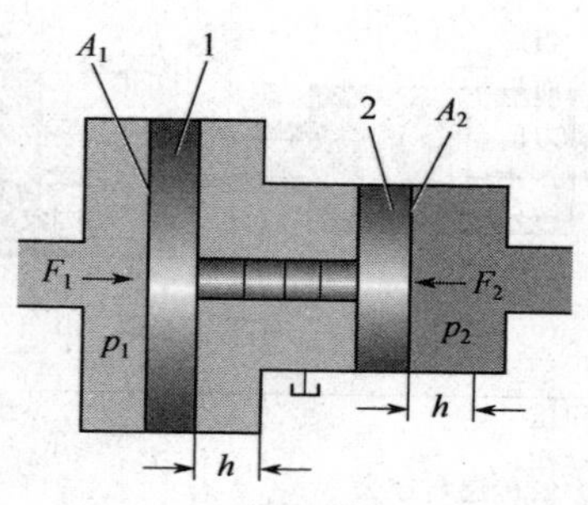

压力的传递与放大

（3）能进行位移、运动与功的传递
活塞1以速度 v_1 下移距离 s_1，活塞2以速度 v_2 上移，$Q_1=A_1\times s_1$，$Q_1=Q_2=A_2\times s_2$，于是便进行了位移、运动的传递，
同样也进行了做功的传递：设活塞1与活塞2做的功分别为 W_1 与 W_2，则有：
$W_1=F_1s_1=pA_1s_1$
$W_2=F_2s_2=pA_2s_2$
因此，$W_1=W_2$
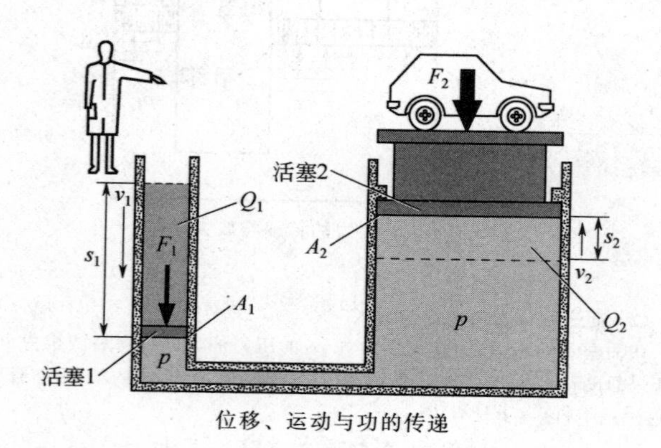

位移、运动与功的传递

上述特点便满足了作为传动方式的所有功能而被液压传动方式所采用
</td></tr>
</table>

续表

项目	图示及说明
帕斯卡原理的应用	液压千斤顶由大小液压缸 2 与 1、钢球单向阀 4 与 5、油箱 7、针阀 3 及操纵手柄 6 等组成。当用手操纵手柄 6 上提小活塞 1 时，小活塞下端空出一段容积的体积逐渐增大而形成真空，钢球单向阀 5 在大气压的作用下打开，而钢球单向阀 4 在负载压力的作用下处于关闭状态，油箱 7 的油经阀 5 进入小液压缸；当压下手柄 6 时，小液压缸活塞下移，挤压其下腔的油液，阀 5 关闭，小液压缸下腔的油液在手柄 6 下压时压力增高，顶开单向阀 4 进入大液压缸，推动大活塞上移而顶起重物，此时由于油液压差使阀 5 关闭不会倒流回油箱；再次提起手柄 6 时，大液压缸内的压力油也不会倒流入小液压缸，因为此时单向阀 4 因压差作用而自动关闭，所以大液压缸下腔还维持在压顶起重物的状态 当重复抬起和压下手柄 6 时，小液压缸不断交替地进行从油箱吸油和将油压入大液压缸的动作，将重物 G（如汽车）一点一点地顶起，当需放下重物时，打开针阀 3，大液压缸下腔压力油与油箱相通而卸压，大液压缸活塞 2 在重力的作用下下移，将大液压缸中的油液挤回油箱 7 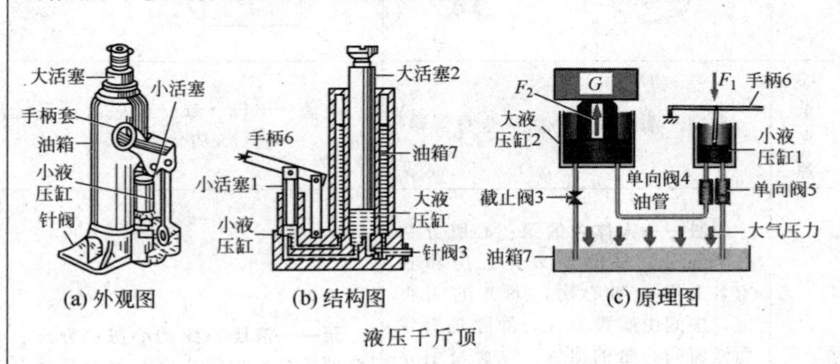 (a) 外观图 (b) 结构图 (c) 原理图 液压千斤顶
结论	通过上述液压千斤顶的工作原理和我们平时操纵液压千斤顶的工作实践可知： ① 如果大活塞 2 上没有重物（外负载），则摇动手柄 6 的力就很小；当活塞 2 上的重物越重摇动手柄的力就要越大，缸内的油液被挤压的程度就越大，即缸内封闭腔内的压力就越高。也就是说，缸内的压力的大小取决于外负载 ② 如果手柄 6 摇动的速度快，小活塞 1 往复运动挤进大液压缸的液体量（流量）就多，大活塞 2 上升的速度就快，也就是说，速度是由流量大小决定的 所以液压传动的基本工作原理可归纳为以下三点： ① 采用液体为传动介质（工作介质） ② 必须在封闭容腔内进行，整个工作原理就是帕斯卡原理的应用 ③ 代表液压传动性能的主要参数是压力和流量。根据帕斯卡原理产生的压力大小取决于外负载；速度是由流量大小决定的

1.3　人体血液循环系统与液压系统

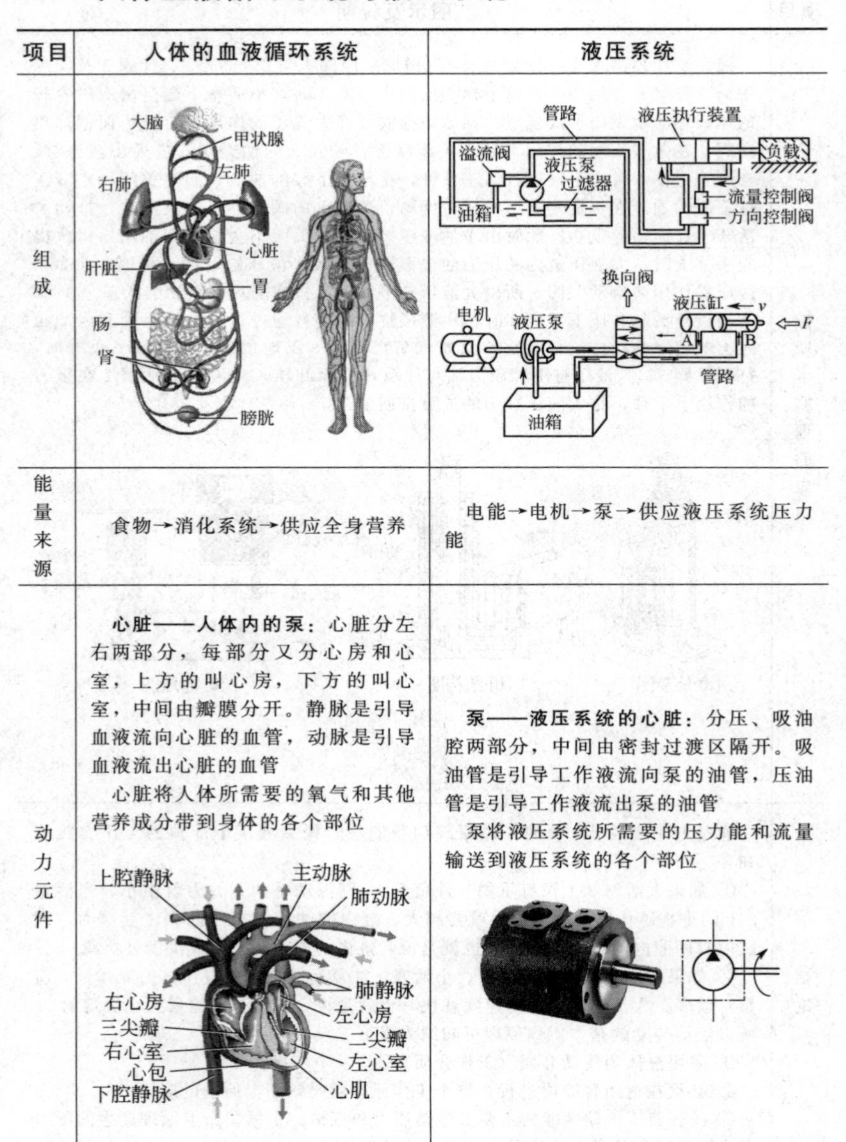

项目	人体的血液循环系统	液压系统
组成	（图）	（图）
能量来源	食物→消化系统→供应全身营养	电能→电机→泵→供应液压系统压力能
动力元件	**心脏——人体内的泵：**心脏分左右两部分，每部分又分心房和心室，上方的叫心房，下方的叫心室，中间由瓣膜分开。静脉是引导血液流向心脏的血管，动脉是引导血液流出心脏的血管 心脏将人体所需要的氧气和其他营养成分带到身体的各个部位	**泵——液压系统的心脏：**分压、吸油腔两部分，中间由密封过渡区隔开。吸油管是引导工作液流向泵的油管，压油管是引导工作液流出泵的油管 泵将液压系统所需要的压力能和流量输送到液压系统的各个部位

续表

项目	人体的血液循环系统	液压系统
控制元件	心肌收缩时，血液从心房流向心室，然后由心室流入动脉；心肌舒张时，心室和心房扩张，静脉的血液进入心房，这时**动脉瓣**关闭，进入动脉的血液不会流回心脏 **心肌、动脉瓣**等是控制血液流动的控制元件	**各种控制阀** ① 方向控制阀：控制液流方向 ② 压力控制阀：控制液体压力大小 ③ 流量控制阀：控制液体流量大小
执行元件	手、脚、肩膀：人体向外进行各种操作的部分。例如肩挑手提重物，用手操纵电脑鼠标按钮、开动机器等 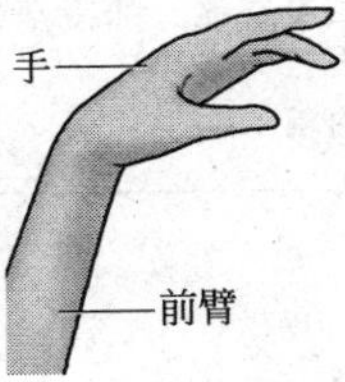	液压缸、液压马达——液压系统的"手"，将液压能变为机械能，向外做功的元件 ① 液压马达（油马达）：输出旋转运动 ② 液压缸（油缸）：输出直线运动 ③ 摆动油缸：输出回转摇动
辅助元件	（1）**血管** ① 与心脏相连的是**动脉血管**和**静脉血管**。人体内的**血液**不停地在血管里流动，它们经静脉血管流入心脏，然后又被心脏挤压到动脉血管里，流经全身 ② 静脉把来自**肺部**的含有新鲜氧气的血液和来自**全身各部位**的含有二氧化碳的血液送入心脏。动脉流出的血液中含有氧气，被送往全身各个部位。 （2）**肾脏**：肾脏过滤血液 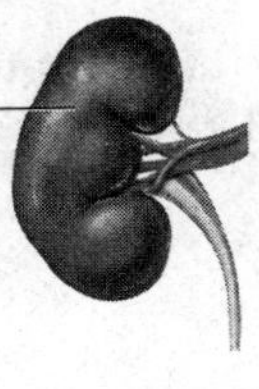	（1）**油管** ① 与泵相连的是**压油管**和**吸油管**。液压系统内的**工作油液**不停地在管道里流动，它们经吸油管流入泵，然后又被泵挤压到压油管里，流经全液压系统 ② 吸油管把来自**油箱**的干净油液吸入泵内。泵出口的压力油管流出的油液中含有压力能，被送往液压系统各个部位 （2）**过滤器**：过滤器过滤油液  

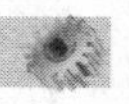

续表

项目	人体的血液循环系统	液压系统
辅助元件	（3）**肝脏**：肝脏的作用是储存营养、清除血液中的废物和有毒物质 肝脏 （4）**皮肤**：皮肤除了是人体的最大感觉器官，是人体的天然屏障外，还能出汗散热	（3）**蓄能器**：蓄能器的作用是储存压力能 皮囊式　活塞式 （4）**油冷却器**：油冷却器的作用是散热、冷却油液 （5）**油箱**
工作介质	**血液**：心脏每跳动一次，心肌都要收缩和舒张一次。心脏有规律的搏动像波浪一样沿动脉传播，形成有节律的动脉搏动，这就是脉搏。人的正常心跳是每分钟 70～75 次，心脏每天跳动 10 万次以上，流经心脏的血液约 16t	**液压油**：泵每旋转一圈，泵吸油腔容积增大而吸油；压油腔容积缩小而排油

1.4 压力与流量

（1）压力

项目	图示及说明
压力的含义	液体在单位面积上所受的法向力称为压力（在物理学中称为压强），工程中称为“压力”。压力通常用 p 表示。若在液体的面积 A 上受均匀分布的作用力 F，则压力可表示为： $p=\frac{F}{A}$

续表

<table>
<tr><th>项目</th><th>图示及说明</th></tr>
<tr><td>压力单位</td><td>压力的国标单位为 N/m^2（牛/米²），即 Pa（帕）；工程上常用 MPa（兆帕）、bar（巴）和 kgf/cm^2，它们的换算关系为：
国际单位制：N/m^2，或写作 Pa
$$1\times10^6Pa=1MPa$$
$$1\times10^5Pa=1bar$$
工程单位：kgf/mm^2
有时候，也可以用：mmH_2O（毫米水柱）
mmHg　（毫米汞柱）</td></tr>
<tr><td>液体自身重量所产生的压力</td><td>液体自身重量所产生的压力为
$p=\rho gh$（ρ 为液体的密度，g 为重力加速度，h 为液面高度）
图中，不管容器的外形如何，只要所盛液体的高度 h 相等，则容器底面积处的压力相等，即：$p_1=p_2=p_3$。若底面积相等（$A_1=A_2=A_3$），则底面处的作用力亦相等，即：$F_1=F_2=F_3$
在液压系统中，液体自身重量所产生的压力占比很少常忽略不计，而只在泵吸油高度必须考虑
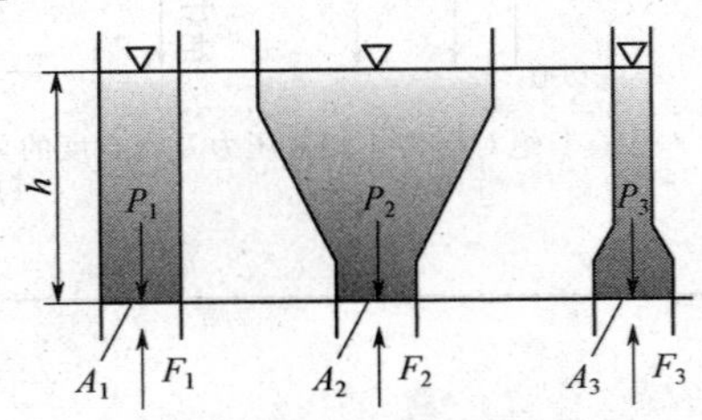

液体自身重量所产生的压力</td></tr>
<tr><td>外部作用力产生的压力</td><td>液体不能抵抗切向力，故液体外部作用力产生的压力垂直于受压表面，大小为：
$$p=\frac{F}{A}$$
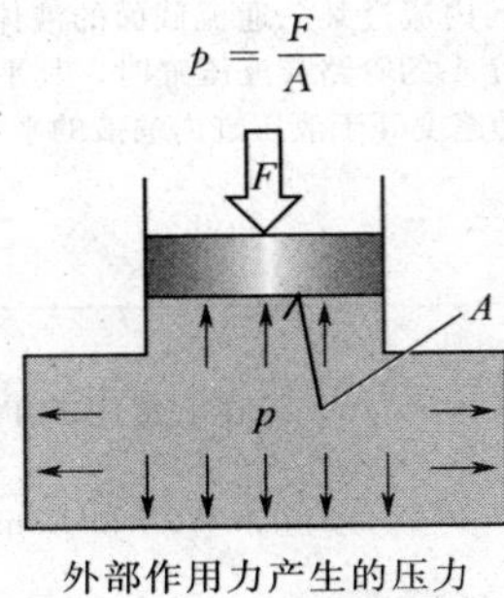

外部作用力产生的压力</td></tr>
</table>

续表

项目	图示及说明
几个概念	大气压力：包围地球的大气是有重量的，也会产生压力，这种由大气产生的压力即称为大气压力。大气压力常用汞柱高度表示（mmHg） 表压压力：以大气压为基点（零）计量的压力值，从压力表观察到的数值 绝对压力：以绝对零压力为基点（零）计量的压力值 真空度：低于大气压力的绝对压力与大气压力的差值 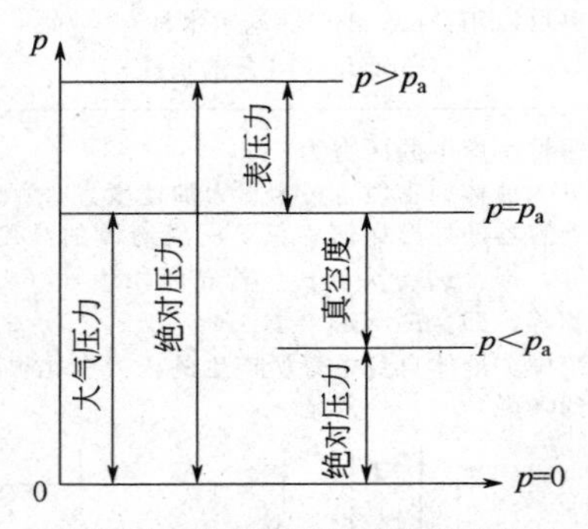 绝对压力、相对压力及真空度的关系

(2) 流量

项目	图示及说明
什么叫流量	流量是指单位时间内流过某一通流截面的液体体积，用 Q 表示 油液通过截面积为 A 的管路或液压缸时，其平均流速用 v 表示，即 $v=Q/A$。活塞或液压缸的运动速度等于液压缸内油液的平均速度，其大小取决于输入液压缸的流量
单位	流量的国标单位为 m^3/s，工程上常用的单位是 L/min，它们的换算关系为： $1m^3/s=6\times 10^4 L/min$

续表

<table>
<tr><th>项目</th><th>图示及说明</th></tr>
<tr><td>流量决定运动速度</td><td>当液压系统的两点上有不同的压力时，流体流动至压力较低的一点上。这种流体运动叫做流动，流动（流量）使物体移动
如果流量一定，液压缸直径越小，活塞运动速度越快［图(a)］；如果液压缸直径相同，流量越大，活塞运动速度越快［图(b)］。流量增大导致速度加快：许多人认为增大压力将加快速度，但是这并不正确。不能通过增大压力来加快活塞运动速度。如果要使活塞运动加快，必须提高进入油缸内油的流量
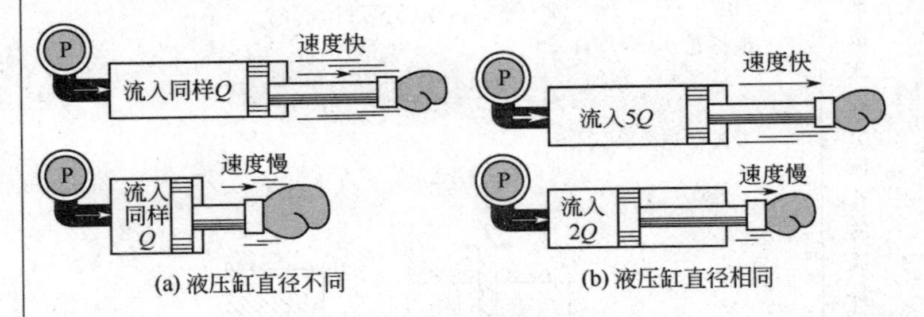

(a) 液压缸直径不同　　(b) 液压缸直径相同</td></tr>
<tr><td>连续性原理</td><td>流量的连续性：液体被看成是不可压缩的，在封闭的容积中既不能吸收流量，也不会生成流量。因此在一变径的流道内，在任何时候，通过个节点的流量处处相同
$$Q_1=Q_2或A_1v_1=A_2v_2$$
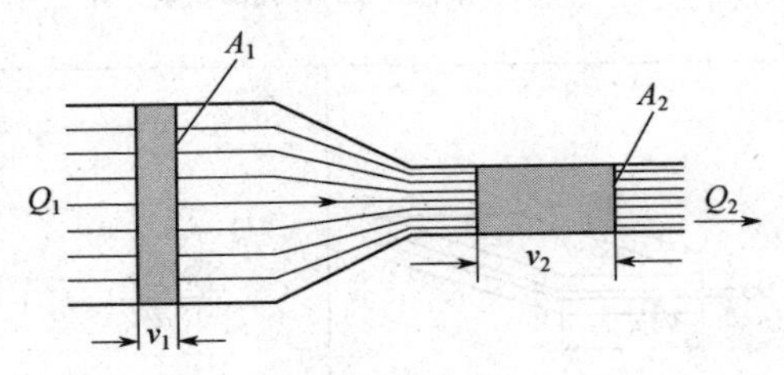

流量的连续性
对于液压系统的一个部分，其输入流量之和等于输出流量之和
$$Q_P=Q_1+Q_2+Q_T$$
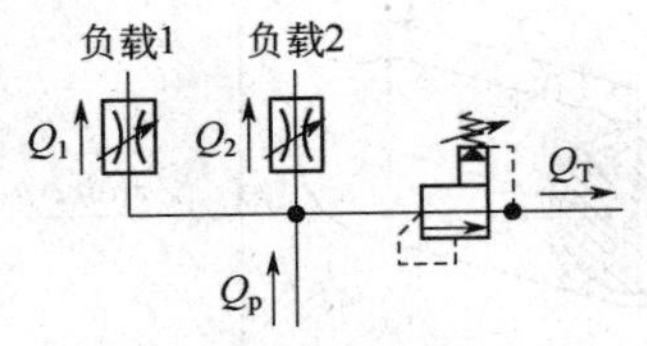

输入流量之和等于输出流量之和</td></tr>
</table>

续表

<table>
<tr><th>项目</th><th colspan="3">图示及说明</th></tr>
<tr><td>油液流经节流孔的流量</td><td colspan="3">

油液流经节流孔的流量公式为：

薄壁小孔（$l/d \leqslant 0.5$）

$$Q=\mu A\sqrt{\frac{2g}{\gamma}\Delta p}\ (\mathrm{cm^3/s})$$

μ——流量系数，当截面变化很大时可取为0.62

$$Q=60A\sqrt{\Delta p}\ (\mathrm{L/min})$$

细长孔（$l/d \geqslant 4$）

$$Q=\frac{144d^4}{\gamma\mu l}\Delta p=kA\Delta p\ (\mathrm{cm^3/s})$$

节流孔流量公式

$$Q=kA\Delta p^{\alpha}，\alpha 为 0.5\sim1$$

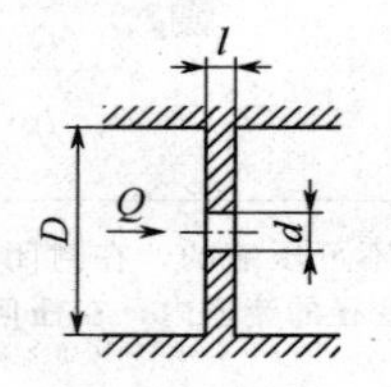

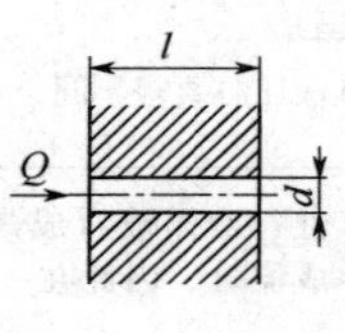

薄壁小孔与细长孔的流量计算

</td></tr>
<tr><td rowspan="2">油液流经缝隙的流量</td><td>平行平板缝隙</td><td>
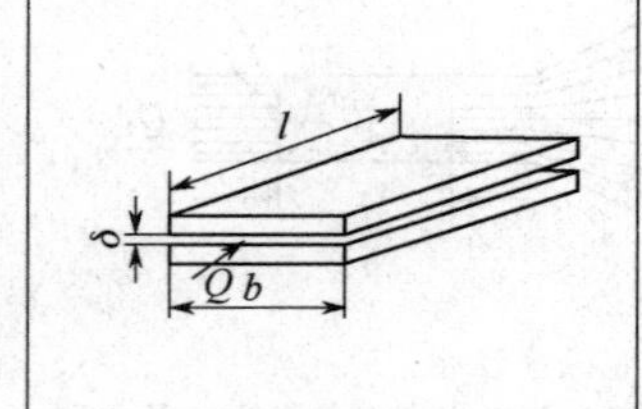

</td><td>
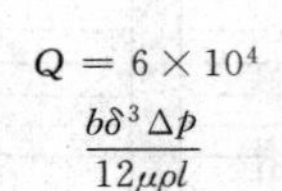

$Q=6\times10^4\dfrac{b\delta^3\Delta p}{12\mu\rho l}$
</td><td rowspan="2">Q——通过间隙的流量，L/min；
b——间隙垂直于液流方向的宽度，cm；
δ——间隙的大小尺寸，cm；
Δp——间隙前后的压力差，bar；
μ——油液的运动黏度，St；
ρ——油液密度，g/cm^3；</td></tr>
<tr><td>同心环形缝隙</td><td>
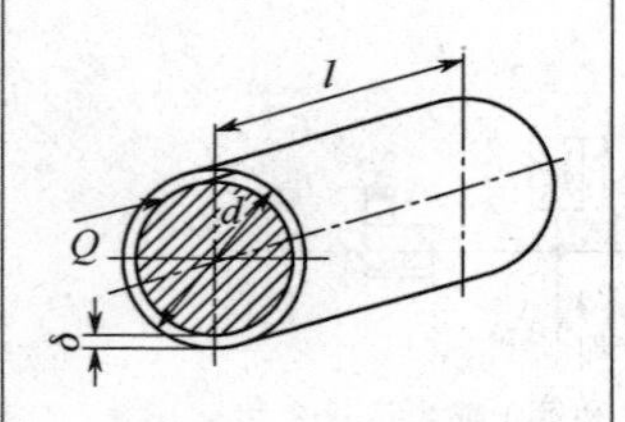

</td><td>

$Q=6\times10^4\dfrac{\pi d\delta^3\Delta p}{12\mu\rho l}$
</td></tr>
</table>

续表

项目	图示及说明			
油液流经缝隙的流量	偏心环形缝隙		$Q=6\times10^4\dfrac{\pi d\delta^3\Delta p}{12\mu\rho l}(1+1.5\varepsilon^2)$	l——铅液流方向间隙的长度，cm； d——环状流方向间隙的长度，cm； ε——相对偏心度，内外圆柱面的偏心距 e 对间隙 δ 的比值 $\varepsilon=\dfrac{e}{\delta}$； D——圆盘外圆直径，cm
	平行圆盘缝隙		$Q=6\times10^4\dfrac{\pi\delta^3\Delta p}{6\mu\rho ln\left(\dfrac{D}{d}\right)}$	

1.5 如何看液压图

液压图大致有元件外观图、元件结构图、元件和液压系统的机能图形符号等。没有学过机械制图的读者看元件结构图有点困难。而看懂并熟悉由机能图形符号组成的液压系统图，是从事液压设计使用调整维修及进行故障排除等方面工作的技术人员和技术工人的基本功，是一定要跨过的一道障碍。

液压系统图是指用标准化的图形符号，表示出某液压系统工作原理的一张图。液压系统图是由标准化了的液压元件图形符号所构成。至今我国已颁布过三套液压系统图形符号标准：GB 786—65、GB 786—76 与 GB 786.1—93，作为生产第一线的液压工程技术人员和维修人员不光是只了解新的图形符号标准就够了，因为液压设备不是有新标准才出厂的，一些稍久远的液压设备的使用说明书中均沿用着当时的图形标准；另外标准中有很多新的液压元件图形符号，甚至一些常用液压元件图形符号标准中都未有规定，设计人员只有派生出某些图形符号或者用结构简图来表示，所以维修技术人员都必须了解；还有各个国家使用的图形符号也存在差异。

下面介绍一些看液压系统图的基础知识，书中后续内容将做进一步介绍。

(1) 从文字来理解液压图形符号

项目	外观图	结构图（或局部解剖图）	图形符号		
			详细符号	简化符号	标准简化符号
人		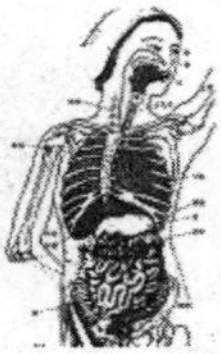			人
马		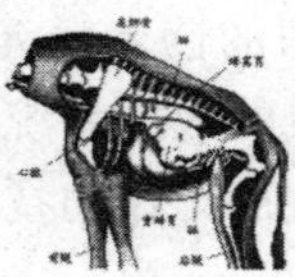			马
液压马达		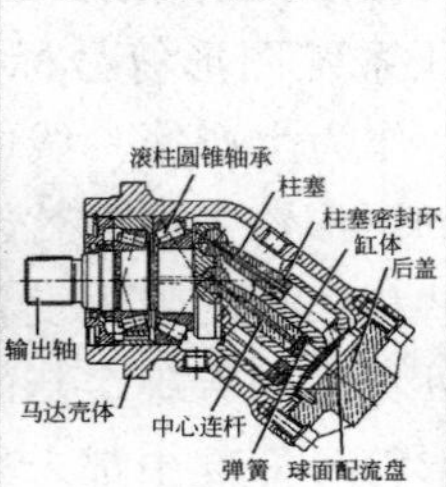 液柱圆锥轴承 柱塞 柱塞密封环 缸体 后盖 输出轴 马达壳体 中心连杆 弹簧 球面配流盘		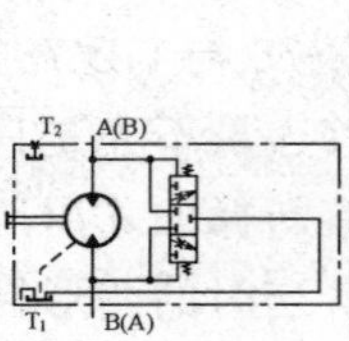 T_2 A(B) T_1 B(A)	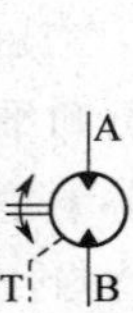 A T B

（2）熟悉各种液压元件的图形符号

要了解某个集体（液压系统），先要熟悉组成这个集体的所有个体（组成液压系统的所有液压元件和管路）。

液压元件的图形符号包括泵的图形符号、执行元件的图形符号、各种控制阀的图形符号、辅助元件的图形符号等。只有搞清楚各种液压元件的图形符号，才能看懂液压系统图。熟悉各种液压元件的图形符号的方法见下表所例。

项目	说明
首先要弄清液压系统图形符号的构成元素	构成液压图形符号的要素有点、线、圆、半圆、三角形、正方形、长方形、囊形等   点表示管路的连接点，表示两条管路或阀板内部流道是彼此相通的； 正方形表示阀体、滤油器的体壳等； 长方形表示液压缸与阀等的体壳、缸的活塞以及某种控制方式等的组成要素； 半矩形表示油箱，囊形表示蓄能器及压力油箱等 （1）线条 粗实线：表示主油路管路（供油、工作管路、回油管路） 细实线：表示电气线路 虚线：表示控制管路、泄油、放气管路、过滤材料及过渡位置 点划线：表示元件组合框，点划线所框的内部表示若干个阀装于一个集成块体上，或者表示组合阀，或者表示一些阀都装在泵上控制该台泵 双线：机械连接轴、操纵杆、活塞杆 箭头线：表示可调节 （2）圆 大圆：加一个实心小三角形表示液压泵或液压马达（二者三角形方向相反） 中圆：表示测量仪表 小圆：用来构成单向阀与旋转接头、机械铰链或滚轮的要素 半圆：为限定旋转角度的液压马达或摆动液压缸的构成要素 （3）正方形 水平放置：表示构成控制元件（控制阀和辅助元件）的要素，例如阀体、滤油器的体壳、除电动机外的原动机 45°放置：表示过滤器、热交换器等体壳 （4）长方形 大长方形：长方形表示液压缸与阀等的体壳、缸的活塞以及某种控制方式等的组成要素 小长方形：表示控制器等半矩形：表示油箱，囊形表示蓄能器及压力油箱等 （5）囊形： 表示压力油箱、蓄能器、储气路等

续表

<table>
<tr><th>项目</th><th>说明</th></tr>
<tr><td>首先要弄清液压系统图形符号的构成元素</td><td> 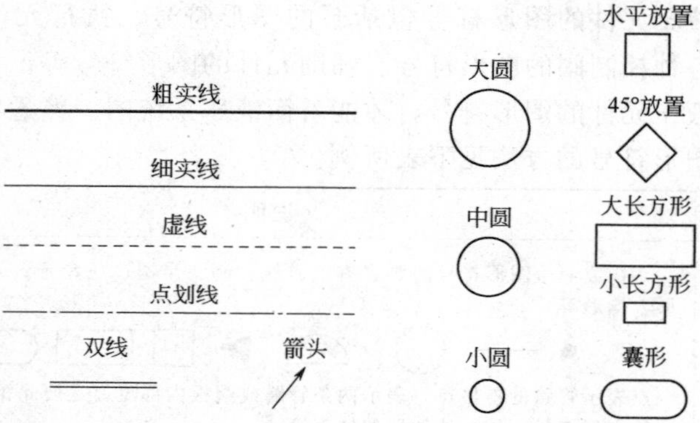粗实线
细实线
虚线
点划线
双线　箭头
大圆　中圆　小圆
水平放置　45°放置　大长方形　小长方形　囊形</td></tr>
<tr><td>液压图形的功能要素符号</td><td>表示功能要素的图形符号有三角形、直与斜的箭头、弧线箭头等
实心三角形表示传压方向，并且表示所使用的工作介质为液体。泵、马达、液动阀及电液阀都有这种功能要素的实心三角形
箭头表示液流流过的通路和方向，液压泵、液压马达、弹簧、比例电磁铁等上面加的箭头表示它们是可进行调节的
弧线单、双向箭头表示电机液压泵液压马达的旋转方向，双向箭头表示它们可以正反转；其他折线，W 表示弹簧，“ϟ”表示电气，“⊥”表示封闭油口，“⌣⌢”表示节流阻尼小孔等</td></tr>
<tr><td>各种控制方式的图形符号</td><td> 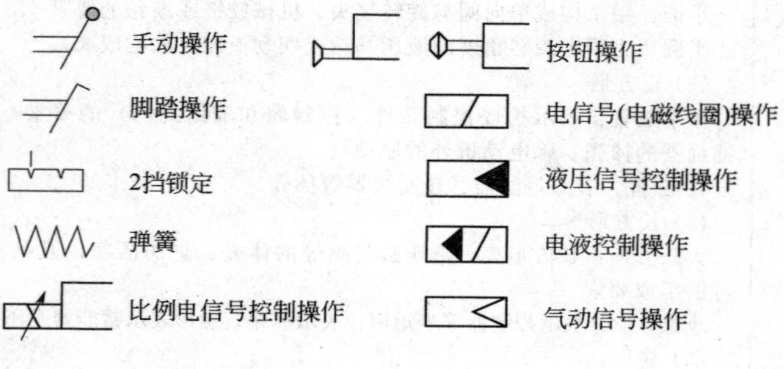手动操作　按钮操作
脚踏操作　电信号(电磁线圈)操作
2挡锁定　液压信号控制操作
弹簧　电液控制操作
比例电信号控制操作　气动信号操作</td></tr>
</table>

(3) 熟悉各种液压元件的图形符号

<table>
<tr><th>项目</th><th>识图方法：从外观→结构图→详细符号→简化符号</th></tr>
<tr><td>液压泵与液压马达</td><td>从外观→结构→图形符号来看懂液压泵的图形符号和液压马达的图形符号
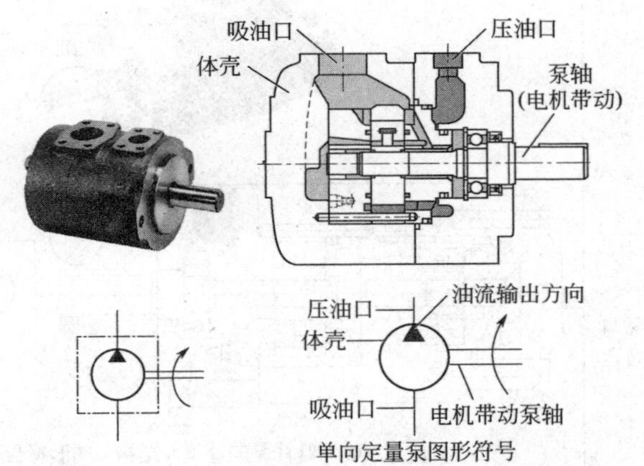

(a) 定量叶片泵的外观、结构、图形符号及图形符号的解析
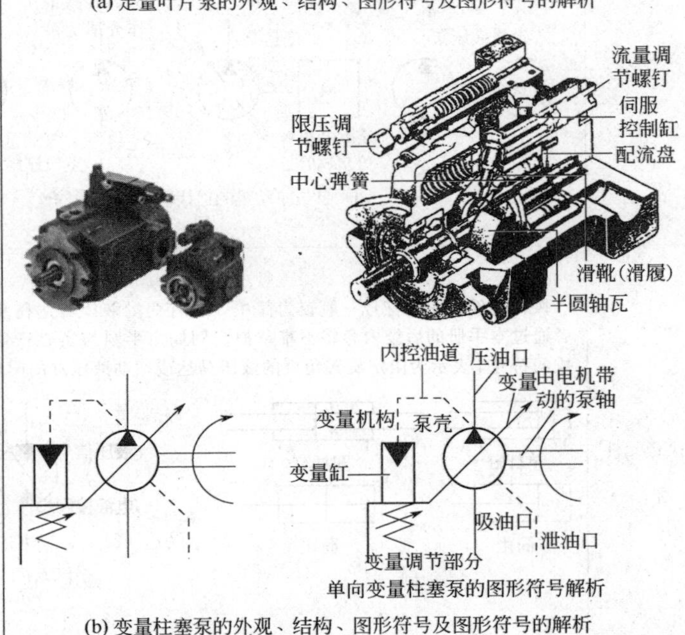

(b) 变量柱塞泵的外观、结构、图形符号及图形符号的解析</td></tr>
</table>

续表

<table>
<tr><th>项目</th><th>识图方法：从外观→结构图→详细符号→简化符号</th></tr>
<tr><td>液压泵与液压马达</td><td>
(c) 双叶片泵的外观、结构、图形符号
定量液压泵
M
电动机
变量泵
M
除电动机外的原动机
双向液压泵
气动泵
空气压缩机
（d）泵与原动机的连接符号
</td></tr>
<tr><td>执行元件</td><td>
执行元件的图形符号一般较为简单，只有变量液压马达稍复杂点，读者通过本手册的后续内容将不难掌握。例如由半圆与实心三角形一起构成的符号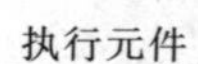表示为限定旋转角度的液压马达或摆动液压缸的图形符号
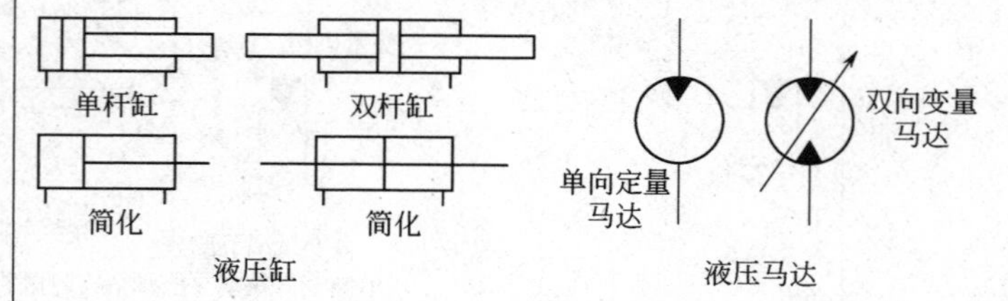

</td></tr>
</table>

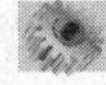

续表

<table>
<tr><th>项目</th><th>识图方法：从外观→结构图→详细符号→简化符号</th></tr>
<tr><td>方向阀</td><td>

换向阀有几位，就是看它有几个方框。有两个方框就是两位，三个方框就是三位换向阀的几通，就是看它有几个油口，如图上有P、T、A、B四个油口，就是四通。例如下图一个三位四通电磁阀的图形符号，有三个正方形的方框，两头的小长方形加一根短斜线表示电磁铁，两头的折线W表示弹簧，有A、B、P、T四个油口，所以为四通。当两端的电磁铁1DT、2DT不通电时，两端弹簧使阀芯对中，油路通路用中间的方框表示，即A、B、T三油口相通，P油口不与它们相通；1DT或2DT通电后的油路接通情况，为该电磁铁相靠近的那个方框（左或右）

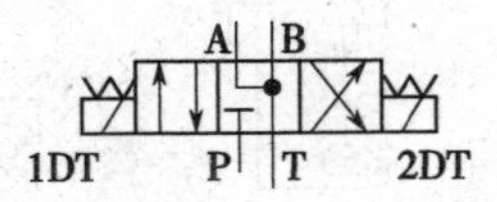

下图为电液换向阀的图形符号与外形，电液换向阀的图形符号是电磁阀、单向节流阀和液动换向阀的组合

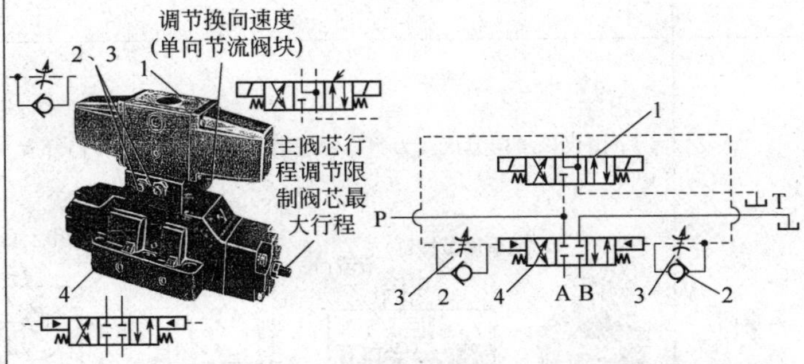

1—先导阀（电磁阀）；2、3—单向节流阀；4—主阀（液动换向阀）

</td></tr>
</table>

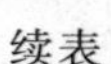

续表

<table>
<tr><th>项目</th><th>识图方法：从外观→结构图→详细符号→简化符号</th></tr>
<tr><td>压力阀</td><td>从外观→结构→图形符号来看懂压力阀的图形符号
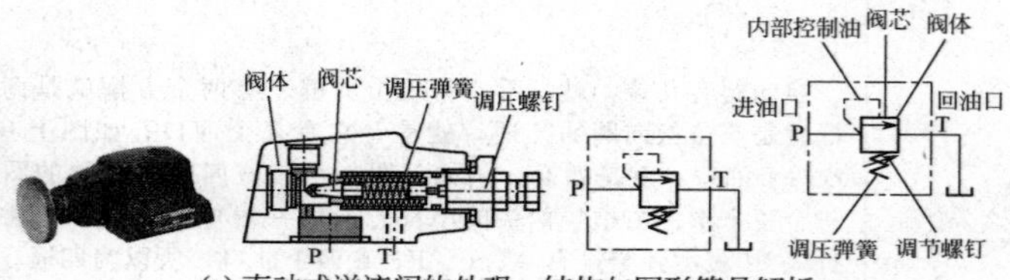

(a) 直动式溢流阀的外观、结构与图形符号解析
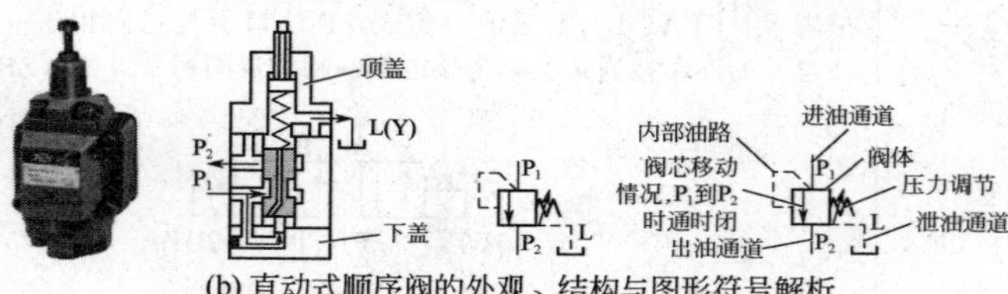

(b) 直动式顺序阀的外观、结构与图形符号解析</td></tr>
<tr><td>流量阀</td><td>下图仅以单向节流阀为例，使读者对流量阀的图形符号有一个初步认识
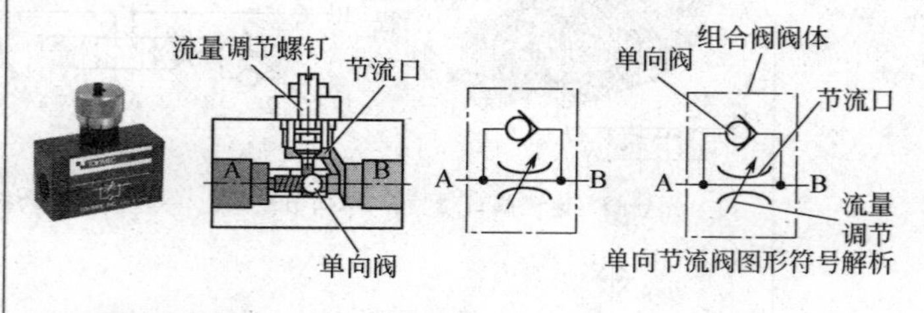

单向节流阀的外观、结构与图形符号解析</td></tr>
</table>

（4）了解液压辅助元件的图形符号及含义

项目	图示与说明
管路与管接头	主要了解相连通的管路与不相连通的管路图形符号的区别 (a) 相连通管路的表示方法　(b) 不相连通管路的表示方法
油冷却器、油温调节器	外观与图形符号如下： 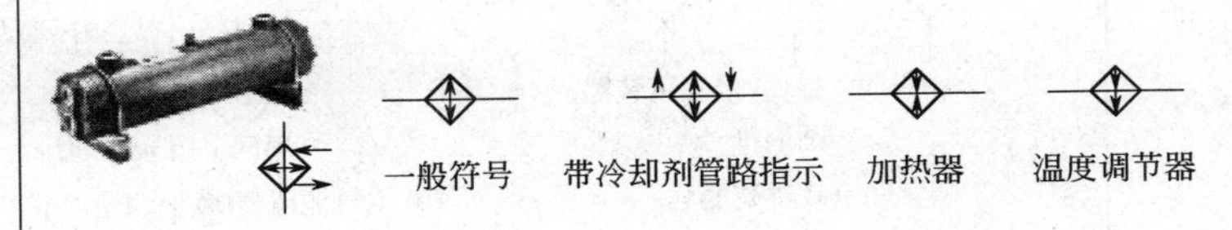

续表

项目	图示与说明
油面计、温度计与压力表	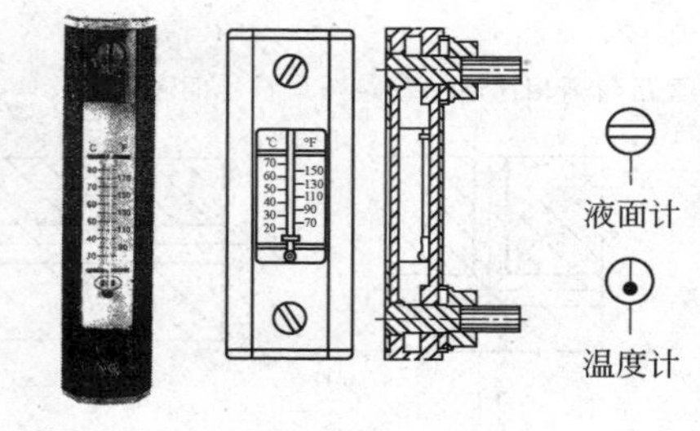  压力计 压力指示器 压差计
过滤器与空气滤清器	过滤器与空气滤清器的外观与常见图形符号如下： 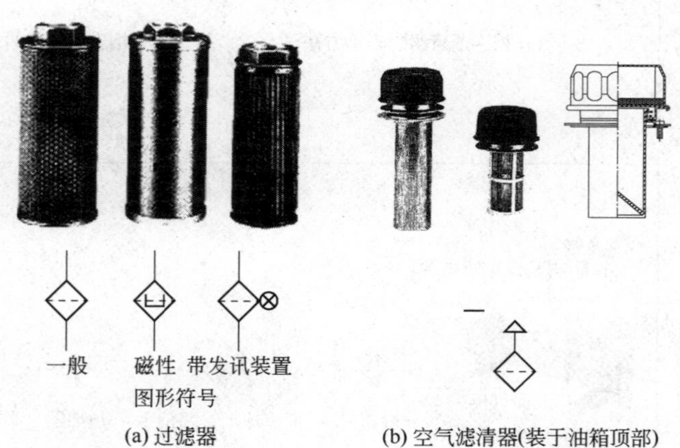 (a) 过滤器 (b) 空气滤清器(装于油箱顶部)

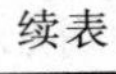

续表

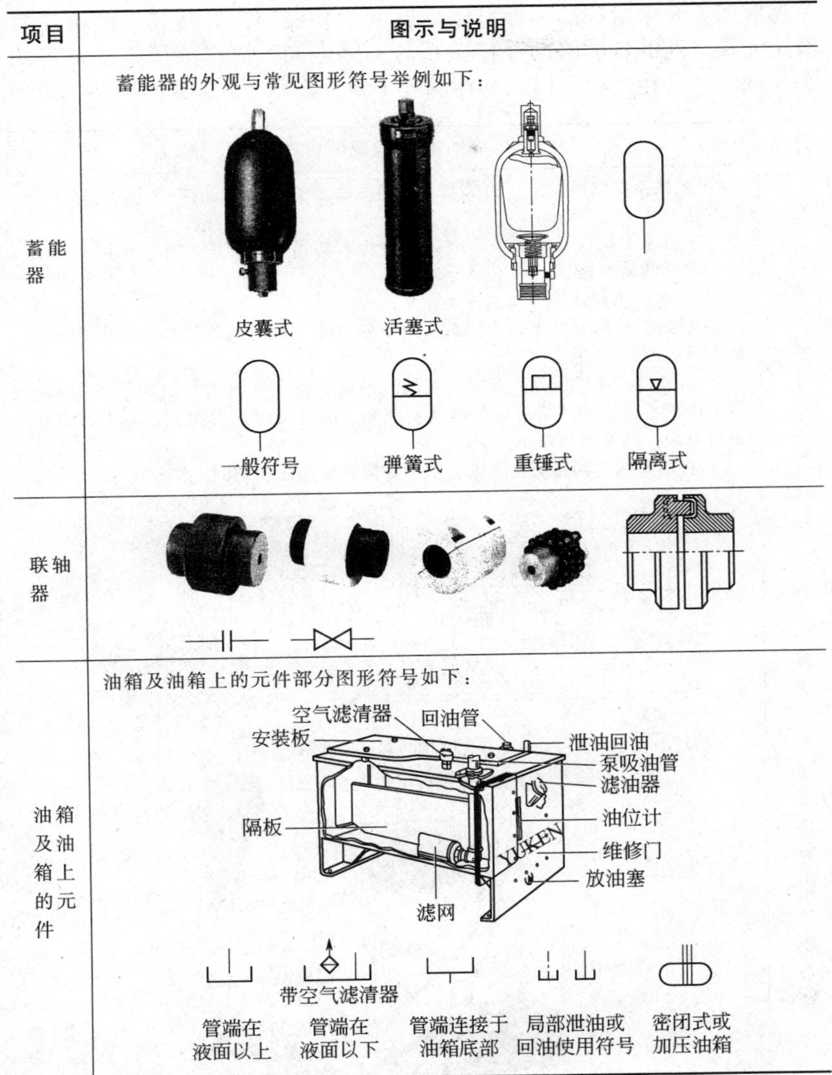

项目	图示与说明
蓄能器	蓄能器的外观与常见图形符号举例如下： 皮囊式　活塞式 一般符号　弹簧式　重锤式　隔离式
联轴器	
油箱及油箱上元件	油箱及油箱上的元件部分图形符号如下： 管端在液面以上　管端在液面以下（带空气滤清器）　管端连接于油箱底部　局部泄油或回油使用符号　密闭式或加压油箱

(5) 读液压系统图的方法

在调试、使用与维修设备时，看懂液压系统图是关键。为了看懂液压系统图，初学者应：掌握一些液压传动的基础知识；了解液压系统的组成；熟悉各种液压元件的外观、工作原理、结构和图形符号；了解液压系统中常用的一些基本回路的工作原理；弄清系统图中所有液压元件之间的各油路的连接关系与油路走向；懂得液压系统实现的工作程序、动作循环，以及动作循环中各种控制方式与动作转换方式。

方法	图示与说明
方法1：抓两头连中间	① 先从系统图中找出一头的泵源，另一头所有的执行元件——液压缸和液压马达 ②了解每个执行元件在系统中各执行什么动作（有可能的话，还应了解各执行元件的动作循环） ③ 了解各执行元件动作的相互关系 ④ 在前三步的基础上，根据系统图中各液压元件的工作原理，判断其在系统中可能起的作用 ⑤ 从油源（泵源回路）开始，遵循“油液由高压处流向低压处”和“油液尽可能沿液阻小的油路流动”这两条原则，沿油液走向分解出各执行元件完成自身动作的基本回路 ⑥ 将这些基本回路通盘考虑，就可看懂整个液压系统的工作原理
方法2：对照实物看懂液压系统图	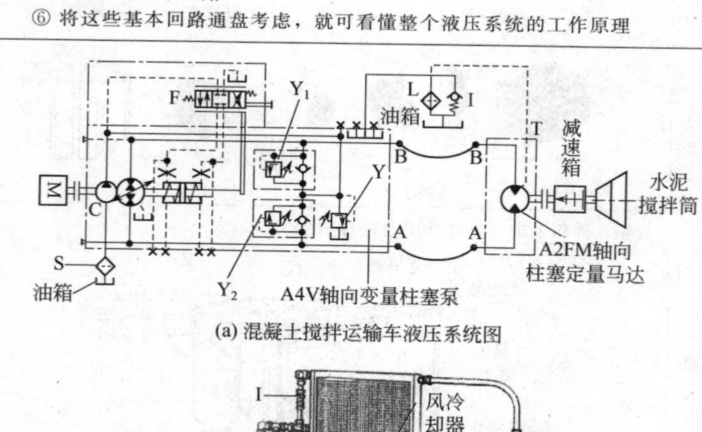 (a) 混凝土搅拌运输车液压系统图 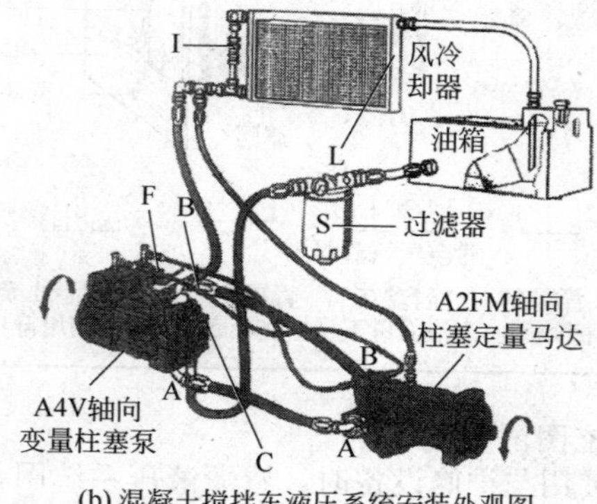 (b) 混凝土搅拌车液压系统安装外观图

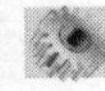

续表

<table>
<tr><th>方法</th><th>图示与说明</th></tr>
<tr><td>方法3：化整为零</td><td>任何一台设备的液压系统都是由若干个执行元件根据用途需要完成一些基本的动作及动作循环，控制执行元件如何实现和完成这些动作需要一些基本回路。执行元件的数量越多，动作越多，整个液压系统图便越复杂
这时可采用化整为零的方法，各个击破。将整大张液压系统图按一个一个执行元件为单位，独立拆分，先只考虑该单个执行元件是受哪些控制阀和哪一两种液压基本回路所控制，而先不考虑与此无关的其他部分（控制阀和回路）。例如下述液压系统可分拆为图（a）、（b）、（c）三个回路，化整为零，便于个个击破
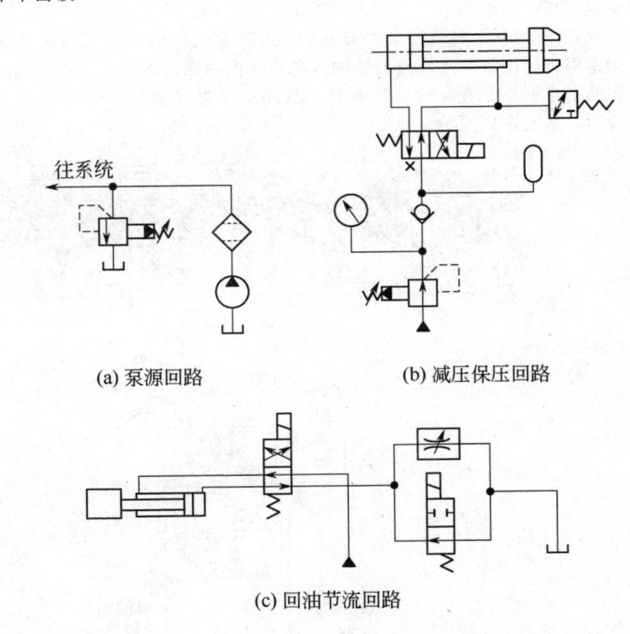

(a) 泵源回路　(b) 减压保压回路
(c) 回油节流回路</td></tr>
</table>

续表

方法	图示与说明
方法4：化繁为简	例如将液压系统图中的各种复杂的泵源回路详细符号换成简化符号，可使液压系统图变得简单，如图所示： 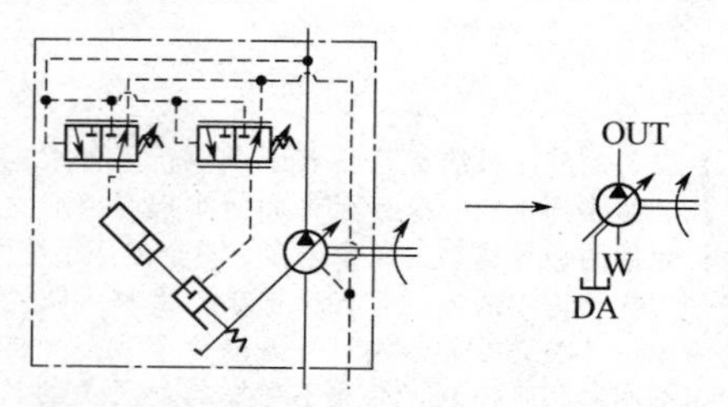 又如有些液压系统，包含有若干相同的回路，可以只取其中一个回路，略去其他相同的回路。这样可大大简化整个液压系统，对读懂看似复杂的液压系统，变得简单明了 例如图(a)所示的珠海某大型游乐场的弹射式过山车液压系统局部图——带动牵引钢丝绳滚筒作高速回转的液压马达控制系统的部分，这一部分有9个相同的基本回路。看图时只看一个［图(b)］作为代表，其他暂时略去，可化繁为简，从复杂到简单 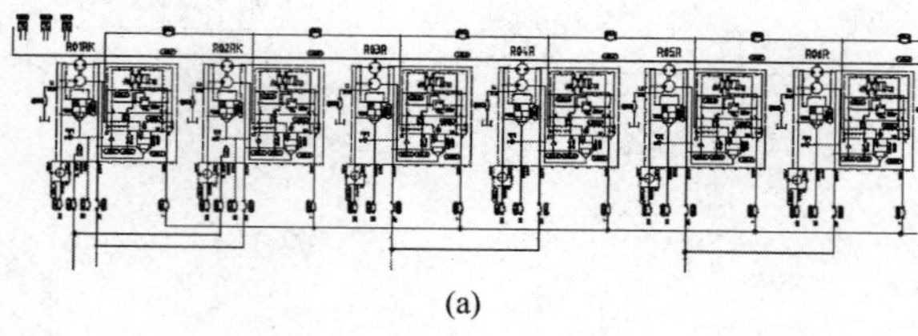 (a) 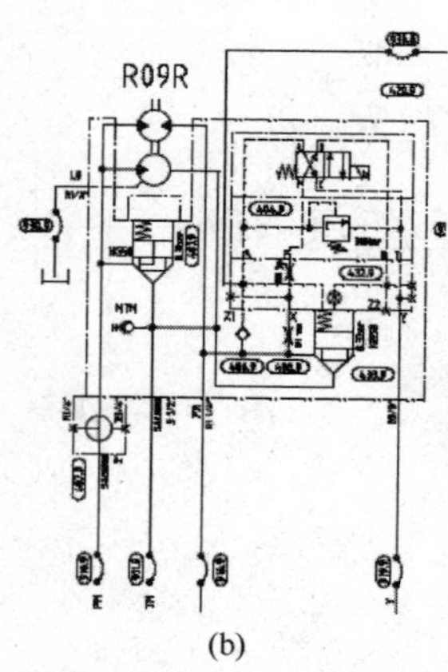 (b)

续表

方法	图示与说明
方法5：从外观与连接的管路看懂液压系统图	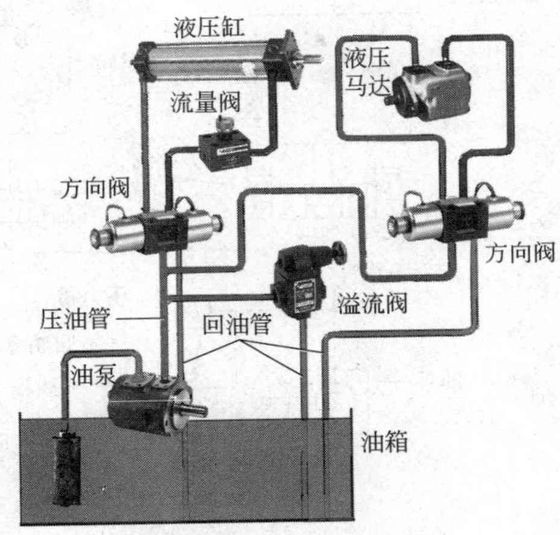 (a) 由外观连成的液压系统 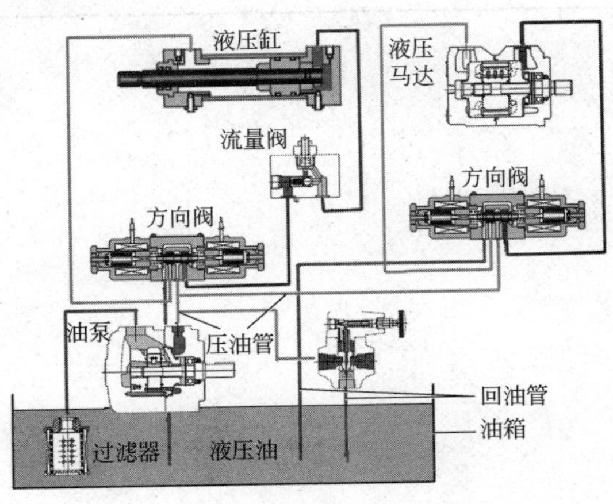 (b) 由结构图连成的液压系统

续表

方法	图示与说明
方法5：从外观与连接的管路看懂液压系统图	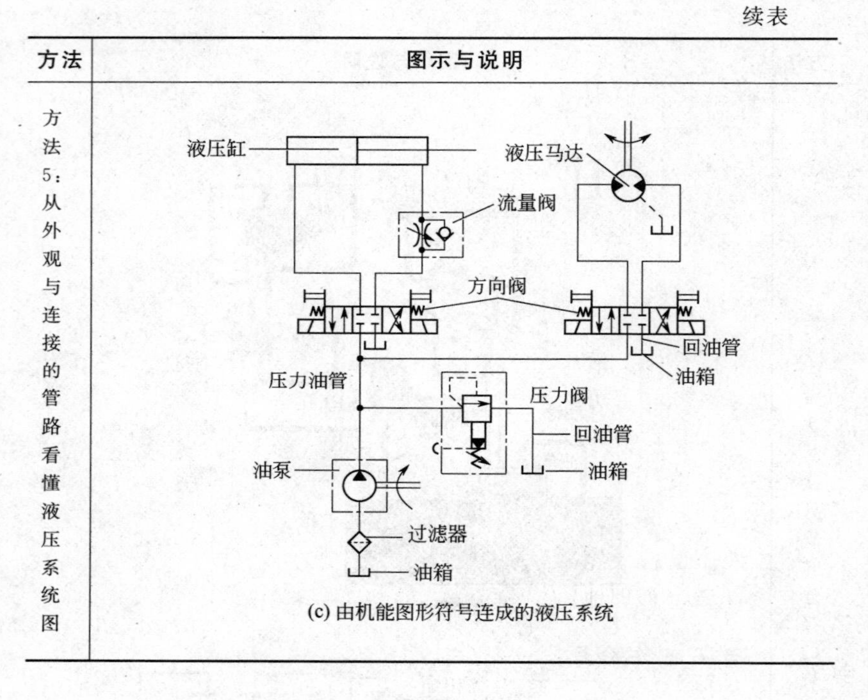 (c) 由机能图形符号连成的液压系统

第2章

液压系统的“血液”——液压油（工作介质）

液压油用于液压传动系统中作为工作介质，起能量的传递、转换和控制作用，同时还起着液压系统内各部件的润滑、防腐蚀、防锈和冷却等作用。液压油是液压系统的“血液”。

液压系统能否可靠有效地工作，在一定程度上取决于液压油的性能。特别是在液压元件已定型的情况下，液压油的性能与正确选用则成为首要问题。合理选择、使用、维护、保管液压油是关系到液压设备工作的可靠性、耐久性和工作性能好坏的关键问题，它也是减少液压设备故障的有力措施。因此，必须正确掌握液压油的各种理论性质，合理地使用液压油，从而减少液压系统的故障。

2.1 液压工作介质的分类

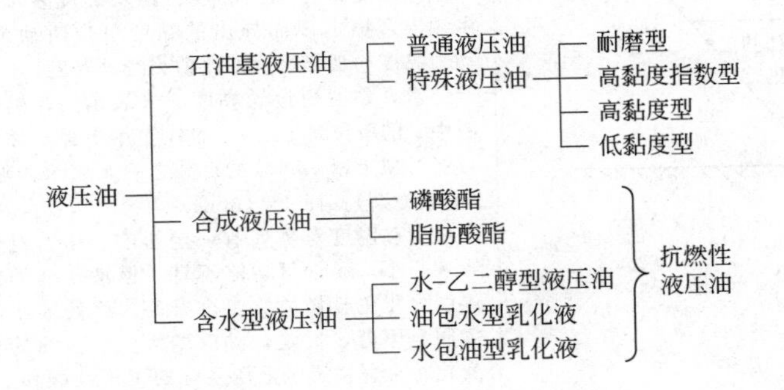

2.2 液压工作介质的性质和要求

由于液压泵、液压阀、液压缸工作在高压、高速条件下运转，且因液压元件使用的材质、运转时的油温、环境氛围等各种条件不同，要求液压油液必须具备下述性能要求：

① 密度和重度①	单位体积所具有的质量叫做密度 ρ，单位体积所具有的重量叫做重度 γ： $\rho=m/V$ （kg/m^3） $\gamma=\rho g$ （N/m^3） 式中 m——液体质量，kg V——液体体积，m^3； g——重力加速度，m/s^2
② 黏性与黏度 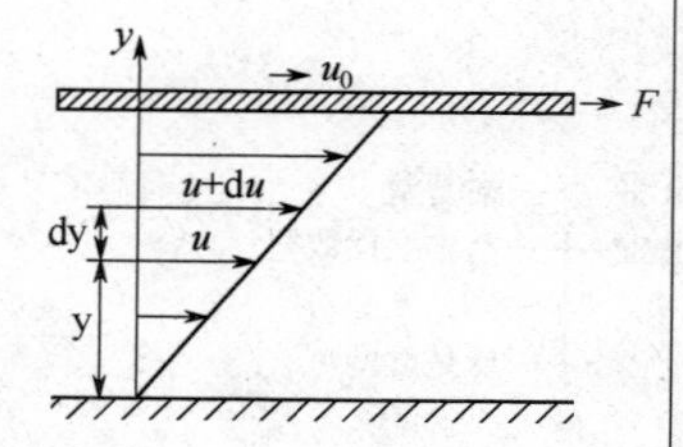	液压油在外力 F 作用下而流动的过程中，其流动分子间（各层面间）因有相对运动而产生内摩擦力，流动液体内部产生黏性内摩擦力阻碍流动的这种性质称为黏性，所以黏性是对流动液体而言。黏性的大小用黏度来表示。当黏度较低即液体较稀时很容易流动，黏度较高即液体较稠时难流动 黏度大时会增加流体流动阻力，使工作过程中的能量损失增加而造成温升，液压泵的吸入性能差，可能出现气穴现象；黏度过小，则泄漏增多，容积效率降低，有可能相对运动件之间的润滑油膜被切破，导致润滑性能差而产生磨损加剧，并使系统内泄漏增加，甚至因无油润滑产生烧结现象 液体黏度常用动力黏度、运动黏度表示。根据牛顿内摩擦定律而导出的黏度单位叫动力黏度。动力黏度与液体密度的比值为运动黏度 通常，黏度用运动黏度 ν 来表示。在国际单位制中 ν 的单位是 m^2/s，而在实用上标定油的黏度目前习惯上以 cm^2/s 的百分之一来表示，称为 cSt（厘或厘斯）。1cSt＝1mm^2/s 压力和温度对黏度有一定影响。压力对黏度的影响很小，通常可忽略不计。但液压油的黏度对温度变化比较敏感。温度升高，将使液压油的黏度明显下降，反之，黏度增大。液压油的黏度的变化将会直接影响液压系统的工作性能和泄漏量，为此，最好采用黏度受温度变化影响较小（或称黏温特性较好）的油液。有时在油箱内设置温度控制装置（如加热器或冷却器），也正是为了控制和调节油温，以减小液压油的黏度变化 必须要有适当的黏度、温度变化时，黏度的变化要小

续表

③ 压缩性	液体受压力作用而体积减小的性质称为液体的可压缩性，液压油具有可压缩性，即受压后其体积会发生变化。液压油可压缩性的大小用压缩系数 β 来表示，其表达式为： $$\beta=-\frac{1}{\Delta p}\times\frac{\Delta V}{V}$$ 式中　Δp——液压油所受压力的变化量，Pa； ΔV——压力变化时液压油体积变化量，m^3； V——压力变化前液压油的体积，m^3 压力增大时液压油体积减小，反之增大
④ 液压油的其他性质要求	① 润滑性和耐磨性良好 ② 氧化稳定性好，不腐蚀金属 ③ 剪切稳定性好 ④ 水分混入时，抗乳化性和水分分离性要好 ⑤ 高温下使用不易变质 ⑥ 低温下流动性要好 ⑦ 具有防锈能力 ⑧ 与所用橡胶材质和涂料相容 ⑨ 消泡性好 ⑩ 不易燃烧

① 重度这个物理量目前已不使用，这里为便于说明而列书，供读者参考。

2.3　油品的分类

液压传动需要传动介质，由于使用条件的差异，对介质的不同应使用不同种类的油品。其中用量最多的是矿物油型和合成烃型。

分类方法	种类
按油品类型分类	有矿油型、合成油型和含水液型三种
按可燃性分类	有易燃、难燃、不燃三种
按化学组成分类	有矿物油、高水基液、水包油乳化液、油包水乳化液、合成烃、聚醚、有机酯、磷酸酯、有机硅、卤代烃等

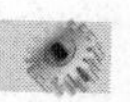

2.4 液压油的名称

国家技术标准 GB11118.1—94 规定了五种系列产品标准，即 HL、HM、HG、HV 和 HS，与国际通用标准 ISO 分类相同。

代号	油品名称
HL	通用机床油 具有防锈抗氧性能的精制矿物润滑油
HM	抗磨液压油 具有防锈抗氧、抗磨性能的精制矿物润滑油
HG	液压导轨油 具有防锈抗氧、抗磨和抗黏滑性的精制矿物润滑油
HV	低温液压油 具有防锈、抗氧、抗磨性能，加增黏剂的精制矿物润滑油
HS	合成烃低温液压油 具有防锈抗氧、抗磨性能的合成烃油

2.5 各种液压油的黏度等级

由于液压系统最适宜的温度为 40℃左右，所以以上五种产品按 40℃运动黏度共分 41 个级别。

代号	黏度等级
HL	一等品：15、22、32、46、68、100
HM	一等品：15、22、32、46、68、100
HG	一等品：32、68
HV	优等品：10、15、22、32、46、68 一等品：10、15、22、32、46、68、100、150
HS	一等品：10、1.5、22、32、46

2.6　各种液压油液的特性

油液		石油基油	磷酸酯液(直馏油)	脂肪酸酯液	水-乙二醇液	W/O型乳化液	O/W型乳化液
相对密度（15℃/4℃）		0.87	1.13	0.93	1.04～1.07	0.93	1.00
黏度/(mm²/s)	40℃	32.0	41.8	40.3	38.6	95.1	0.7
	100℃	5.4	5.2	8.1	7.7	—	—
黏度指数（VI）		100	20	160	146	140	—
高温使用界限/℃		70	100	100	50	50	50
低温使用界限/℃		−10	−20	−5	−30	0	0
过滤阻力		1.0	1.03	1.0	1.2	0.7～0.8	(和水相同)

2.7　液压油的选用

新油的选用要按照液压机械设备的要求，选择合适的品种和牌号。由于使用条件的不同，同时还要根据液压设备的工作环境、工作压力和工作温度进行液压油品种的选用，液压油的黏度选择主要取决于启动、系统的工作温度和所选用的泵的类型。

(1) 根据环境和工况条件选择液压油品种

环境	系统压力：7.0MPa以下 系统温度：50℃以下	系统压力：7.0～14.0MPa 系统温度：50℃以下	系统压力：7.0～14.0MPa 系统温度：50～80℃	系统压力：14.0MPa以上 系统温度：80～100℃
室内固定液压设备	HL液压油	HL或HM液压油	HM液压油	HM液压油
露天、寒区和严寒区	HV或HS液压油	HV或HS液压油	HV或HS液压油	HV或HS液压油

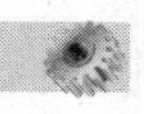

续表

环境	系统压力：7.0MPa以下 系统温度：50℃以下	系统压力：7.0～14.0MPa 系统温度：50℃以下	系统压力：7.0～14.0MPa 系统温度：50～80℃	系统压力：14.0MPa以上 系统温度：80～100℃
地下、水上	HL液压油	HL或HM液压油	HL或HM液压油	HM液压油
高温热源或旺火附近	HFAE HFAS 液压油	HFB HFC 液压油	HFDR液压油（磷酸酯）	HFDR液压油（磷酸酯）

（2）根据所使用泵的类型来选择液压油的黏度

黏度过高：增加系统阻力，压力损失增大，造成功率损耗增加，油温上升，液压动作不稳，噪声增大。甚至还会造成设备低温启动困难。

黏度过低：增加设备内、外泄漏，使液压系统工作压力不稳，工作压力降低，液压工作部件不到位，严重时会因润滑不良造成泵磨损增加。

液压油的黏度选用常按该液压系统所使用泵的类型来选择。

泵型	最小工作黏度 /(mm^2/s)	最大启动黏度 /(mm^2/s)	最佳黏度范围 /(mm^2/s)
叶片泵	不低于10	不大于700	25～68
柱塞泵	不低于8	不大于1000	30～115
齿轮泵	不低于20	不大于2000	30～115

2.8 液压油污染物的类型和危害

在液压系统中，确保液压油不受污染是相当重要的。液压油的污染程度直接影响到液压系统的正常工作及其可靠性，据统计约有75％的液压系统故障是由于液压油被污染而造成的。

污染物类型	图示	污染物的危害
空气		液压油中混入空气，可使液压系统产生噪声，引起汽蚀、爬行及振动；空气还会加速油液的氧化，使液压油的性能变差
水分		水分混入液压油会使液压系统在高温高压时产生汽蚀现象；降温后凝结成水。水分腐蚀金属，并加速油的氧化劣化，使油液润滑性能降低，温度低于0℃时，甚至会结成冰，阻碍油液流动，堵塞油路
机械杂质颗粒	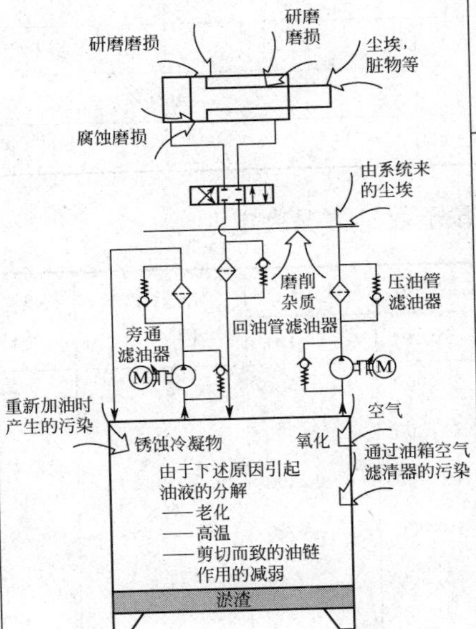 研磨磨损 研磨磨损 尘埃，脏物等 腐蚀磨损 由系统来的尘埃 磨削杂质 压油管滤油器 旁通滤油器 回油管滤油器 M M 重新加油时产生的污染 空气 锈蚀冷凝物 氧化 通过油箱空气滤清器的污染 由于下述原因引起油液的分解 ——老化 ——高温 ——剪切而致的油链作用的减弱 淤渣	这是一种危害性最大的污染。通常液压油的污染主要是指颗粒杂质的污染。颗粒杂质会卡死阀芯阻碍正常运动，拉伤泵的定子与转子相对运动面、配油盘与缸体的相对运动面，会堵塞元件的阻尼孔、节流口等，产生各种故障，影响系统的正常工作和使用寿命
自身氧化生成物		液压油由于高温高压、空气中的氧与环境有害气体的作用，而逐渐氧化生成的胶黏性物质。会堵塞元件的阻尼孔
其他不同油品的混入		当液压油中混入了其他油品，液压油的化学组成被改变。液压油的黏度可能被改变而影响到系统的效果。如果液压油中混入了难燃液，液压油与密封材料的相溶性被破坏，导致密封失效等严重后果

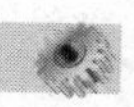

2.9 什么时候要换油

（1）按液压油黏度、酸值、水分变化情况；

检查项目	L-HL 油	L-HM 油
外观	目测：不透明或浑浊	
色度（GB/T 6540）	比新油的变化大于 3 号	比新油的变化大于 3 号
40℃运动黏度（GB/T 265）变化率	超过±10%	
酸值（GB/T 264）增加值	＞0.3mg KOH/g	＞0.4mg KOH/g
水分（GB/T 260）含量	＞0.1%	＞0.1%
铜板腐蚀（100℃，3h）	≥2 级	≥2 级
机械杂质（GB/T 511）重量	＞0.1%	
正戊烷不溶物（GB/T 8926）	—	＞0.1%

（2）按液压油中混入污染粒子数量情况决定

ISO 码	颗粒数/mL			NAS1638 (1964)	SAE 等级 (1963)
	≥2μm	≥5μm	≥15μm		
23/21/18	80,000	20,000	2,500	12	—
22/20/18	40,000	10,000	2,500	—	—
22/20/17	40,000	10,000	1,300	11	—
22/20/16	40,000	10,000	640	—	—
21/19/16	20,000	5,000	640	10	—
20/18/15	10,000	2,500	320	9	6
19/17/14	5,000	1,300	160	8	5
18/16/13	2,500	640	80	7	4
17/15/12	1,300	320	40	6	3
16/14/12	640	160	40	—	—
16/14/11	640	160	20	5	2
15/13/10	320	80	10	4	1

续表

ISO 码	颗粒数/mL			NAS1638（1964）	SAE 等级（1963）
	⩾2μm	⩾5μm	⩾15μm		
14/12/9	160	40	5	3	0
13/11/8	80	20	2.5	2	—
12/10/8	40	10	2.5	—	—
12/10/7	40	10	1.3	1	—
12/10/6	40	10	0.64	—	—

使用条件	理想的液压油液污染管理水平		
	计数法（NAS 级）	ISO4406	重量法（参考）
使用伺服阀的装置	7	16/14/11	—
使用柱塞泵、马达的装置	9	18/16/13	NAS107
使用比例电磁阀的装置	9	18/16/13	NAS107
压力大于 21MPa 的装置	9	18/16/13	NAS107
压力 14～21MPa 的装置	10	19/17/14	NAS108
一般低压液压装置	11	20/18/15	MILE

（3）根据液压油中混入水分情况决定换油

装置的条件	使用界限
液压油液由于水分变成白浊	立即更换
装置内液压油液循环回油箱，且不是长时间停止运转而搁置的装置	1000×10^{-6}
回路中的工作油在很长管线内不完全循环的液压系统	500×10^{-6}
在很长一段时间内关闭的系统（安全系统）或回路中的工作油几乎不流动的系统及精密控制系统	300×10^{-6}
对于无添加剂的液体允许值是以上对应值的 1/2	200×10^{-6}

2.10 工作液和密封件的相容性

材料性质		油型				
		石油系列	磷酸酯系列	水-乙二醇系列	W/O 乳胶系列	脂肪酸酯系列
密封器材	二甲苯基橡胶	○	×	○	○	○
	兹奈 N	○	○	○	○	○
	兹奈 S	○	○	○	○	○
	EPR	○	○	○	×	○
	氟橡胶	○	○	×	○	○
	聚四氟乙烯橡胶	○	○	○	○	○
	硅橡胶	○	○	×	×	○
	丁基橡胶	○	△	○	×	×
	乙烯-丙烯橡胶	○	○	○	×	○
	氯丁二烯橡胶	○	×	○	○	○
	聚氨酯橡胶	○	×	×	×	○
	皮革	○	○	×	×	○
树脂	环氧树脂	○	×	×	×	○
	乙烯树脂	○	×	×	×	○
	聚氨酯树脂	○	×	×	×	○
	酞酸树脂	○	×	×	×	×
	酚醛树脂	○	×	×	×	×
金属	钢材	○	○	○	○	○
	铸铁	○	○	○	○	○
	铜	○	○	○	×	○
	黄铜	○	○	○	△	○
	铝	○	△	×	○	○
	镁	○	△	×	○	○
	镉	○	△	×	×	△
	锌	○	○	×	×	△

注：○—相容；△—基本相容；×—不相容。

第3章

液压系统的“心脏”——液压泵

液压泵又叫油泵。液压泵吸入无压力（一个大气压）的油液，输出有压力的油液给液压系统中的油缸或油马达，使油缸或油马达能输出直线运动或回转运动，并向外去做功。液压泵相当于人的心脏。

3.1 概述

3.1.1 液压泵的工作原理

液压泵的工作原理与医疗注射器相同。

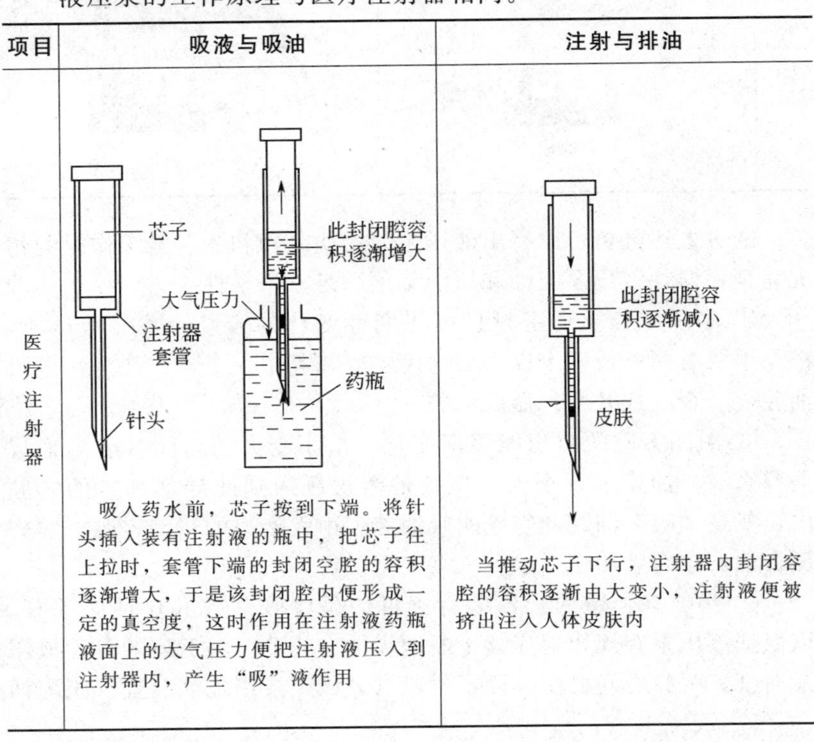

项目	吸液与吸油	注射与排油
医疗注射器	吸入药水前，芯子按到下端。将针头插入装有注射液的瓶中，把芯子往上拉时，套管下端的封闭空腔的容积逐渐增大，于是该封闭腔内便形成一定的真空度，这时作用在注射液药瓶液面上的大气压力便把注射液压入到注射器内，产生“吸”液作用	当推动芯子下行，注射器内封闭容腔的容积逐渐由大变小，注射液便被挤出注入人体皮肤内

续表

项目	吸液与吸油	注射与排油
单柱塞泵	如图所示，当手向左拉手柄时，与缸（泵）体孔滑动配合得很好的柱塞左行，由于密封很好，密封油腔a的容积逐渐增大，a腔内形成局部真空，油箱中的油液在大气压的作用下，打开单向阀1进入泵体a腔内，单向阀2此时封住油口，这时油泵“吸油”（实际上是大气压将油压入泵内的） 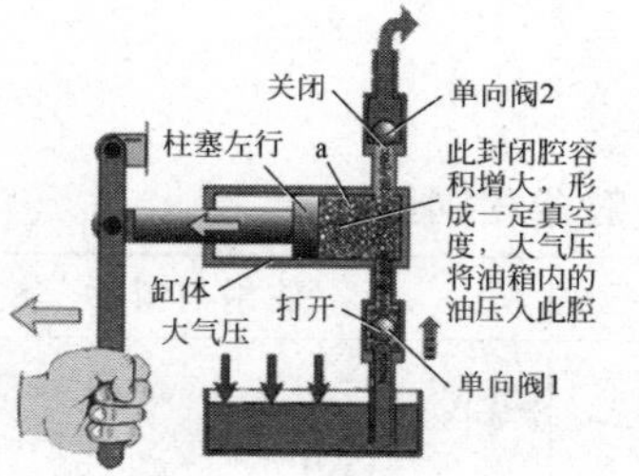	反之当手向右推手柄时，柱塞左行，a腔内密闭的容积逐渐减小，油液受压压力增高（大于一个大气压），一方面压住单向阀1，封住与油箱相连的油口，另一方面推开单向阀2，油液进入系统，这时叫泵的“排油”（压油）。若不停地推拉手柄，则单柱塞泵就不断地“吸油”与“排油” 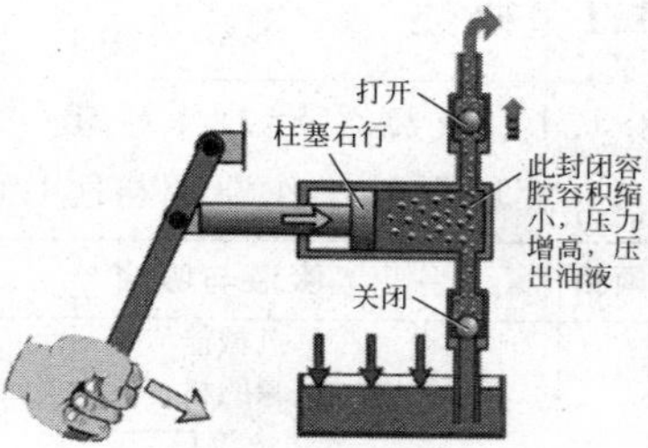

通过上述分析可以得出液压泵的工作原理和注射器工作时的情况完全一样，液压泵吸油和压油必须满足三个条件：

① 必须有若干个密封且可周期性变化的容腔。每一液压泵，都至少要有两个或两个以上的封闭容腔，其中一个（或几个）做吸油腔，一个（或几个）做压油腔。

② 封闭容腔的容积能逐渐变化。由小变大的封闭容腔内形成局部真空，油箱内一个大气压的油液被压入到此局部真空的容腔内，实现“吸”油，此容腔叫吸油腔；由大变小的封闭容腔，实现压排油，该容腔叫压油腔。

③ 必须有合适的配流装置。目的是将吸油腔和压油腔隔开，以保证液压泵有规律地连续不断地吸油、排油。对后述的各种液压泵而言，两腔之间要由一段密封段（区域）或用配油装置（阀配油

或轴配油）将二者隔开。未被隔开或隔开的不好而出现压、吸油腔相通时，则会因吸油腔和压油腔相通而无法实现容腔由小变大或由大变小的容积变化（相互抵消变化量），这样在吸油腔便形不成一定的真空度而吸不上油，在压油腔也就无油液输出了。

3.1.2　液压泵的主要性能参数

项目	说明
排量	指泵轴转一周排出的液体体积（用 V 表示），理论上泵的排量只取决于其工作机构的几何尺寸。液压泵有定排量泵与变排量泵两种，简称定量泵与变量泵。前者排量恒定，后者排量可变（通过变量机构实行）
理论流量和实际流量	单位时间（1min）内输出的液体体积。它等于泵的排量 q 与单位时间转速 n 的乘积，即泵的理论流量 Q_0是指在不考虑泄漏及液体压缩性的情况下，$Q_0=qn$ 液压泵在将机械能变为液压能时，会有一定的能量损失，例如机械运动副之间的摩擦引起的机械损失，还有泵的泄漏造成的流量损失等，泵的实际流量 Q 要小于理论流量 Q_0
容积效率、机械效率与总效率	① 液压泵的容积效率，等于实际流量和理论流量的比值（$\eta_V=Q/Q_0=1-\Delta Q/Q_0$，$\Delta Q$ 为泵的泄漏量） ② 由于存在机械损耗，泵的输入功率（即电机或发动机的驱动功率）必然大于泵的理论输出功率，其机械效率 η_m为： $$\eta_m=N_0/N_入=M_0\omega/M_入\omega=M_0/M_入$$ 式中　$M_入$——输入泵的实际转矩； M_0——泵的理论转矩。 根据液压泵每转的机械功应等于液压泵每转输出的液压功，即 $M_0\omega=pQ$，可得： $$M_0=pQ/(2\pi)$$ $$M_0=pQ/2\pi$$ $$\eta_m=pQ/(2\pi M_入)$$ 式中，p 为泵的工作压力 ③ 液压泵的总效率 $\eta=\eta_V\eta_m$＝输出的液压功率/输出的机械功率

续表

项目	说明
工作压力、额定压力与最高压力	液压泵的工作压力是指泵工作时输出油液的压力，它只与负载（包括外负载、管路阻力、各控制阀的压力损失等）大小有关。负载大，工作压力高；负载小，工作压力低。即工作压力是由负载决定的实际运行压力 液压泵的额定压力是指泵连续运行允许达到的最大工作压力。它受泵本身零件结构强度和泄漏所限制。泵的铭牌上标出的额定压力是根据泵的强度、寿命、效率等使用条件而规定的正常工作的压力上限，超过此值就是过载 液压泵的最高压力是指按实验标准规定的超过额定压力的短暂运行工作压力
泵电机功率的选择	(1) 选型计算公式 设计时，按 $N=pQ/(60\eta)$ 来选择电机功率 式中 p——系统最高工作压力，MPa； Q——最大工作流量，L/min； η——总效率，按泵的种类不同选取，为 0.7～0.9 (2) 选型举例说明 某液压系统要求泵的工作压力 $p=28$MPa，最大的流量 $Q=32$L/min，在运行过程中流量不需要变化，试选用合适的油泵与电机组合 选型方法： ① 先选用合适的泵 在 1500r/min 转速条件下，公称流量为 40L/min。本例流量仅为32L/min，因此选用 25SCY 手动变量泵，使用时可在空载条件下将流量调小到 32L/min 即可。 ② 计算功率 $P=pQ/(60\eta)=28\times32/60\times0.85=17.6$ (kW) ③ 选定电机型号 根据选定的泵和计算出来的功率，查阅电机样本，满足要求的电机型号为 Y180M-4 型（功率为 18.5kW）

3.1.3　各种液压泵性能的比较

分类 \ 性能		压力范围/MPa	排量范围/(mL/r)	流量脉动	较高转速	容积效率/%	总效率/%	额定压力/MPa	功率质量比/(kW/kg)	自吸性能	噪声	价格	抗污染能力
齿轮泵	外啮合	2.5～25	0.3～650	大	很高	0.7～0.9	0.6～0.8			优	较大	最低	优
	内啮合	≤30	0.8～300	小	高	0.8～0.95	0.8～0.9			较好	较小	低	中
摆线转子泵		0～16	2.5～150	很小	中	0.8～0.9	0.7～0.8			较好	较小	较低	中
叶片泵	双作用	6.3～32	0.5～480	很小	较低	0.8～0.95				一般	很小	中低	中
	单作用	≤6.3	1～320	小	较低	0.75～0.9				一般	小	中	中
凸轮转子泵		～8			低	0.8～0.9				较好	小	中低	中
轴向柱塞泵	斜盘式	≤4.0～70	0.2～560	大	中	0.85～0.9				差	最大	贵	差
	斜轴式	≤40	0.2～3600	大	中	0.85～0.9				差	最大	贵	较差
径向柱塞泵		10～20	20～720	大	低	0.8～0.9				差	很大	贵	中
螺杆泵		2.5～10	25～1500	最小	最高	0.8～0.9				最好	最小	贵	差

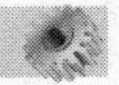

3.2 齿轮泵

3.2.1 工作原理

项目	原理图	原理说明
外啮合齿轮泵	这些腔中，容积不变，只传递油液往压油腔 压油封闭容腔 1. 轮齿进入啮合 2. 容积缩小，将油挤出 1 4 这些腔中，容积不变，只传递油液往压油腔 2 吸油封闭容腔 1. 轮齿脱开啮合 2. 容积增大，形成一定真空度 大气压力 1 T 吸油口 2 压油口 P 5 4 3	齿轮泵满足泵的三个条件： ① 密封容积形成：主动齿轮1、从动齿轮2、泵体4内表面、前后泵盖3与5围成 ② 当主、从动齿轮旋转时，在进油口腔，由于轮齿脱开使容积逐渐增大，形成真空从油箱吸油，随着齿轮的旋转充满在齿槽内的油被带到排油腔，由于轮齿进入啮合，容积逐渐减小，油液被挤出而排出。这样利用齿和泵壳形成的封闭容积的变化，完成泵的功能 ③ 齿顶圆、齿顶啮合线将压吸油腔隔开 不需要配流装置，不能变量

续表

项目	原理图	原理说明
内啮合齿轮泵	吸油腔 压油腔 e 主动外齿轮 从动内齿圈 月牙形隔板 过渡区	在小外齿轮和内齿圈之间装有一块月牙形隔板，将吸油腔与压油腔隔开 当传动轴带动主动外齿轮旋转时，与其相啮合的从动内齿圈也跟着同方向旋转，在左上部的吸油腔，由于轮齿的脱开，体积增大，形成一定真空度。而通过吸油管将油液从油箱“吸”入泵内；随着齿轮的旋转，油液经隔板隔开过渡位置（隔板区域内容积不变）进入压油腔，压油腔由于轮齿进入啮合，油液的体积缩小，油液受压而排出，完成泵的功能
摆线内啮合齿轮泵	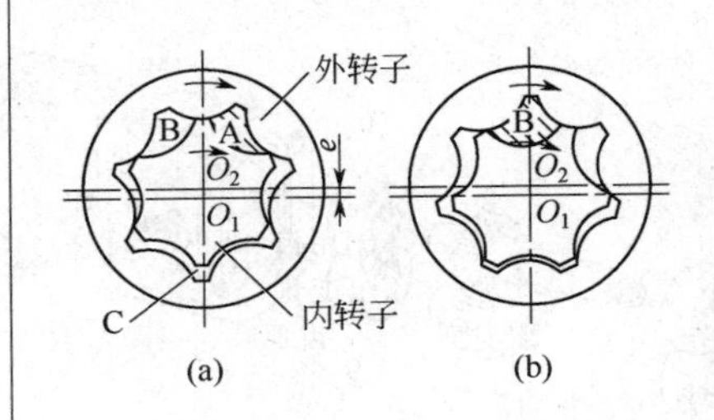 (a) (b) 	外转子和内转子之间有偏心矩 e，内转子绕中心 O_1 顺时针转动时，带动外转子绕中心 O_2 同向旋转，此时 B 容腔逐渐增大形成真空，与其相通的配油盘槽进油，形成吸油过程。当内外转子转至图（b）位置时，B 容腔为最大，而 A 容腔随转子转动体积逐渐缩小，同时与配油盘出油口相通，产生排油过程。当 A 容腔转到图（a）中 C 处时，封闭容积最小，压油过程结束。继而又是吸油过程。这样，内外转子异速同向绕各自中心 O_1、O_2 转动，使内外转子所围成的容腔不断发生容积变化，形成吸、排油作用

3.2.2 外观、图形符号、结构与立体分解图例

项目		外观、图形符号、结构与立体分解图例
外啮合齿轮泵	带浮动轴承套的齿轮泵	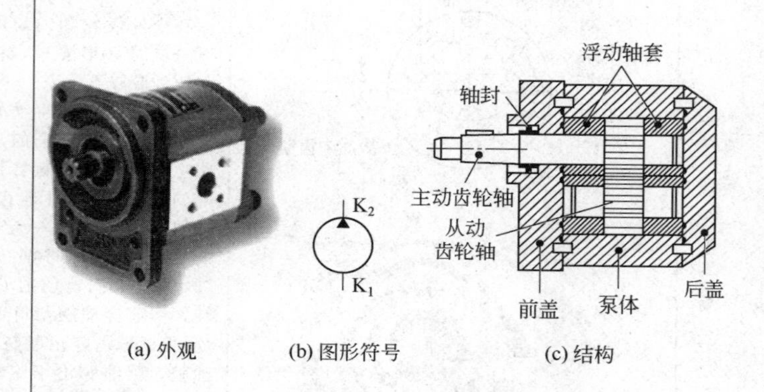 (a) 外观 (b) 图形符号 (c) 结构 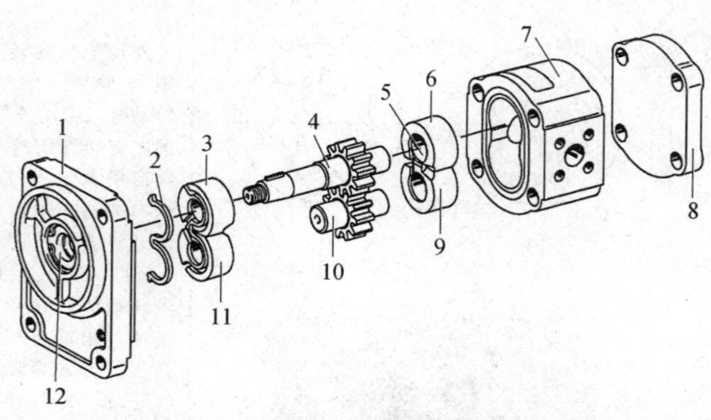 1—前盖；2—密封圈；3、6、9、11—浮动轴承套；4—主动齿轮；5—薄壁轴承；7—泵体；8—后盖；10—从动齿轮；12—轴封 (d) 带浮动轴承套齿轮泵的立体分解图例

续表

项目		外观、图形符号、结构与立体分解图例
外啮合齿轮泵	带浮动侧板的齿轮泵	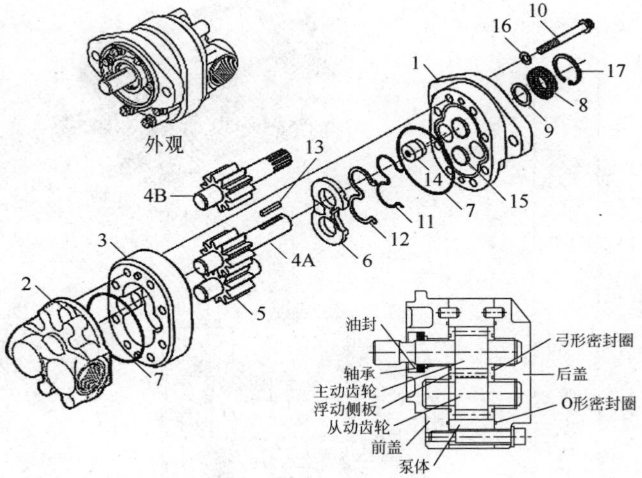 带浮动侧板齿轮泵的外观、结构与分拆图 1—前盖；2—后盖；3—泵体；4—主动齿轮；5—从动齿轮；6—侧板；7—O形圈；8—轴封；9—垫；10—螺钉；11—密封挡圈；12—弓形密封；13—键；14—塞；15—薄壁轴承；16—垫圈；17—弹性卡簧

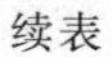

续表

项目		外观、图形符号、结构与立体分解图例
内啮合齿轮泵	渐开线内啮合齿轮泵	排油口 吸油口 (a) 外观 A—A 月牙块 过渡区 吸油区 压油区 (b) 结构 (c) 图形符号 配油体 月牙块 泵芯组件 内齿圈 外齿轮 (d) 泵芯组件立体分解图

续表

<table>
<tr><th colspan="2">项目</th><th>外观、图形符号、结构与立体分解图例</th></tr>
<tr><td>内啮合齿轮泵</td><td>摆线内啮合齿轮泵</td><td>
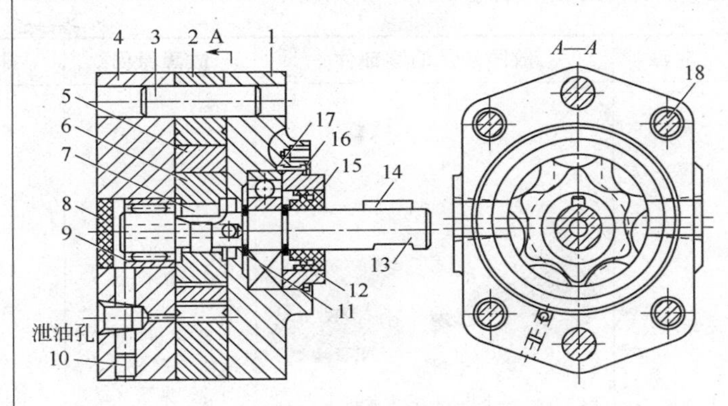

(a) 摆线内啮合齿轮泵结构二维图例
1—前盖；2—泵体；3—圆销；4—后盖；5—外转子；6—内转子；7—平键；8—压盖；9—滚针轴承；10—堵头；11—卡圈；12—法兰；13—泵轴；14—平键；15—油封；16—弹簧挡圈；17—轴承；18—螺钉
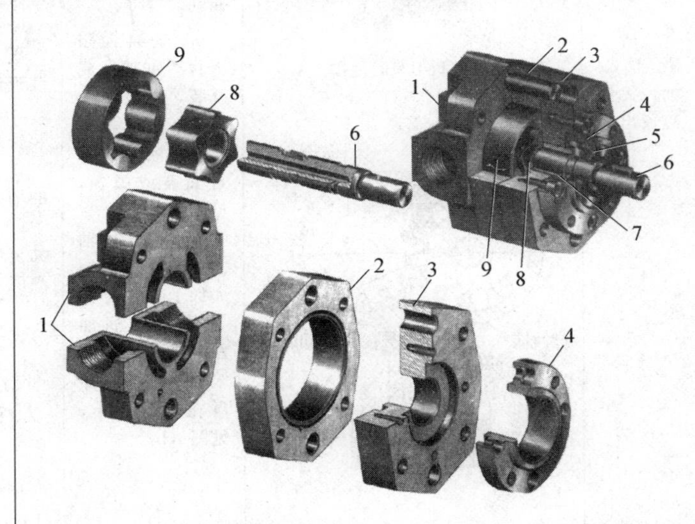
(b) 摆线内啮合齿轮泵结构三维图例
1—后端盖；2—泵体；3—前端盖；4—法兰；5—油封；6—传动轴；7—轴承；8—内转子；9—外转子
</td></tr>
</table>

3.2.3 维修齿轮泵的基本技能

(1) 外啮合齿轮泵故障的处理方法

故障	故障涉及的零部件	故障原因	排除方法
吸不上油，无油液输出	(a) 电机与泵的连接	① 电机转向不对 ② 电机轴上或泵轴上漏装了传动键，见图（a） ③ 电机转速过高或过低 ④ 齿轮与泵轴之间的连接键漏装 ⑤ 吸油管路密封严重破损或漏装，见图（b） ⑥ 泵内隔离压、吸油腔的密封漏装或破损，见图（c） ⑦ 装配时轴向间隙过大：例如加了一层纸垫 ⑧ 进油滤油器或吸油管因油箱油液不够而裸露在油面之上，见图（b）	① 纠正转向 ② 补装键 ③ 电机转速应符合规定值 ④ 补装键 ⑤ 更换或补装吸油管路密封 ⑥ 更换与补装密封 ⑦ 保证合理的轴向间隙 ⑧ 往油箱加油至规定的油标高度

续表

故障	故障涉及的零部件	故障原因	排除方法
油箱向外溢出带气泡油液	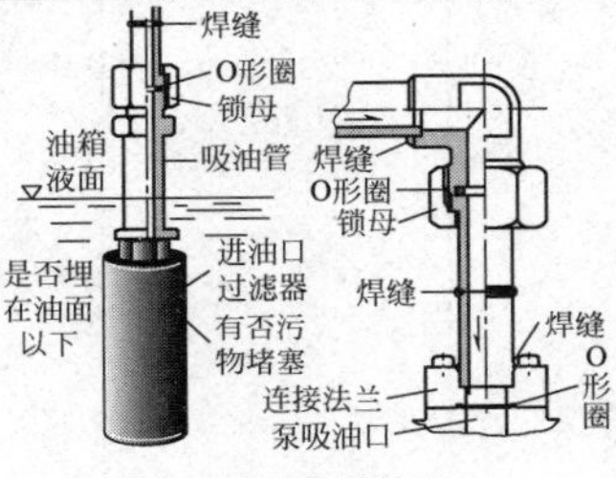 焊缝 O形圈 锁母 油箱液面 吸油管 是否埋在油面以下 进油口过滤器 有否污物堵塞 焊缝 O形圈 锁母 焊缝 焊缝 O形圈 连接法兰 泵吸油口 (b) 泵的吸油管路	① 吸油管路的焊缝未焊好，见图（b） ② 吸油管路密封轻度破损，见图（b） ③ 泵体与前后盖接合面密封不好而进气	① 补焊 ② 更换补装密封圈 ③ 提高泵体与前后盖接合面的平面度精度：可进行对研
齿轮泵虽上油，但输出流量不够，压力也上不去	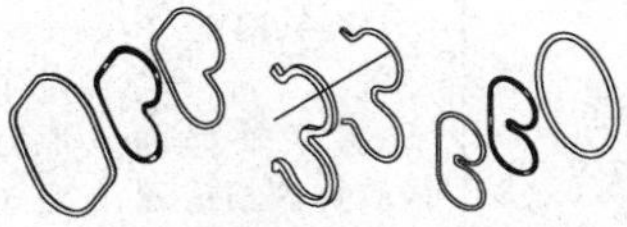 (c) 齿轮泵内各种密封圈 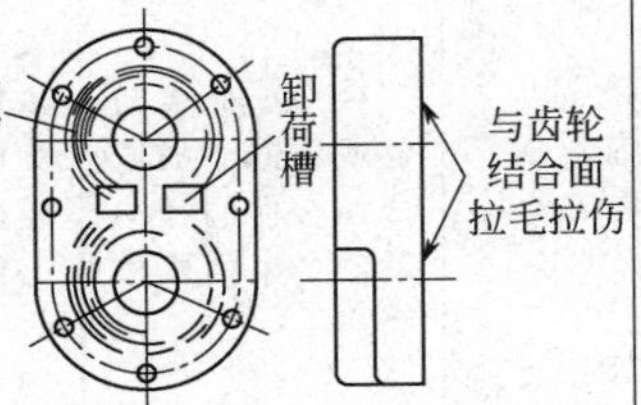 沟槽 卸荷槽 与齿轮结合面拉毛拉伤 (d) 泵盖与齿轮结合面 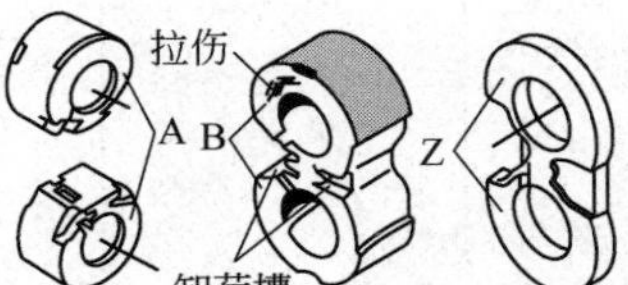 拉伤 A B Z 卸荷槽 (e) 分体式轴套、整体式轴套与侧板	① 进油滤油器被堵塞 ② 前后盖或侧板端面（与齿轮端面之间的滑动接合面）严重拉伤产生的内泄漏太大 ③ 对于采用浮动轴套或浮动侧板的齿轮泵，当浮动侧板或浮动轴套端面（与齿轮 C、D 面相接触）A、B、Z 面拉伤或磨损，见图（e）、（f） ④ 电机转速不够 ⑤ 起预压作用的弓形或心形密封圈，压缩永久变形，见图（c） ⑥ 油温太高，温升使油液黏度降低，内泄漏增大 ⑦ 选用的油液黏度过高或过低	① 清洗滤油器 ② 前后盖或侧板端面可平磨修复 对连轴齿轮在小外圆磨床上靠磨 C、D 面；对非连轴齿轮在平面磨床上平磨 C、D 面，注意两齿轮齿宽尺寸 L_1 一致 注意同时要修磨泵体厚度，保证合理的轴向装配间隙 ③ 修磨浮动轴套或浮动侧板 ④ 电机转速应符合规定 ⑤ 更换已压缩永久变形的弓形或心形密封圈 ⑥ 查明油温高的原因，采取对策 ⑦ 选用黏度适合的油液

续表

故障	故障涉及的零部件	故障原因	排除方法
发出“咯咯”或“喳喳”的噪声	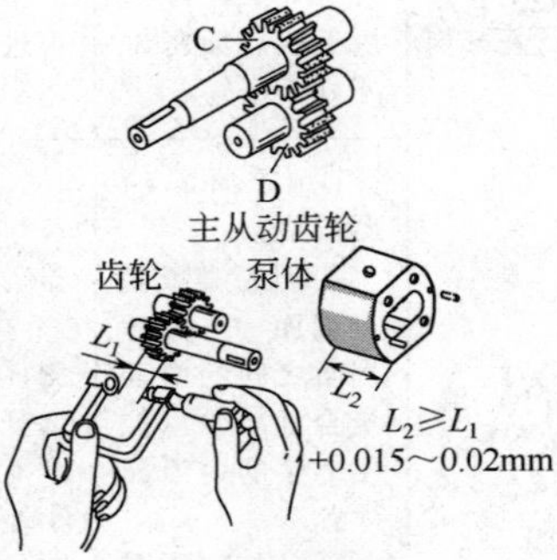 C D 主从动齿轮 齿轮 泵体 L_1 L_2 $L_2 \geqslant L_1$ +0.015～0.02mm (f) 主从齿轮轴与泵体 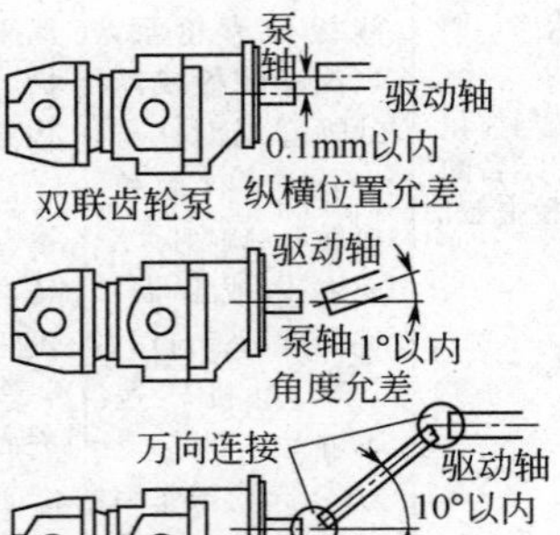 泵轴 驱动轴 0.1mm以内 纵横位置允差 双联齿轮泵 驱动轴 泵轴 1°以内 角度允差 万向连接 驱动轴 10°以内 泵轴 万向接连接 (g)	① 泵内进了空气 ② 联轴器的橡胶件破损或漏装 ③ 泵与电机安装不同心，见图（g） ④ 联轴器的键或花键磨损造成回转件的径向跳动产生的机械噪声	① 找出进气原因，排除泵内空气 ② 更换联轴器的橡胶件 ③ 泵与电机安装同心度符合规定 ④ 修理联轴器的键或花键，必要时予以更换

续表

故障	故障涉及的零部件	故障原因	排除方法
油封老是翻转	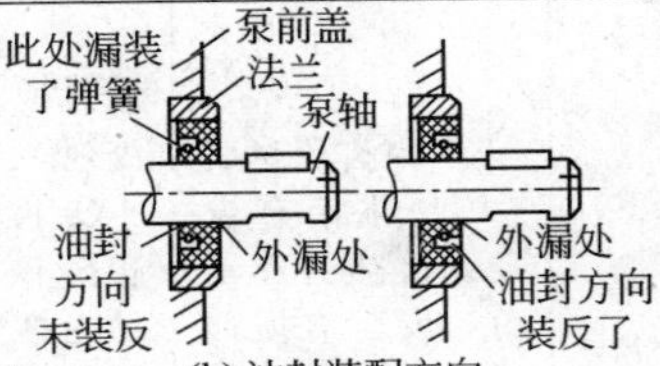 (h) 油封装配方向 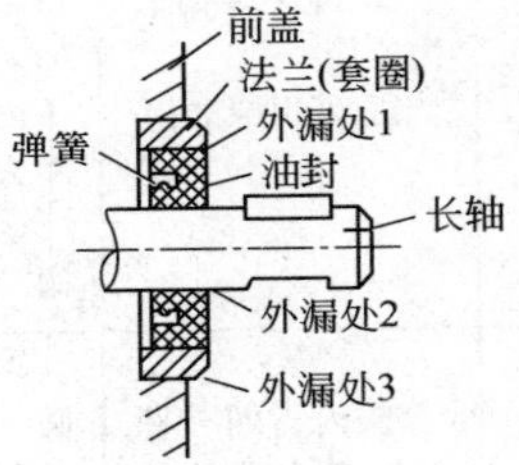 (i)	① 在使用反（正）转齿轮泵的地方错装成了正（反）转齿轮泵 ② 箍紧密封唇部的弹簧脱落 ③ 齿轮泵多为内泄式。当油封前腔的内泄油道a堵塞，内泄油无法内泄流往泵的进油腔，而造成困油使油封被冲翻，见图(j)	① 维修时一定要搞清楚是正还是反转泵 ② 装配时应仔细，不使弹簧脱落 ③ 此时应疏通泄油通道a
外漏	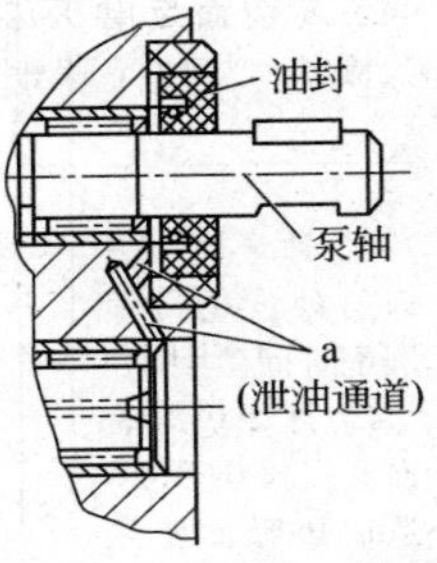 (j) 内泄油道(此例为国产CB-B型泵)	① 泵轴油封处的外漏。当法兰与前后盖配合过松，从外漏处3漏油；当油封弹簧漏装或密封唇部拉伤，从图中外漏处2漏油；此外，法兰加工不好，内孔与外圆不同心，油封单边，也从漏油处2漏油。 ② 泵轴油封装反了	① 根据情况一一采取对策。另外在油封装配时，最好用导引工具装入油封 ② 检查纠正

（2）内啮合齿轮泵主要故障的处理方法

① 渐开线齿形内啮合齿轮泵故障的处理方法。

解决渐开线齿形内啮合齿轮泵故障的处理方法与上述外啮合齿轮泵基本相同，下面仅补充内啮合齿轮泵吸不上油、输出流量不够，压力上不去的方法。

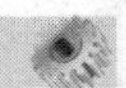

图示	零件	故障原因	排除方法
定子配油端面 A面 月牙块 内表面 内齿 圈齿面 h_3 齿轮端面 h_1 体壳 齿顶圆 齿面 h_2(有些泵此处有销子， 月牙块为单独件)	外齿轮	① 因齿轮材质（如粉末冶金齿轮）或热处理不好，齿面磨损严重 ② 齿轮端面磨损拉伤 ③ 齿顶圆磨损	① 如为粉末冶金齿轮，建议改为钢制齿轮，并进行热处理 ② 齿轮端面磨损拉伤不严重可研磨抛光再用；如磨损拉伤严重，可平磨齿轮端面至尺寸 h_1，外齿圈 h_2、定子内孔深度 h_3 也应磨去相同尺寸 ③ 可刷镀齿轮外圆，补偿磨损量
	内齿圈	① 内齿圈外圆与体壳内孔之间配合间隙太大 ② 内齿圈齿面与齿轮齿面之间齿侧隙太大	① 刷镀内齿圈外圆 ② 有条件的地区（如珠三角、长三角地区）可用线切割机床慢走丝重新加工钢制内齿圈与外齿轮，并经热处理换上
	月牙块	① 月牙块内表面与外齿轮齿顶圆配合间隙太大 ② 月牙块内表面磨损拉伤严重，造成压吸油腔之间内泄漏大	① 刷镀齿顶圆 ② 用线切割机床慢走丝重新加工月牙块换上
	体壳（定子）与侧板	① 对于兼作配油盘的定子，当配油端面磨损拉有沟槽 ② 有侧板者，当侧板与齿轮结合面磨损拉伤时	① 磨损拉伤轻微可用金相砂布修整再用；磨损拉伤严重修复有一定难度 ② 研磨或平磨侧板端面，并经氮化或磷化处理

② 摆线齿形内啮合齿轮泵（转子泵）的故障排除方法。

故障现象	图示	故障原因	排除方法
压力上不去，波动大，输出流量不够	 (a)	① 外转子与泵体孔配合间隙太大 ② 内、外转子（摆线齿轮）的齿形精度差或表面磨损拉伤，见图（a） ③ 内、外转子的径向及端面跳动大 ④ 内、外转子的齿侧隙偏大 ⑤ 溢流阀故障	① 将泵体厚度研磨去一部分，外转子与泵体孔配合间隙应为0.03～0.04mm ② 内、外转子采用粉末冶金者，模具精度影响齿形精度，可对研修复。有条件的地方，可加工更换 ③ 修正内、外转子，使各项精度达到技术要求 ④ 更换内、外转子，保证齿侧隙在0.05mm以内 ⑤ 排除溢流阀故障
发热温升厉害	 油箱内的油量 油箱内的回油量 (b)	① 外转子因其外径与泵体孔配合间隙太小，产生摩擦发热，甚至外转子与泵体咬死 ② 内、外转子之间的齿侧间隙太小或太大：太小，摩擦发热；太大，运转中晃动引起摩擦发热与内泄漏压力损失发热 ③ 油液黏度太大，吸油阻力大 ④ 齿形精度不好 ⑤ 内外转子端面拉伤。泵盖端面拉伤 ⑥ 泵盖上的轴承破损或精度太差，造成运转振动、噪声和发热 ⑦ 油泵与电机不同心，同轴度超差	① 对研一下，使泵体孔增大 ② 对研内、外转子（装在泵盖上对研） ③ 更换成合适黏度的油液 ④ 可对研，有条件者可更换内外转子 ⑤ 研磨内外转子端面，磨损拉毛严重者。先平磨，再研磨，泵体厚度也要磨去相应尺寸 ⑥ 更换合格轴承 ⑦ 校正油泵与电机的同轴度

续表

故障现象	图示	故障原因	排除方法
噪声大		① 泵内混进空气 ② 吸油管路中裸露在油箱油面以上的部分到泵的进油口之间结合处密封不严，漏气，使泵吸进空气，有效吸入的流量减小，见图（b） ③ 滤油器堵塞	① 查明进气原因，排除空气 ② 更换进油管路的密封，拧紧接头。管子破裂者予以焊补或更换 ③ 清洗滤油器

3.2.4 齿轮泵的拆卸与装配

典型外啮合齿轮泵外观与轴侧剖分图

(1) 拆卸

第一步：用套筒扳手卸掉螺钉，取下泵盖

第二步：卸下后泵盖

第三步：从后泵盖卸下端面密封圈

第四步：取出泵体与主、从齿轮轴

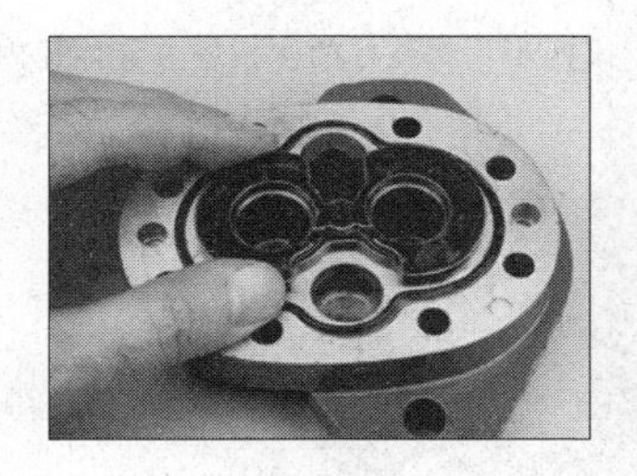

第五步：卸下浮动侧板

第六步：从侧板上卸下密封圈和密封挡圈

第七步：用专门工具取出扣环

第八步：用螺钉拧入拔出油口塞子

（2）装配

第一步：往前盖装上密封圈

第二步：对正套上泵体

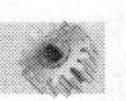

第三步：侧板上装上新的密封圈和挡圈

第四步：将装好的侧板放入泵体孔内

第五步：装入主、从齿轮轴

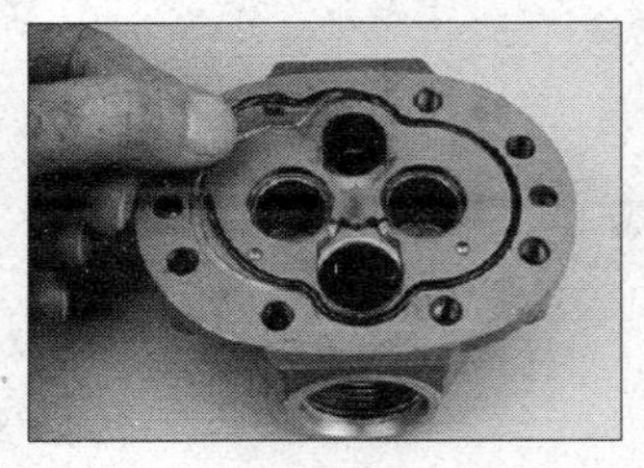

第六步：后盖上装上密封圈

第七步：以定位销定位将后盖翻面装入齿轮轴上，对角拧紧泵各安装螺钉，最后装入轴封和挡圈

3.2.5　齿轮泵的修理

序号	修理部位	修理方法与步骤	修理工具	注意事项
1	齿轮： ① 齿形 ② 端面 ③ 齿顶圆 ④ 齿轮轴	① 去除拉伤、凸起及毛刺，再将齿轮啮合面调换方位；适当对研后清洗 ② 先将齿轮砂磨，再抛光	① 细砂布或油石 ② 0# 砂布	适用于轻微磨损件
2	侧板端面	侧板磨损后可将两侧板放于研磨平板或玻璃板上研磨平整	① 1200# 金刚砂 ② 研磨平板 ③ 平整玻璃板	光面粗糙度应低于 $\overset{0.8}{\nabla}$，厚度差在整圈范围内不超过 0.005mm
3	泵体端面	① 对称型：可将泵翻转 180°安装再用 ② 非对称型：电镀青铜合金或刷镀，修整泵体内腔孔磨损部位	电镀青铜合金电解液配方为： 氯化亚铜 20～30 g/L 锡酸钠 60～70g/L 游离氰化钠 3～4g/L 氢氧化钠 25～30g/L 三乙醇胺 50～70g/L	① 镀前处理：同一般铸铁件电镀青铜合金工艺 ② 温度 55～60℃ 阴极电流密度 1～1.5A/dm^2 阳极为合金阳极（含锡 10%～12%）
4	前后盖、轴套与齿轮接触的端面	磨损不严重时，可在平板上研磨端面修复，磨损拉伤严重时，可先放在平面磨床上磨去沟痕后，再稍加研磨	① 研磨平板 ② 平面磨床	注意要适当加深、加宽卸荷槽的相关尺寸
5	泵轴轴承部位	如果磨损轻微，可抛光修复。如果磨损严重，则需用镀铬工艺或重新加工一新轴	① 镀铬槽 ② 机加工设备	重新加工时，两轴颈的同轴度为 0.02～0.03mm，齿轮装在轴上或连在轴上的同轴度为 0.01mm

3.3 叶片泵

根据各密封工作容积在转子旋转一周吸、排油液次数的不同，叶片泵分为两类，即完成一次吸、排油液的单作用叶片泵和完成两次吸、排油液的双作用叶片泵，单作用叶片泵多为变量泵。

3.3.1 工作原理

项目	图示	说明
双作用（定量叶片泵）	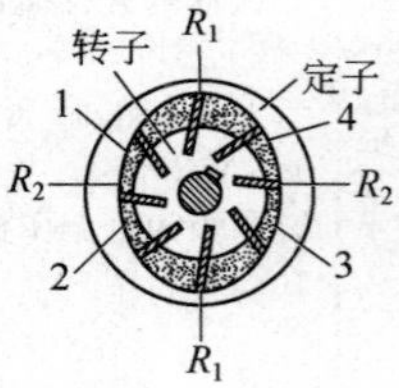 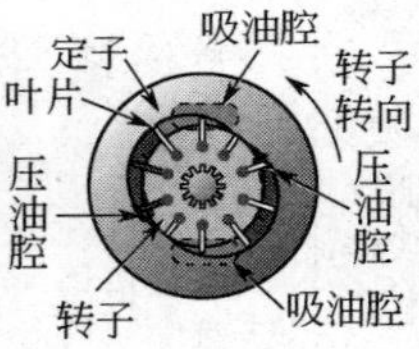 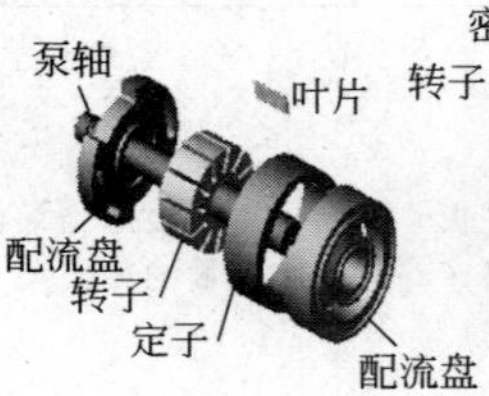 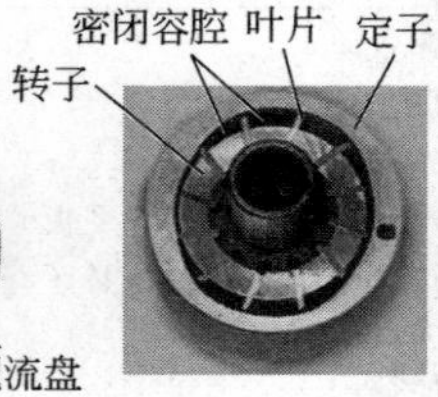	定子的内表面由两段大圆弧 R_2、小圆弧 R_1 和四段过渡曲线（1、2、3、4）组成，形似椭圆形，且定子和转子同心。配油盘上开的4个配油窗口分别与吸、压油口相通。在图示转子逆时针方向旋转时，嵌于转子槽内的叶片（可灵活滑动）在离心力和压力油的作用下，顶部紧贴在定子内表面上 这样便满足形成泵作用的三个条件： ① 定子、转子、可滑动叶片、两配油盘装配后便构成多个容积可变的密闭工作腔 ② 在左上角和右下角处密封工作腔的容积逐渐增大，为吸油区；在左下角和右上角处密封工作腔的容积逐渐减小，为压油区 ③ 吸油区和压油区之间的一段封油区将它们隔开 转子每转一周，每一叶片往复滑动两次，每个密闭工作容腔的容积循环两次，进行两次变大和变小，完成泵的作用，称为双作用式叶片泵

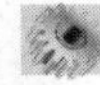

续表

项目	图示	说明
单作用叶片泵	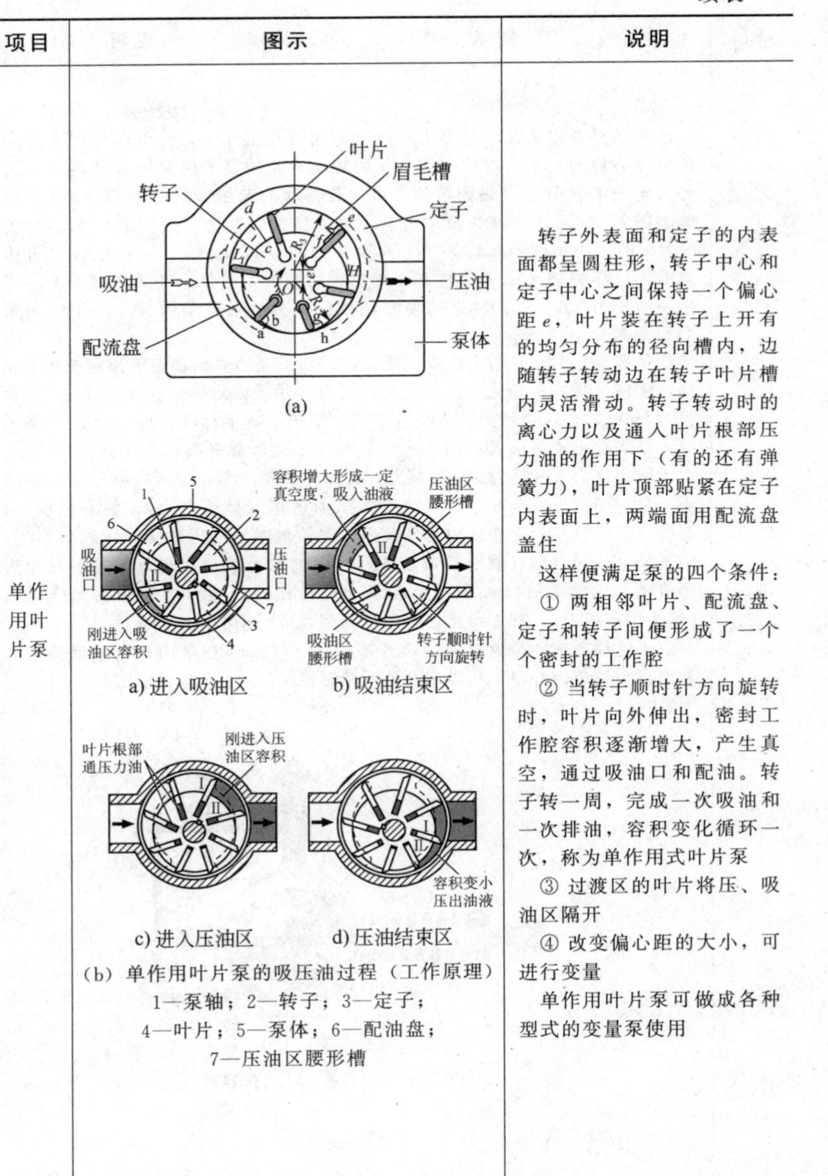 (a) a) 进入吸油区　b) 吸油结束区 c) 进入压油区　d) 压油结束区 （b）单作用叶片泵的吸压油过程（工作原理） 1—泵轴；2—转子；3—定子； 4—叶片；5—泵体；6—配油盘； 7—压油区腰形槽	转子外表面和定子的内表面都呈圆柱形，转子中心和定子中心之间保持一个偏心距 e，叶片装在转子上开有的均匀分布的径向槽内，边随转子转动边在转子叶片槽内灵活滑动。转子转动时的离心力以及通入叶片根部压力油的作用下（有的还有弹簧力），叶片顶部贴紧在定子内表面上，两端面用配流盘盖住 这样便满足泵的四个条件： ① 两相邻叶片、配流盘、定子和转子间便形成了一个个密封的工作腔 ② 当转子顺时针方向旋转时，叶片向外伸出，密封工作腔容积逐渐增大，产生真空，通过吸油口和配油。转子转一周，完成一次吸油和一次排油，容积变化循环一次，称为单作用式叶片泵 ③ 过渡区的叶片将压、吸油区隔开 ④ 改变偏心距的大小，可进行变量 单作用叶片泵可做成各种型式的变量泵使用

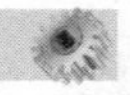

续表

项目	图示	说明
外反馈变量叶片泵	这种泵是利用从泵出口引入一股压力油，利用其压力的反馈作用来自动调节偏心量的大小，以达到调节泵的输出流量的目的由泵轴带动转子 1 旋转，转子 1 的中心 O 是固定的，可左右移动的定子 2 的中心 O_1 与 O 保持偏心距 e。在限压弹簧 3 的作用下，定子被推向左边，设此时的偏心量为 e_0，e_0 的大小由调节螺钉调节。在泵体内有一内流道 a，通过此流道可将泵的出口压力油 p 引入到柱塞 4 的左边油腔内，并作用在其左端面上，产生一液压力 pA，A 为柱塞的端面面积。此力与泵右端弹簧 3 产生的弹簧力相平衡 当负载变化时，p 随之也发生变化，破坏了上述平衡，定子相对于转子移动，使偏心量发生变化；当泵的工作压力 p 小于限定压力 p_B 时，有 p_A < 弹簧力。此时，限压弹簧 3 的压缩量不变，定子不产生移动，偏心量 e_0 保持不变，泵的输出流量最大；当泵的工作压力 p 随负载升高而大于限定压力 p；大于限定压力 p_B 时，p_A > 弹簧力，这时弹簧被压缩，定子右移；偏心量减小，泵的输出流量也减小，泵的工作压力愈高（负载愈大），偏心量愈小，泵的流量也愈小，工作压力达到某一极限值加时，限压弹簧被压缩到最短，定子移动到最右端，偏心量接近零，使泵的输出流量也趋近于零。只输出小流量来补偿泄漏。p_B 表示泵在最大流量保持不变时可达到的工作压力（称为限压压力），其大小可通过限压弹簧 3 进行调节 由于这种方式，是由泵出油口外部通道（实际还在泵内）引入反馈压力油来自动调节偏心距，所以叫“外反馈” 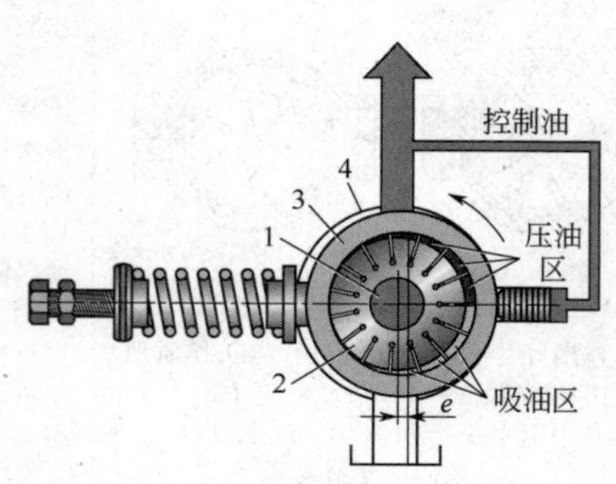 外反馈变量叶片泵的工作原理	

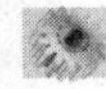

续表

<table>
<tr><th>项目</th><th>图示</th><th>说明</th></tr>
<tr><td>内反馈变量叶片泵</td><td colspan="2">与外反馈的工作原理相似，只不过自动控制偏心量 e 的控制力不是引自“外部”，而是依靠配油盘上设计的对 y 轴不对称分布的压油腔孔（腰形孔）内产生的力 p 的分力 F_X 来自动调节。当图中 $\alpha_2 > \alpha_1$ 时，压油腔内的压力油会对定子的内表面产生一作用力 F，利用 F 在 X 方向的分力 F_X 去平衡弹簧力，自动调节偏心距的大小：当 p_X 大于限压弹簧调定的限压压力时，则定子向右移动，使偏心距减小，从而改变泵的输出流量。工作压力增大，F 增大，F_X 也增大，会减小偏心量。其调节原理与上述的外反馈方式除了反馈的来源不同外，其他没有区别
力 F_y 用噪声调节螺钉压住，防止定子上下窜动使泵产生噪声振动，所以叫噪声调节螺钉
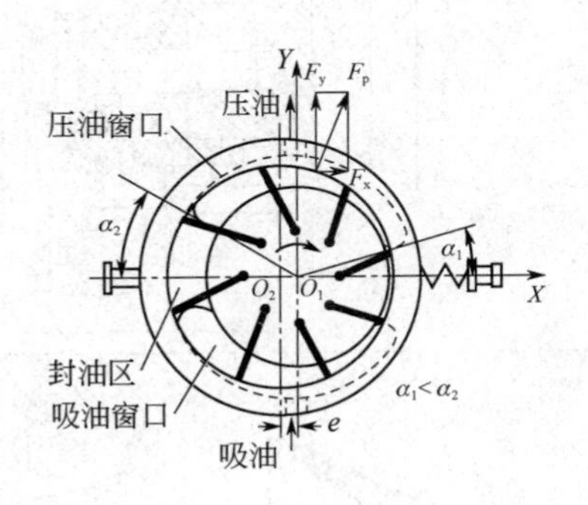

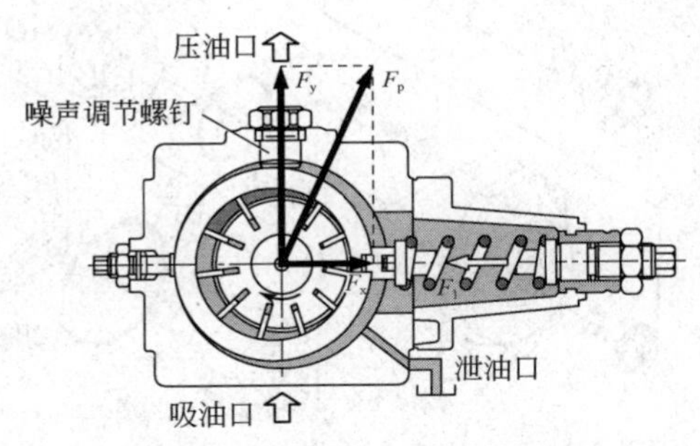

内反馈限压式变量叶片泵的工作原理</td></tr>
</table>

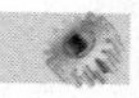

3.3.2 外观、图形符号、结构与立体分解图例

项目		图示
双作用定量叶片泵	外观与图形符号	
	结构	泵芯组件　泵盖　轴承　油封　泵轴　键　卡环　泵支座
	立体分解图例	叶片顶部　定子内曲线表面　转子槽　泵体端面　三角眉毛槽 1、6—卡簧；2—油封；3—泵轴；4—键；5—轴承；7—泵盖；8～10、21—O形圈；11—安装螺钉；12—弹簧垫圈；13—配油盘（前侧板）；14—转子；15—叶片；16—定子；17—定位销；18—配油盘（后侧板）；19—螺栓；20—自润滑轴承；22—泵体；23—螺栓

续表

项目		图示
子母叶片泵	外观与图形符号	
	结构	
	立体分解图例	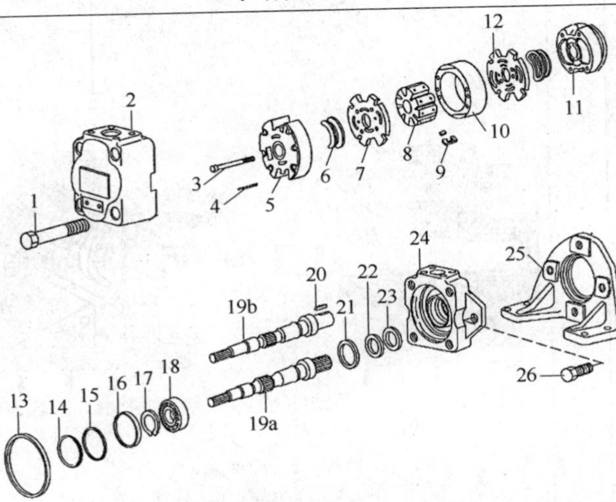 1，3，26—螺钉；2—泵体；4—销；5—过油盘；6—密封；7、12—配油盘；8—转子；9—子母叶片；10—定子；11—过油盘；13、14—O形圈；15—支承环；16、21—挡圈；17—卡簧；18—轴承；19—泵轴；20—键；22—油封；23—防尘密封；24—泵盖；25—支座

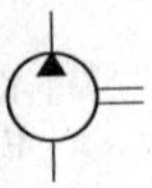

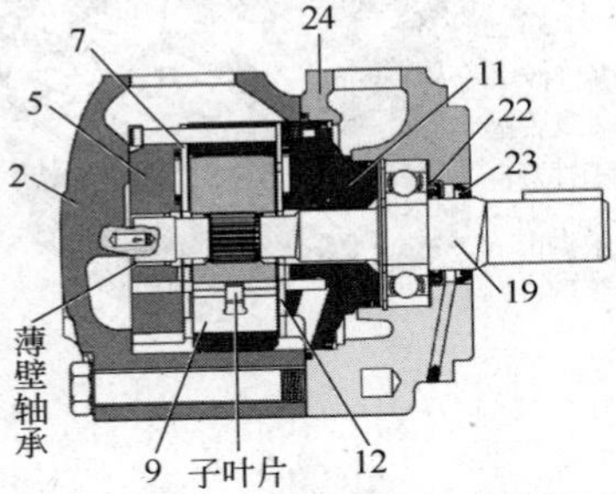

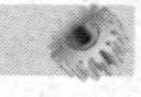

续表

项目		图示
单作用变量叶片泵	轴测图	噪声调节螺钉 泵转向标记 传动键 叶片 压力调节螺钉 控制活塞 泵轴 转子 定子 反馈活塞 定子限位环 流量调节螺钉 控制阀 配流盘
	结构	1 2 3 泄油口 吸油口 压油口 5 4 流量调节螺钉 压力调节螺钉 7 6 吸油口 泄油口 压油口 1—侧板；2—配油盘；3—泵轴；4—定子； 5—压力块；6—柱塞；7—叶片

3.3.3　维修叶片泵的基本技能

(1) 几种故障排除方法

故障	主要零件引起故障的部位	故障原因	排除方法
叶片泵吸不上油	定位销孔 定位内表面 L_0 (a) 定子	① 泵旋转方向不对 ② 漏装传动键 ③ 有叶片卡住在转子槽内 ④ 吸油管路严重进气：如漏装了密封圈、管道未焊好有焊缝 ⑤ 油温过低或油液黏度过大 ⑥ 吸油过滤器严重堵塞 ⑦ 配油盘端面（A 或 B 面）磨损拉有很深沟槽，压、吸油腔串腔 ⑧ 流量调节螺钉 10 调节不当使转子和定子处在最小偏心（$e\approx0$）的位置	① 纠正转向 ② 补装传动键 ③ 清洗转子叶片槽 ④ 补装密封圈，补焊吸油管 ⑤ 冬天要加热起动，且适当降低油液黏度 ⑥ 清洗过滤器 ⑦ 平磨配油盘端面，相应定子厚度 L_0 也应磨去相应尺寸 ⑧ 重新调节
输油量不足、压力提不上去	(b) 转子	① 泵转速过低 ② 配油盘与转子端面 C 或 D 面之间配合间隙偏大，内泄漏大 ③ 叶片和定子内表面磨损拉伤 ④ 吸油过滤器堵塞 ⑤ 油箱液面过低 ⑥ 配油盘错装，转了 180° ⑦ 变量叶片泵的控制活塞与反馈活塞卡住，使转子和定子处在最小偏心位置	① 提高电机转速 ② 定子尺寸 L_0 研去一点 ③ 轻者抛光继续使用；对双作用叶片泵可将定子旋转 180°后重新定位装配 ④ 清洗过滤器 ⑤ 向油箱内补油 ⑥ 纠正配油盘安装方向 ⑦ 修复，使之运动灵活

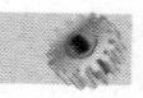

续表

故障	主要零件引起故障的部位	故障原因	排除方法
噪声大，伴有振动	(c)叶片与转子	① 有空气侵入 ② 转速过高 ③ 泵与电机不同轴 ④ 定子内曲线表面刮伤，过渡圆弧连接处不圆滑 ⑤ 油液黏度过高	① 排除进入的空气 ② 转速应在合理范围 ③ 校正泵与电机同轴度 ④ 抛光定子内曲线表面，使过渡圆弧连接处圆滑 ⑤ 使用合适黏度油液
发热温升厉害	(d)配油盘	① 油温过高 ② 油液黏度太大、内泄过大 ③ 工作压力过高 ④ 回油未经油箱冷却，马上又被泵吸入	① 改善油箱散热条件或使用冷却器 ② 选用合黏度的液压油 ③ 降低工作压力 ④ 回油口与泵吸油口要隔开一段距离，油箱内应设置折流板
外泄漏		① 密封件老化失效、密封破损或漏装 ② 进、出油口连接部位松动	① 更换密封 ② 紧固管接头或螺钉

(2) 叶片泵的拆装

名称	施工图	修理方法与步骤	修理工具	注意事项
卸轴承	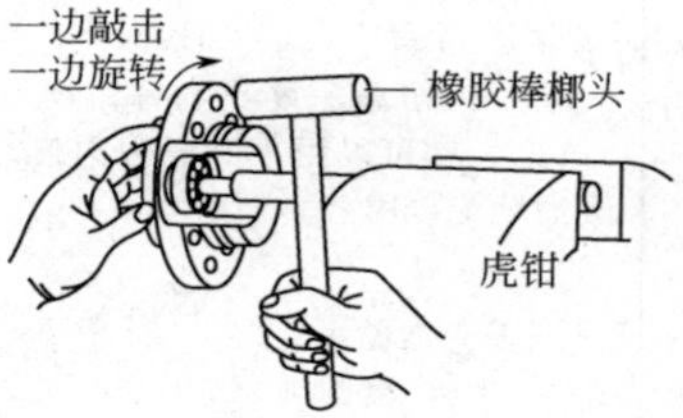	① 夹于台虎钳上 ② 用木榔头一边敲击，一边旋转盖	木榔头或橡胶棒榔头、虎钳、紫铜垫	① 台虎钳钳口垫紫铜垫 ② 不能用铁锤
装轴承	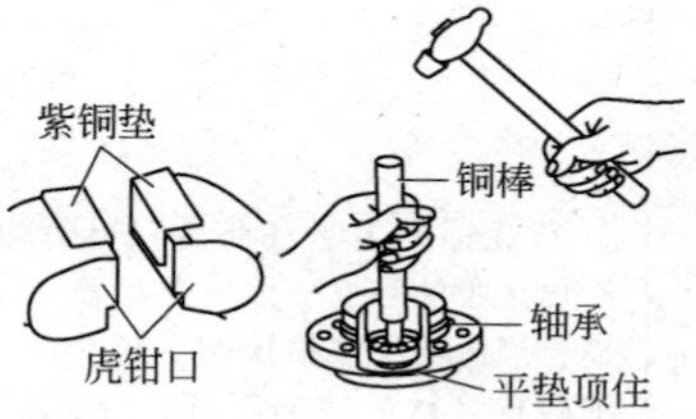	平整垫于硬砧上，用铜棒垂直用力均匀敲入轴承，铜棒不可歪斜	铜棒、木榔头、平垫	① 轴承注意装正 ② 不可用钢棒
泵芯的装配	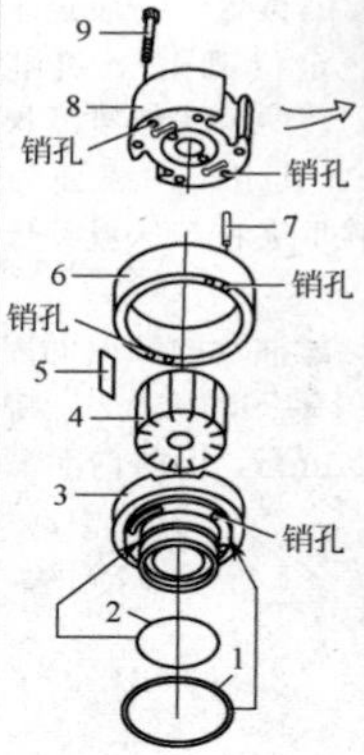  ① 所有零件清洗干净； ② 将配油盘3放在干净平板上； ③ 转子4置于3上后，将所有叶片5(图中为12枚)装入4的叶片槽内到底； ④ 在装好叶片的转子上套上定子环6； ⑤ 一边旋转6、一边插入定位销7至件3； ⑥ 以露出的两销7定位，装入配油盘8； ⑦ 旋入四个内六角螺钉9将各零件拧成整体，并在件3上套上O形圈2与1； 泵芯装配完毕	先将所有零件在油盘中清洗干净，有条件者可用超声波清洗机等进行清洗	内六角扳手、虎钳、木榔头	① 注意用定位销定位 ② 不要搞错配油盘的安装方向 ③ 注意叶片在转子槽内的安装方向

(3) 叶片泵的修理

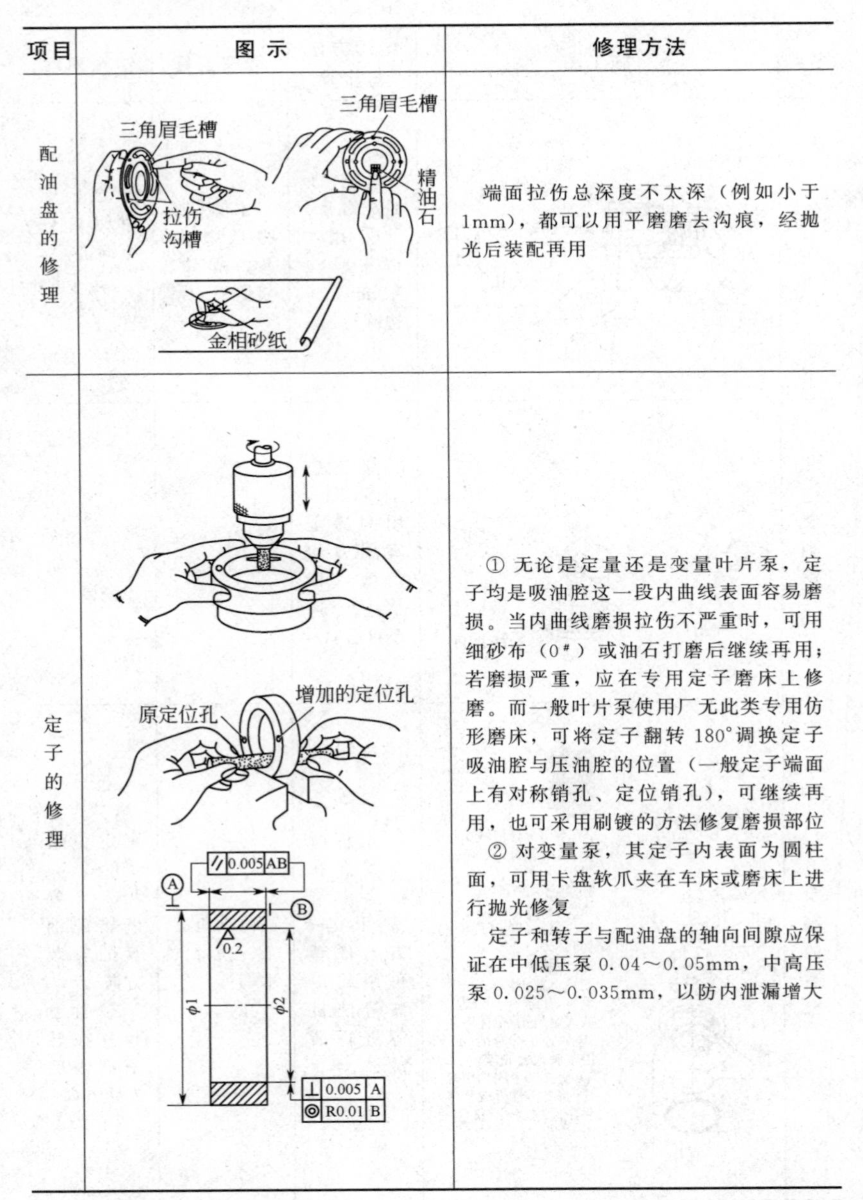

项目	图示	修理方法
配油盘的修理		端面拉伤总深度不太深（例如小于1mm），都可以用平磨磨去沟痕，经抛光后装配再用
定子的修理		① 无论是定量还是变量叶片泵，定子均是吸油腔这一段内曲线表面容易磨损。当内曲线磨损拉伤不严重时，可用细砂布（0#）或油石打磨后继续再用；若磨损严重，应在专用定子磨床上修磨。而一般叶片泵使用厂无此类专用仿形磨床，可将定子翻转180°调换定子吸油腔与压油腔的位置（一般定子端面上有对称销孔、定位销孔），可继续再用，也可采用刷镀的方法修复磨损部位 ② 对变量泵，其定子内表面为圆柱面，可用卡盘软爪夹在车床或磨床上进行抛光修复 定子和转子与配油盘的轴向间隙应保证在中低压泵0.04～0.05mm，中高压泵0.025～0.035mm，以防内泄漏增大

续表

项目	图 示	修理方法
转子的修理	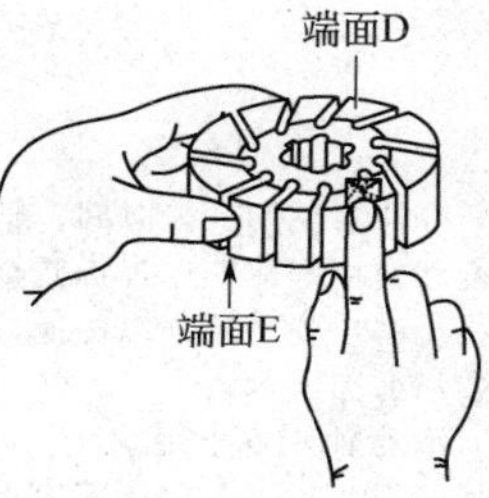 端面D 端面E	转子两端面D与E是与配油盘端面相接触的运动滑动面，因而易磨损和拉毛。键槽处有少量情况出现断裂或裂纹。以及叶片槽有磨损变宽等现象 若只是两端面轻度磨损，抛光后可继续再用；磨损拉伤严重者，须用花键心轴和顶尖定位和夹持，在万能外圆磨床上靠磨两端面后再抛光。但需注意此时叶片、定子也应磨去相应部分，保证叶片长度小于转子厚度0.005～0.01mm，定子厚度应大于转子厚度0.03～0.04mm 当转子叶片槽磨损拉伤严重时，可用薄片砂轮和分度夹具在手摇磨床或花键磨床上进行修磨，叶片槽修磨后，叶片厚度也应增大相应尺寸。修磨后的叶片槽两工作面的直线度、平行度允差、叶片槽对转子端面的垂直度允差均为0.01mm，装配前用油石倒除毛刺，但不可倒角
叶片的修理	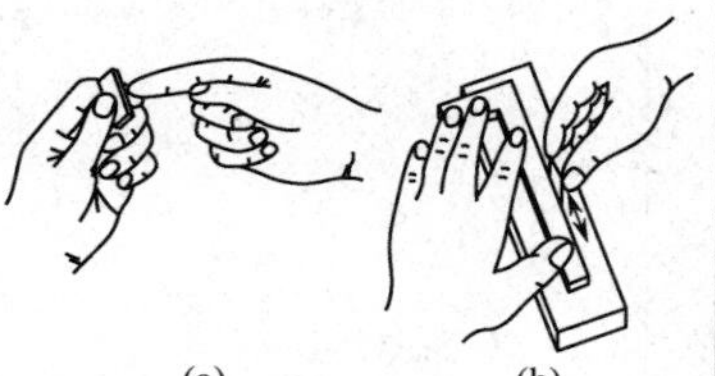 (a) (b) 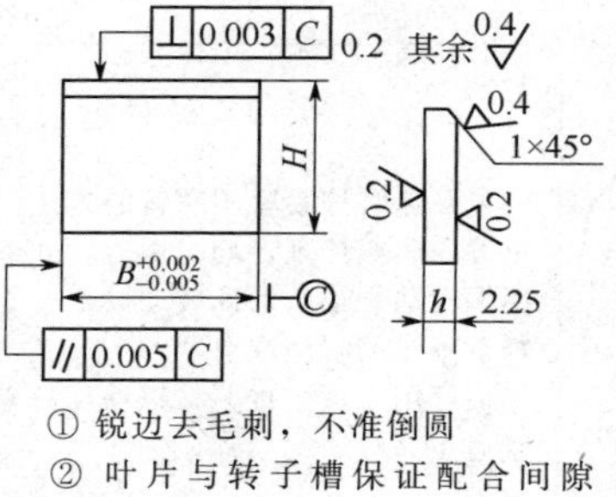 ⊥ 0.003 C　0.2 其余 0.4 0.4 1×45° H 0.2 0.2 $B^{+0.002}_{-0.005}$ // 0.005 C h 2.25 ① 锐边去毛刺，不准倒圆 ② 叶片与转子槽保证配合间隙0.02～0.03mm ③ 热处理：63HRC	① 使用表面平整的油石； ② 用角尺导向，紧靠一面轻磨； ③ 叶片顶端划伤者，有台阶者不能修整，予以更换 配装在转子槽内的叶片应移动灵活，以手松开后由于油的张力叶片不下掉为原则，否则配合过松 定量泵配合间隙为0.02～0.025mm，变量泵0.025～0.04mm 叶片的高度 H 应比转子厚度小0.005～0.01mm。同时，叶片与转子在定子中应保持正确的装配方向，不得装错

续表

项目	图 示	修理方法
轴承的修理	边敲边旋转 木榔头 虎钳 (a) 卸轴承 铜棒 平垫顶住 (b) 装轴承	叶片泵使用一段时间，已超出轴承的推荐使用寿命，或者拆修泵时发现轴承已经磨损，必须予以更换，装卸轴承的方法如图所示 滚动轴承磨损后不能再用，只有换新。近些年来有些厂家生产的叶片泵采用了聚四氟塑料外镶钢套的复合轴承，已有专门厂家生产。其内孔表面粗糙度$\overset{10.4}{\nabla}$以上，内外圆同轴度 $R0.01$mm，与轴颈的配合间隙 0.05～0.07mm，也可选用合适的双排滚针轴承或锡青铜滑动轴承
泵盖的装配		装泵盖时拧紧紧固螺钉的方法：应对角方向分次拧紧，均匀用力，并边拧边用手转动泵轴，保证转动灵活平稳，无轻重不一的阻滞现象 最好用力扳手拧紧，以保证各螺钉拧紧力矩一致

3.4　柱塞泵

柱塞泵有轴向柱塞泵、径向柱塞泵和直列式柱塞泵三大类，此处仅对轴向柱塞泵予以介绍。

3.4.1　工作原理

项目		图示	说明
定量柱塞泵	工作原理	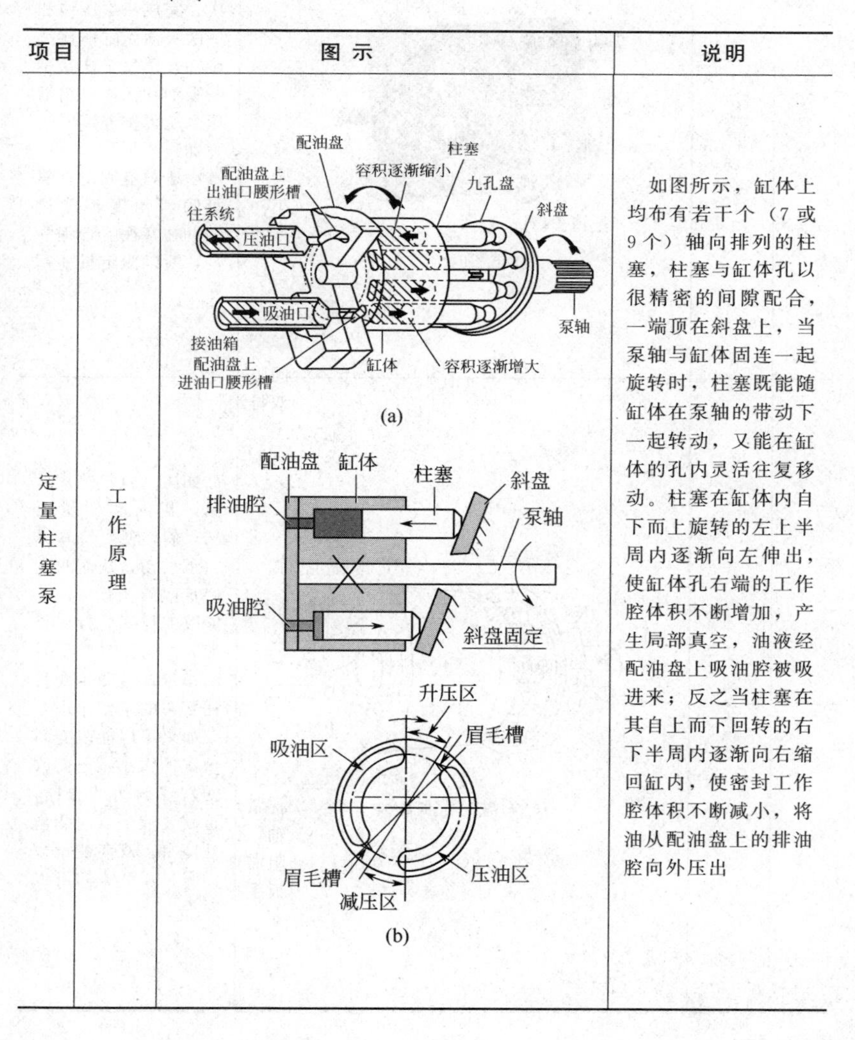 (a) (b)	如图所示，缸体上均布有若干个（7 或 9 个）轴向排列的柱塞，柱塞与缸体孔以很精密的间隙配合，一端顶在斜盘上，当泵轴与缸体固连一起旋转时，柱塞既能随缸体在泵轴的带动下一起转动，又能在缸体的孔内灵活往复移动。柱塞在缸体内自下而上旋转的左上半周内逐渐向左伸出，使缸体孔右端的工作腔体积不断增加，产生局部真空，油液经配油盘上吸油腔被吸进来；反之当柱塞在其自上而下回转的右下半周内逐渐向右缩回缸内，使密封工作腔体积不断减小，将油从配油盘上的排油腔向外压出

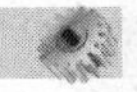

续表

项目	图示		说明
定量柱塞泵	工作原理	(c)	缸体每转一转，每个柱塞往复运动一次，完成一次压油和一次吸油。缸体连续旋转，则每个柱塞不断吸油和压油，给液压系统提供连续的压力油 由于斜盘固定，斜盘倾斜角度不能调节，柱塞往复行程一定，所以为定量柱塞泵
变量柱塞泵	变量原理	(a) 斜盘由耳轴支承	如图（a）、（b）所示，若推动变量机构，斜盘便可绕耳轴支承摆动，从而改变斜盘倾斜角度 α，就能改变柱塞的行程长度 h，也就改变了泵的排量，这便是变量柱塞泵的工作原理 如果不但能改变斜角 α 的大小，还能改变斜盘斜角的方向，这就变成了双向变量柱塞泵。双向变量泵的吸、压油方向可以对换

续表

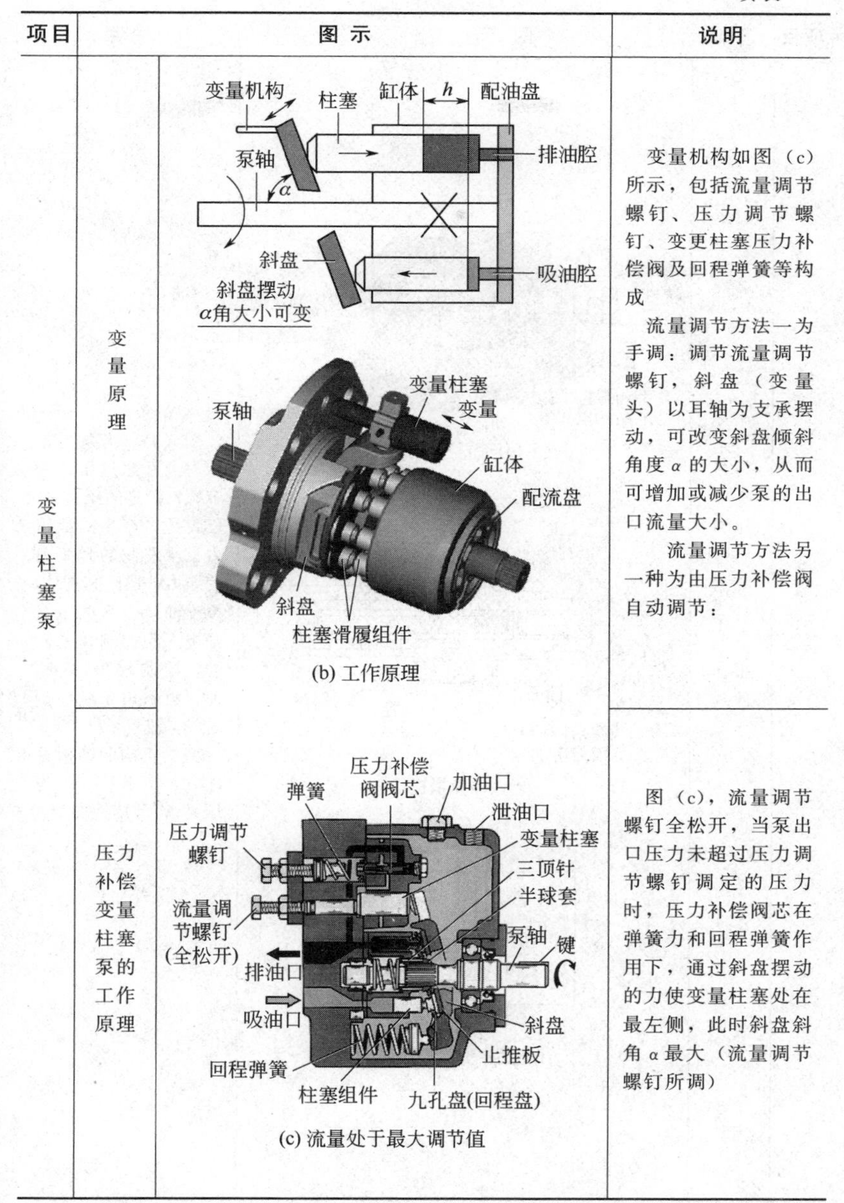

项目		图 示	说明
变量柱塞泵	变量原理	(b) 工作原理	变量机构如图（c）所示，包括流量调节螺钉、压力调节螺钉、变更柱塞压力补偿阀及回程弹簧等构成 流量调节方法一为手调：调节流量调节螺钉，斜盘（变量头）以耳轴为支承摆动，可改变斜盘倾斜角度 α 的大小，从而可增加或减少泵的出口流量大小。 流量调节方法另一种为由压力补偿阀自动调节：
	压力补偿变量柱塞泵的工作原理	(c) 流量处于最大调节值	图（c），流量调节螺钉全松开，当泵出口压力未超过压力调节螺钉调定的压力时，压力补偿阀芯在弹簧力和回程弹簧作用下，通过斜盘摆动的力使变量柱塞处在最左侧，此时斜盘斜角 α 最大（流量调节螺钉所调）

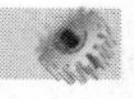

续表

项目		图示	说明
变量柱塞泵	压力补偿变量柱塞泵的工作原理	阀芯 弹簧 K腔 调压螺钉 控制柱塞 斜盘 手调螺钉不起作用 (d) 流量≈0时 流量调节螺钉 端盖 缸杆 控制缸体 调节杆 拧入方向 逆时针方向流量减少 锁母 a腔 斜盘 顺时针方向流量增加 (e) 变量机构 流量 全截流时压力(限压压力) 压力 (f) 压力-流量特性曲线	图（d），当泵出口压力上升超过压力调节螺钉调定的压力时，K腔压力产生的液压力克服左侧的弹簧力使压力补偿阀芯左移，泵出油口引来的压力油进入到控制柱塞左腔，控制柱塞右移，使斜盘斜角 α 变小到 $\alpha\approx0$，流量≈0 变量机构的结构见图（e），图（f）为压力-流量特性曲线

3.4.2　外观、图形符号、结构与立体分解图例

<table>
<tr><th>项目</th><th>图示及说明</th></tr>
<tr><td>定量轴向柱塞泵</td><td>柱塞泵有进油口和压油口两个主油口，还有一个泄油口
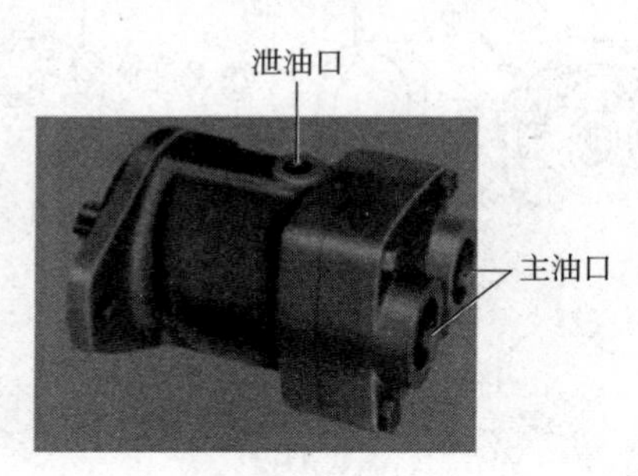

(a) 外观
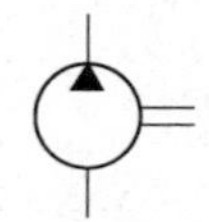
(b) 图形符号
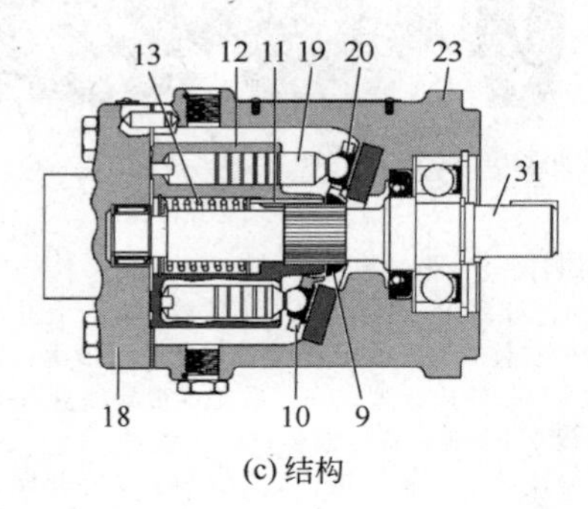

(c) 结构</td></tr>
</table>

续表

<table>
<tr><th>项目</th><th>图示及说明</th></tr>
<tr><td>定量轴向柱塞泵</td><td>
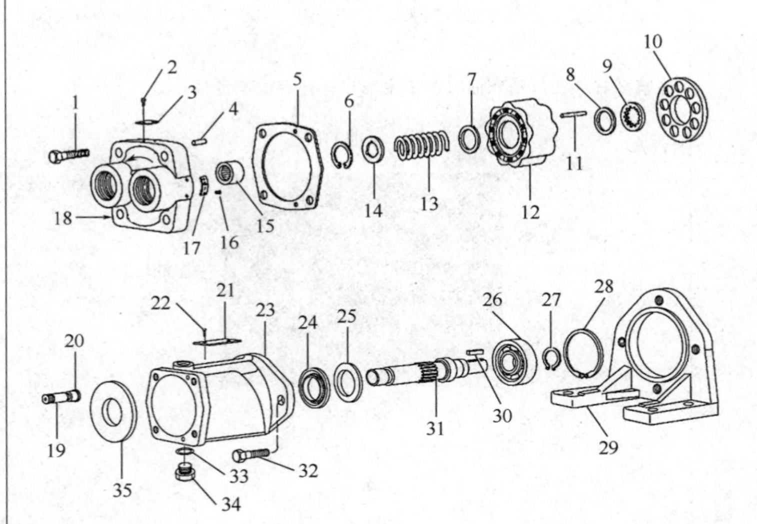

(d) 立体分解图例

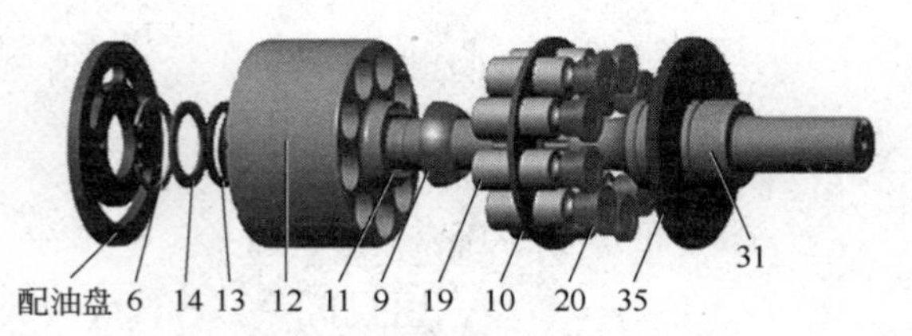

(e) 泵芯立体图

1、32—螺钉；2—标牌螺钉；3、21—标牌；4—定位销；5、7、8、14、25—垫；6、27、28—卡簧；9—半球铰；10—九孔回程盘；11—三顶针；12—缸体；13—中心弹簧；15、26—轴承；16、22—铆钉；17—转向标牌；18—后盖（带配油盘）；19—柱塞；20—滑靴；23—泵体；24—轴封；29—泵安装支座；30—键；31—泵轴；33—垫圈；34—螺塞；35—止推板
</td></tr>
</table>

续表

<table>
<tr><th>项目</th><th>图示及说明</th></tr>
<tr><td>变量轴向柱塞泵</td><td>
(a) 外观
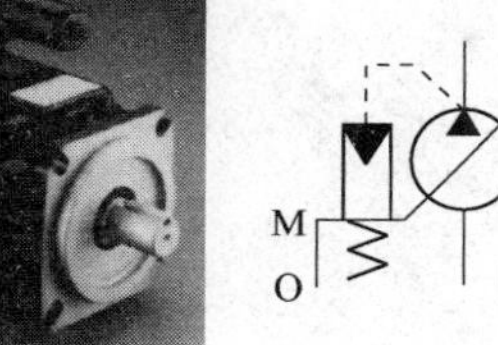

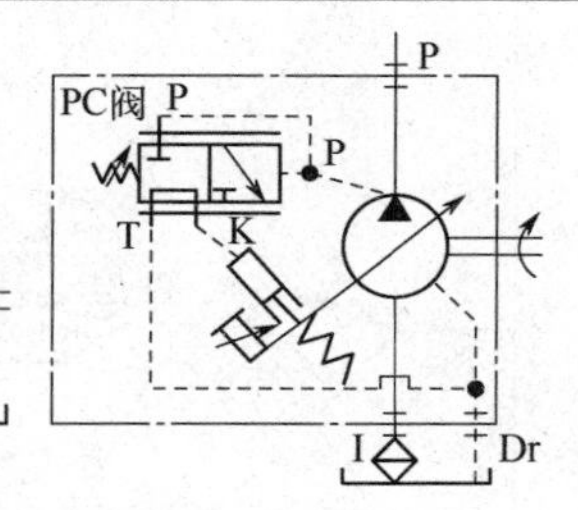

(b) 图形符号
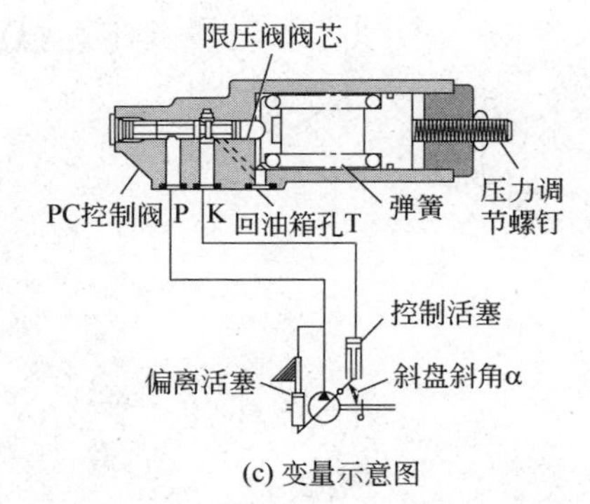

(c) 变量示意图
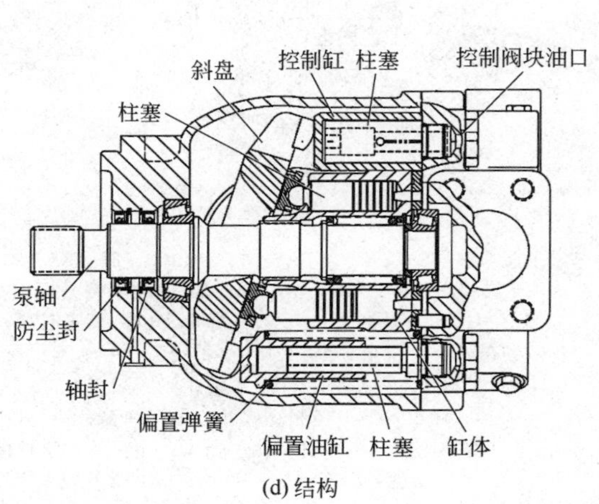

(d) 结构</td></tr>
</table>

续表

项目	图示及说明
变量轴向柱塞泵	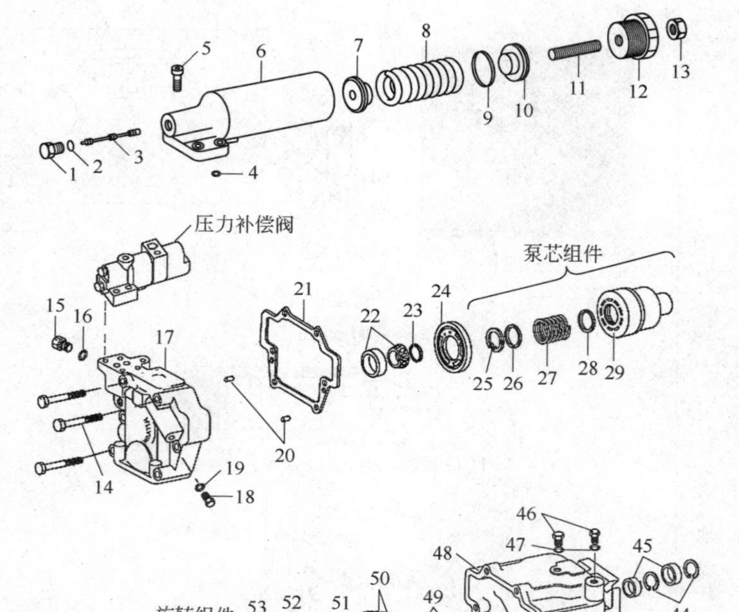 (e) 立体分解图例 1、15、18、46—螺塞；2、4、9、16、19、20、34、37、43、47—O形圈；3—补偿阀阀芯；5、14、32、41、51—螺钉；6—压力补偿阀体；7、10、26、28—弹簧座；8、27—弹簧；11—调压螺钉；12—螺套；13—锁母；17—泵盖；21、23—垫；22、49—轴承；24—配油盘；25、44—卡簧；29—缸体；30—泵轴；31—限止卡；33—柱塞组件；35、38—柱塞；36—控制缸；39—偏置弹簧；40—偏置油缸；42—盖；45—轴封；48—壳体；50—马鞍状轴承；52—斜盘；53—衬垫；54—九孔盘

3.4.3 维修柱塞泵的基本技能

(1) 故障的判断和处理方法

故障	主要零件产生故障的位置	故障原因	排除方法
不上油	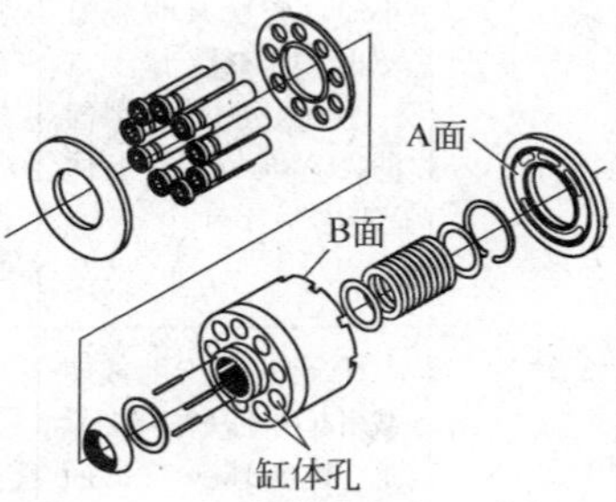 (a) 泵芯组件 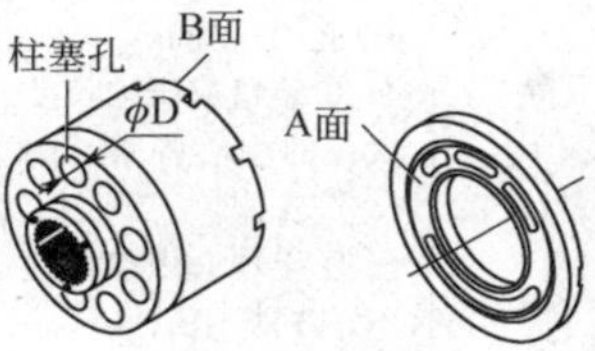 (b) 缸体与配油盘	① 配油盘A面(与缸体B面贴合)磨损、有很深凹坑，或拉伤、有圆周形的沟槽[图(b)] ② 缸体B面磨损、有凹坑，或拉伤有圆周形的深沟槽[图(b)] ③ 柱塞与缸体孔间隙太大[图(g)] ④ 三顶针尺寸L太短或断裂、或漏装[图(d)] ⑤ 中心弹簧被折断或错装成弱弹簧，致使柱塞回程不到位，或使缸体和配油盘间不能顶紧而导致贴合面密封不严，压、吸油腔相通串腔[图(a)、图(e)] ⑥ 油温过高、过低，应依油温变化选择适合的油 ⑦ 泵壳内事先加油不充分，还有空气存在 ⑧ 油箱液面太低，过滤器裸露在油面之上，吸油管漏气，以及过滤器阻力过大	① 配油盘与缸体贴合面应修磨平整 ② 同上 ③ 换新柱塞与缸体孔配研 ④ 更换三顶针 ⑤ 可换新的合格的中心弹簧，卡簧断裂时换新 ⑥ 控制油温，应依油温变化范围选择适合的油 ⑦ 泵启动前，先往泵内注满油，彻底排除泵内空气 ⑧ 应补油至油箱油标规定线，并清洗过滤器

续表

故障	主要零件产生故障的位置	故障原因	排除方法
输出流量不够，压力也提不高或者根本不上压	球铰副 ϕd 滑靴 小孔 柱塞 柱塞 滑靴 ϕd (c) 滑靴与柱塞 L (d) 三顶针	① 配油盘A面或缸体B面磨损有轻度拉伤，有圆周形的沟槽[图(b)] ② 柱塞与缸体孔间出现磨损［图(g)］ ③ 流量调节螺钉过调，或变量调节装置失灵使斜盘的倾角太小时，变量泵的流量便小［图(i)］ ④ 因污物等原因配油盘A面与缸体B面之间贴合不好	① 研磨配油盘A面或缸体B面 ② 刷镀柱塞外圆，研配缸体孔 ③ 正确调节流量调节螺钉，清洗变量控制缸 ④ 拆洗配油盘与缸体
泵被卡死，不能转动（此为危险故障，立即停机解决）	卡簧 中心弹簧 (e) 中心弹簧与卡簧	① 因柱塞卡死或超载引起滑靴从柱塞上脱落，柱塞球头被折断[图(c)] ② 因油温太高或油脏引起柱塞卡死在缸体ϕD孔内［图(b)］ ③ 装错成压缩长度太长的中心弹簧［图(e)］ ④ 半球套因热处理不好破裂［图(f)］ ⑤ 因使用时间已久，在长期运动过程中，吸油时，柱塞球头将滑靴压向止推盘；压油时，将滑靴拉向回程盘，每分钟上千次这样的循环，久而久之，造成滑靴球窝窝底部磨损和包口部位的松弛变形，产生间隙，而导致松靴现象	① 立即停机拆开修理，查明原因，予以修理 ② 拆开清洗并换油 ③ 换装成合适的中心弹簧 ④ 立即更换 ⑤ 重新包合滑靴
松靴	(f) 半球套		

续表

故障	主要零件产生故障的位置	故障原因	排除方法
内泄漏大，泵发热，油液温升过高，甚至发生卡缸烧电机的现象	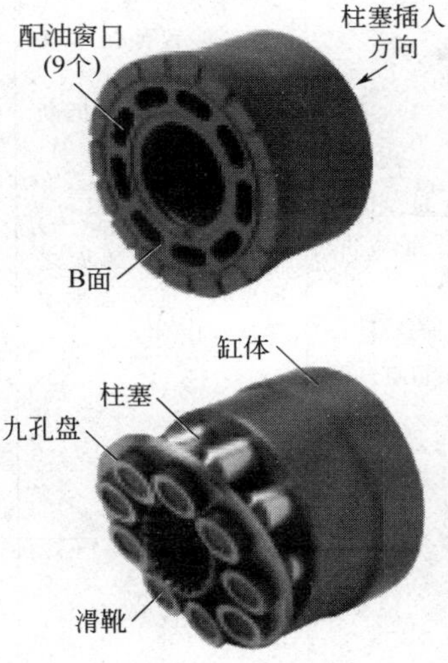 (g) 柱塞与缸体的配合	① 配油盘A面磨损和拉伤 ② 柱塞外径 ϕd 磨损和拉伤 ③ 柱塞外径上加工有均压槽者，若槽边毛刺未清除干净，机械摩擦力大而发热 ④ 缸体孔 ϕD、缸体B面之间因磨损和拉伤，内泄漏大 ⑤ 因三针尺寸 L 太短或漏装，不能顶紧，使缸体与配流盘相配面间隙大而内泄漏大［图(d)］ ⑥ 油液黏度过低，油温又过高，造成泵内泄漏损失大而发热 ⑦ 泵轴承磨损时更换合格轴承 ⑧ 电机与泵轴安装不同轴或联轴器的挠性件破损	① 修复或更换 ② 刷镀柱塞外径 ϕd，修复或更换 ③ 去毛刺 ④ 修复 ⑤ 更换三针 ⑥ 更换为黏度合适的油液 ⑦ 泵轴承磨损时更换合格轴承 ⑧ 校正电机与泵轴安装同轴度，联轴器的挠性件破损时予以更换［图(j)］
滑靴（滑履）与变量头（或斜盘）贴合面磨损或烧坏	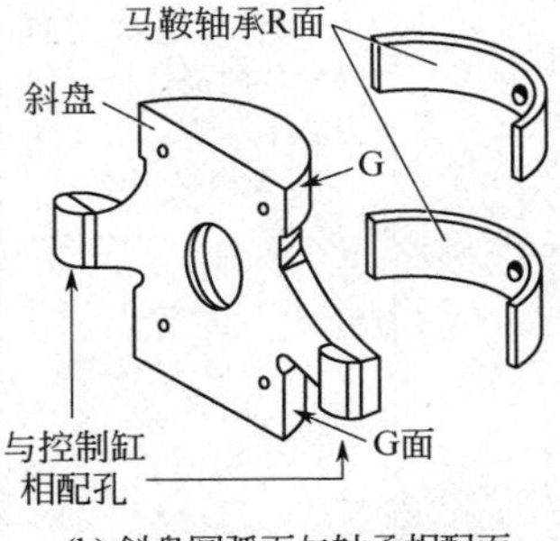 (h) 斜盘圆弧面与轴承相配面	① 油液不干净，柱塞中心小孔和滑靴小孔被污物堵塞，导致滑靴止推板与变量头之间形成干摩擦 ② 污物进入滑靴与变量头的间隙内，引起拉毛磨损或卡死［图(h)］	① 油液一定要干净 ② 滑靴小孔阻塞后可用 ϕ0.8mm的钢丝穿通，并清洗

续表

故障	主要零件产生故障的位置	故障原因	排除方法
不变量，变量机构失灵	(i) 变量控制缸与斜盘偏置缸	① 变量控制缸缸体卡住在柱塞上 ② 偏置油缸卡住在柱塞上 ③ 偏置弹簧折断或漏装 ④ 斜盘（变量头）G面与轴承R面之间磨损严重，摆动不灵活［图(h)］	① 清洗 ② 清洗 ③ 更换或补装偏置弹簧 ④ 刮研轴承R面与斜盘（变量头）G面，使二者相互摆动灵活
噪声大，振动大	用百分表检查联轴器端面 用百分表检查支座端面 (j)	① 泵与电机安装不同心 ② 泵与电机之间联轴器的挠性橡胶件没有了 ③ 泵内进了空气	① 按图(j)校正 ② 补装挠性橡胶件 ③ 排除泵内空气

(2) 柱塞泵的修理

名称	图示	修理方法
柱塞的修理	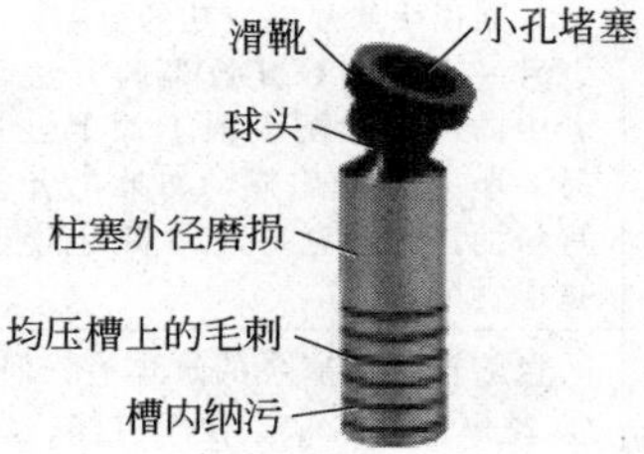 滑靴　小孔堵塞 球头 柱塞外径磨损 均压槽上的毛刺 槽内纳污	柱塞一般是球头面和外圆柱表面的磨损与拉伤，且磨损后，外圆柱表面多呈腰鼓形 柱塞球头表面一般在修理时，因为泵用户单位没有磨削球面需要专门的设备，只能采取与滑靴内球面进行对研的方法 柱塞外圆柱面的修复可采用的方法有： ① 无心磨半精磨外圆后镀硬铬，镀后再精磨外圆并与缸体孔相配 ② 电刷镀：在柱塞外圆面刷镀一层耐磨材料，一边刷镀一边测量外径尺寸 ③ 热喷涂、电弧喷涂或电喷涂，喷涂高炭马氏体耐磨材料 ④ 激光熔敷：在柱塞外圆表面熔敷高硬度耐磨合金粉末，柱塞材料有 20CrMnTi 等 修理后再装配时注意清除均压槽棱边上的毛刺和清洗槽内污垢
缸体与配流盘相配合面的修理	 配合副 柱塞　柱塞 配油盘 B面 压油窗口 A面 三角眉毛槽 配油盘 吸油窗口	配油盘有平面配流和球面配流两种结构形式 ① 对于球面配流副：在缸体与配流盘凹凸接合面之间，如果出现的划痕不深，可采用对研的方法进行修复；如果划痕很深，另购置予以更换，或采用银焊补缺的办法和其他办法进行修补后再对研球面配合副 ② 对于平面配流盘：先用平面磨床磨去划痕，然后表面进行软氮化（或磷化）热处理，氮化层深度 0.4mm 左右，硬度为 900～1100HV；缸体端面同样可经高精度平面磨床平磨后，再在平板上研磨修复，磨去的厚度要补偿到调整垫上，配油盘材料为 38CrMoAlA 等

续表

<table>
<tr><th>名称</th><th>图示</th><th>修理方法</th></tr>
<tr><td>缸体与配流盘相配合面的修理</td><td></td><td>缸体和配油盘修复后，可用下述方法检查接合面的配合精度：在配油盘端面上涂上凡士林油，将泄油道堵住，涂好油的配油盘放在平台或平板玻璃上，再将缸体放在配油盘上，在缸体每隔一孔注入柴油，观察 4h 后柱塞缸孔中柴油的泄漏情况，如无串通和明显减少的情况，则说明修复是成功的
另一个检查修复效果的方法是在二者中的一个相配表面上涂上红丹，用另一个去对研几下，如果二者去掉红丹粉的面积超过 80%，则也说明修复是成功的</td></tr>
<tr><td>缸体孔与柱塞相配合面的修复</td><td> 柱塞孔
柱塞
柱塞插入缸体孔
缸体</td><td>目前轴向柱塞泵的缸体有三种形式：① 整体铜缸体；② 全钢缸体；③ 镶铜套钢制缸体。缸体上柱塞孔数有七孔、九孔等。缸体孔与柱塞外圆配合间隙如下
<table>
<tr><td>柱塞与缸孔相配直径/mm</td><td>$\phi16$</td><td>$\phi20$</td><td>$\phi25$</td><td>$\phi30$</td><td>$\phi35$</td><td>$\phi40$</td></tr>
<tr><td>相配标准间隙/mm</td><td>0.015</td><td>0.025</td><td>0.025</td><td>0.030</td><td>0.035</td><td>0.040</td></tr>
<tr><td>相配极限间隙/mm</td><td>0.040</td><td>0.050</td><td>0.060</td><td>0.070</td><td>0.080</td><td>0.090</td></tr>
</table>
为避免出现泵输出流量不够和压力上不去之类的故障发生，应对其进行修理。修理方法如下：
① 对缸体柱塞孔镶铜套者，如果铜套内孔磨损基本一致，且孔内光洁，无拉伤划痕，则可研磨内孔，使各孔尺寸尽量一致，再重配柱塞；如果铜套内孔磨损拉伤严重，且内孔尺寸不一致，则要采用更换铜套的方法修复</td></tr>
</table>

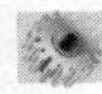

续表

名称	图示	修理方法
缸体孔与柱塞相配合面的修复		在缸体孔内安装铜套的方法有：缸体加温（用热油）热装或铜套低温冷冻挤压，外径过盈配合；采用乐泰胶黏着装配，这种方法的铜套外径表面要加工若干条环形沟槽；缸孔攻螺纹，铜套外径加工螺纹，涂乐泰胶后旋入装配 ② 对原铜套为熔烧结合方式或缸体整体铜件者，修复方法为：采用研磨棒，研磨修复缸孔；采用坐标镗床或加工中心，重新镗缸体孔；采用金刚石铰刀（在一定尺寸范围可调，市场有售）铰削内孔 ③ 对于缸体孔无镶入铜套者，缸体材料多为球墨铸铁，在缸体孔内壁上有一层非晶态薄膜或涂层等减磨润滑材料，修复时不可研去，修理这些柱塞泵，就要求助专业修理厂和泵生产厂家
柱塞球头与滑靴内球窝配合副的修复	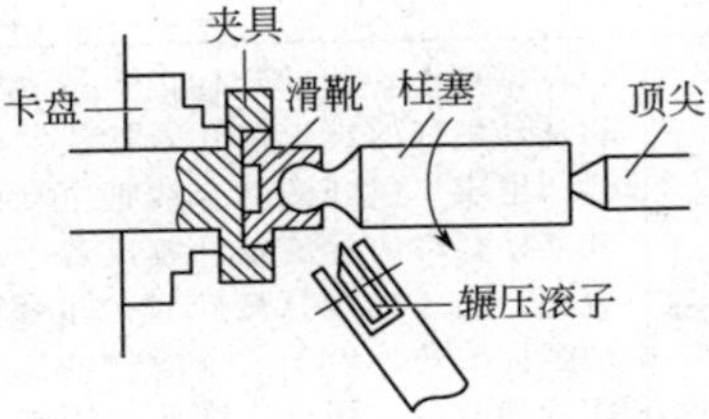 夹具 卡盘 滑靴 柱塞 顶尖 辗压滚子	柱塞球头与滑靴球窝在使用较长时间后，二者之间的间隙会大大增加，只要不大于 0.3mm，仍可使用。但间隙太大会导致泵出口压力流量的脉动增大的故障，严重者会产生松靴、脱靴故障，可能会导致因脱靴而泵被打坏的严重事故。出现压力流量脉动苗头时，要尽早检查是否松靴，尽早重新包靴，决不可忽视。包靴方法如下： ① 自制辗压滚轮及夹具（夹持滑靴） ② 将柱塞与滑靴组件按图示方法夹于车床上 ③ 辗压滑靴根部，须缓慢进行，否则容易产生包死现象，防止由“松靴”变成“紧靴”。柱塞球头与滑靴球窝之间以保留 0.015～0.025mm 为宜 如果滑靴磨损拉毛严重，则需购置更换

续表

名称	图示	修理方法
泵轴装入体壳或泵盖的方法	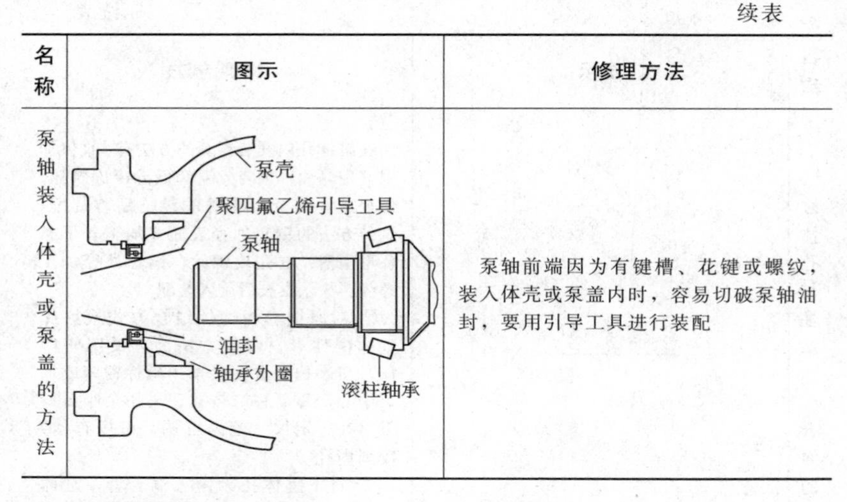	泵轴前端因为有键槽、花键或螺纹，装入体壳或泵盖内时，容易切破泵轴油封，要用引导工具进行装配

3.5 螺杆泵

螺杆泵具有流量脉动小、噪声低、振动小、寿命较长、机械效率高等突出优点，广泛应用在船舶（甲板机械、螺旋推进器的可变螺距控制）、载客用电梯、精密机床和水轮机调速等液压系统中。还可用来抽送黏度较大的液体和其中带有软的悬浮颗粒的液体，因此在石油工业和食品工业中亦有应用。但螺杆泵工艺难度高，限制了它的使用。

3.5.1 工作原理

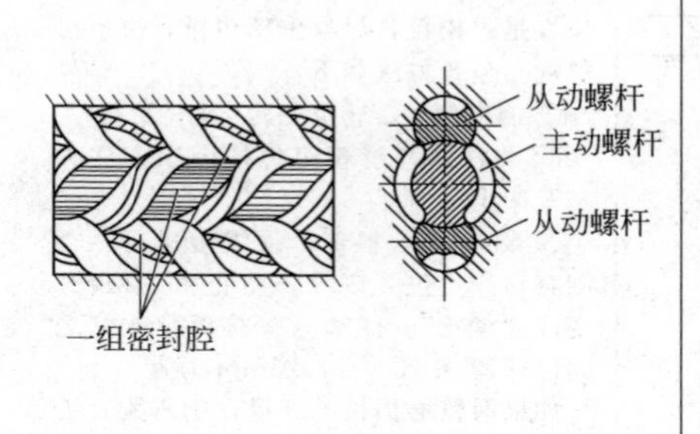

在垂直于轴线的剖面内，主动螺杆和从动螺杆的齿形由几对摆线共轭曲线所组成。螺杆的啮合线把主动螺杆和从动螺杆的螺旋槽分割成若干密闭容积。当主动螺杆旋转时，即带动从动螺杆旋转。由于三根螺杆的螺纹是相互啮合的，因此，随着空间啮合曲线的移动，密闭容积就沿着轴向移动。主动螺杆每转一转，各密闭容积就移动一个导程（双头螺杆时为两个螺距之和）的距离。在吸油腔一端，密闭容积逐渐增大，完成吸油过程；在压油腔一端，密闭容积逐渐减小，完成压油过程

续表

	从、主动螺杆旋转时，由于啮合线沿螺旋面的滑动，工作容腔将沿轴向由螺杆的一端连续地向另一端移动，这样工作容腔中充满的油液（工作介质）也就从吸油腔带到排油腔而输往液压系统，后续的螺旋面不断形成新的密闭工作容腔，因而连续地输出油液

3.5.2 外观、图形符号、结构与立体分解图例

项目	图示	说明与图注
外观与图形符号	K_2 K_1	按螺杆数分有单螺杆、双螺杆、三螺杆泵；按用途分有液压用泵和输送用泵 常见的液压用螺杆泵多为三螺杆泵
结构例	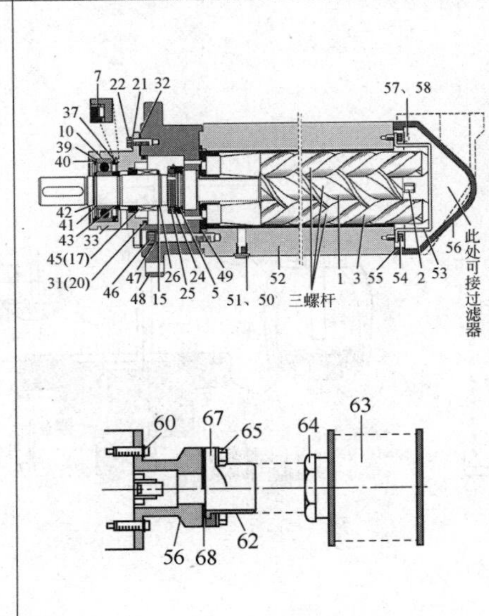	1—主动螺杆；2、22、35、46、54、58、60、65、73—螺钉；3—从动螺杆；4—平衡套；5—平衡垫；6—键；7、36—弹簧垫；8、15、27、30、41、43、55—垫；9—填隙片；10、38—球轴承；11—防松圈；12—锁母或卡簧；13—卡环；14、21、24、34、37、39、47—垫圈；16、28—密封组件；17～19、45—泵轴封组件；20、31、49、68—O形圈；23、33—盖；25、64—锁母；26、40、42、44—卡簧；29—套；32—开口垫；48—泵前盖；51—塞；52—泵体；53—支板；56、69—密封室；59—小垫圈；61、67—剖分法兰；62—焊接接头体；

续表

项目	图示	说明与图注
立体分解图例	轴封A 轴封B	63—过滤器；70—密封垫；71—滤网；72—垫板

3.5.3 螺杆泵的拆装

(1) 拆卸方法

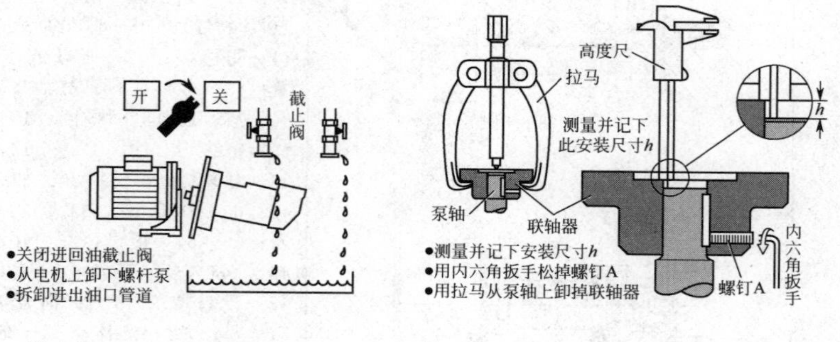

第一步　　第二步

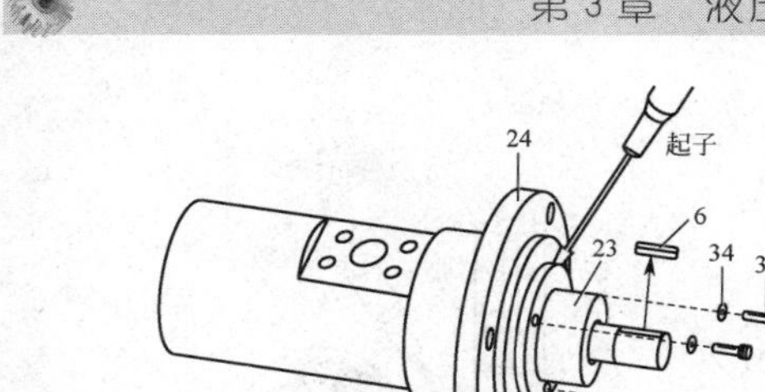

- 卸下键6，松掉螺钉35
- 用两把起子对角撬开泵盖23

第三步

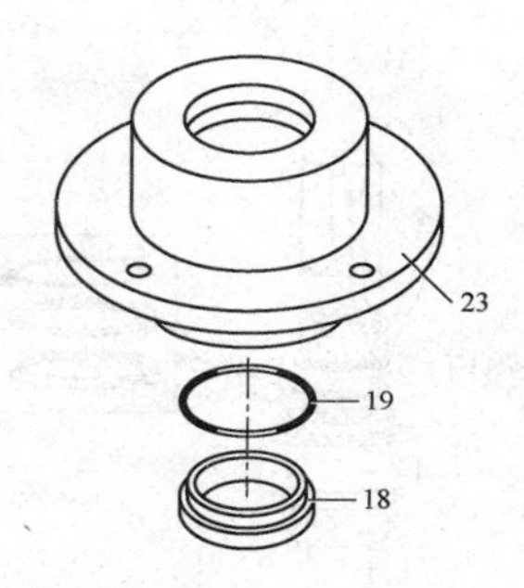

- 从盖23内取出O形圈19和压圈18

第四步

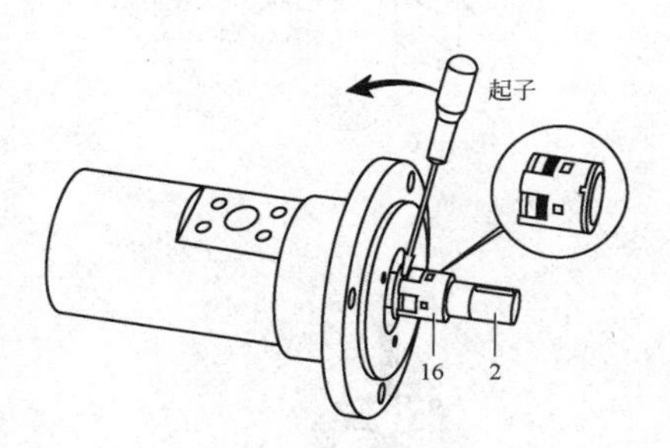

- 用起子撬下密封组件16

第五步

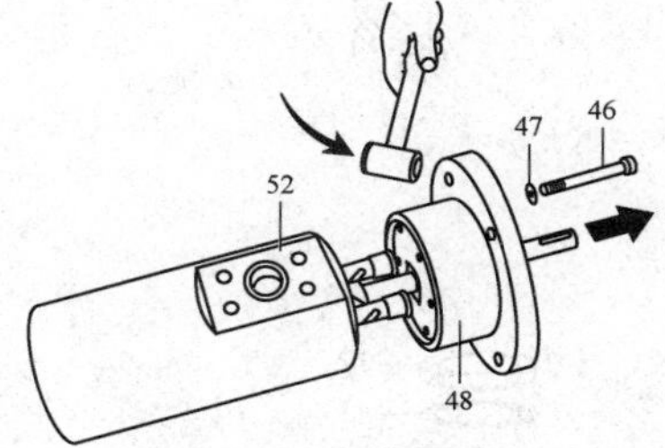

- 用内六角扳手卸掉螺钉46
- 用木榔头敲出泵前盖48

第六步

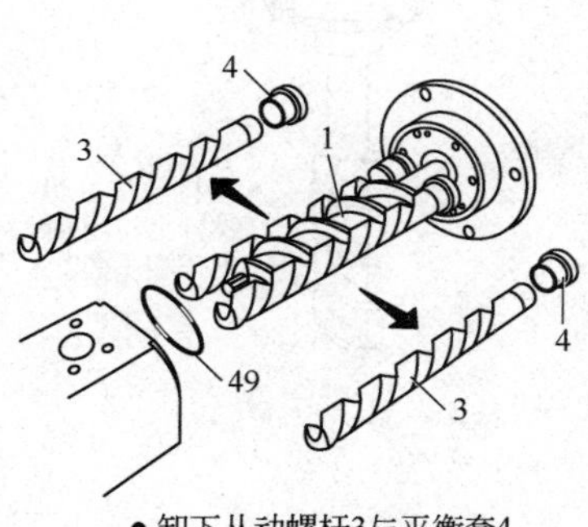

- 卸下从动螺杆3与平衡套4

第七步

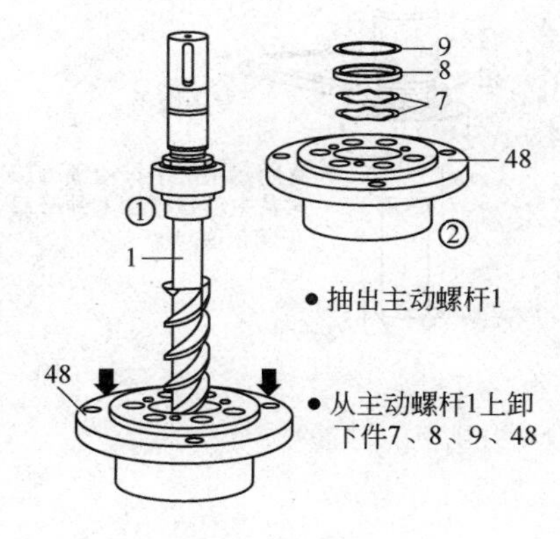

- 抽出主动螺杆1
- 从主动螺杆1上卸下件7、8、9、48

第八步

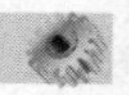

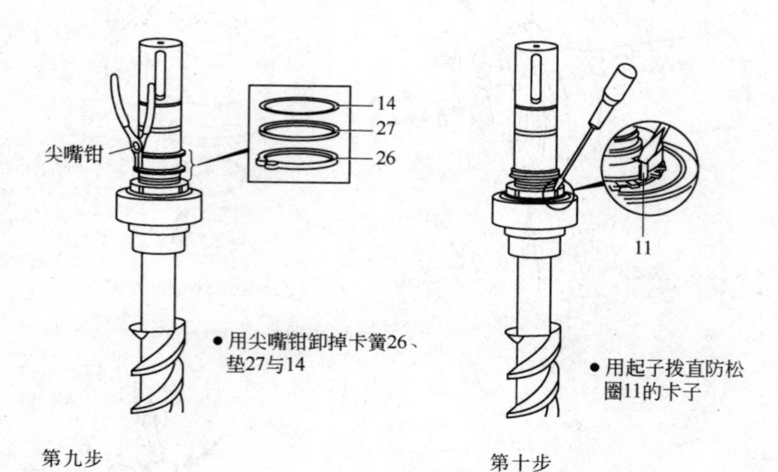

第九步　　第十步

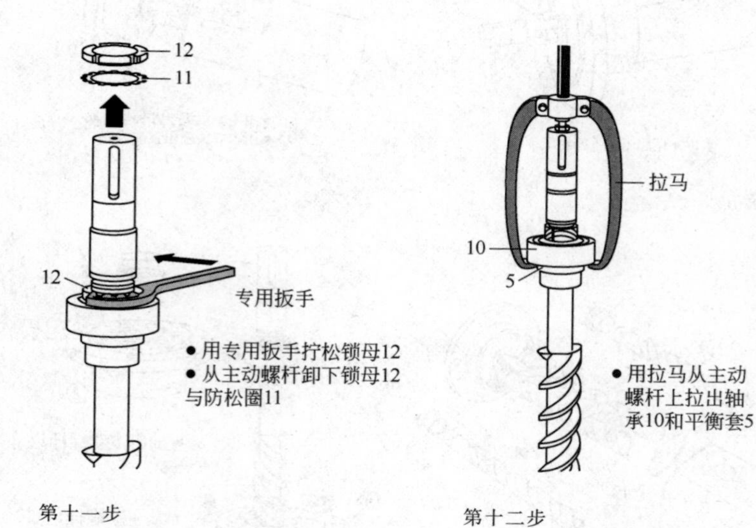

第十一步　　第十二步

(2) 装配螺杆泵

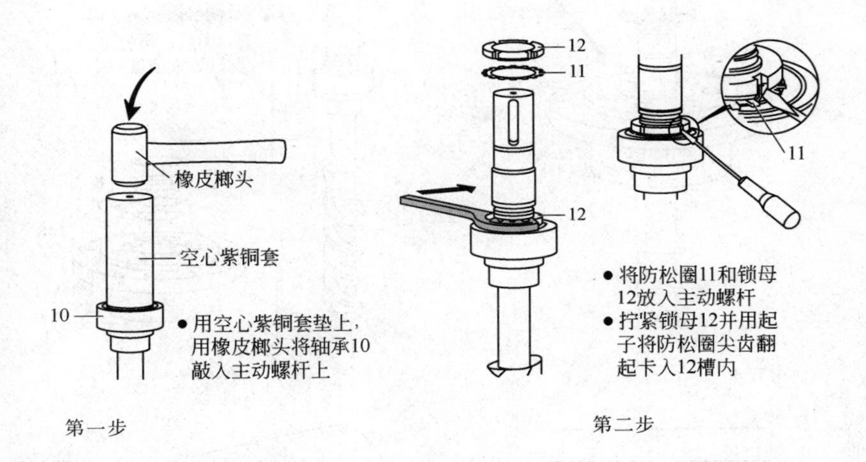

第一步　　第二步

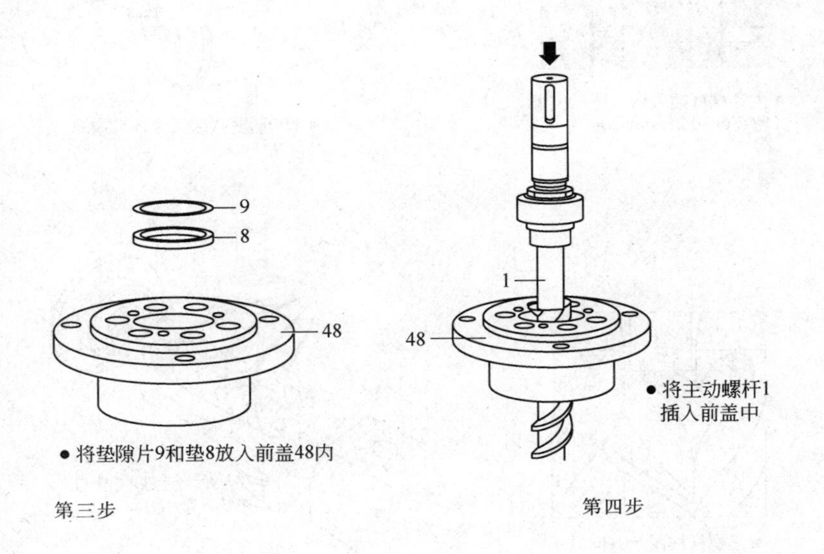

第三步　　第四步

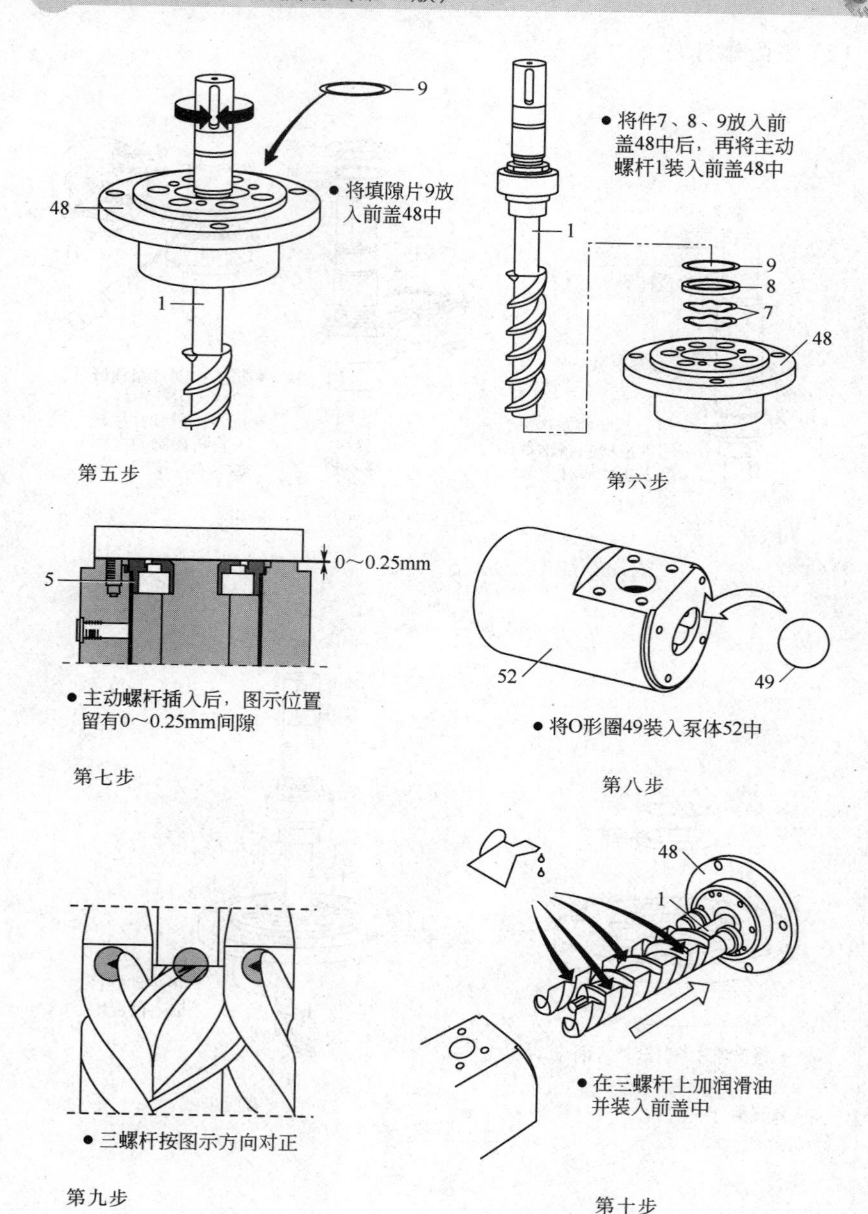

9
48
1
● 将填隙片9放入前盖48中
● 将件7、8、9放入前盖48中后，再将主动螺杆1装入前盖48中
1
9
8
7
48
第五步
第六步
0～0.25mm
5
● 主动螺杆插入后，图示位置留有0～0.25mm间隙
52
49
● 将O形圈49装入泵体52中
第七步
第八步
48
1
● 三螺杆按图示方向对正
● 在三螺杆上加润滑油并装入前盖中
第九步
第十步

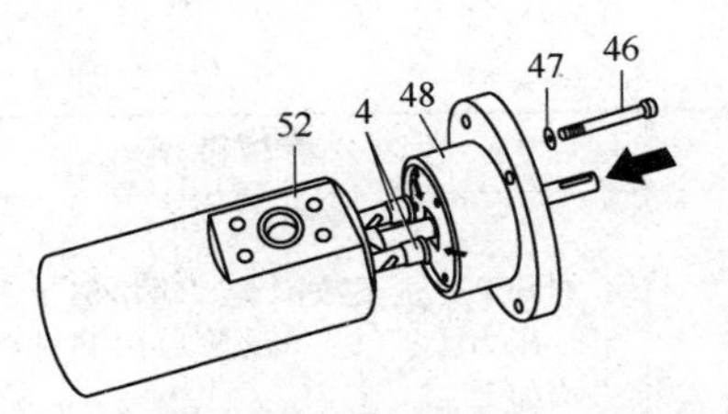

● 将装好的三螺杆组件对正泵体52三孔内
● 拧紧螺钉46

第十一步

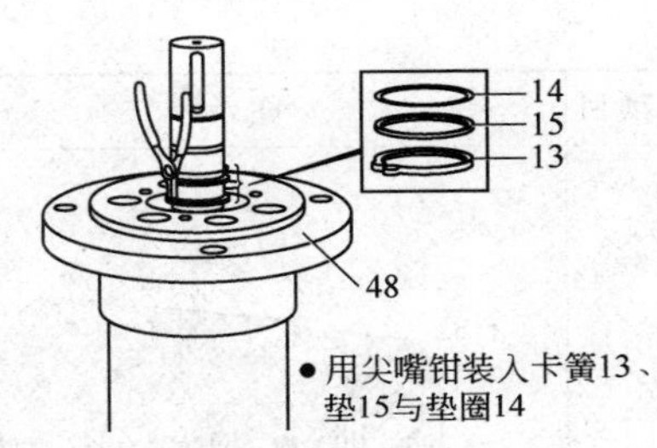

● 用尖嘴钳装入卡簧13、垫15与垫圈14

第十二步

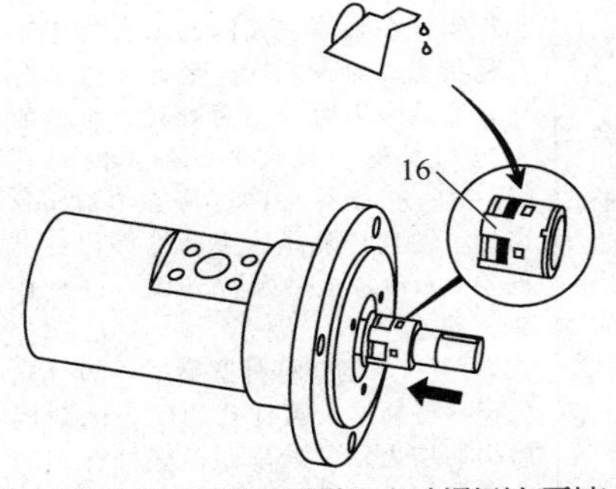

● 将密封组件16浇上油装入主动螺杆轴(泵轴)

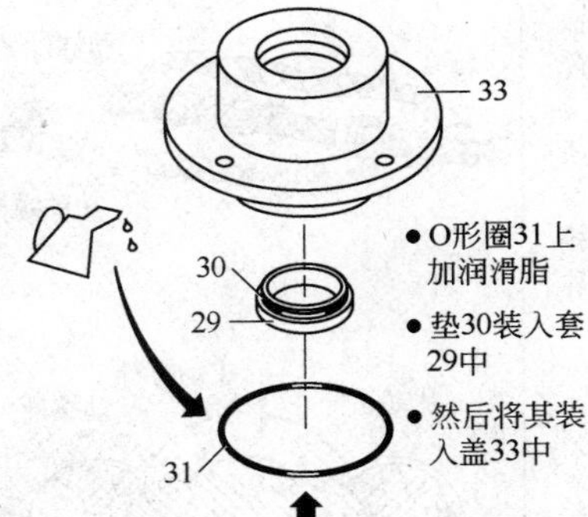

● O形圈31上加润滑脂
● 垫30装入套29中
● 然后将其装入盖33中

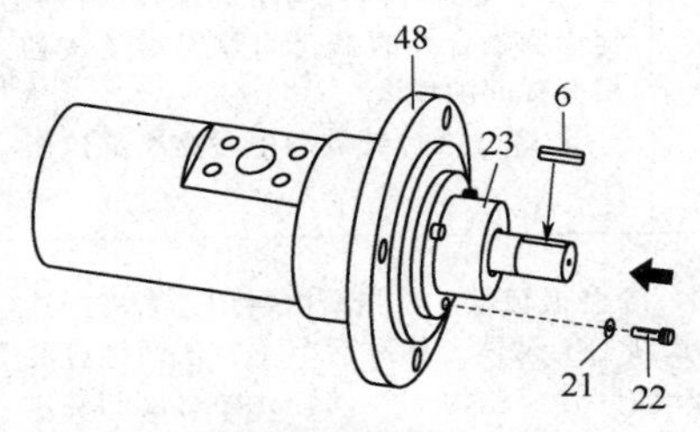

● 在泵轴上装上键6
● 放上垫圈21，用螺钉22将盖23紧固在泵前盖48上

第十三步

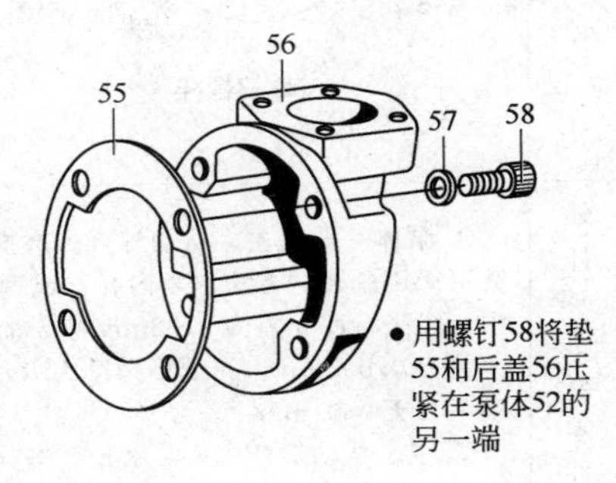

● 用螺钉58将垫55和后盖56压紧在泵体52的另一端

第十四步

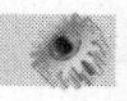

3.5.4 故障分析与排除

项目	图示	故障分析与排除
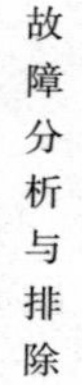 故障分析与排除	泵体 三螺杆孔 (a) 泵体 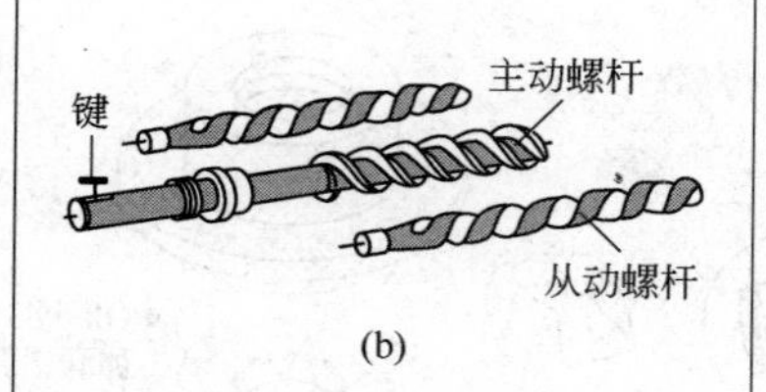 (b) 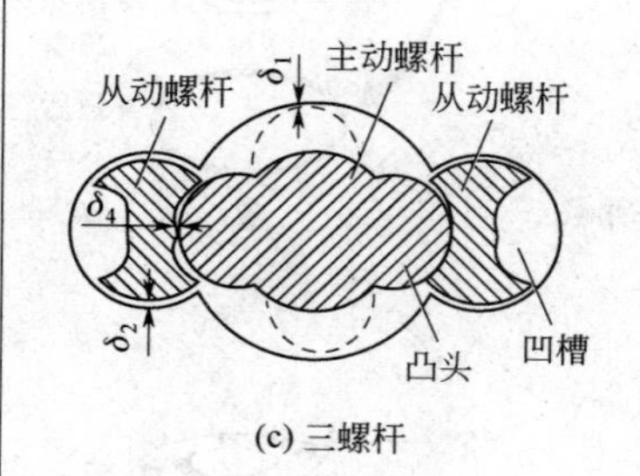 (c) 三螺杆	螺杆泵的主要故障是“输出流量不够，压力上不去”，故障原因和排除方法如下： ① 泵体三螺杆孔磨损［图(a)］，与主、从动螺杆外圆的配合间隙因磨损而增大。可采用刷镀泵体内孔的方法保证主动螺杆外圆与泵体孔的配合间隙在 0.03～0.05mm ② 泵体三孔中心存在偏差，从而使三根螺杆在泵体三孔内的啮合处于不对称状态，即一边啮合紧，一边啮合松，紧的一边啮合型面咬死，而松的一边则泄漏明显增大。泵体内三孔［图(a)］中心不对称度应在 0.02mm 以内，并且将泵体的主动螺杆作成上偏差（H7），主动螺杆外圆（g6）作成下偏差 ③ 主、从动螺杆外圆磨损［图(b)、(c)］，与泵体三螺杆孔的配合间隙因磨损而增大。可采用刷镀螺杆外圆的方法保证主动螺杆外圆与泵体孔的配合间隙在 0.03～0.05mm ④ 主动螺杆凸头与从动螺杆凹槽共轭齿廓啮合线的啮合间隙因加工或使用磨损间隙增大 ⑤ 螺杆啮合处被油中污物严重拉伤
螺杆泵主要零件的修理	① 泵体一般是主、从动螺杆孔磨损。若磨损轻微，可稍研磨再用。若磨损严重可采用刷镀的方法修复内孔，或者重新加工泵体。修复后，主、从动螺杆孔中心线平行度允差为 0.02mm，与螺杆的配合公差为 H7/g6，孔的圆度和柱度允差为 0.005mm，光面粗糙度为 $Ra0.2\mu m$。泵体两端面与螺杆孔中心线垂直度不大于 0.01mm ② 主、从动螺杆主要是磨损，磨损轻微，可刷镀至尺寸；磨损严重或在外啮合面上出现沟痕时，可先将沟痕磨去再用硬铬的方法修复，对共轭齿面出现严重损坏者，则必须外购新螺杆或者自行加工（难度较大，需制造轴截面齿形刀具，径向截面曲线为摆线，加工困难）	

3.5.5　使用注意事项

① 液压泵启动前最好先往泵内灌满油液

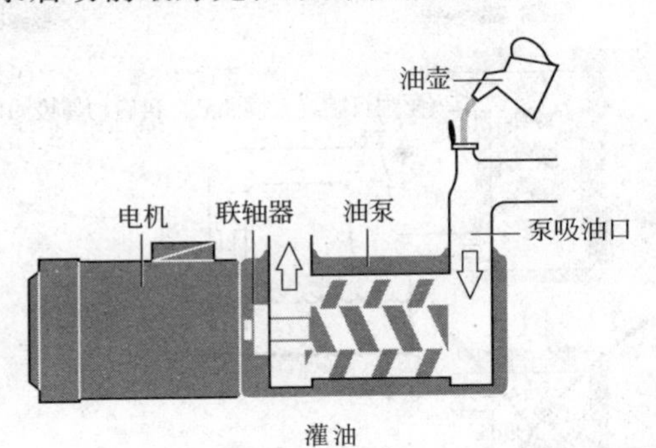

灌油

② 油箱油面尽可能高出液压泵的进油口，对自吸性能差的油泵则必须如此

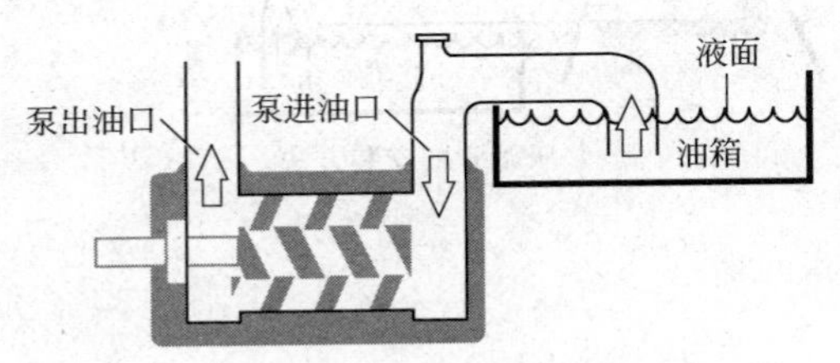

油面尽可能高出进油口

③ 溢流阀回油管与液压泵的吸油管不能相连共用一条油管

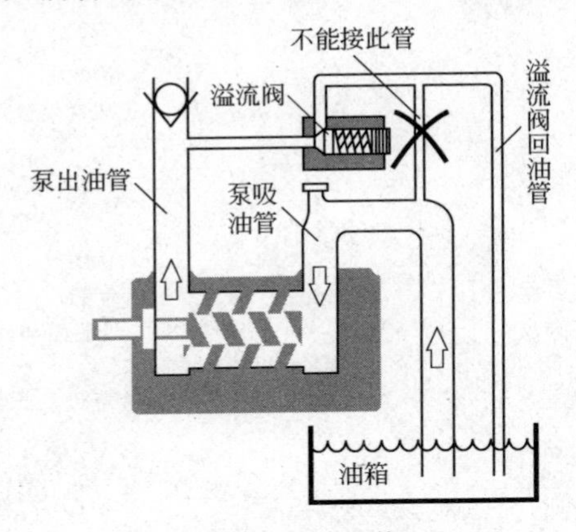

不能共用一条油管

④ 注意吸油管的安装方法

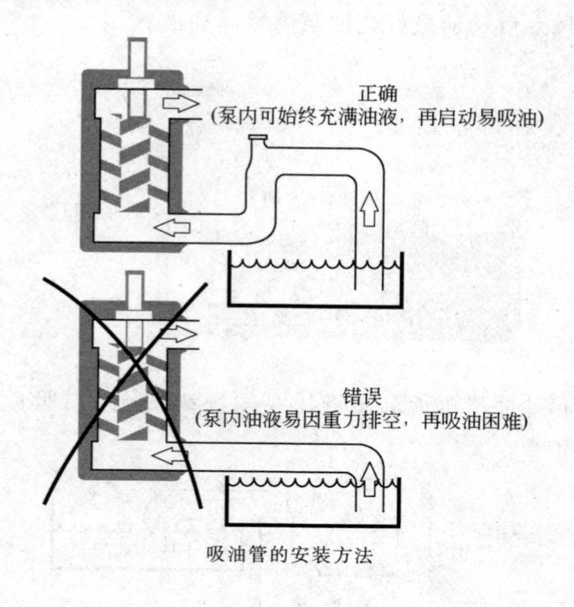

吸油管的安装方法

第4章

液压系统向外做功的“手”——液压缸和液压马达

4.1 液压缸

液压缸是将液压能转换为直线运动或摇动运动的执行元件。液压缸是标准化中规定的称呼。人们还常称之为油缸、动力缸等。液压缸的能量来源是由液压泵提供的液体压力能，通过液压缸转换成机械能输出，输出的运动是直线运动以及小于360°的摆动运动。它和能实现连续回转运动的液压马达构成两大类执行元件（做功元件）。

4.1.1 工作原理

工作原理图	说明
A B (a) A B (b)	液压缸由缸体和在缸体内滑动的活塞和活塞杆等构成，其工作原理是： ① 高压油从B口进入缸体内并推动活塞右行［图(a)］，排油侧的油通过A口排出流回油箱。这样在活塞两侧产生压力差，使活塞向右移动 ② 反之，如果从A口供压力油［图(b)］，从B口排油回油箱，则活塞向相反方向（向左）移动

4.1.2 分类

分类		图形符号及说明				
单作用缸	单杆活塞式	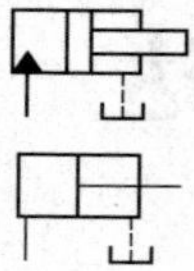	只能单向运动，靠重力等返回	双杆活塞式	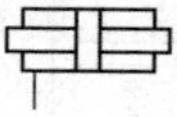	同单杆活塞式
	柱塞式	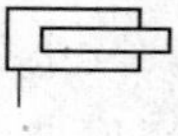	柱塞缸只能单向运动，靠重力等返回或加装另一个柱塞缸作返回用	伸缩式	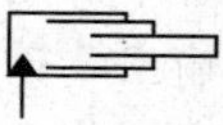	通入压力油，几个活塞或柱塞按承压面积大小逐个向右伸出；反向靠其他外力退回 伸出时可获得较长的工作行程。缩回时占有空间尺寸较小
	弹簧复位式	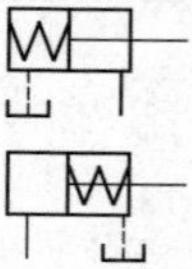	只能单向运动，靠弹簧力返回			
双作用缸	单杆式	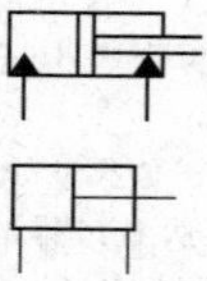	活塞双向运动（双作用），由于活塞两端面积不同，往复运动时两个方向的输出力和速度不相同 可连接成差动连接的形式	双活塞式	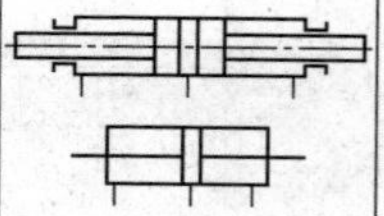	中腔进压力油，左右腔回油，两活塞同时向左右伸出，其输出力大小相等方向相反，运动速度相等

续表

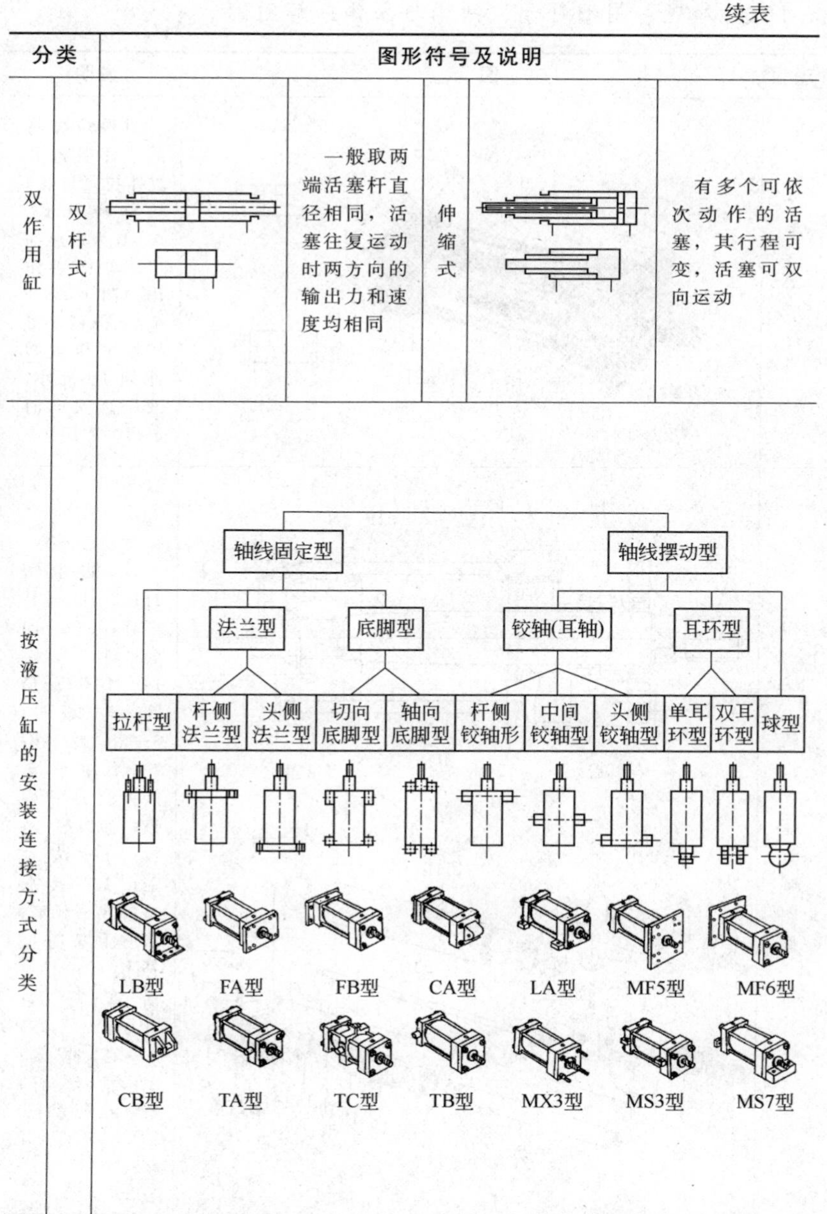

分类		图形符号及说明				
双作用缸	双杆式		一般取两端活塞杆直径相同，活塞往复运动时两方向的输出力和速度均相同	伸缩式		有多个可依次动作的活塞，其行程可变，活塞可双向运动
按液压缸的安装连接方式分类						

4.1.3 外观、图形符号、结构与立体分解图例

项目	图示	说明
外观与图形符号	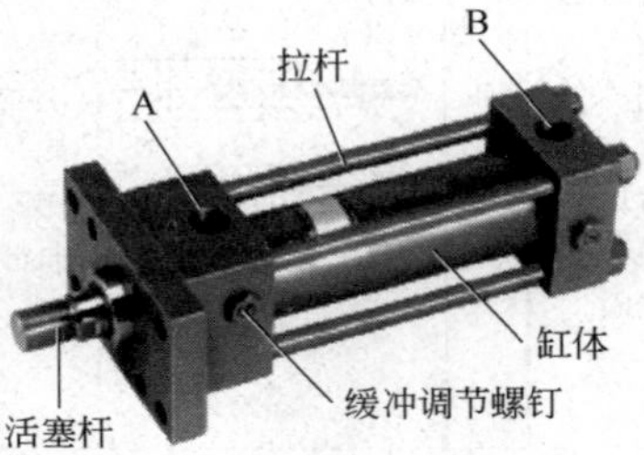 B 拉杆 A 缸体 缓冲调节螺钉 活塞杆 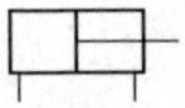	四根拉杆将前、后端盖和缸体拉紧连接，故称拉杆式。A、B为进出油口，单杆双作用。调节缓冲节流螺钉，可控制液压缸缓冲阻尼大小，液压缸换向时起缓冲作用
结构立体分解图例	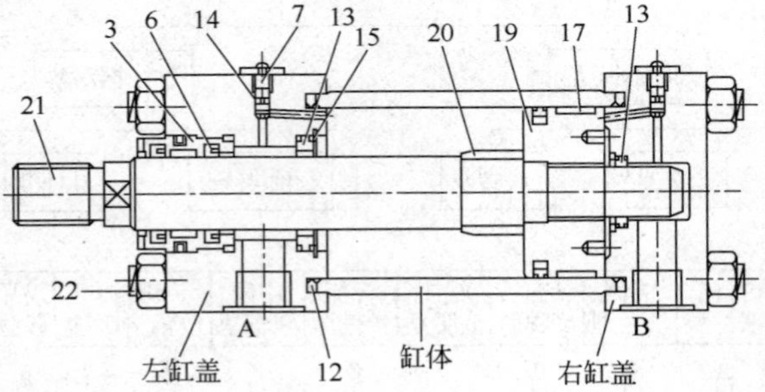 3 6 14 7 13 15 20 19 17 13 21 22 A 左缸盖 12 缸体 B 右缸盖 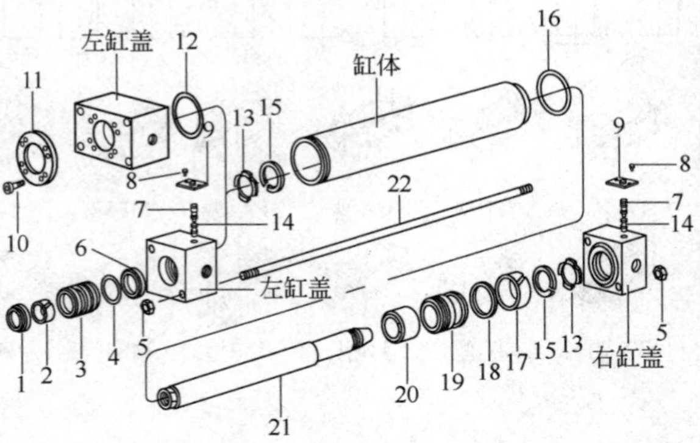 16 左缸盖 12 缸体 11 9 13 15 8 9 8 7 14 22 7 14 10 6 左缸盖 5 1 2 3 4 5 20 19 18 17 15 13 右缸盖 21	1—防尘密封；2—磨损补偿环；3—导向套；4、12、14、16—O形圈；5—螺母；6—密封圈；7—缓冲节流阀；8、10—螺钉；9—支承板；11—法兰盖；13—减振垫；15—卡簧；17—活塞磨损补偿环；18—活塞密封；19—活塞；20—缓冲套；21—活塞杆；22—双头螺杆

4.1.4 维修液压缸的基本技能

(1) 液压缸的故障排除方法

故障现象	图示	故障原因	排除方法
油缸不动作	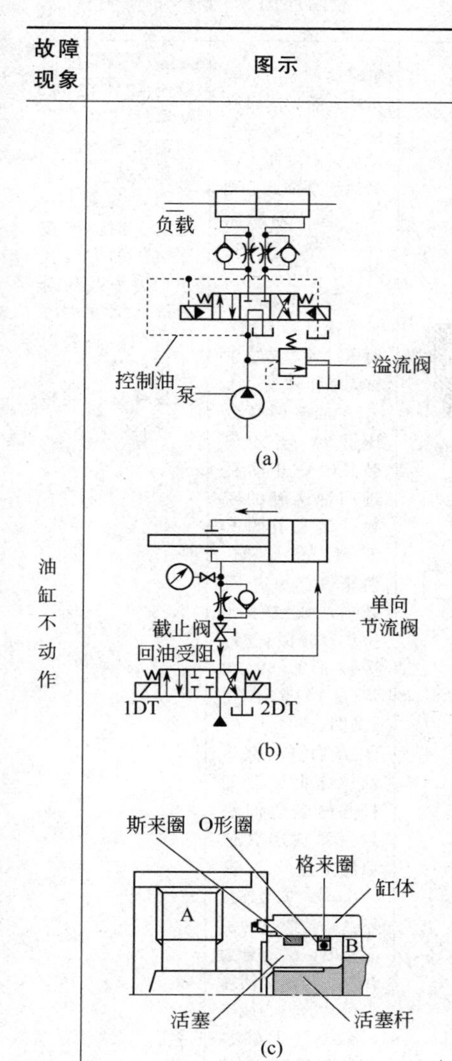	油缸不动作指的是油缸不能实现往复运动，或者只能往一个方向运动，产生原因主要有： ① 因泵与溢流阀有故障，泵源系统压力过低或无压力[见图(a)] ② 系统虽有压力，但压力不够推不动负载，例如油缸因安装不良产生别劲造成额外负载太大 ③ 系统压力虽能调上去，但压力油不能进入油缸：例如图(a) 中采用 M 型内控方式的电液换向阀控制油缸换向时，由于中位时油泵卸荷，这样与泵供油路相连的控制油压力上不去，便不能使电液阀的主阀芯换向，从而油缸也无换向动作 ④ 油缸回油路不通 例如图(b)，当 2DT 通电往油缸通入压力油，油	① 排除泵内泄漏大和溢流阀压力调不上去的故障 ② 检查负载过大的原因，消除油缸额外负载。如果负载确实需要大，则应调高溢流阀的压力 ③ 可将图(a)改成下图中的回路，即在回油路或进油口加背压，保证系统始终有一定的最低压力提供给电液阀作为控制油压力而能使其换向，从而保证油缸换向 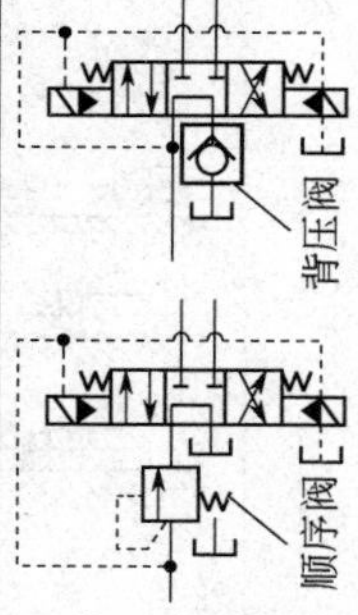 ④ 重新对阀进行调节和进行有关处理 ⑤ 更换活塞密封圈，消除 A 腔与 B 腔之间的内泄漏

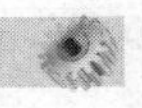

续表

故障现象	图示	故障原因	排除方法
油缸不动作	(d) (e)	缸略动一下便不能再动，而且活塞杆略有回弹，多次点动油泵向缸通入压力油均是如此，则大多是回油路受阻。当截止阀未打开或单向节流阀关死（调节手柄过分拧紧或阀芯卡死），背压过大等造成油缸无动作时 ⑤ 油缸两高低压腔A与B串腔：如隔开油缸进回油两腔的密封（活塞上的O形圈、格来圈、斯来圈等）严重破损，或缸体孔拉伤有较深直槽，造成油缸A、B两腔严重串腔［见图(c)］ ⑥ 油缸活塞与缸体之间、活塞杆与缸盖之间密封过紧或因其他原因卡住 ⑦ 油缸安装连接不良，会造成油缸工作时，载荷合力作用线与油缸活塞杆运动的轴心线不一致，产生油缸“别劲”现象，使油缸不动作［见图(e)］	⑥ 重新装配活塞与缸体之间、活塞杆与缸盖之间的密封，消除卡死现象 ⑦ 油缸安装在主机上时，要按图(e)的方法找正，力争载荷合力线与活塞中心线一致，必要时采用活动关节式连接或球头连接［见图(f)］

续表

故障现象	图示	故障原因	排除方法
油缸能运动，但速度不快	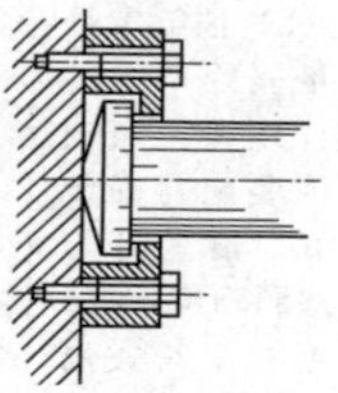 (f)	① 液压泵的供油量不足，压力不够 ② 油缸本身与液压系统其他部位漏油量（主要是内泄漏）大 ③ 溢流阀溢流太多 ④ 油缸活塞密封圈轻微破损，A 腔与 B 腔之间油液轻微串腔	① 排除液压泵的供油量不足的故障 ② 查明内泄漏大的位置，找出漏油原因，予以排除 ③ 排除溢流阀故障 ④ 检查活塞密封破损情况，予以排除
产生爬行	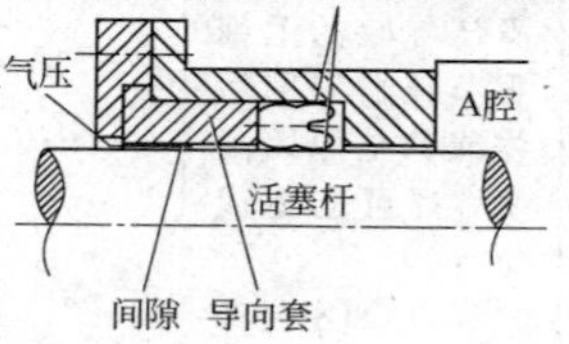 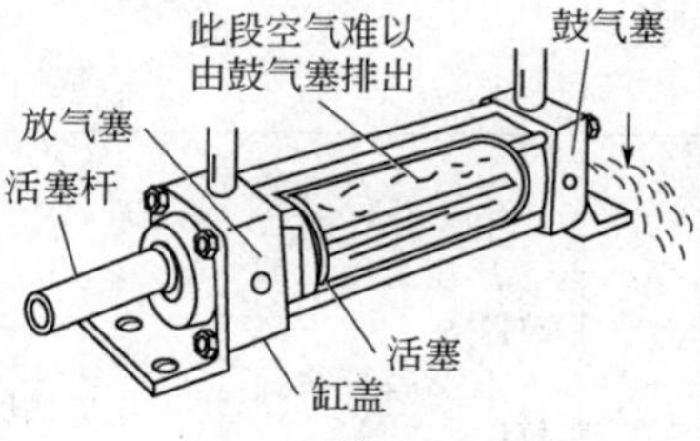 唇形密封具有方向性。A腔加压时效果好；A腔为负压时，空气通过间隙进入A腔 大气压　A腔　活塞杆　间隙　导向套 (g) 此段空气难以由鼓气塞排出　鼓气塞　放气塞　活塞杆　活塞　缸盖 (h) 进气　进气 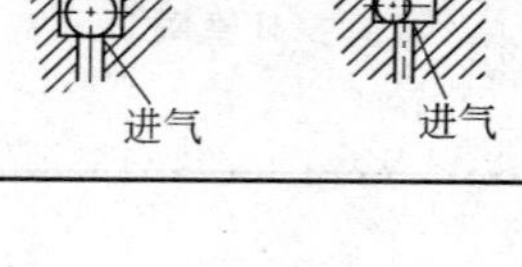	所谓爬行，是指油缸在低速运动中，出现一快一慢、一停一跳、时停时走、停止和滑动相互交替的现象。 (1) 缸内进了空气 ① 从防尘密封进气：单向的唇形密封无法阻止从防尘密封唇缘进气 ② 排气装置不密封而进气［图(h)、(i)］、排气装置未设置在油缸安装位的最高处［图(j)］等 ③ 从管接头等处进气：例如管接头密封圈破损，缸内又存在负压	(1) 排除空气 ① 缸腔内存在有负压工况时，要使用双向唇形密封圈或采用背对背的两个唇形密封（如 Y 形）做防尘密封 ② 可将图(i)中的上面三种结构改进成下面三种结构，并对放气单向阀进行研磨清洗去毛刺，使放气阀密合，即不会往外漏油，也不会往内进气；将排气装置设置在油缸安装位的最高处 ③ 此时要检查管接头等处进气原因，更换管接头密封

续表

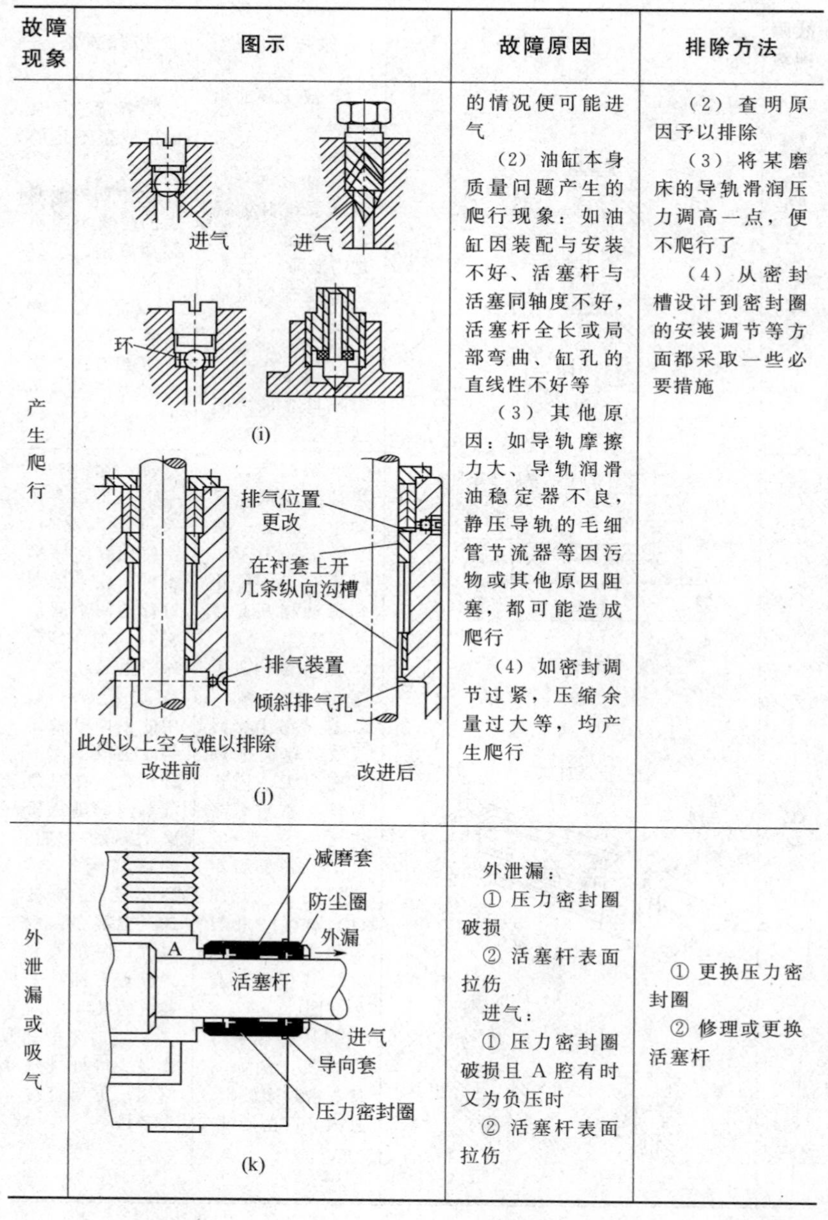

故障现象	图示	故障原因	排除方法
产生爬行	(i) (j)	的情况便可能进气 （2）油缸本身质量问题产生的爬行现象：如油缸因装配与安装不好、活塞杆与活塞同轴度不好，活塞杆全长或局部弯曲、缸孔的直线性不好等 （3）其他原因：如导轨摩擦力大、导轨润滑油稳定器不良，静压导轨的毛细管节流器等因污物或其他原因阻塞，都可能造成爬行 （4）如密封调节过紧，压缩余量过大等，均产生爬行	（2）查明原因予以排除 （3）将某磨床的导轨滑润压力调高一点，便不爬行了 （4）从密封槽设计到密封圈的安装调节等方面都采取一些必要措施
外泄漏或吸气	(k)	外泄漏： ① 压力密封圈破损 ② 活塞杆表面拉伤 进气： ① 压力密封圈破损且A腔有时又为负压时 ② 活塞杆表面拉伤	① 更换压力密封圈 ② 修理或更换活塞杆

(2) 液压缸的拆装与修理

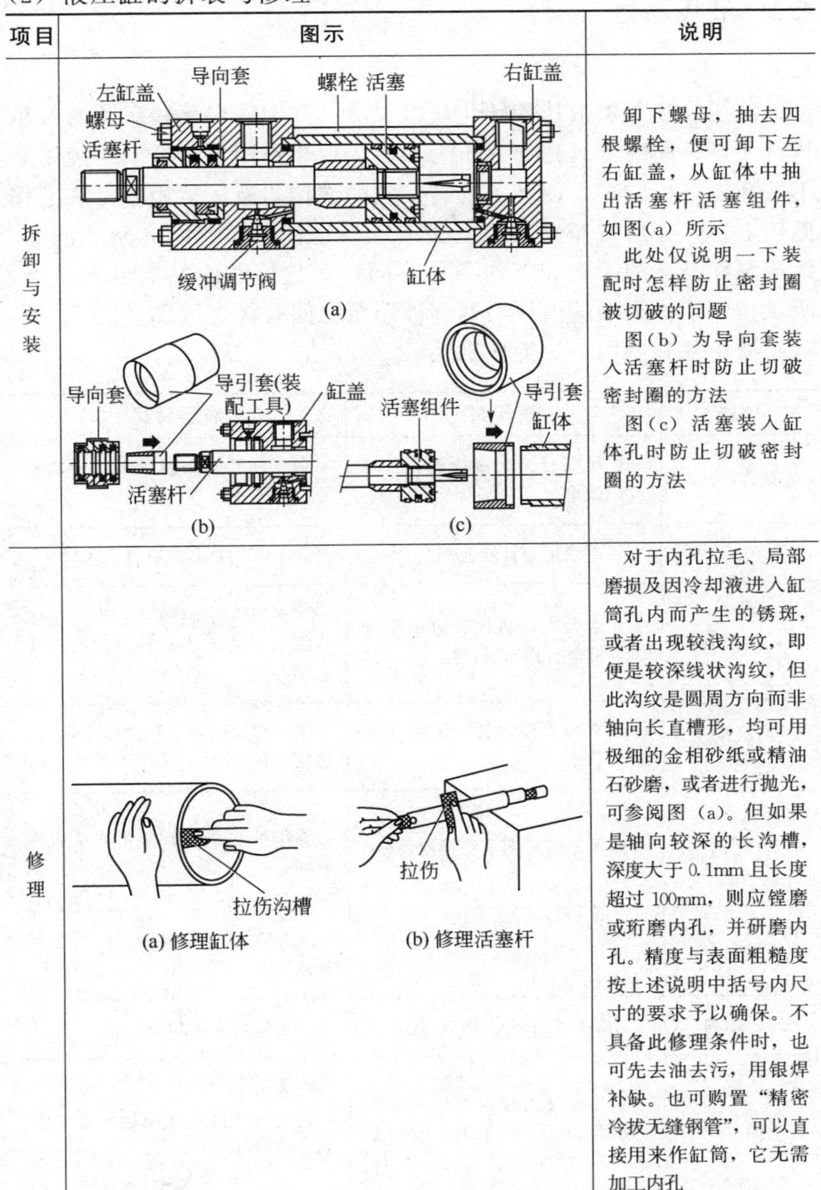

项目	图示	说明
拆卸与安装	(a) (b) (c)	卸下螺母，抽去四根螺栓，便可卸下左右缸盖，从缸体中抽出活塞杆活塞组件，如图(a) 所示 此处仅说明一下装配时怎样防止密封圈被切破的问题 图(b) 为导向套装入活塞杆时防止切破密封圈的方法 图(c) 活塞装入缸体孔时防止切破密封圈的方法
修理	(a) 修理缸体 (b) 修理活塞杆	对于内孔拉毛、局部磨损及因冷却液进入缸筒孔内而产生的锈斑，或者出现较浅沟纹，即便是较深线状沟纹，但此沟纹是圆周方向而非轴向长直槽形，均可用极细的金相砂纸或精油石砂磨，或者进行抛光，可参阅图 (a)。但如果是轴向较深的长沟槽，深度大于 0.1mm 且长度超过 100mm，则应镗磨或珩磨内孔，并研磨内孔。精度与表面粗糙度按上述说明中括号内尺寸的要求予以确保。不具备此修理条件时，也可先去油去污，用银焊补缺。也可购置“精密冷拔无缝钢管”，可以直接用来作缸筒，它无需加工内孔

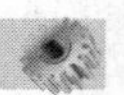

4.2 液压马达

4.2.1 简介

液压马达是将液压能转化成机械能，并能输出旋转运动的液压执行元件。向液压马达通入压力油后，由于作用在转子上的液压力不平衡而产生转矩，使转子旋转。它的结构与液压泵相似。从工作原理上看，任何液压泵都可以做液压马达使用，反之亦然。但是，由于泵和马达的用途和工作条件不同，对它们性能要求也不一样，所以相同结构类型的液压马达和液压泵之间有许多区别。

（1）液压泵和液压马达的区别

项目	液压泵	液压马达
能量转换	机械能转换为液压能，强调容积效率	液压能转换为机械能，强调液压机械效率
轴转速	相对稳定，且转速较高	变化范围大，有高有低
轴旋转方向	通常为一个方向，但承压方向及液流方向可以改变	多要求双向旋转。某些马达要求能以泵的方式运转，对负载实施制动
运转状态	通常为连续运转，速度变化相对较小	有可能长时间运转或停止运转，速度变化大
输入（出）轴上径向载荷状态	输入轴通常不承受径向载荷	输出轴大多承受变化的径向载荷
自吸能力	有自吸能力	无要求，但需要一定的初始密封性
进、出油口	进油口要大于出油口	进出油口大小相等
泄油方式	如齿轮泵从高压部位产生的内泄漏油，一般采用内泄的方式导入油泵进油腔	齿轮马达的内泄漏油要单独引回油箱

(2) 液压马达的分类和应用范围

液压马达可分为高速马达、中速马达和低速马达三大类。一般认为额定转速高于 600r/min 的属于高速马达，额定转速低于 100r/min 的属于低速马达。

<table>
<tr><th colspan="3">类型</th><th>适用工况</th><th>应用实例</th></tr>
<tr><td rowspan="4">高速小转矩马达</td><td rowspan="2">齿轮马达</td><td>外啮合</td><td>适用于高速小转矩、速度平稳性要求不高、对噪声限制不大的场合</td><td rowspan="2">钻床、风扇转动、工程机械、农业机械、林业机械的回转机液压系统</td></tr>
<tr><td>内啮合</td><td>适合于高速小转矩、对噪声限制大的场合</td></tr>
<tr><td colspan="2">叶片马达</td><td>适用于转矩不大、噪声要小、调速范围宽的场合。低速平稳性好，可作伺服马达</td><td>磨床回转工作台、机床操纵机构、自动线及伺服机构的液压系统</td></tr>
<tr><td colspan="2">轴向柱塞马达</td><td>适用于负载速度大，有变速要求或中高速小转矩的场合</td><td>起重机、绞车、铲车、内燃机车、数控机床等的液压系统</td></tr>
<tr><td rowspan="3">低速大转矩马达</td><td rowspan="3">径向马达</td><td>曲轴连杆式</td><td>适用于低速大转矩的场合，启动性较差</td><td rowspan="3">行走机械、挖掘机、拖拉机、起重机、采煤机牵引部件等的液压系统</td></tr>
<tr><td>内曲线式</td><td>适用于低速大转矩、速度范围较宽，启动性好的场合</td></tr>
<tr><td>摆缸式</td><td>适用于低速大转矩的场合</td></tr>
<tr><td rowspan="2">中速、中转矩马达</td><td colspan="2">双斜盘轴向柱塞马达</td><td>低速性能好，可做伺服马达</td><td>适用范围广，但不宜在快速性要求严格的控制系统中使用</td></tr>
<tr><td colspan="2">摆线马达</td><td>用于中低负载、中速、体积要求小的场合</td><td>塑料机械、煤矿机械、挖掘机、行走机械等的液压系统</td></tr>
</table>

4.2.2 齿轮马达

(1) 工作原理

类别	工作原理图	说明
外啮合渐开线齿轮液压马达	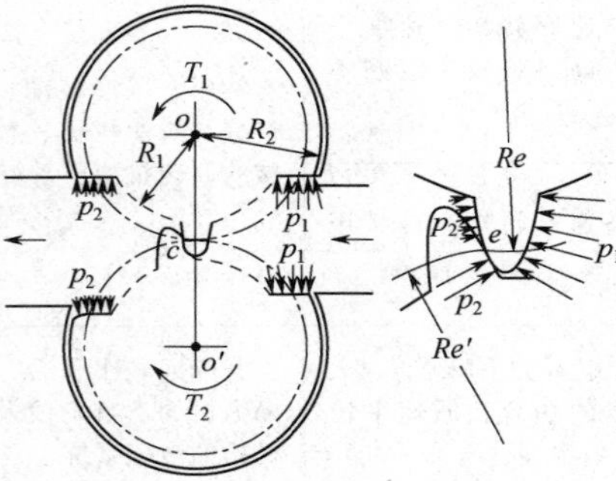 (p_2为回油压力)	两个相互啮合的齿轮的中心为O和O'，啮合点半径为Re和Re' 当高压油p_1进入齿轮马达的进油腔，作用在进油腔两齿轮的齿面上，产生逆时针方向转矩；回油腔的低压油p_2，也作用在回油腔两齿轮的齿面上，产生顺时针方向转矩。而p_1远大于p_2，逆时针方向转矩远大于顺时针方向转矩，所以两齿轮在两转矩T_1与T_2的作用下，齿轮马达按图示方向连续地旋转，并输出转矩 与齿轮泵相比，齿轮马达有正反转的要求，因而采用对称结构；因马达回油有背压，为防止马达正反转时轴封被冲坏，齿轮马达壳体上设有单独的外泄漏油口
内啮合摆线齿轮液压马达	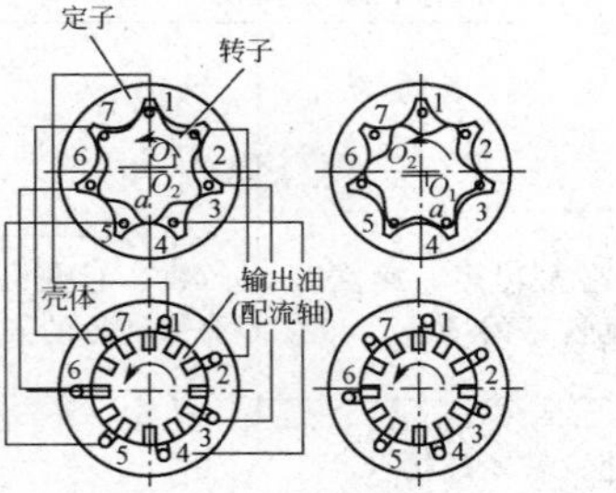 定子 转子 壳体 输出油(配流轴) (a) 零位 (b) 轴转1/14转 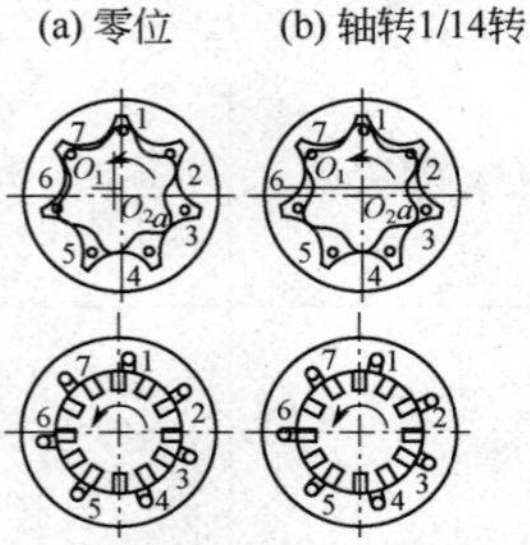 (c) 轴转1/7转 (d) 轴转1/6转	摆线液压马达是利用与行星减速器类似的原理（少齿差原理）制成的内啮合摆线齿轮液压马达。转子与定子是一对摆线针齿啮合齿轮，转子具有Z_1（$Z_1=6$或8）个齿的短幅外摆线等距线齿形，定子具有$Z_2=Z_1+1$个圆弧针齿齿形，转子和定子形成Z_2个齿间封闭容腔，其中一半处于高压区，一半处于低压区。压力油经配流盘（或配油轴）上的配油窗口进入封闭容腔变大的高压区容腔，作用在转子齿上，使转子旋转；从封闭容腔变小的低压区容腔排出低压油，如此循环，摆线转子马达轴不断旋转并输出转矩而连续工作 马达转动中的配油过程和密闭容腔高低压的转换过程见图，吸、排油腔始终以O_1O_2连线为界

续表

类别	工作原理图	说明
摆线齿轮液压马达的配油方式	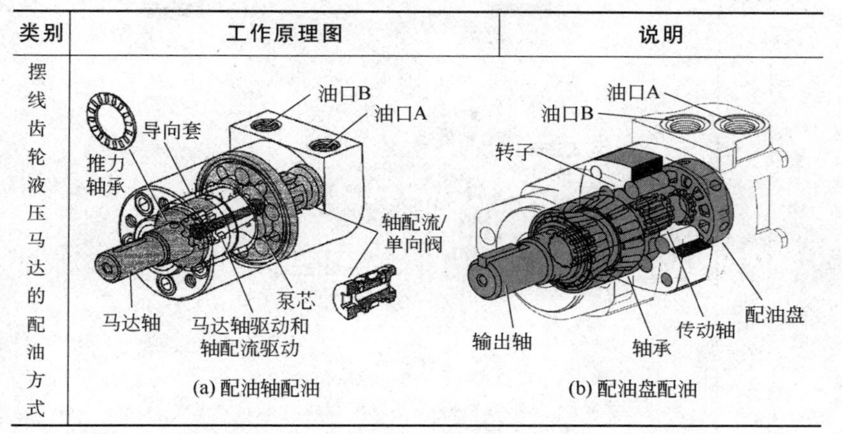(a) 配油轴配油　　(b) 配油盘配油	

（2）外观、图形符号与立体分解图例

项目		图示	说明
外啮合齿轮马达	外观与图形符号	B A　L	齿轮液压马达仅适合于高速小转矩的场合。一般用于工程机械、农业机械以及对转矩均匀性要求不高的机械设备上
	齿轮马达结构例	9　8　10　7　6　5　3 4 1 2　7　10 1—前盖；2—体壳；3—后盖；4—输出轴； 5—主动齿轮轴；6—从动齿轮轴；7—侧板； 8—轴封；9—滚柱向心推力轴承；10—滚针轴承	齿轮马达在结构上为了适应正反转要求，进出油口相等、具有对称性、有单独外泄油口将轴承部分的泄漏油引出壳体外；为了减小启动摩擦力矩，采用滚动轴承；为了减小转矩脉动，齿轮液压马达的齿数比齿轮泵的齿数多

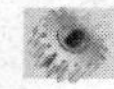

续表

项目		图示	说明
外啮合齿轮马达	立体分解图例	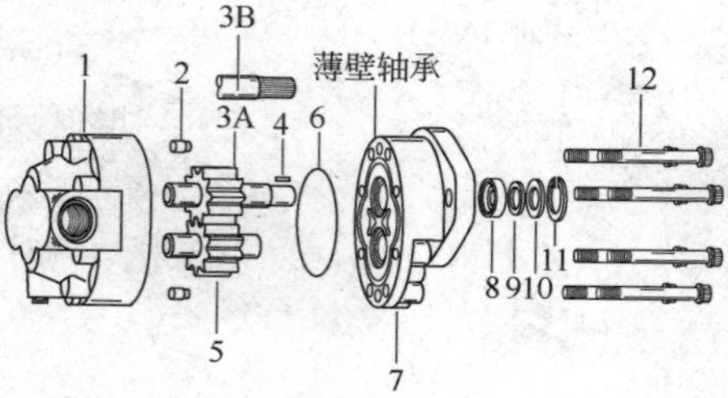 1—壳体；2—定位销；3—输出齿轮轴；4—键；5—从动齿轮轴；6—O形圈；7—前盖；8—轴封；9、10—垫；11—卡簧；12—螺钉 此立体分解图例中无侧板，轴承为薄壁轴承	
	外观与图形符号	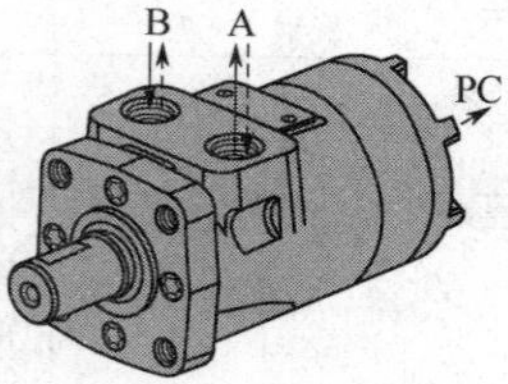	摆线液压马达一般为低速中或大转矩多作用液压马达
内啮合齿轮马达	结构	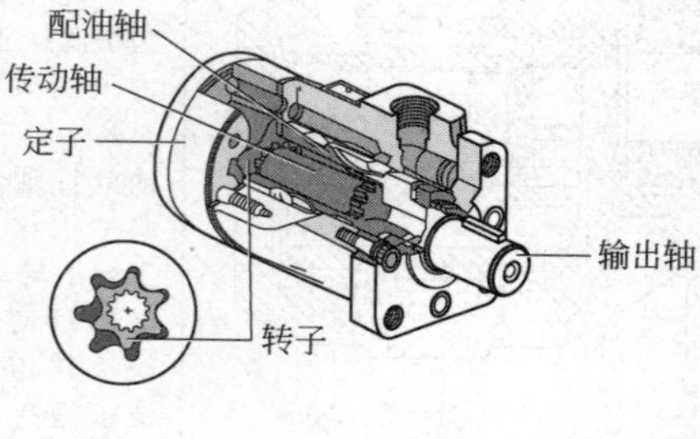	由一对一齿之差的内啮合摆线针柱行星传动机构组成，采用了一齿差行星减速器原理 1—配油轴（输出轴）；2—防尘封；3—轴封；4—前盖；5、7—螺钉；6、13—O形圈；8—马达芯子组件；9—隔板；10—传动轴；11—体壳；12—平面滚针轴承；14—轴承

续表

项目		图示	说明
内啮合齿轮马达	结构	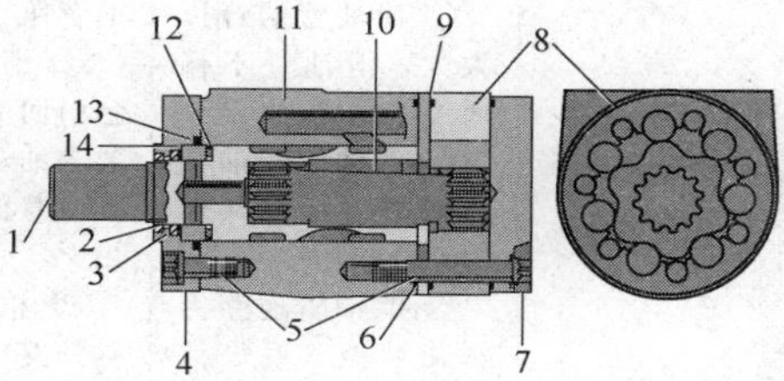	
	立体分解图例	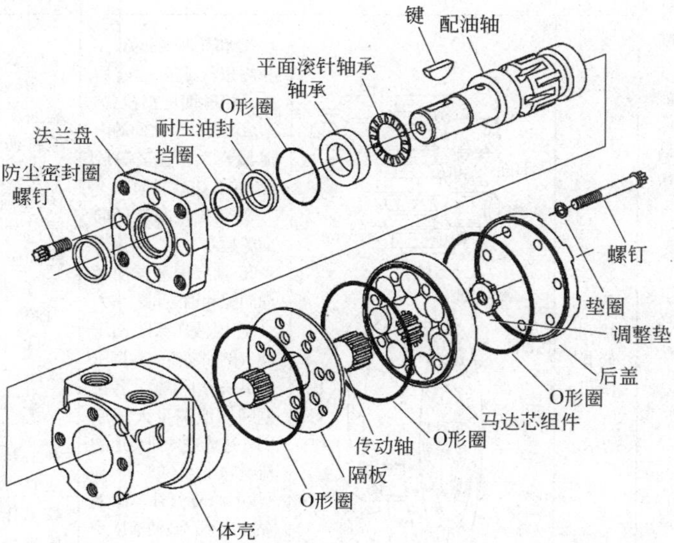	

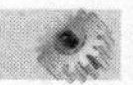

（3）维修齿轮马达的技能

① 齿轮马达的故障分析及排除。

故障		图示	故障原因	排除方法
外啮合齿轮马达	轴封漏油		① 泄油管的背压太大，泄油管不畅通 ② 泄油管与油马达的回油管或其他回油管共用 ③ 泄油管通路因污物堵塞，或设计时管径过小、弯曲太多等 ④ 马达轴封质量不好，或者选择错误，或者油封破损而漏油	① 降低泄油管的背压 ② 泄油管要单独引回油池，而不要与油马达的回油管或其他回油管共用 ③ 根据情况予以处置，使泄油管畅通 ④ 油封应选用能承受一定背压的；因油马达轴拉伤油封时，要研磨抛光油马达轴后，再更换轴封
	转速降低，输出转矩降低	(a) (b)	① 齿轮两侧面A、B和侧板（或马达前后盖）接触面磨损拉伤，造成高低压腔之间的内泄漏量大，甚至串腔[图(a)、(b)] ② 齿轮油马达径向间隙超差 ③ 油泵因磨损使径向间隙和轴向间隙增大 ④ 因液压系统调压阀（例如溢流阀）调压失灵压力上不去、各控制阀内泄漏量大等原因，造成进入油马达的流量和压力不够 ⑤ 油液温升，油液黏度过小，致使液压系统各部位内泄漏量大 ⑥ 工作负载过大，转速降低	①修复齿轮油马达的侧板和齿轮两端面，可先磨去拉毛拉伤部位，然后研磨，并将油马达体壳端面也磨去相同尺寸，以保证装配间隙 ② 可刷镀体壳内腔 ③ 应排除油泵故障 ④ 排除阀故障 ⑤ 防止油液温升，对症采取措施 ⑥ 油马达不能超载工作，如负载无法减小，则要换成承载能力大的齿轮马达或其他马达

续表

故障		图示	故障原因	排除方法
外啮合齿轮马达	噪声过大，并伴随振动和发热		① 系统中进了空气 ② 齿轮马达的齿轮齿形精度不好、马达滚针轴承破裂、个别零件损坏、齿轮内孔与端面不垂直，前后盖轴承孔不平行等原因，造成旋转不均衡，机械摩擦严重，导致噪声和振动大的现象	① 排除液压系统进气的故障 ② 尽力消除齿轮油马达的径向不平衡力和轴向不平衡力产生的振动和噪声：对研齿轮或更换齿轮、研磨有关零件，重配轴向间隙、更换已破损的轴承、修复齿轮有关零件的精度
	低速下速度不稳定，有爬行现象	拉伤磨损 表面磨损拉伤 转子 $L-0.02$ (a) 转子	① 系统混入空气 ② 回油背压太小 ③ 齿轮马达与负载连接不好，存在着较大同轴度误差，从而造成马达内部配油部分高低压腔的密封间隙增大，内部泄漏加剧，流量脉动加大。同时，同轴度误差也会造成各相对运动面间摩擦力不均而产生爬行现象 ④ 齿轮的精度差 ⑤ 油温高和油液黏度变小	① 防止空气进入油马达 ② 装一个背压阀，并适当调节好背压压力的大小 ③ 注意油马达与负载的连接同轴度 ④ 对研齿轮，尽可能选排量大一点的齿轮马达 ⑤ 控制油温，选择合适的油液黏度，以及采用高黏度指数的液压油

续表

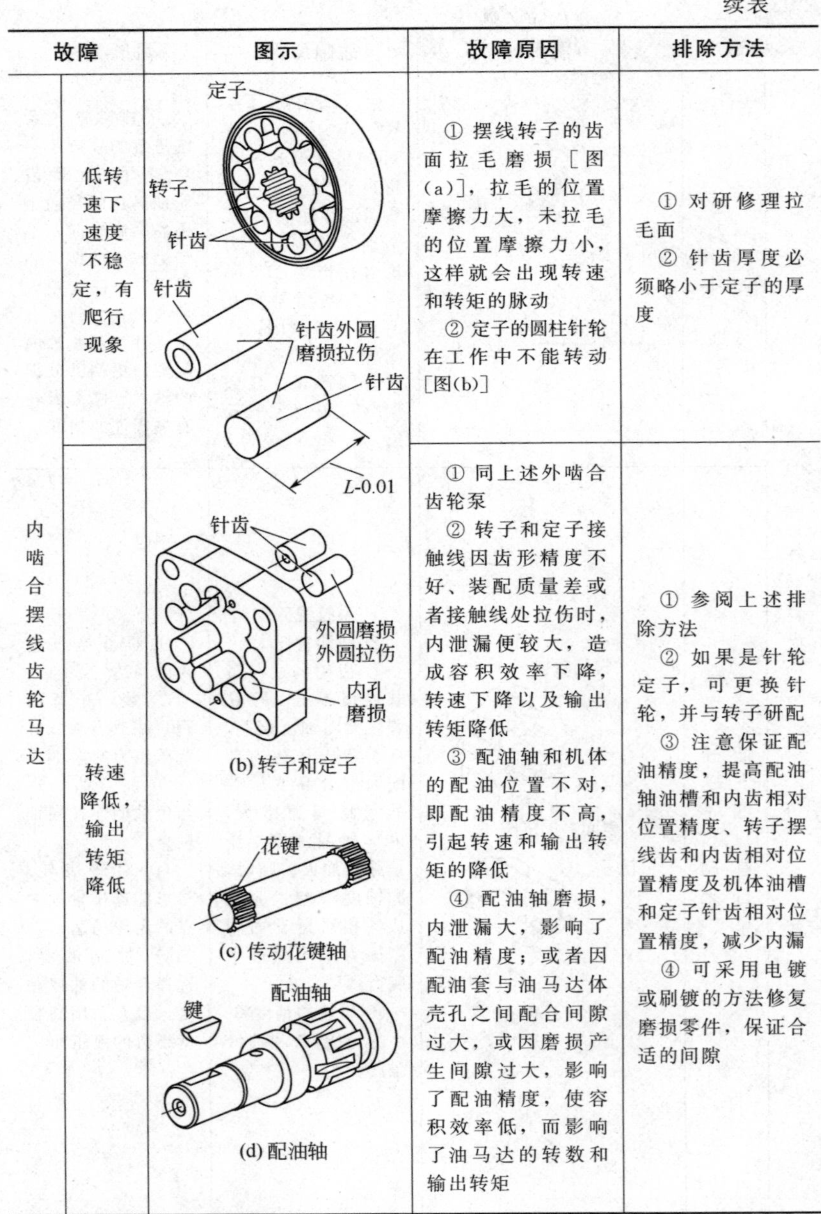

故障		图示	故障原因	排除方法
内啮合摆线齿轮马达	低转速下速度不稳定，有爬行现象		① 摆线转子的齿面拉毛磨损［图(a)］，拉毛的位置摩擦力大，未拉毛的位置摩擦力小，这样就会出现转速和转矩的脉动 ② 定子的圆柱针轮在工作中不能转动［图(b)］	① 对研修理拉毛面 ② 针齿厚度必须略小于定子的厚度
	转速降低，输出转矩降低	(b) 转子和定子 (c) 传动花键轴 (d) 配油轴	① 同上述外啮合齿轮泵 ② 转子和定子接触线因齿形精度不好、装配质量差或者接触线处拉伤时，内泄漏便较大，造成容积效率下降，转速下降以及输出转矩降低 ③ 配油轴和机体的配油位置不对，即配油精度不高，引起转速和输出转矩的降低 ④ 配油轴磨损，内泄漏大，影响了配油精度；或者因配油套与油马达体壳孔之间配合间隙过大，或因磨损产生间隙过大，影响了配油精度，使容积效率低，而影响了油马达的转数和输出转矩	① 参阅上述排除方法 ② 如果是针轮定子，可更换针轮，并与转子研配 ③ 注意保证配油精度，提高配油轴油槽和内齿相对位置精度、转子摆线齿和内齿相对位置精度及机体油槽和定子针齿相对位置精度，减少内漏 ④ 可采用电镀或刷镀的方法修复磨损零件，保证合适的间隙

续表

故障		图示	故障原因	排除方法
内啮合摆线齿轮马达	启动性能不好，难以启动	A面 (e) 配油盘	国产 BMP 型摆线马达是靠弹簧顶住配流盘而保证初始启动性能的，如果此弹簧疲劳折断，则启动性能不好	检查更换弹簧。国外有些摆线马达采用波形弹簧压紧支承盘，并加强支承盘定位销，可提高马达的启动可靠性

② 拆卸与装配。

项目	图示及说明
拆卸	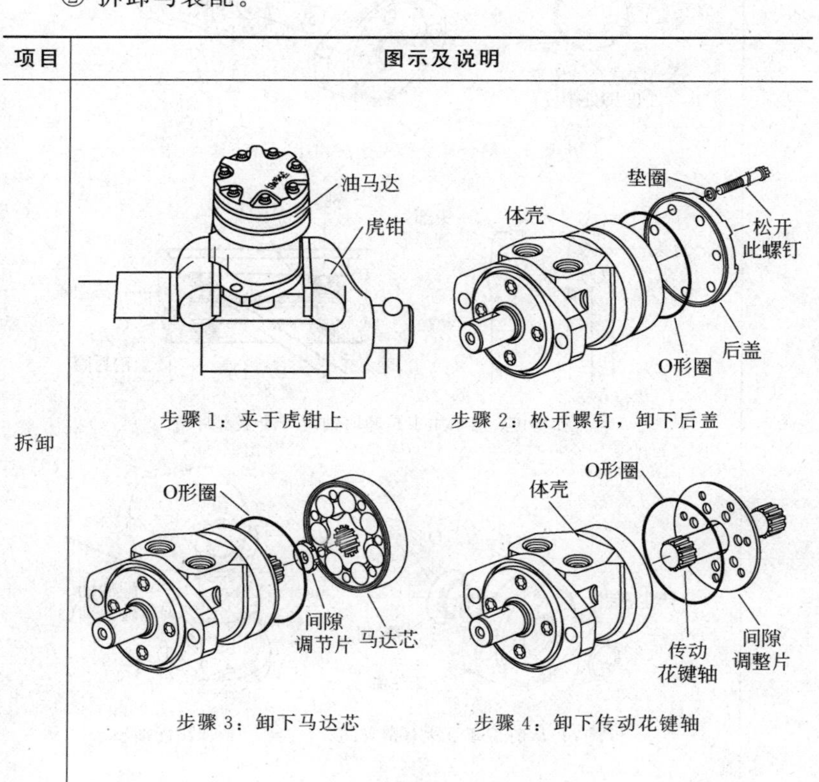

步骤 1：夹于虎钳上

步骤 2：松开螺钉，卸下后盖

步骤 3：卸下马达芯

步骤 4：卸下传动花键轴

续表

<table>
<tr><th>项目</th><th>图示及说明</th></tr>
<tr><td>拆卸</td><td>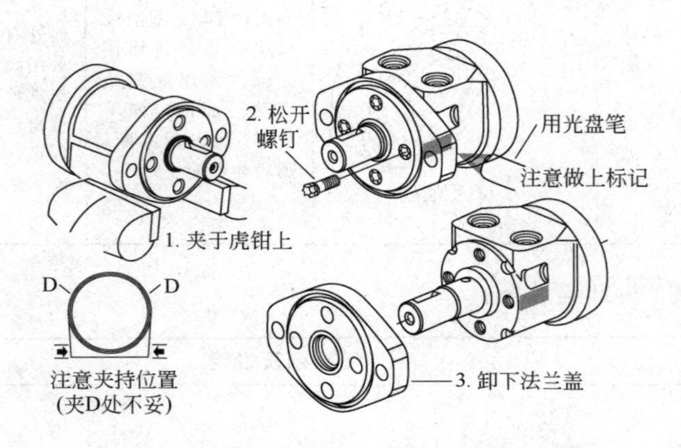

步骤 5：剩余部分仍夹于虎钳上，卸下法兰盖
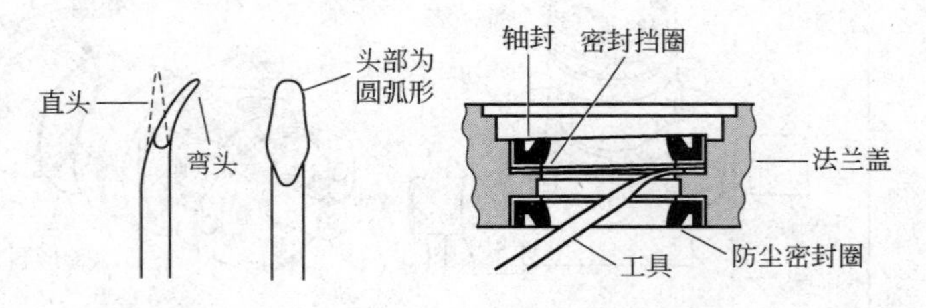

步骤 6：用专用工具卸取轴封与防尘密封圈
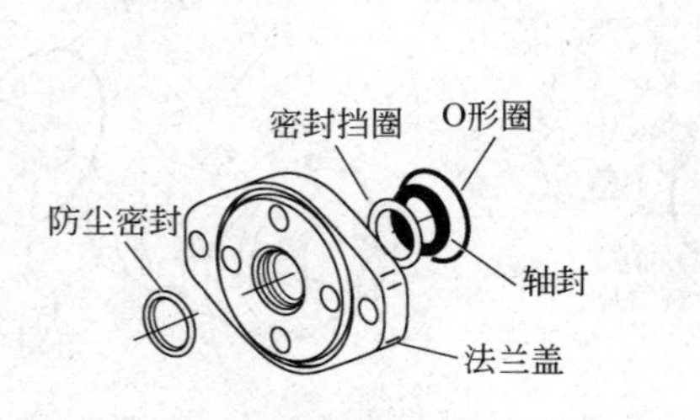

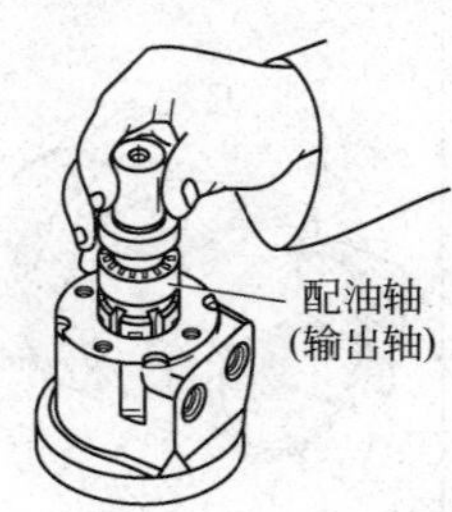

步骤 7：从前盖卸下所有密封圈　　步骤 8：取出配油轴</td></tr>
</table>

续表

项目	图示及说明
装配	装配步骤与上述拆卸步骤是可逆的，装配前先将各零部件清洗干净。 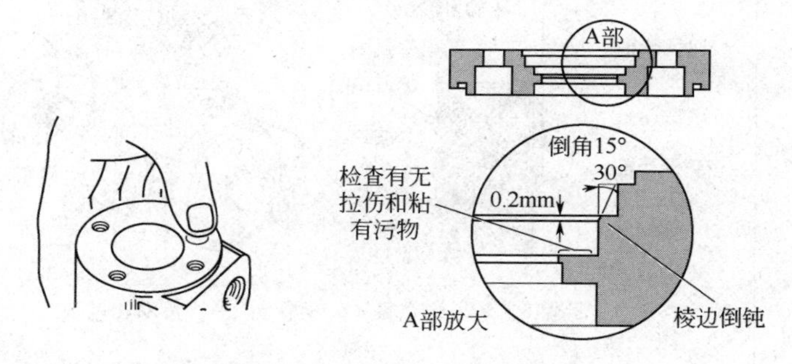 步骤 1：将体壳夹于虎钳上　　步骤 2：检查法兰盖并作适当修整 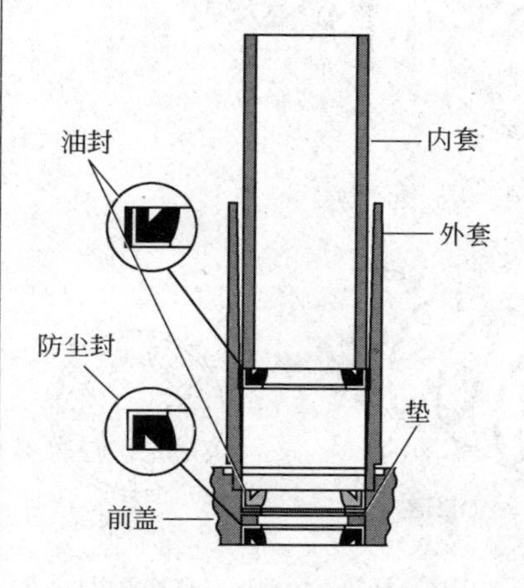 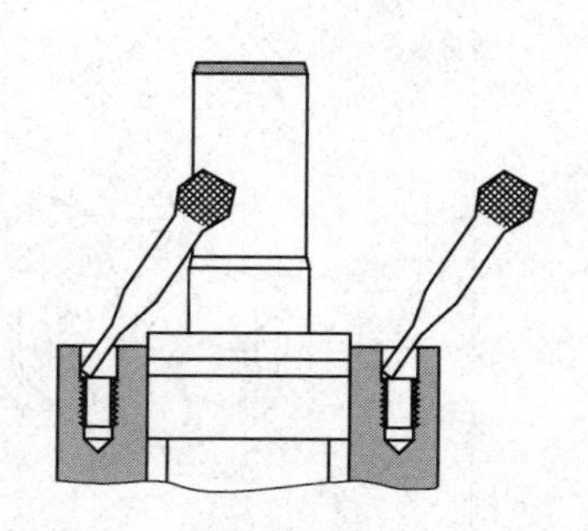 步骤 3：用内外套工具将油封与防尘等密封圈装入法兰盖内　　步骤 4：输出轴插入体壳（螺纹清洗干净，涂上清洁剂）

续表

项目	图示及说明
装配	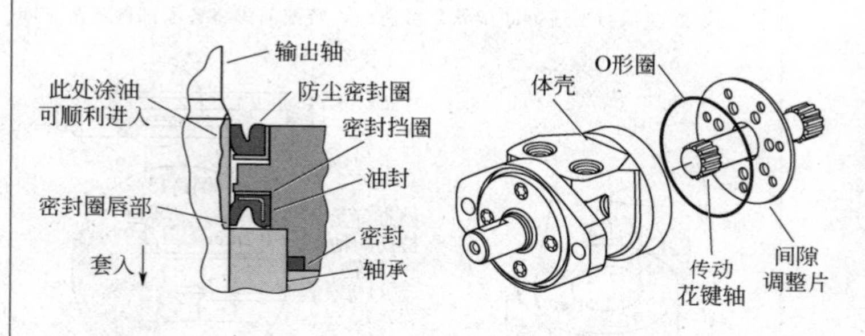 步骤 5：装入法兰盖　　步骤 6：装入传动花键轴 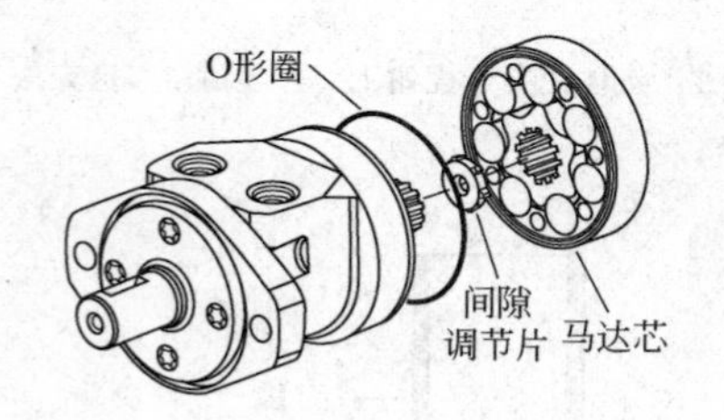 步骤 7：装入马达芯 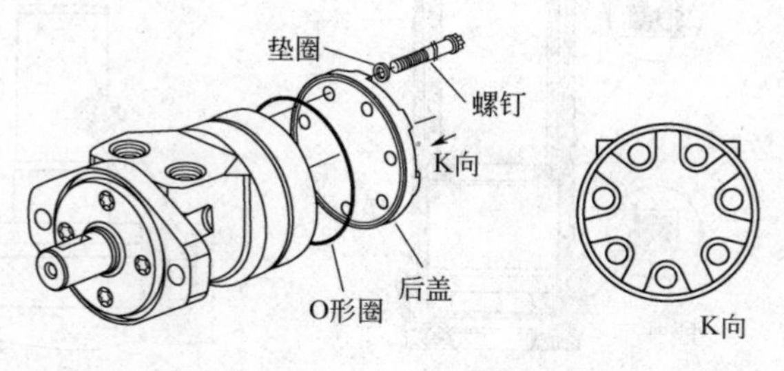 步骤 8：安装后盖（按图中所标数字的顺序对角拧紧螺钉） 装配注意事项如下： ① 马达芯或转子装入配油轴时，一定要注意安装方向

续表

项目	图示及说明
装配	马达芯　转子齿谷　转子齿顶　隔板　标记小圆点　孔对正标记的小圆点 转子齿谷　转子齿顶　标记小圆点　转子侧边孔对准标记小圆点 逆时针方向　顺时针方向　顺时针方向转动　逆时针方向转动 ② 装法兰盖时要使用弹壳形引导工具，以免切破防尘密封和油封［图(a)］ ③ 装配时按图(b) 所示将马达夹于虎钳上，拧紧各螺钉 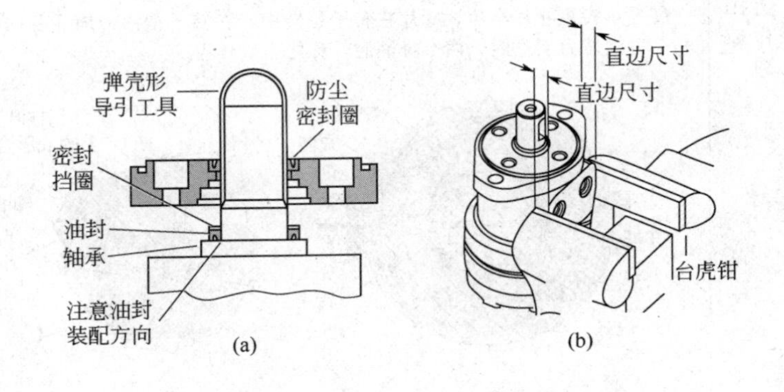 (a)　(b)

4.2.3 叶片马达

叶片马达结构紧凑、体积小、转动惯量小、噪声较低、脉动率小，常用在动作灵敏、换向频率较高的液压系统中。缺点是抗污染能力不及齿轮液压马达，且由于工作中叶片与定子间的接触磨损（叶片根部一直要通高压油），限制了工作压力和转速的提高，而且叶片马达一般为双作用和多作用，所以只能做成定量马达。

(1) 叶片马达的工作原理

项目	图示及说明
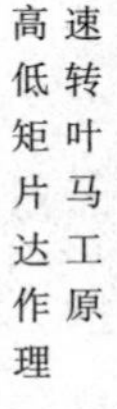 高速低转矩叶片马达工作原理	如图所示，高速低转矩叶片马达与双作用叶片泵一样，其定子内表面曲线由四个工作区段（两段短半圆弧与两段长半径圆弧）和四个过渡区段（过渡曲线）组成，定子和转子同心地安装着，通常采用偶数个叶片，且在转子中对称分布，工作中转子所承受的径向液压力相平衡 压力油从进油口通过内部流道进入叶片之间，位于进油腔的叶片有 3、4、5 和 7、8、1 两组。分析叶片受力状况可知，叶片 4 和 8 的两侧均承受高压油的作用，作用力互相抵消不产生转矩。而叶片 3、5 和叶片 8、1 所承受的压力不能抵消，由于叶片 5 和 1 受力面积大，所以这两组叶片合成力矩构成推动转子沿顺时针方向转动的转矩（图中的 M）。而处在回油腔的 1、2、3 和 5、6、7 两组叶片，由于腔中压力很低或者受压面积很小，所产生的转矩可以忽略不计。因此，转子在转矩 M 的作用下顺时针方向旋转。改变输油方向，液压马达可反转。所以叶片式马达一般是双作用式的定量马达，而极少有采用单作用变量马达的形式 叶片马达的输出转矩取决于输入油压 p 和马达每转排量 q，转速 n 取决于输入流量 Q 的大小 高速小转矩叶片马达，叶片在转子每转中，在转子槽内伸缩往复两次，有两个进油压力工作腔，两个排油腔，称之为双作用 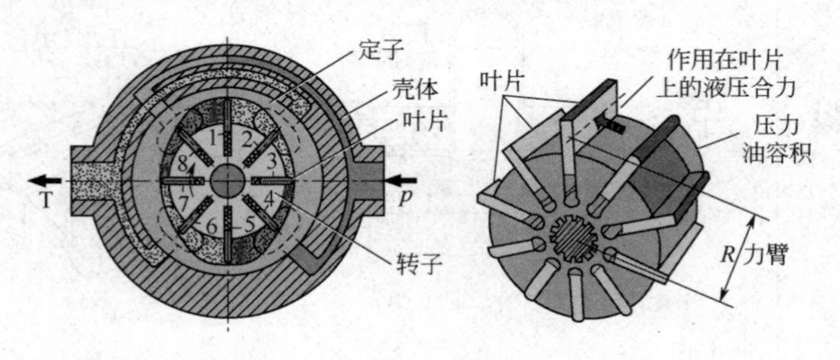 叶片油马达的工作原理图

续表

项目	图示及说明
低速大转矩叶片马达的工作原理	低速大转矩叶片马达压力油进入马达内输出转矩和转速的工作原理与上述高速低转矩叶片马达相同，但由于“低速”和“大转矩”的需要，在结构上采取了两项措施： ① 增加工作腔数：同样的流量要进入多个工作腔（多作用），转速降低，产生转矩却增大；目前低速大转矩叶片马达多采用 4～6 个工作腔［图(a)、(b)］ ② 大大增加叶片数［图(c)］ ③ 增大转子的回转半径，所产生力矩的力臂可增大，从而能产生大的转矩 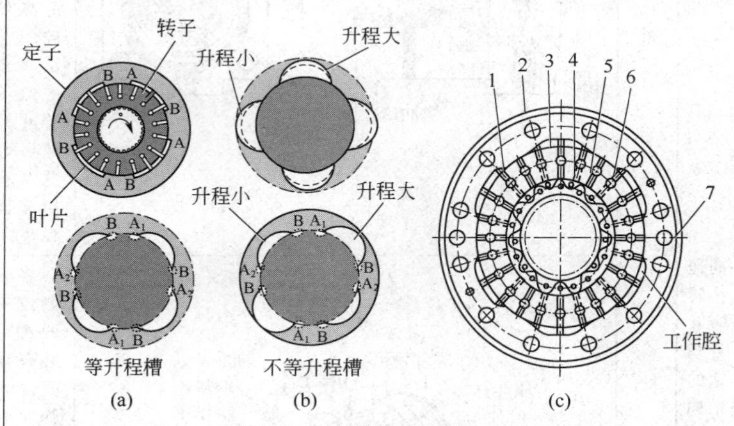 叶片马达的工作腔数与升程大小图 1—叶片；2—定子；3—转子 4—摆铰；5—推杆；6—弹簧；7—定位销

（2）外观、图形符号、结构与立体分解图例

项目	图示		说明
高速小转矩叶片马达的结构	外观与图形符号	A　B　B　A	

续表

项目		图示	说明
高速小转矩叶片马达的结构	结构例	 (a) (b)	为了防止叶片马达刚启动时出现高低压腔，在压力未建立起来之前，叶片尚未顶住定子出现的高低压串腔，造成无法输出转矩的现象，改善叶片马达的启动性能，此结构中采用装设燕式弹簧的结构
	立体分解图例		在转子两侧设有环形凹槽，槽内装有燕式弹簧，通过该弹簧在销子支承上的摆动，使每根弹簧两端分别压住相隔90°的两只叶片的根部，例如叶片1与叶片2，当叶片2往内缩时，叶片1由于燕式弹簧的摆动使之外伸，这样无论叶片1还是叶片2，都因

续表

项目	图示		说明
高速小转矩叶片马达的结构	立体分解图例	燕尾弹簧 叶片 定子 转子 柱销 输出轴	弹簧力使它们都与定子内曲面紧密接触，从而保证在叶片根部未建立起压力之前，也能使高低压区隔开，有足够的启动转矩使马达旋转，以保证叶片马达有良好的启动性能
低速大转矩叶片马达的结构	外观与图形符号	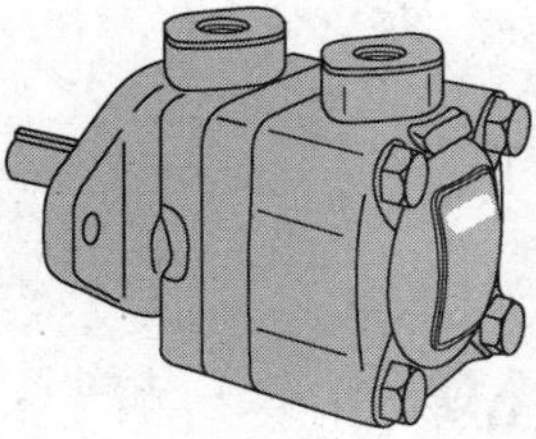 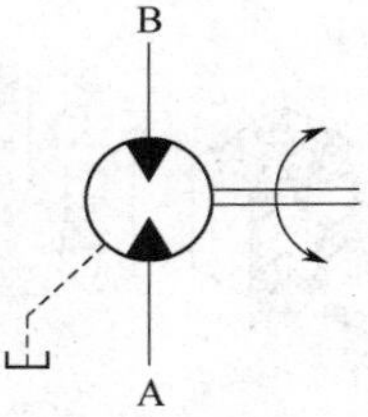 B A	分为高速小转矩和低速大转矩两类。低速大转矩叶片马达的叶片数远多于高速小转矩叶片马达
	结构	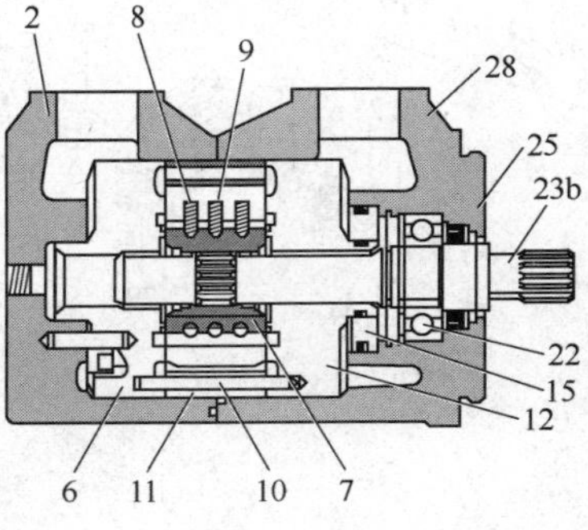 2 8 9 28 25 23b 22 15 12 6 11 10 7	这种结构的叶片马达采用直接在叶片下端的小弹簧将叶片顶紧在定子内表面上，以保证良好的启动性能。浮动配油盘在高压油的作用下紧贴机芯（定转子）端面，可获得好的容积效率

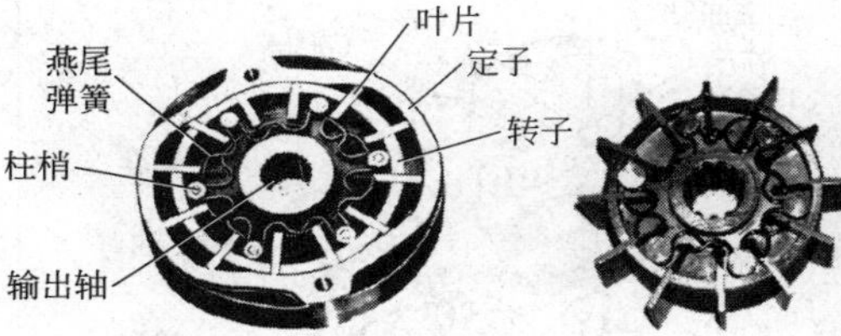

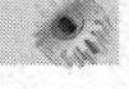

续表

项目		图示	说明
低速大转矩叶片马达的结构	立体分解图例	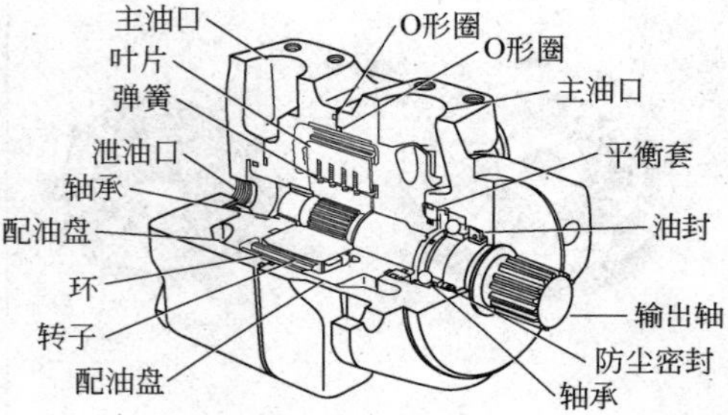 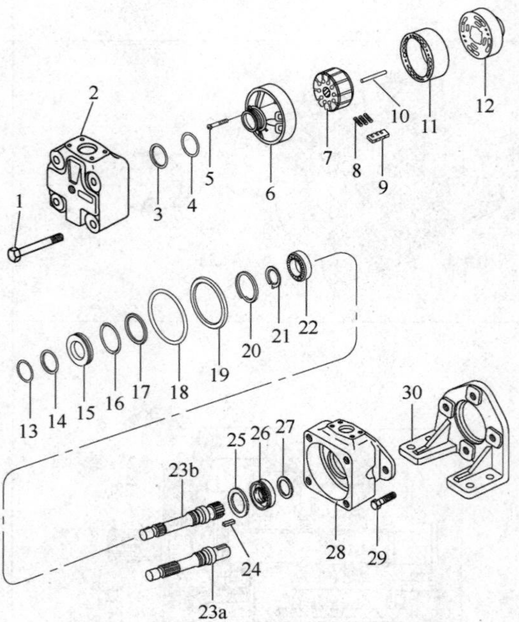 主油口 叶片 弹簧 泄油口 轴承 配油盘 环 转子 配油盘 O形圈 O形圈 主油口 平衡套 油封 输出轴 防尘密封 轴承 1 2 3 4 5 6 7 8 9 10 11 12 13 14 15 16 17 18 19 20 21 22 23a 23b 24 25 26 27 28 29 30	1、5、29—螺钉；2—后盖；3、13、16、18—O形圈；4、14、17—密封挡圈；6、12—配油盘；7—转子；8—弹簧；9—叶片；10—定位销；11—定子；15—浮动侧板；19—密封环；20—锁环；21—卡簧；22—轴承；23—输出轴；24—键；25—垫圈；26—轴封；27—防尘密封；28—前盖；30—安装支座

(3) 维修叶片马达的基本技能

① 几种故障现象的分析与排除

故障现象	故障涉及的零部件	故障原因	排除方法
输出转速不够(欠速)，输出转矩也低	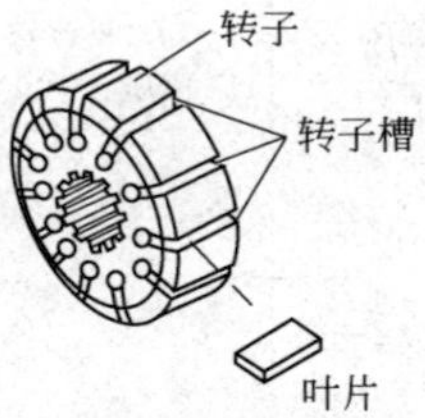 转子 转子槽 叶片 (a) 装普通叶片的转子 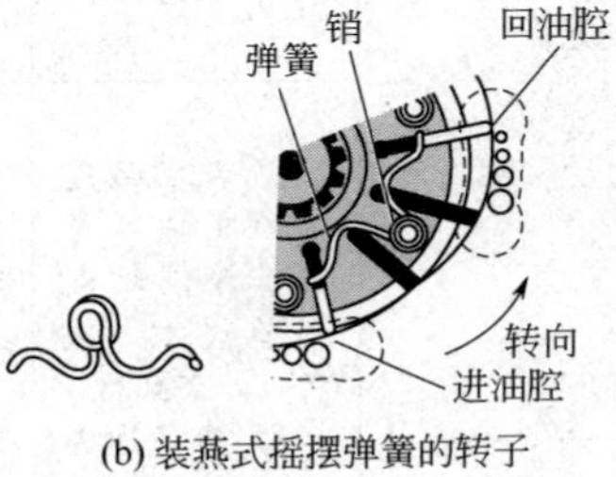 弹簧 销 回油腔 转向 进油腔 (b) 装燕式摇摆弹簧的转子 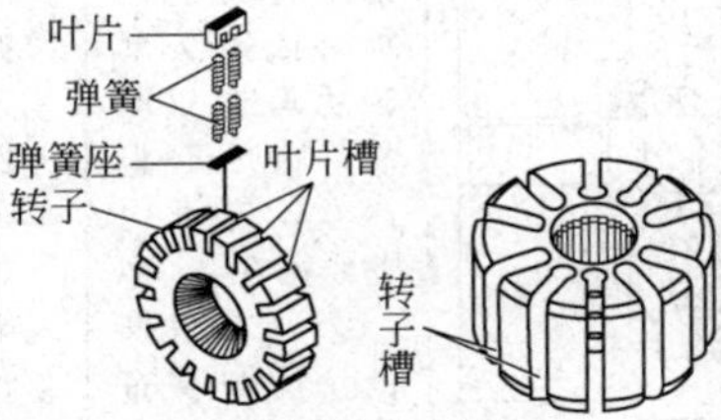 叶片 弹簧 弹簧座 叶片槽 转子 转子槽 (c) 弹簧式叶片转子	① 转子与定子厚度尺寸 L_0 差值太大（超过 0.04mm)，使转子与配油盘滑动配合面之间的配合间隙过大［见图(e)］ ② 配油盘 B 面拉毛或拉有沟槽［见图(d)］ ③ 推压配油盘的波形弹簧疲劳或折断［见图(f)］ ④ 控制压力油未作用在配油盘背面，补偿间隙作用失效［见图(f)］ ⑤ 定子内曲线表面磨损拉伤［见图(e)］ ⑥ 叶片因污物或毛刺卡死在转子槽内不能伸出 ⑦ 油温过高或油液黏度选用不当 ⑧ 油泵供给油马达的流量与压力不足 ⑨ 油马达出口背压过大	① 应保证转子与配油盘之间的间隙在 0.015～0.025mm ② 修理 B 端面 ③ 可更换弹簧 ④ 可检查排除 ⑤ 轻微拉伤可用天然圆形油石或金相砂纸砂磨定子内表面曲线；当拉伤的沟槽较深时，根据情况更换定子或翻转 180°使用 ⑥ 拆洗并换油 ⑦ 应尽量降低油温，选用黏度合适的油液不当，减少泄漏 ⑧ 检查并排除油马达的流量与压力不足的原因，予以排除 ⑨ 可检查并调节背压压力

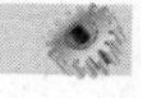

续表

故障现象	故障涉及的零部件	故障原因	排除方法
负载增大时，转速下降很多	 (d) 配油盘 (e) 转子与定子的配合	① 同上述原因 ② 油马达出口背压过大 ③ 进油压力低	① 处理方法同上 ② 降低背压压力 ③ 检查进口压力低的原因，采取对策
噪声大、振动严重（马达轴）	 (f)	① 与负载连接的联轴器及皮带轮同轴度超差过大，或者有外来振动。 ② 油马达内部零件磨损及损坏：如滚动轴承保持架断裂，轴承磨损严重，定子内曲线拉毛等 ③ 叶片底部的扭力弹簧过软或断裂 ④ 定子内表面拉毛或刮伤 ⑤ 叶片两侧面及顶部磨损及拉毛	① 校正联轴器，修正带轮内孔与外三角皮带槽的同轴度，保证不超过 0.1mm，并设法消除外来振动，如油马达安装支座刚性应好，可靠牢固 ② 拆检油马达内部零件，修复或更换易损零件 ③ 更换合格的燕式扭力弹簧

续表

故障现象	故障涉及的零部件	故障原因	排除方法
噪声大、振动严重（马达轴）		⑥ 油液黏度过高，油泵吸油阻力增大，油液不干净，污物进入油马达内 ⑦ 空气进入油马达 ⑧ 油马达安装螺钉或支座松动引起噪声和振动 ⑨ 油泵工作压力调整过高，使油马达超载运转	④ 修复或更换定子 ⑤ 对叶片进行修复或更换 ⑥ 根据情况处理 ⑦ 采取防止空气进入的措施 ⑧ 拧紧安装螺钉，支座采取防振加固措施 ⑨ 适当减小油泵工作压力和调低溢流的压力
内外泄漏大		① 输出轴轴端油封失效：例如油封唇部拉伤、卡紧弹簧脱落与输出轴相配面磨损严重等 ② 前盖等处O形密封圈损坏、外漏严重，或者压紧螺钉未拧紧 ③ 管塞及管接头未拧紧，因松动产生外漏 ④ 配油盘平面度超差或者使用过程中的磨损拉伤，造成内泄漏大	① 更换油封，修理 ② 更换O形圈，拧紧螺钉 ③ 拧紧接头及改进接头处的密封状况 ④ 按要求修复 ⑤ 轴向间隙应保证在0.04～0.05mm ⑥ 查明温升过高的原因，采取应对措施

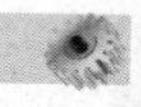

续表

故障现象	故障涉及的零部件	故障原因	排除方法
内外泄漏大		⑤ 轴向装配间隙过大 ⑥ 油液温升过高，油液黏度过低，铸件有裂纹等	
低速时，转速颤动，产生爬行		① 油马达内进了空气 ② 油马达回油背压太低 ③ 内泄漏量较大	① 查明进气原因，排气 ② 一般油马达回油背压不得小于0.15MPa ③ 减少内泄漏
低速时启动困难		① 对高速小转矩叶片马达，多为燕式弹簧折断 ② 对于低速大转矩叶片马达，则是顶压叶片的弹簧折断或漏装，使进回油串腔，不能建立起启动转矩 ③ 波形弹簧疲劳［见图(f)］	① 更换燕式弹簧 ② 更换与补装弹簧 ③ 更换波形弹簧

② 叶片马达的拆修

项目	图示及说明
配油盘的修理	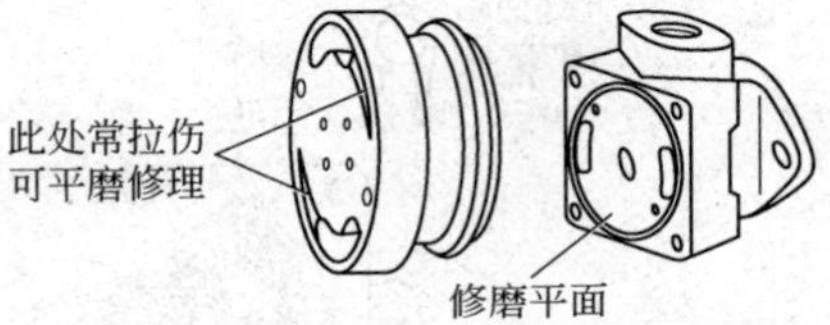 配油盘常常出现图示位置的拉伤和汽蚀性磨损，磨损拉伤不严重时，可用油石或金相砂纸打磨，磨损严重者需平磨修复
定子的修理	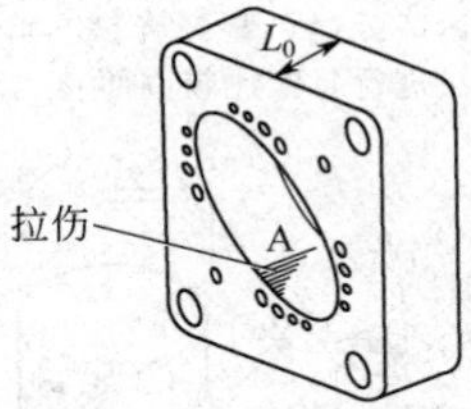 定子经常在 A 处有拉伤的情况，可用刮刀刮去划痕，或用精油石或金相砂纸打磨
转子的修理	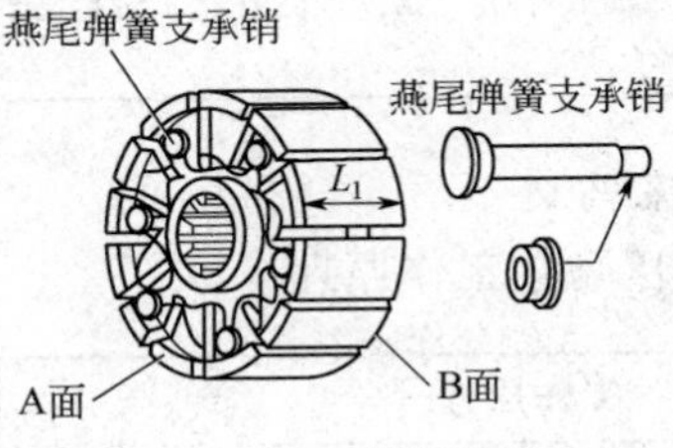 转子主要是两端面 A 与 B 的拉伤，可酌情处理，尺寸 L_1 比定子尺寸 L_0 小 0.015～0.025mm
叶片的修理	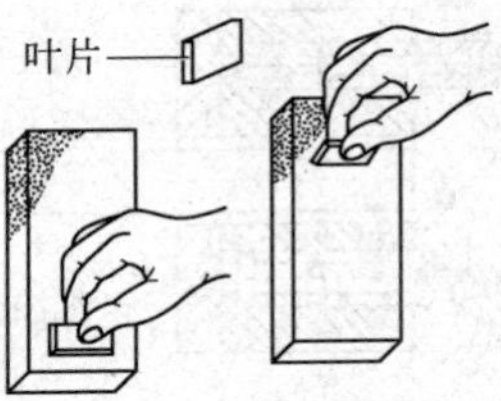 叶片主要是修理其顶部圆弧面，可手持在油石上来回摆动修圆叶片顶部圆弧面

续表

项目	图示及说明
装拆燕尾弹簧	此处凹陷 装拆燕尾弹簧的方法
转子装入定子的方法	弹簧式叶片马达装配时，装好弹簧与叶片的转子要装入定子孔内不太容易，可按图示方法进行装配比较方便 叶片 弹簧 装好弹簧叶片的转子 夹子 铜箔卷筒 内六角扳手 安装薄套收缩 转子 叶片 定子 第一步：装弹簧式叶片　第二步：用卷筒裹挟　第三步：收缩叶片　第四步：推入转子

4.2.4 轴向柱塞马达

（1）轴向柱塞液压马达工作原理

工作原理	说明
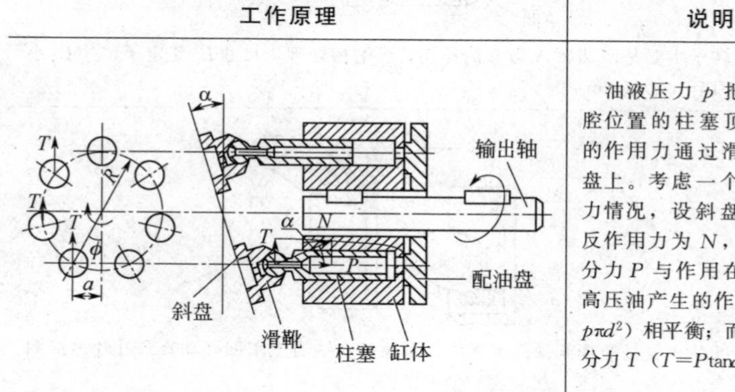	油液压力 p 把处在压油腔位置的柱塞顶出，产生的作用力通过滑靴压在斜盘上。考虑一个柱塞的受力情况，设斜盘给柱塞的反作用力为 N，N 的水平分力 P 与作用在柱塞上的高压油产生的作用力（等于 $p\pi d^2$）相平衡；而 N 的径向分力 T（$T=P\tan\alpha$）和柱塞的

续表

工作原理	说明
	轴线垂直，分力 T 使柱塞对缸体（转子）中心产生一个转矩 $M=Ta=TR\sin\phi=PR\tan\alpha\sin\phi$（$R$ 为柱塞在缸体上的分布圆半径）。 随着角度 ϕ 的变化，柱塞产生的转矩也跟着变化。整个油马达所能产生的总转矩是由所有处于压力油区的柱塞产生的转矩所组成，所以总转矩也是脉动的。当柱塞的数目较多且为单数时，则脉动较小。 端面配油的轴向柱塞马达与同结构的轴向柱塞泵更换配油盘后可互换使用

（2）外观、图形符号、结构、立体分解图例

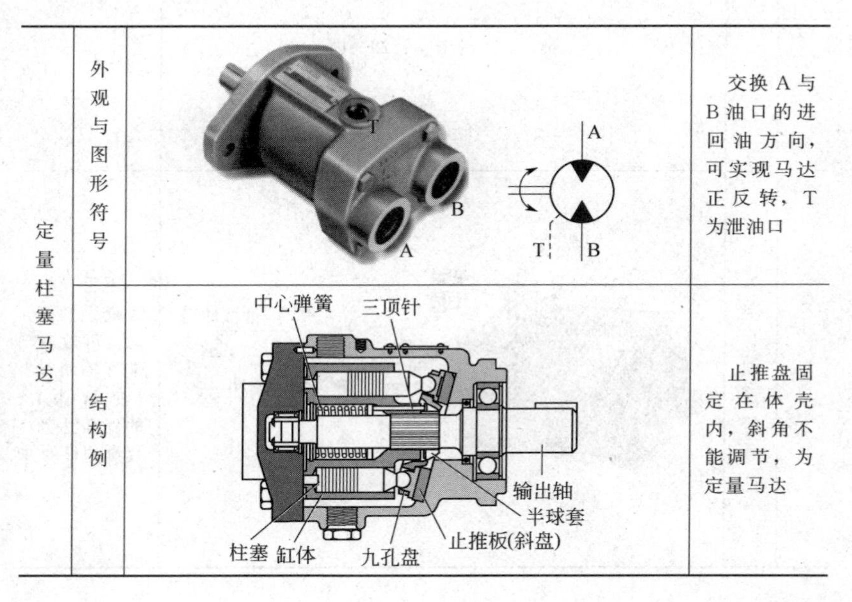

定量柱塞马达	外观与图形符号		交换 A 与 B 油口的进回油方向，可实现马达正反转，T 为泄油口
	结构例		止推盘固定在体壳内，斜角不能调节，为定量马达

续表

<table>
<tr>
<td>定量柱塞马达</td>
<td>立体分解图例</td>
<td>
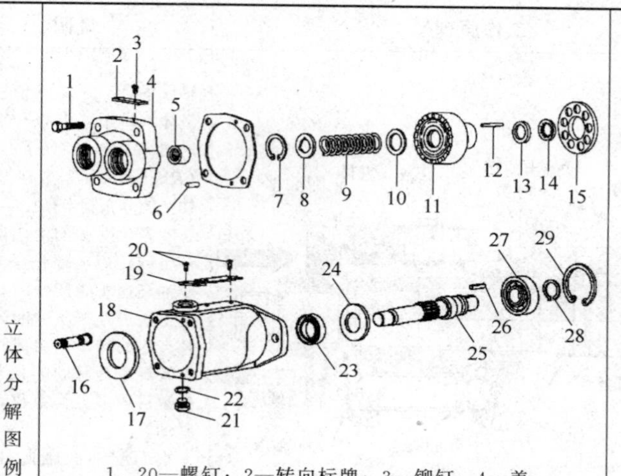

1、20—螺钉；2—转向标牌；3—铆钉；4—盖；5、27—轴承；6—销；7—卡簧；8、13—垫；9—弹簧；10、14—垫圈；11—缸体；12—三顶针；15—九孔盘；16—柱塞与滑靴组件；17—止推板；18—体壳；19—标牌；21—螺堵；22—O 形圈；23—轴封；24—衬垫；25—输出轴；26—键；28—外卡簧；29—内卡簧
</td>
<td></td>
</tr>
<tr>
<td>变量柱塞马达</td>
<td>外观与图形符号</td>
<td>
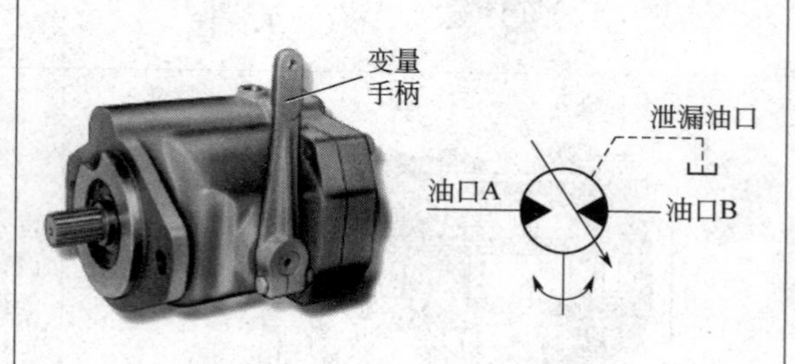

</td>
<td>用手操纵变量手柄摆动，可改变带耳轴斜盘（变量头）的斜角达到变量的目的</td>
</tr>
</table>

续表

变量柱塞马达	结构	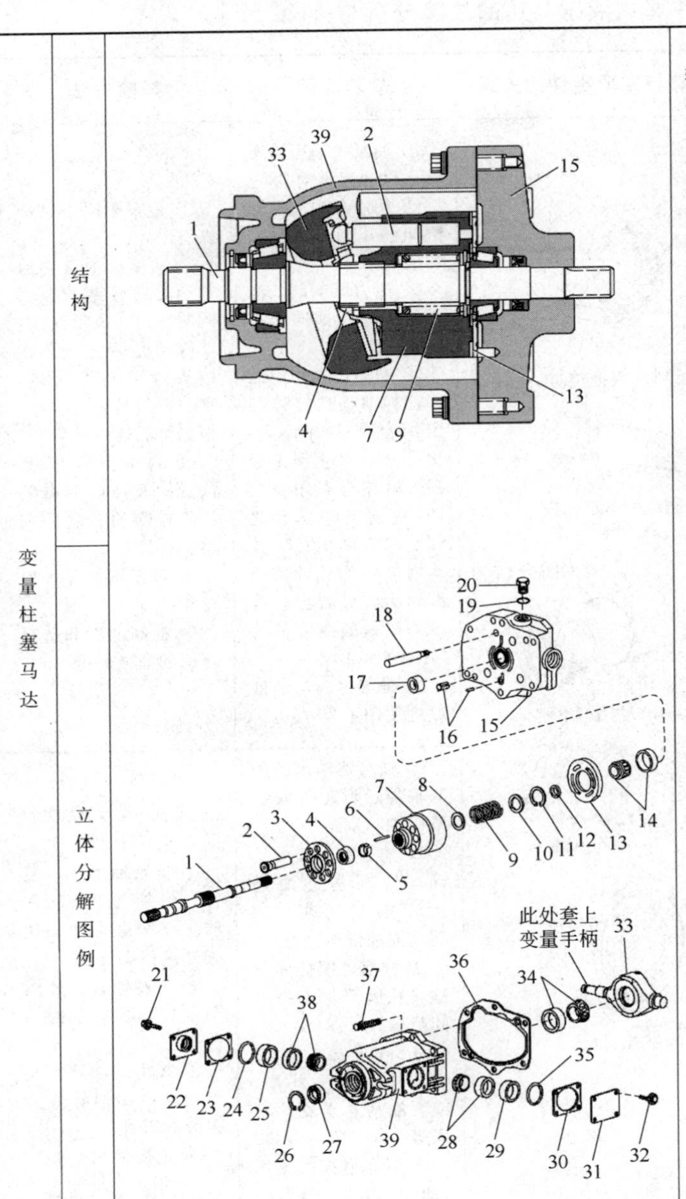	1—马达轴；2—柱塞与滑靴；3—止推板；4—半球套；5—护套；6—三顶针；7—缸体；8、10、23、30、36—垫；9—中心弹簧；11、26—卡簧；12—机芯组件；13—配油板；14、27、28、34、38—轴承；15、31—盖；16—定位销；17、23—轴封；18—扭力杆；19、24、35—O形圈；20—螺堵；21、32、37—螺钉；22—耳轴盖；25、29—衬套；33—带耳轴斜盘（变量头）；38、39—体壳
	立体分解图例		

（3）轴向柱塞式液压马达的故障分析与排除

故障现象	故障与主要零件的关系	故障原因	排除方法
油马达的转速提不高，输出转矩不够	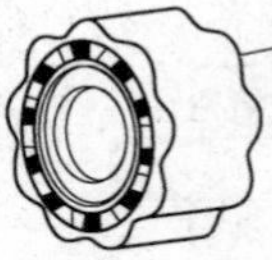 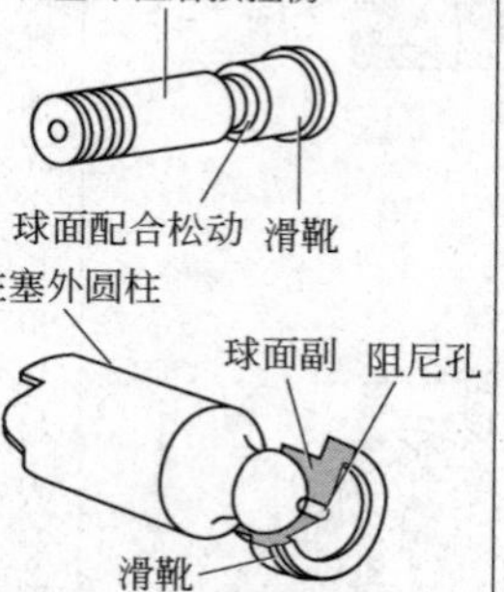 A面 (a) 缸体 柱塞外径磨损拉伤 球面配合松动 滑靴 柱塞外圆柱 球面副 阻尼孔 滑靴 (b) 柱塞与滑靴	① 油泵供油压力不够，供油流量太少 ② 从油泵到油马达之间的压力、流量损失太大 ③ 压力调节阀、流量调节阀及换向阀失灵 ④ 油马达本身的故障：如油马达缸体与配油盘（或前后盖）接合面A产生严重泄漏、缸体与右端盖之间，柱塞与缸体孔之间的配合间隙过大或因磨损拉伤导致内泄漏增大，导致容积效率与机械效率降低等［图(a)、(b)］ ⑤ 油温过高与油液黏度使用不当	① 检查原因予以排除 ② 应减少油泵到油马达之间管路及控制阀的压力、流量损失：如管道是否太长，管接头弯道是否太多，管路密封是否失效等，根据情况逐一排除 ③ 可根据压力阀、流量阀及换向阀有关故障排除的方法的内容予以排除 ④ 可根据情况予以排除 ⑤ 控制油温和选择合适的油液黏度
油马达噪声大	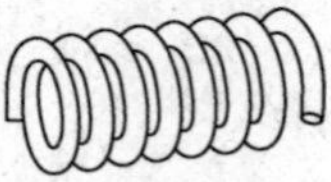 (c) 中心弹簧  磨损 (d) 轴承	① 油马达输出轴的联轴器、齿轮等安装不同轴与别劲等 ② 油管各连接处松动（特别是进油通道），有空气进入油马达或油液污染 ③ 柱塞外圆柱面与缸体孔因严重磨损而间隙增大［图(b)］ ④ 外界振动的影响，甚至产生共振，或者油马达未安装牢固等 ⑤ 轴承磨损或损坏［图(d)］	① 校正各联结件的同心度。 ② 拧紧油管各连接件，更换管路密封，防止空气进入油马达和油液污染 ③ 可刷镀柱塞外圆与缸体内孔，重配间隙 ④ 找出振动原因便可排除，如消除外界振源的影响 ⑤ 更换轴承

续表

故障现象	故障与主要零件的关系	故障原因	排除方法
外泄漏		① 输出轴的骨架油封损坏 ② 油马达各管接头未拧紧或因振动而松动 ③ 油塞未拧紧或密封失效等	① 更换骨架油封 ② 拧紧各管接头，防止因振动而松动 ③ 拧紧油塞，更换失效密封
内泄漏		① 柱塞与缸体孔磨损，配合间隙大 ② 中心弹簧疲劳，缸体与配油盘的配油贴合面（A面）磨损，引起内泄漏增大等［图(a)、(c)］	找出故障产生原因后，进行排除

4.2.5　径向柱塞马达

(1) 工作原理、外观、图形符号、结构与立体分解图例

项目	图示及说明
工作原理	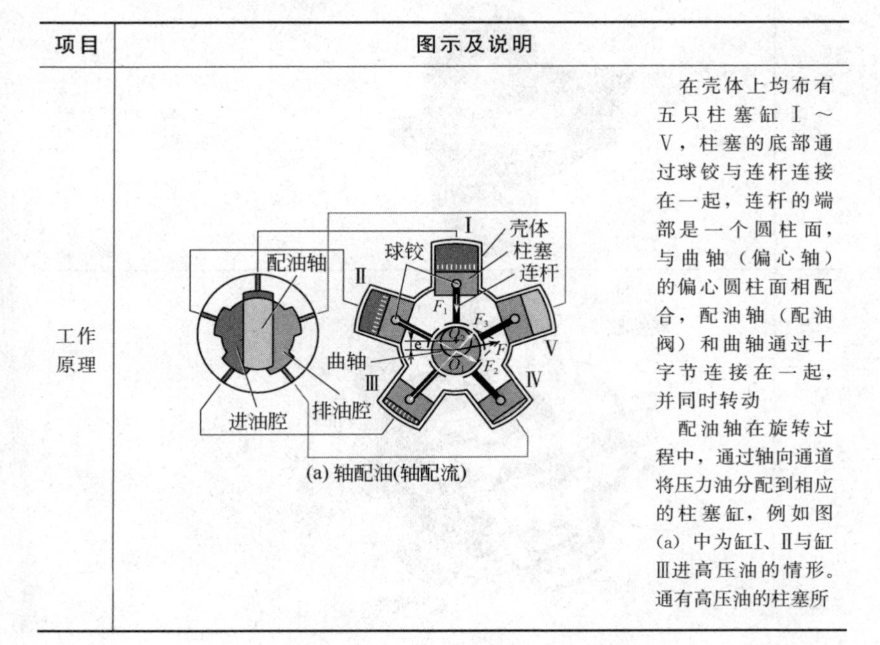 (a) 轴配油(轴配流) 在壳体上均布有五只柱塞缸Ⅰ～Ⅴ，柱塞的底部通过球铰与连杆连接在一起，连杆的端部是一个圆柱面，与曲轴（偏心轴）的偏心圆柱面相配合，配油轴（配油阀）和曲轴通过十字节连接在一起，并同时转动 配油轴在旋转过程中，通过轴向通道将压力油分配到相应的柱塞缸，例如图(a)中为缸Ⅰ、Ⅱ与缸Ⅲ进高压油的情形。通有高压油的柱塞所

续表

项目	图示及说明
工作原理	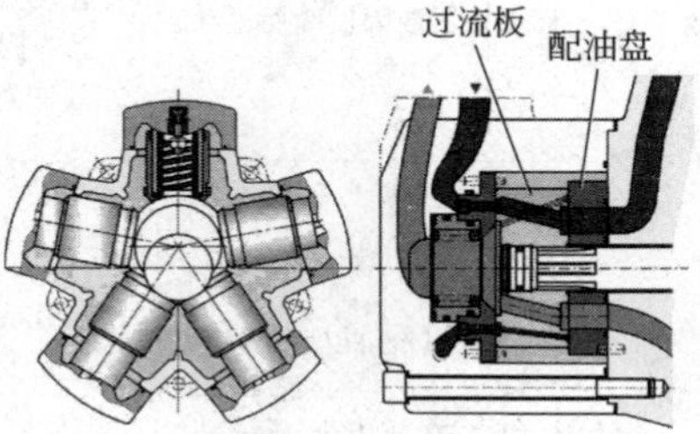 过流板 配油盘 (b) 盘配油 产生的液压力分解为F_1、F_2与F_3，图中力F_1过曲轴回转中心O_2，力F_3与F_2的合力F作用在偏心O_1上，对曲轴中心O_2产生转矩，推动曲轴逆时针方向转动，输出转矩 当曲轴转动，也带动配油轴转动，可能是柱塞缸Ⅳ、Ⅴ通压力油，继续产生使曲轴转动力，输出转矩 图(b)为盘配油的情况，工作原理与轴配油相同
外观与图形符号	 壳体上均布有七只柱塞缸
结构	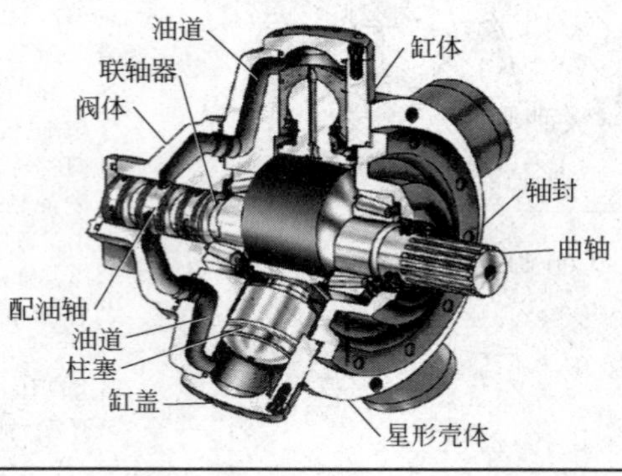 油道 缸体 联轴器 阀体 轴封 曲轴 配油轴 油道 柱塞 缸盖 星形壳体

续表

项目	图示及说明
结构	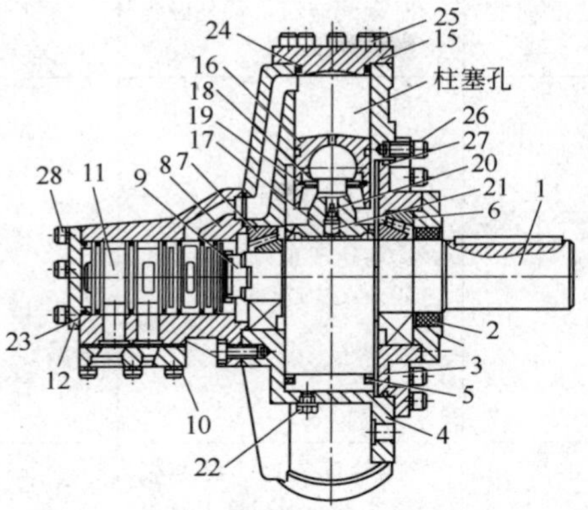
立体分解图例	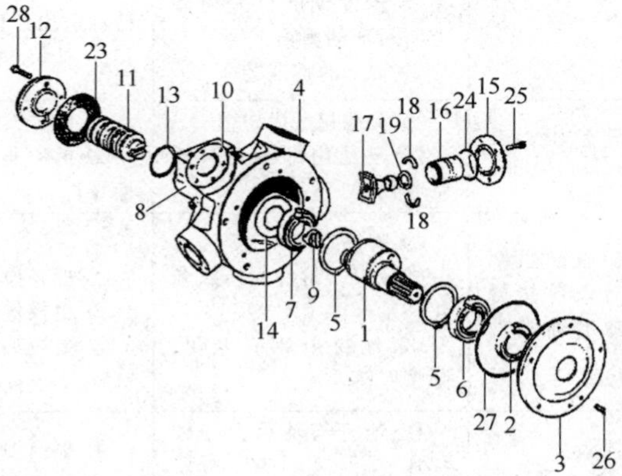 1—曲轴；2—骨架油封；3—本体盖；4—壳体；5—抱环； 6、7—轴承；8—配油体；9—十字滑块（联轴器）； 10—法兰连接板；11—配油轴；12—端盖； 13—密封环；14—调整环垫；15—油缸盖； 16—活塞；17—连杆；18—球承座； 19—孔用弹性挡圈；20—过滤帽； 21—节流器；22—泄油螺塞； 23—调整垫片；24、27—密封圈； 25、26、28—螺钉；

(2) 故障分析与排除

故障现象	故障原因	排除方法
旋转与预定方向相反	对盘配流而言，是因为配油盘装反	拆下并取出配油盘，旋转180°后重新装入。
转速下运转不正常，输出转矩下降。	① 系统其他部分毛病 ②马达严重外泄漏 ③ 马达内泄漏大	① 排除系统故障 ② 检查通油盘与壳体之间接触面 ③ 检查各零件之间接合的密封件 ④ 检查液压油的黏度和工作油温 ⑤ 检查各运动件的磨损情况
马达不转且压力上不去	① 轴配流时，配油轴外径严重磨损或轴上密封圈破损 ② 盘配油时，配油盘上密封环的磨损 ③ 轴上的键漏装	① 检查配油盘上密封环的磨损情况 ② 检查通油盘的磨损情况，铸件进出油口流道是否串通 ③ 补装传动键
马达不转且压力升不高	① 负载超过设定值 ② 马达内部运动副相互咬住	① 检查系统，并排除 ② 拆卸通油盘、配油盘，更换零件
柱塞套、通油盘漏油或其他与壳体接触面漏油、输出轴端面漏油	① 铸件有气孔砂眼 ②橡胶密封件损坏或老化 ③ 油封损坏或老化、弹簧脱落	① 拆开检查，更换不良件 ② 更换橡胶密封件 ③ 更换油封
噪声大	① 连杆与轴承套咬破损坏 ② 卡簧断裂，连杆上的球头咬死。 ③ 联轴器不同轴 ④ 外部振动 ⑤ 液压系统其他部位噪声	① 更换损坏零件 ② 检查推力座上球头是否损坏，对球头部位进行间隙调整 ③ 检查并校正与马达相连联轴器的同轴度 ④ 采取防振措施 ⑤ 检查液压系统并排除
温升太快	① 系统冷却不够 ② 主要零件磨损严重	检查改善

第5章

液压系统的“交通警察”——液压阀

5.1 方向阀

方向控制阀，简称方向阀。方向阀是控制液压系统中液流方向的阀类，是液压系统中的“交通警察”。

5.1.1 单向阀

单向阀又叫止回阀、逆止阀。单向阀在液压系统中的作用是只允许油液以一定的开启压力从一个方向自由通过，而反向则不允许油液通过（被截止），它相当于电器元件中的二极管。

单向阀按安装形式分为板式、管式和法兰连接三类；按结构形式可分为球阀式和锥阀式两种；按其进口液流和出口液流的方向又有直角式和直通式两种；按用途还可分为单向阀、背压阀和梭阀（双单向阀）三类。

单向阀既可以控制方向，也可以改变弹簧刚度控制压力，如背压阀。单向阀只是由处在两个油口间的一个钢球（或锥阀芯）和阀座组成。当进行方向控制时，单向阀有自由流动和阻止流动两个方向。一个方向的流量通过阀座会把球推开，实现自由流动；而来自另一方向的流量会把钢球（或锥阀芯）紧压在阀座上，油压产生的作用力，使钢球封住油道，从而截止流动。根据使用弹簧的刚度大小，可以产生不同的开启压力。

(1) 工作原理

项目	图示	说明
单向阀		当A腔的压力油作用在阀芯上的液压力（向右或向上），大于B腔压力油所产生的液压力、弹簧力及阀芯摩擦阻力之和作用在阀芯上

续表

项目	图示	说明
单向阀	 (a) 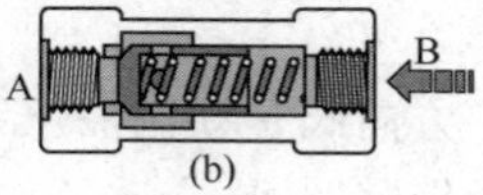 (b) 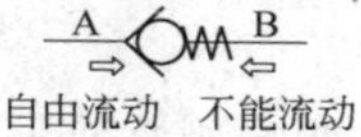 自由流动　不能流动	向左的力时，阀芯被顶开，油液可从A腔向B腔流动，使单向阀阀芯打开的油液压力叫开启压力［图(a)］；当压力油欲从B腔向A腔流动时，由于弹簧力与B腔压力油的共同作用，阀芯被压紧在阀体座上，因而液流不能由B向A流动（反向截止）［图(b)］
梭阀	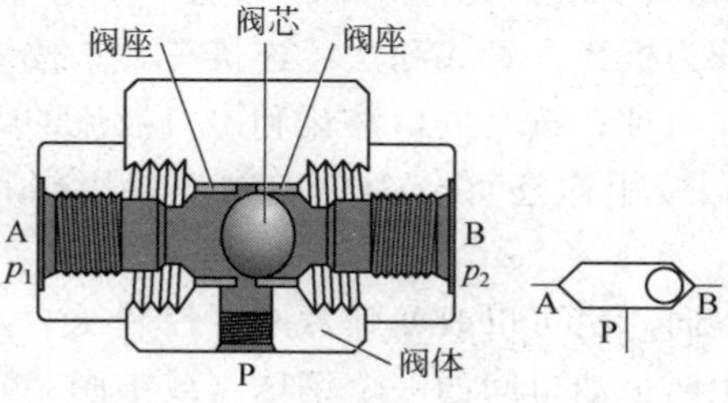 (a) 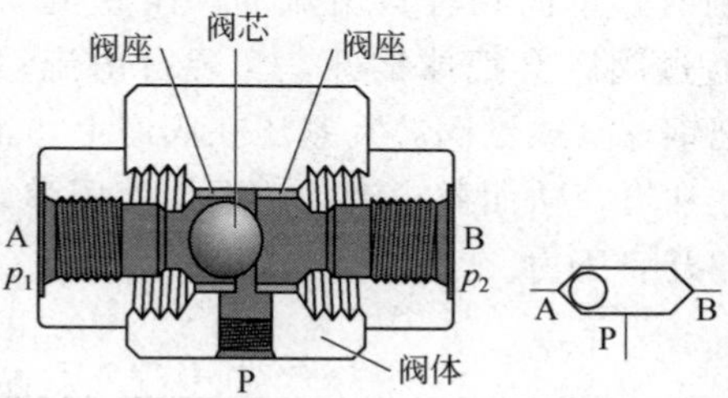 (b) 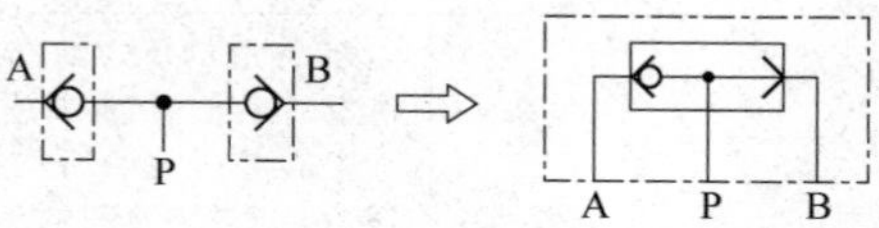 (c)	它由阀体、钢球（或锥阀芯）与阀座等组成 当A油口压力$p_1 > p_2$时，进入阀内的压力油p_1将钢球推向右边，封闭B油口，压力油从A油口进入，由P油口流出［图(a)］ 当$p_2 > p_1$时，钢球将A油口封闭，B油口与P油口连通，压力油从B油口进入，由P油口流出［图(b)］ 也就是说P油口（出口）油液总是取自A油口与B油口的压力较高者，因而梭阀又叫“选择阀”。工作时钢球或锥阀芯来回梭动，因而称为“梭阀” 梭阀实际上是将两个单向阀相对组合而成的阀［图(c)］

(2) 外观、图形符号、结构与立体分解图例

项目		图示	说明
单向阀	外观与图形符号	 (a) 管式 　(b) 板式、直通式 　(c) 板式、直角式 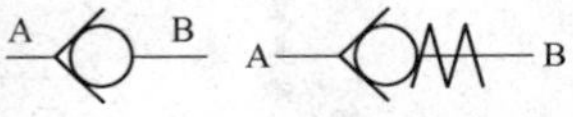　(d) 图形符号	单向阀按安装形式分为板式、管式和法兰连接三类；按结构形式可分为球阀式和锥阀式两种；按其进口液流和出口液流的方向又有直角式和直通式两种
	结构例	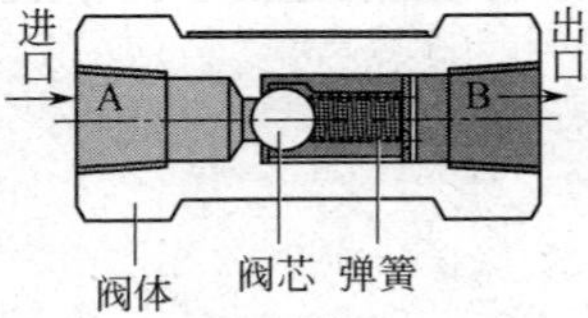 进口 A　B 出口　阀体　阀芯　弹簧　(a) 直通式 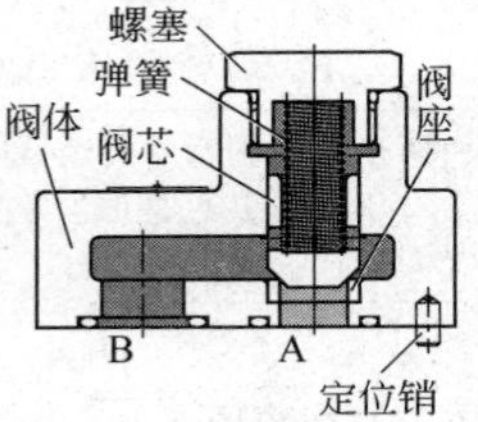 螺塞　弹簧　阀体　阀芯　阀座　B　A　定位销　(b) 直角式	单向阀结构简单，只有阀体、阀芯、阀座及弹簧等零件
	立体分解图	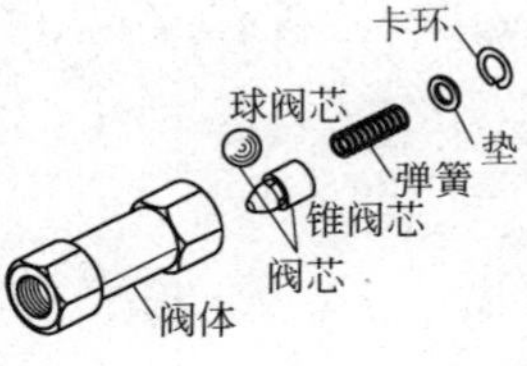 卡环　球阀芯　垫　弹簧　锥阀芯　阀芯　阀体　(a) 管式 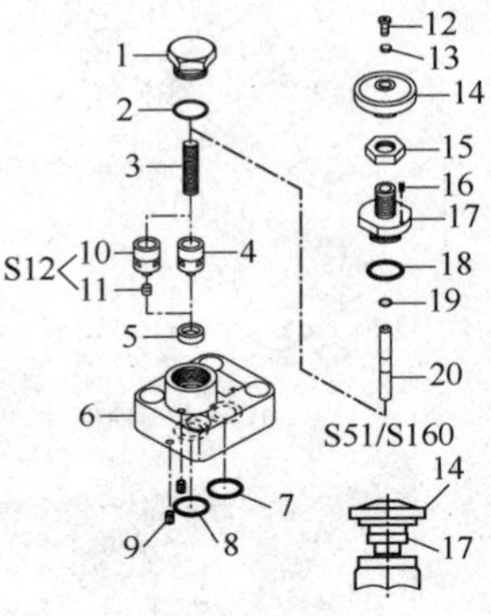 1　2　3　S12　10　11　4　5　6　7　8　9　12　13　14　15　16　17　18　19　20　S51/S160　14　17　(b) 板式	1—螺盖；2、7、8、18、19—O形圈；3—弹簧；4—阀芯；5—阀座；6—阀体；9—定位销；10—S12型阀芯；11—节流阻尼塞；12—螺钉；13—垫；14—手柄；15—锁母；16—止动销；17—节流调节螺钉；20—调节杆

续表

项目		图示	说明
梭阀	外观与图形符号	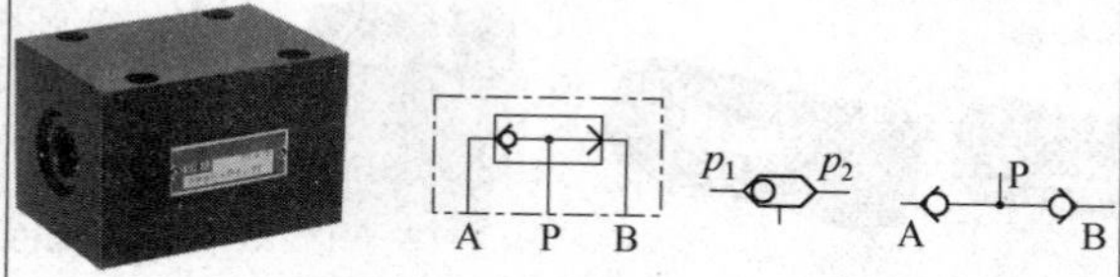 (a) 板式阀外观与图形符号  (b) 管式阀外观与图形符号	梭阀分为板式阀和管式阀两种
	结构与零件立体分解图	梭阀是由两个单向阀背靠背组成，共用一个阀芯和一个出油口，出口压力油 P 总是取自 A 与 B 中的压力较高者，因而梭阀又叫“选择阀” 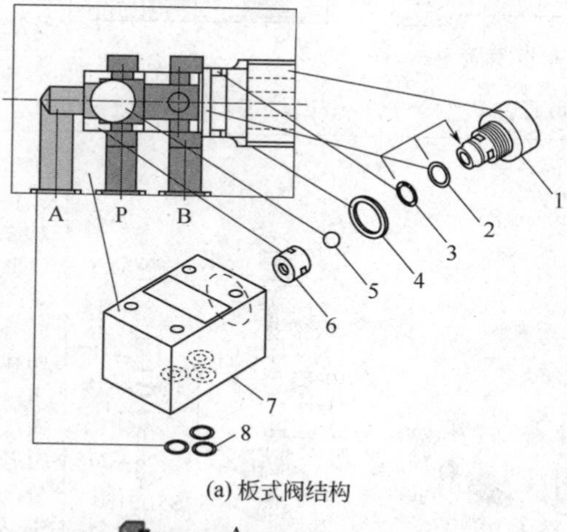 (a) 板式阀结构 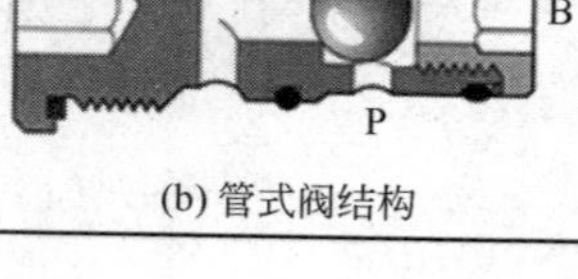 (b) 管式阀结构	1—螺堵（右阀座）；2、4—垫圈；3、8—O 形圈；5—钢球；6—左阀座；7—阀体；

（3）单向阀的主要零件与故障

主要零件		故障分析与排除	
阀芯	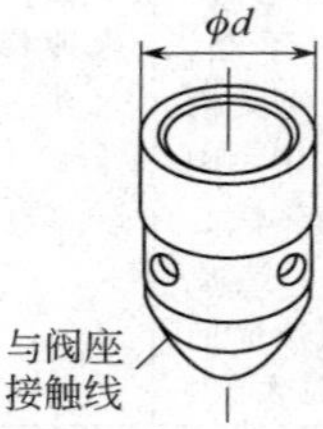 ϕd 与阀座接触线	不起单向阀的作用（反向油液 $p_2 \rightarrow p_1$ 也能通过单向阀） ① 阀芯因棱边上的毛刺未清除干净（多见于刚使用的阀），单向阀阀芯卡死在打开位置上 ② 阀芯外径 ϕd 与阀体孔内径 ϕD 配合间隙过小（特别新使用的单向阀未磨损时）	内泄漏量大（这一故障是指压力油液从 p_2 腔反向进入时，单向阀的锥阀芯或钢球不能将油液严格封闭而产生泄漏，有部分油液从 p_1 腔流出。这种内泄漏反而在反向油液压力不太高时更容易出现） ① 阀芯（锥阀或球阀）与阀座的接触线（或面）不密合，不密合的原因有：污物粘在阀芯与阀座接触处的位置；因使用日久，与阀座接触线（面）磨损有很深凹槽或拉有直条沟痕 ② 重新装配后钢球或锥阀芯错位，阀芯与阀座接触位置改变，压力油沿原接触线的磨损凹坑泄漏
阀座	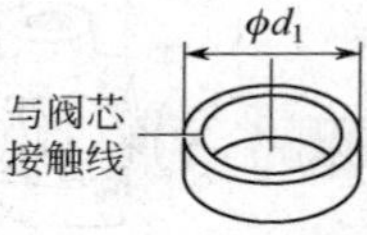 ϕd_1 与阀芯接触线	与阀芯接触线处有污物粘住或者有崩掉缺口。此时可检查阀座与阀芯接触线处的内圆棱边，粘有污物时予以清洗；有缺口时要将阀座敲出换新	与阀芯接触处内圆周上崩掉一块，有缺口或呈锯齿状 有缺口时将阀座敲出换新

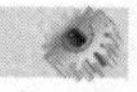

续表

主要零件		故障分析与排除	
阀体		① 阀体孔内沉割槽棱边上的毛刺未清除干净，将单向阀阀芯卡死在打开位置上。可清洗去毛刺 ② 污物进入阀体孔与阀芯的配合间隙内而卡死阀芯 ③ 阀芯外径 ϕd 与阀体孔内径 ϕD 配合间隙过大，使阀芯可径向浮动，在图中的 c 处又恰好有污物粘住，阀芯偏离阀座中心（偏心距 e），造成内泄漏增大，单向阀阀芯越开越大	① 阀芯外径 ϕd 与阀体孔内径 ϕD 配合间隙过大或使用后因磨损间隙过大 ② 拆开清洗，必要时液压系统换油 ③ 清洗，必要时电镀修复阀芯外圆尺寸
弹簧		拆修后漏装了弹簧或弹簧折断	漏装了弹簧时可补装或更换

（4）单向阀的拆装与修理

单向阀结构简单，只有阀体、阀芯、阀座及弹簧等零件。

项目	图示及说明
单向阀的拆卸与装配	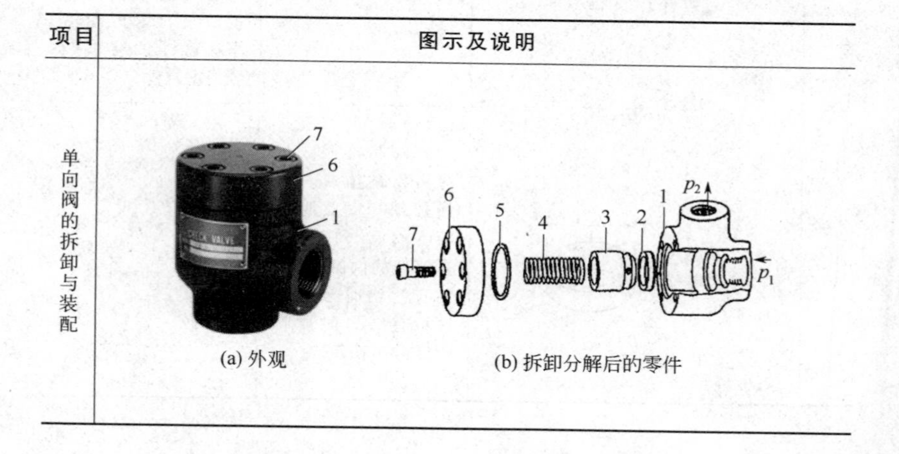 (a) 外观　(b) 拆卸分解后的零件

续表

项目	图示及说明
单向阀的拆卸与装配	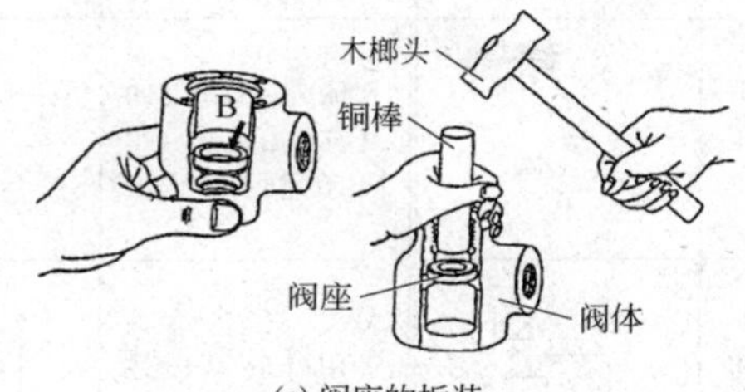 (c) 阀座的拆装 1—阀体；2—阀座；3—阀芯；4—弹簧；5—O 形圈；6—盖；7—螺钉 ① 用内六角扳手先拧出螺钉 7 便可拆出阀芯 3 等零件 ② 阀座的装配用木榔头正确敲入（拆卸时则相反）
主要零件的修理	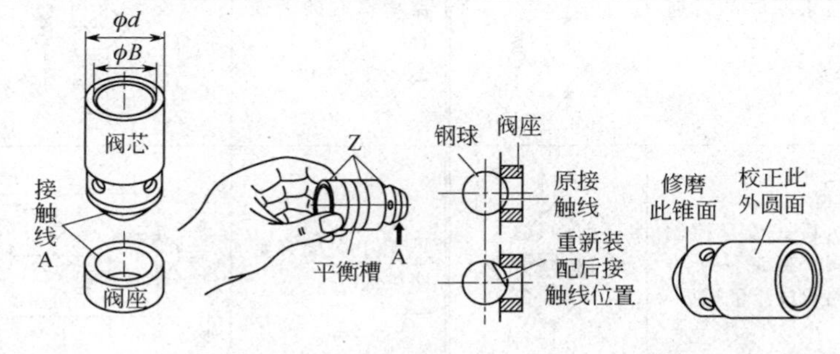 如果阀芯的 A 处有很深凹槽或严重拉伤，可将阀芯在精密外圆磨床严格校正修磨锥面 ① 阀芯的修理 阀芯主要是磨损，且一般为与阀座接触处的锥面 A 上磨成一凹坑，如果凹坑不是整圆，还说明阀芯与阀座不同心；另外是外圆面 ϕd 的拉伤与磨损 轻微拉伤与磨损时，可对研抛光后再用。磨损拉伤严重时，可先磨去一部分，然后电镀硬铬后再与阀体孔、阀座研配，磨削时为保证 ϕd 面与锥面 B 同轴，可作一芯棒打入 ϕB 孔内，芯棒夹在磨床卡盘内，一次装夹磨出 ϕd 面与锥面 A ② 阀体孔的修复 阀体的修复部位一般是：与阀芯外圆相配的阀孔，修复其几何精度、尺寸精度及表面粗糙度；对于中低压阀，无阀座零件，阀座就在阀体上，所以要修复阀体上的阀座部位 阀孔拉伤或几何精度超差，可用研磨棒或用可调金刚石铰刀研磨或铰削修复。磨损严重时，可刷镀内孔或电镀内孔（这种修复方法要考虑成本），修好阀孔后，再重配阀芯

(5) 单向阀的用途

用途	图示	用途	图示
可防止负载下降时，造成液压泵驱动轴的反转		流量控制阀的反向自由流动（单向-节流阀）	
用作压机的防气穴阀（充液阀）		用作转动惯性负载的防气穴阀	
用作吸油滤油器堵塞时的旁通阀 Δp<0.1bar		用作回油滤油器堵塞时的旁通阀， Δp=1～3 bar	
桥式流量控制阀（保证一个方向通过流量阀）		用于向闭环回路供油	

5.1.2 液控单向阀

液控单向阀是在普通单向阀的基础上多了一个控制口，当控制口无压力油时，该阀相当于一个普通单向阀；液控单向阀除了单向阀部分外，还增加了一个液控部分。若控制口接压力油，则油液可双向流动。即液控单向阀除了像单向阀那样可使油液正向能通过阻止反向流动之外，还可以利用控制压力油推开阀芯，使油液也能反方向流过。

所以，当需要让油流从出口到进口时，可通过液控口提供压力，使阀打开。作用在控制活塞面积上的控制压力使活塞杆顶开单向阀的锥阀，锥阀移开后，油流就可以自由地从出口反向流到进口。

(1) 工作原理

分类	工作原理与结构简图
内泄式	内泄式液控单向阀的结构简图如图(a)所示，当液压控制活塞的右端无控制油进入时，此阀如同一般单向阀，压力油可从A向B正向流动，不可以从B向A反向流动［图(b)］；但当从控制油口引入控制压力油时，作用在控制活塞的右端面上，产生的液压力使控制活塞左移，强迫单向阀芯打开，此时主油流即可以从A流向B，也可以从B流向A［图(c)］ 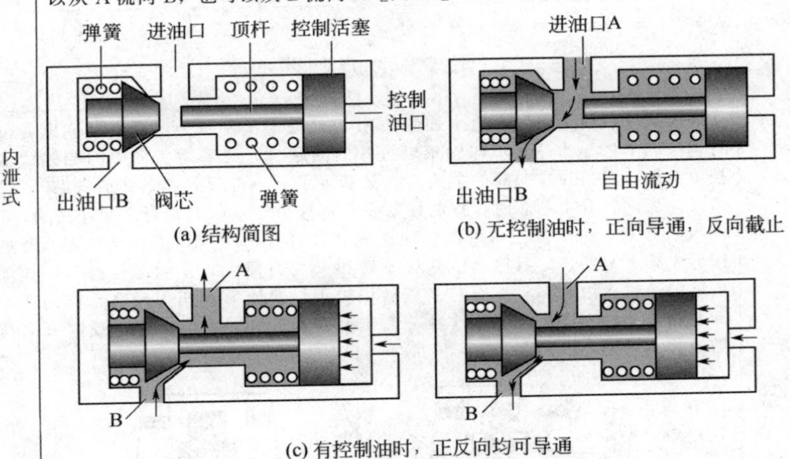 (a) 结构简图 (b) 无控制油时，正向导通，反向截止 (c) 有控制油时，正反向均可导通
外泄式	一般单向阀芯直径较大，如果为内泄式液控单向阀，反向油液进口压力较高时，由于阀芯作用面积较大，因而阀芯向右压在阀座上的力是较大的，这时要使控制活塞将阀芯顶开所需的控制压力也是较大的，再加上反向油流出口压力作用在控制活塞左端面上产生的向下的力，要抵消一部分控制活塞向上的力，因而控制油口需要很高的压力，否则单向阀阀芯难以打开。采用外泄式，将控制活塞左腔与A腔隔开，并增设了与油箱相通的外泄油口L，减少了控制活塞左端的受压面积，开启阀芯的力大为减小，它适用于B(A)腔压力较高的场合 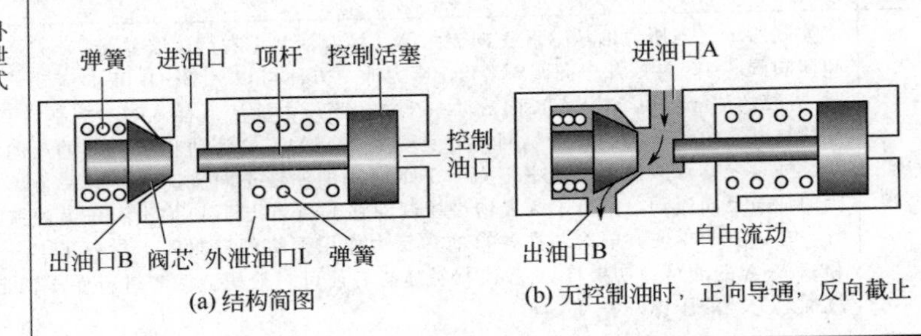 (a) 结构简图 (b) 无控制油时，正向导通，反向截止

续表

<table>
<tr><th>分类</th><th>工作原理与结构简图</th></tr>
<tr><td>外泄式</td><td>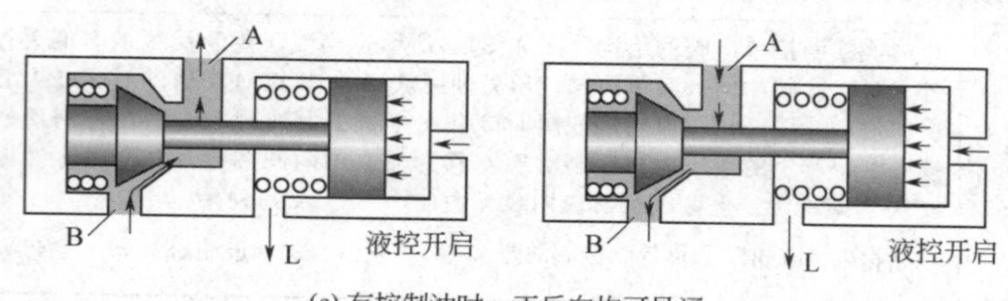

(c) 有控制油时，正反向均可导通</td></tr>
<tr><td>卸载式</td><td>外泄式仅仅解决了反向流出油腔 A 背压对最小控制压力的影响的问题，没有解决因 B 腔压力高使单向阀难以打开的问题。为此采用了图中的卸载式液控单向阀，它是在单向阀的主阀芯上又套装了一小锥阀阀芯（卸荷阀芯），当需反向流动打开主阀芯时，控制柱塞先只将这个小锥阀先顶开一较小距离，B 便与 A 连通，从 B 腔进入的反向油流先通过打开的小阀孔流到 A，使 B 腔的压力先降下来些，之后控制活塞可不费很大的力便可将主阀芯全打开，让油流反向通过。由于卸载阀阀芯承压面积较小，即使 B 腔压力较高，作用在小卸载阀芯上的力还是较小，这种分两步开阀的方式，可大大降低反向开启所需的控制压力
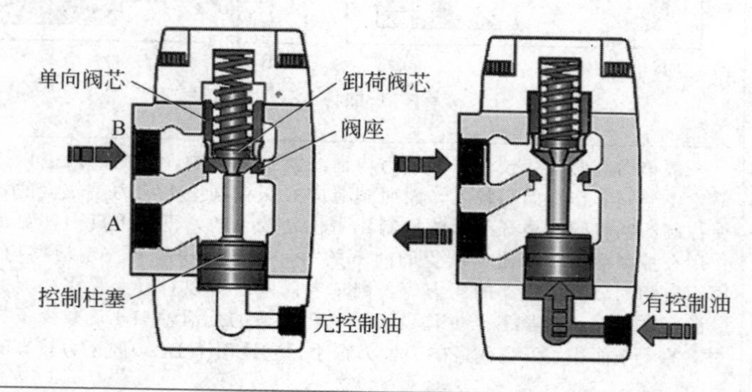
</td></tr>
<tr><td>双向阀</td><td>如图所示，当压力油从 B 腔正向流入时，控制活塞 1 右行压缩弹簧 3，先推开卸荷阀阀芯 4，再推开单向阀阀芯 2，压力油一方面可以从 B→B_1 正向流动，同时 A_1 腔的油液可由 A_1→A 反向流动；反之，当压力油从 A 流入时，控制活塞 1 左移推开左边的单向阀，于是同样可实现 A→A_1 的正向流动和 B_1→B 的反向流动。换言之，双液控单向阀中，当一个单向阀的油液正向流动时，另一个单向阀的油液反向流动，并且不需要增设控制油路。当 A 与 B 口均没有压力油流入时，左、右两单向阀的阀芯在各自的弹簧力作用下将阀口封闭，封死了 B_1→B 和 A_1→A 的油路。如果将 A_1、B_1 接液压缸，便可对液压缸两腔进行保压锁定，故称之为“液压锁”</td></tr>
</table>

续表

分类	工作原理与结构简图
双向阀	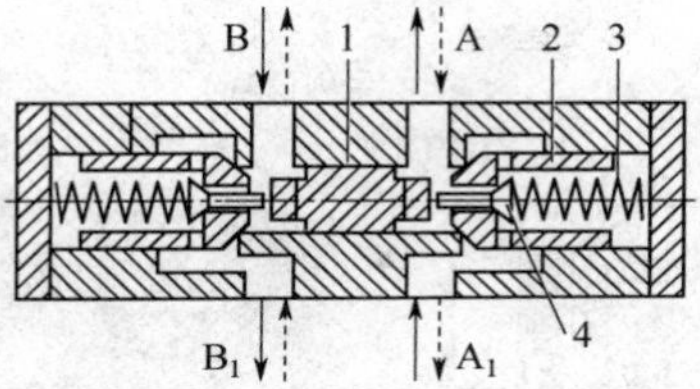 B　1　A　2　3　4　B_1　A_1 锁紧回路的功用是，在执行元件不工作时，切断其进、出油路，准确地使它停留在原定位置上。图示为使用液控单向阀（又称双向液压锁）的锁紧回路，它能在缸不工作时使活塞迅速、平稳、可靠且长时间地被锁住，不会因外力而移动
充液阀	充液阀的工作原理与内泄式液控单向阀相同 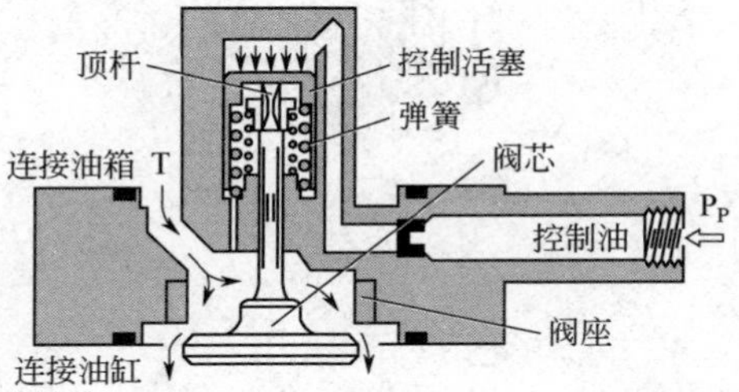 顶杆　控制活塞　弹簧　阀芯　连接油箱 T　P_P　控制油　阀座　连接油缸

(2) 外观、图形符号、结构与立体分解图例

项目	图示	说明
外观与图形符号	 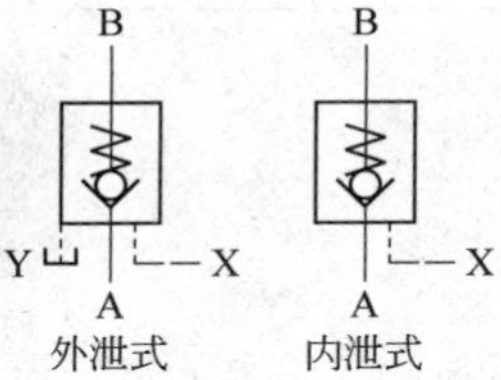 B　B　Y　X　X　A　A　外泄式　内泄式	除正向导通外，还可以依靠控制流体的压力，使单向阀反向流通的阀

续表

项目	图示	说明
结构与立体分解图例	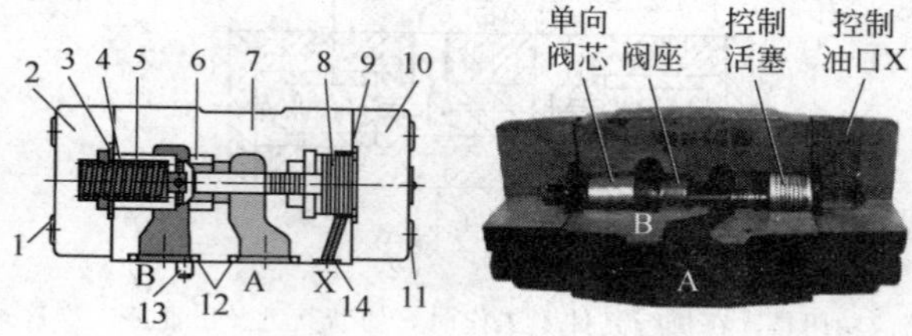 单向阀芯 阀座 控制活塞 控制油口X (a) 结构 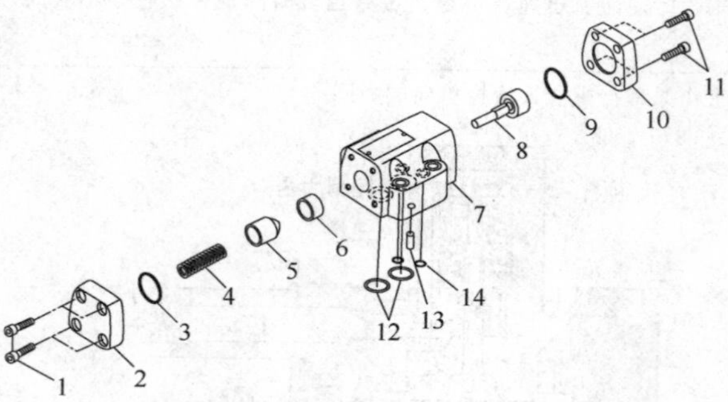 (b) 立体分解图	1—螺钉；2—左盖；3、9、12、14—O形圈；4—弹簧；5—阀芯；6—阀座；7—阀体；8—控制活塞；10—右盖；11—螺钉；13—定位销

(3) 主要零件与故障

主要零件		主要零件不良引发的故障	
		液控作用失灵	内泄漏大
主阀芯与阀座		当有压力油作用于控制活塞上时，也不能实现正、反两个方向的油液都可流通 当无压力油作用于控制活塞上时，正、反两个方向的油液反而可流通 ① 主阀芯与阀座之间的密合线因污物粘住不能密合	单向阀封闭时有油液流动 与液控作用失灵的原因相同

续表

主要零件		主要零件不良引发的故障	
		液控作用失灵	内泄漏大
主阀芯与阀座	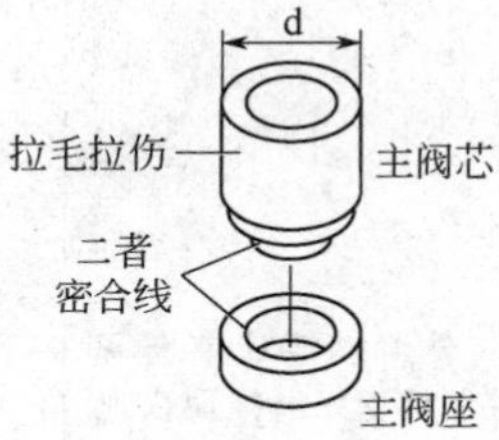 d；拉毛拉伤；主阀芯；二者密合线；主阀座	② 主阀芯与阀座之间的密合副拉伤或磨损有沟槽 ③ 主阀芯外径尺寸 d 与阀孔孔径尺寸 D 配合过紧或二者之间有污物，使主阀芯卡死在阀体孔内的关闭位置或打开位置	
阀体与底盖	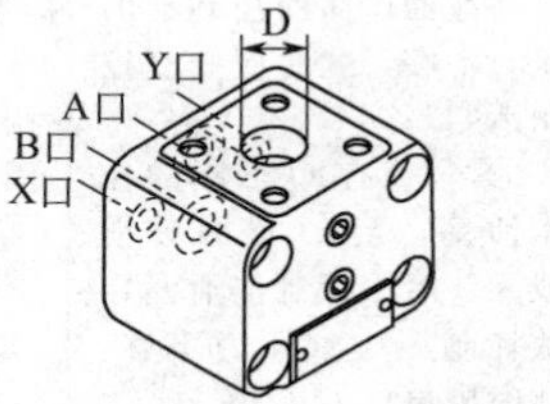 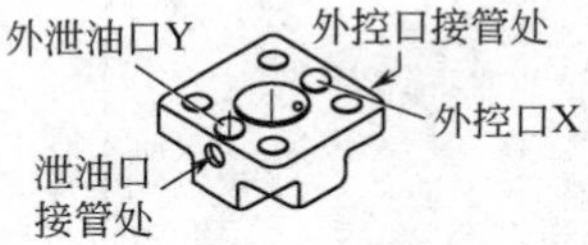 D；Y口；A口；B口；X口；外泄油口Y；外控口接管处；外控口X；泄油口接管处	① 外泄式液控单向阀泄油孔阻塞，或泄油道不通时，应予以疏通 ② 内泄式的泄油口（即反向流出口）的背压值太高时，应降低背压值 ③ 维修或更换液控单向阀时，要判断是内泄式还是外泄式，不符时按上述结构图中的方法卸掉或堵上某小螺堵	阀体孔内表面拉伤时予以修理
卸载阀芯与主阀芯	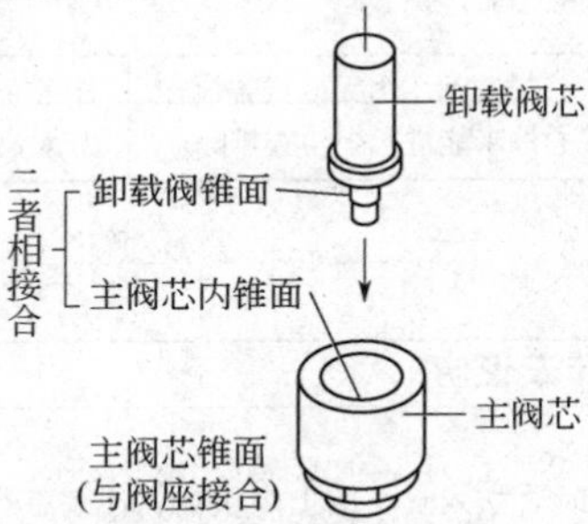 卸载阀芯；二者相接合；卸载阀锥面；主阀芯内锥面；主阀芯；主阀芯锥面（与阀座接合）	① 卸载阀芯与主阀芯相接触锥面因污物粘住不能密合时，予以清洗 ② 卸载阀芯与主阀芯相接触锥面因拉伤磨损有凹坑不能密合时，应修理或更换卸载阀芯与主阀芯	与液控作用失灵的原因相同
控制活塞与O形圈		① 控制活塞，是否因毛刺或污物卡住在阀体孔内，查明原因，予以处理	

续表

主要零件		主要零件不良引发的故障	
		液控作用失灵	内泄漏大
控制活塞与O形圈	ϕ_1 内泄式控制活塞 表面拉毛 ϕ_2 O形密封圈 ϕ_3 小O形圈 ϕ_4 外泄式控制活塞 ϕ_5 ϕ_6 大O形圈	② 外泄式液控单向阀的控制活塞因磨损而内泄漏很大，控制压力油大量泄往泄油口而使控制油的压力不够：此时应修复控制活塞 ③ 对装有O形圈的控制活塞，当O形圈破损或漏装时因控制油泄漏导致控制压力油压力不够：此时应更换O形圈	与液控作用失灵的原因相同
其他		控制油压力太低或控制压力油未能进入：检查排除	控制油压力太高

（4）液控单向阀回路例与故障

项目		图示及说明
单向闭锁与平衡回路	回路工作原理	图中，当1DT通电阀3左位工作时，立式缸5的上腔供油，活塞下行，此时由于控制油口X为压力油，液控单向阀4打开，缸5下腔回油经阀4→阀3左位→回油箱T；当2DT通电阀3右位工作时，泵来压力油经阀3右位→液控单向阀4→缸5下腔，缸5上行，缸5上腔→阀3右位→回油箱T。当阀3中位时，A与B通回油，阀4关闭，缸5便因下腔回油通道因液控单向阀4闭锁而不能下行，单向闭锁，叫单向液压锁

续表

项目		图示及说明
单向闭锁与平衡回路	回路工作原理	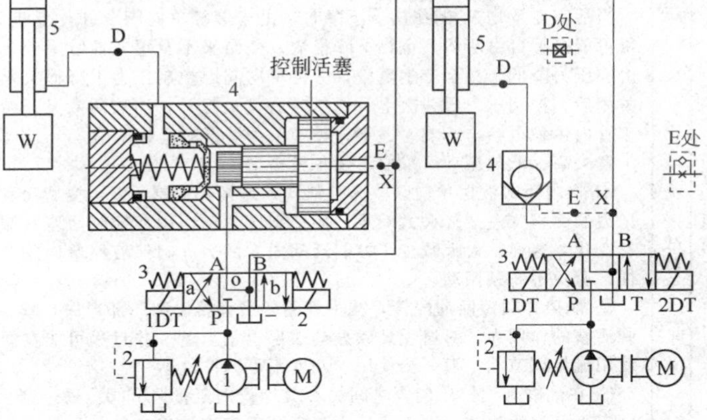 液控单向阀使立式缸单向闭锁回路图
	故障例	故障1：油缸在低负载下下行时平稳性差 因为阀4只有在油缸5上腔压力达到液控单向阀4的控制压力时才能开启。而当负载小时，缸5上腔压力可能达不到阀4的控制压力值，阀4便关闭，缸5回油受阻便不能下行。但此时油泵还在不断供油，使缸5上腔压力又升高，阀4又可打开，缸5又向下运动，负载又变小又使缸5上腔压力降下来，阀4又关闭，缸5又停止运动。如此不断交替出现，缸5无法得到在低负载下的平稳运动，而是向下间歇式前进，类似爬行 为了提高运动平稳性，可在图中的阀3和阀4之间的管路上加接单向顺序阀，可提高运动的平稳性 故障2：油缸下行过程中发生高频或低频振动 在采用液控单向阀构成的闭锁回路中，在活塞组件（W）下降时，可能出现两种振动：一是高频小振幅振动并伴有很大的尖叫声；二是低频大振幅振动。前者是液控单向阀本身的共振现象，后者则是包含液控单向阀在内的整个液压系统的共振现象 (1) 高频振动 如在上图中1DT通电位置时，液控单向阀的控制压力上升，控制活塞向左顶开单向阀，油缸下腔开始有油液流往油池。由于背压和冲击压力的影响，单向阀回油腔压力瞬时上升，又由于液控单向阀为内泄式，此上升的压力(作用在控制活塞左端）比作用在控制活塞右端的控制压力大时，推回（向右）控制活塞，使单向阀关闭。单向阀一关闭，回油腔的油液停止流动，压力下降，控制活塞又推开单向阀，这种频繁的重复导致高频振动并伴随尖叫声

续表

项目		图示及说明
单向闭锁与平衡回路	故障例	（2）低频振动 当活塞在重物 W 的作用下下降时，由于液控单向阀全开，下腔又无背压，很可能接近自由落体，重物下降很快，使泵来不及填充油缸上腔，导致油缸上腔压力降低，甚至产生真空，液控单向阀因控制压力下降而关闭。单向阀关闭后，控制压力再一次上升，单向阀又被打开，油缸活塞又开始下降。由于管内体积也参与影响。通常这种现象为缓慢的低频振动 解决高、低频振动可采取下述各种措施： ① 将内泄式液控单向阀改为外泄式。这样，控制活塞承受背压和换向冲击压力的面积（左端）大大减小，而控制压力油作用在控制活塞右端的面积没有变化，这样就大大减少了控制活塞向右的力，确保液控单向阀开启的可靠性，避免了高频振动 ② 加粗并减短回油配管，减少管路的沿程损失和局部损失，减少背压对控制活塞的作用力，对避免高频振动效果也很显著。并且尽可能在回油管上不使用流量调节阀，万一要使用，开度不可调得过小 ③ 在油缸和液控单向阀之间的 D 处增设一流量调节阀。通过调节，防止油缸因下降过快而使油缸上腔压力下降到低于液控单向阀的必要控制压力；另一方面也可防止液控单向阀的回油背压冲击压力的增大，对提高控制活塞动作的稳定性有好处。对消除上述两种振动均有利 ④ 在液控单向阀的控制油管的 E 处增设一单向节流阀，可防止由于单向阀的急速开闭产生的冲击压力
双向闭锁回路		如图(a)、(b) 所示，当手动换向阀 3 左位工作时，压力油经阀 3 左位→液控单向阀 1→B_1 口→缸 4 下腔，A_1 来的控制压力油也加在液控单向阀 2 的控制口上，液控单向阀 2 也打开构成回油通路，活塞上行，缸 4 上腔回油→B_2→阀 2→阀 3 左位→排回油箱，缸的工作和不加液控单向阀时相同。同理，若阀 3 右位工作时，则活塞下行。若阀 3 中位时，A_1、A_2 管均不通压力油而连通回油箱，液控单向阀 1、2 的控制口均无压力，阀 1 和阀 2 均闭锁。这样，利用两个液控单向阀，既不影响缸的正常动作，又可完成缸的双向闭锁。锁紧缸的办法虽有多种，用液控单向阀的方法是最可靠的一种 图(c) 所示为 H 型电磁阀的双向闭锁回路，工作原理相同 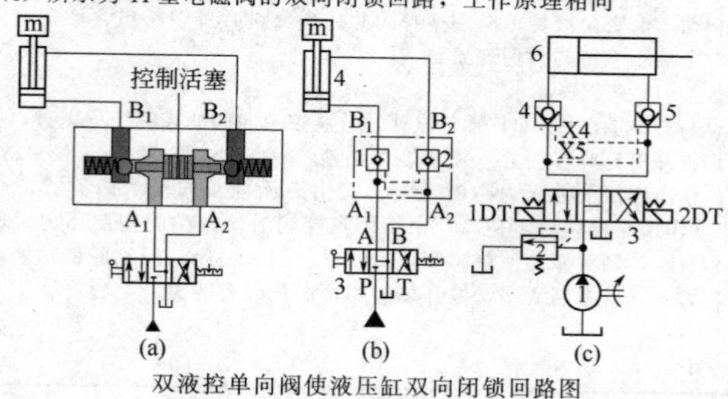 双液控单向阀使液压缸双向闭锁回路图

续表

项目		图示及说明
双向闭锁回路	故障例	故障现象同上述单向闭锁回路，此外可能会出现不能闭锁的故障，其原因有： ① 双液控单向阀的控制活塞卡死； ② 双液控单向阀的阀芯卡死在开启位置； ③ 双液控单向阀的阀芯与阀座之间不密合； ④ 阀3回油背压偏高，特别是如果装有的回油过滤器堵塞时，可酌情处理

（5）液控单向阀的拆装与修理

<table>
<tr><th colspan="2">项目</th><th>图示及说明</th></tr>
<tr><td colspan="2">拆装</td><td>拆修时，卸下螺钉8，可将阀内各零件取出。拆装阀座按图中的方法进行。注意拆卸步骤，勿丢失零件，并按图进行正确装配

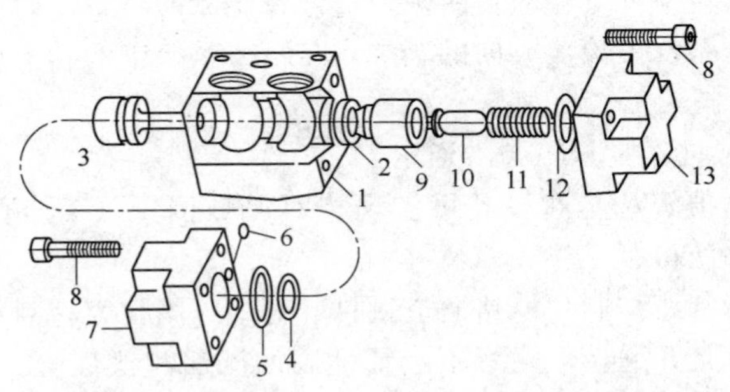

1—阀体；2—阀座；3—控制活塞；4～6、12—O形圈；7—左盖；8—螺钉；9—阀芯；10—卸载阀阀芯；11—弹簧；13—右盖</td></tr>
<tr><td rowspan="2">修理</td><td>阀芯的检修</td><td>A
阀芯箭头所指A处（与阀座接触线）应为稍有印痕的整圆，如果印痕凹陷深度大于0.2mm或有较深的纵向划痕，则需在高精度外圆磨床上校正外圆，修磨锥面，直到A处不见凹痕划痕为止</td></tr>
<tr><td>卸载阀芯的检修</td><td>C
检查卸载阀阀芯的C处，只应是稍有印痕的整圆。如果不然，凹陷很深，则需在小外圆磨床上修去锥面上的凹槽，并与阀芯内孔配研，然后清洗后将阀芯装入阀体，灌柴油检查密合面的泄漏情况：如果不漏则可，若灌煤油漏得较慢也可，否则重磨阀芯</td></tr>
</table>

续表

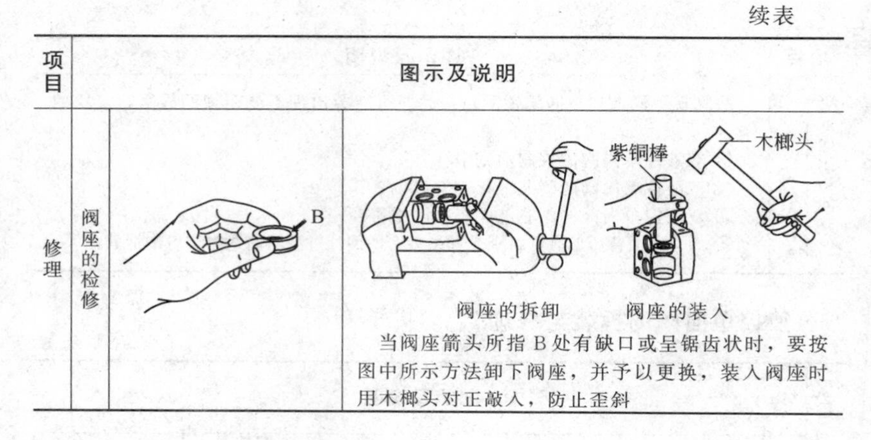

项目		图示及说明
修理	阀座的检修	阀座的拆卸　阀座的装入 当阀座箭头所指B处有缺口或呈锯齿状时，要按图中所示方法卸下阀座，并予以更换，装入阀座时用木榔头对正敲入，防止歪斜

5.1.3　换向阀

交通警察用手势与道路标记指挥着车流的行走方向。换向阀是控制液压系统中液流方向的阀类，是液压系统中的“交通警察”。

(1) 换向阀的工作原理

① 换向阀“位”与“通”。

位是指阀芯与阀体孔可实现相对停顿位置（工作位置）的数目：例如两位、三位、四位等。

通指阀所控制的油路通道数目，对管式阀很容易判别，即有几根接管就是几通，但注意不包括控制油压油和泄油管。例如二通、三通、四通等。

项目		图形符号	说明
位	两位		用几个连在一起的方框表示几位 两个实线方框表示两位 虚线包围的方框表示过渡位置，仍表示两位
	三位		三个实线方框表示三位
通	二通		在一个工作位置的方框上，连有几根引出线便表示几通 表示二通
	三通		表示三通

续表

项目		图形符号	说明
通	四通	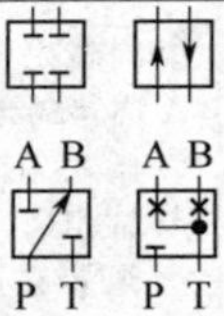A B P T A B P T → 全流量 ⌣⌢→ 节流	方框中的箭头↑则表示在该工作位置阀所控制的油路是连通的，符号⊤表示油路是不通的。 表示 P 油口与 B 油口是连通的，而 A 油口与 T 油口不与其他油口连通

② 换向阀的工作原理。

项目		图示	说明
滑阀式换向阀	二位二通阀	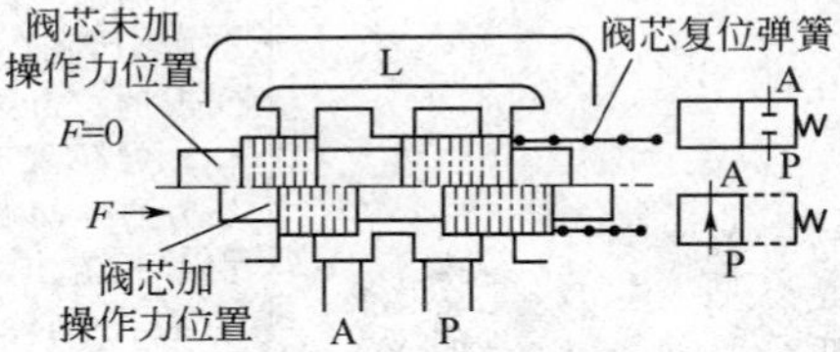阀芯未加 操作力位置 L 阀芯复位弹簧 F=0 F 阀芯加 操作力位置 A P A P A P	阀芯在弹簧力作用下处于图中上半部分位置（复位位置），此时 P 与 A 不通，谓之“常闭”；当给予阀芯以操作力 F（图中下半部分）时，阀芯压缩弹簧右移到另一个工作位置，此时 P 与 A 相通
	二位三通阀	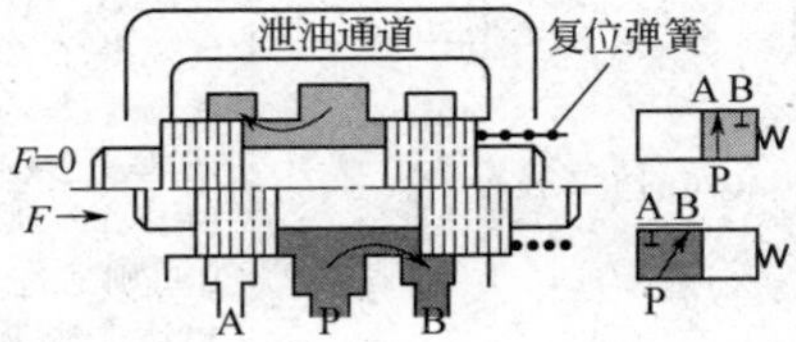泄油通道 复位弹簧 F=0 F A P B AB P AB P	阀芯在弹簧力作用下处于图中上半部分位置（复位位置），此时 P 与 A 通；当给予阀芯以操作力 F（图中下半部分位置）时，阀芯压缩弹簧右移到另一个工作位置，此时 P 与 B 相通
	三位四通阀	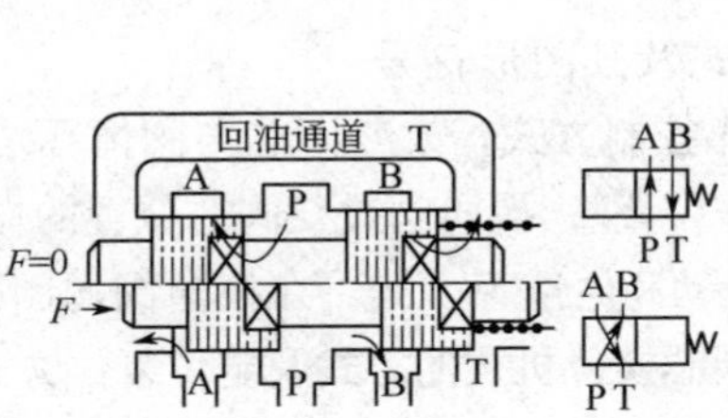回油通道 T A B P F=0 F A P B T AB PT AB PT	阀芯在弹簧力作用下处于图中上半部分位置（复位位置），此时 P 与 A 通，B 与 T 通；当给予阀芯以操作力 F（图中下半部分位置）时，阀芯压缩弹簧右移到另一个工作位置，此时 P 与 B 相通，T 与 A 通

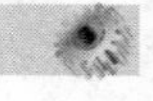

续表

项目		图示	说明
滑阀式换向阀	三位四通阀	a o b A B P T T b位 中位 A P B T a位	阀芯在a位置时，P与A通，B与T通； 阀芯在b位置时，P与B相通，T与A通； 阀芯在弹簧对中的中间位置时，A、B、P、T各油口均不通
转阀式换向阀		b孔 阀体 B P a孔 阀芯 封油 A T A B P T (a) B P A T A B P T (b) 二位四通转阀的工作原理	油路的接通或关闭是通过旋转阀芯（多用手动控制）中的沟槽和内部通孔［图(a)、(b)］来实现的。当阀芯处于图(a)的位置时，P来的压力油经阀芯再经a孔由B孔流出，即P与B相通，另外A口与T口相通，此为一工作位置；当阀芯逆时针方向旋转一定角度，P孔的油液经阀芯外圆上的封油长度隔开了B口，油液不能再通过a孔流到B口，而是通过a孔流向A口，即P口与A口相通，而B口则通过b孔与T口相通，实现了油路的切换

(2) 换向阀的操纵控制方式及其图形符号

换向阀可用不同的操作控制方式，改变阀芯与阀体孔之间的相对位置，实现换向（变换工作位置），换向阀改变阀芯位置的操纵方式可分为手动、机动、电磁、液动和电液等方式。在换向阀的图形符号中，方框两端的符号表示操纵阀芯换位机构的方式及定位复位方式。

这些控制方式在图形符号中的表达方式各国有所差异，而现在已越来越国际标准化，越来越统一。

项目	操纵控制方式与图形符号	说明
手动操纵	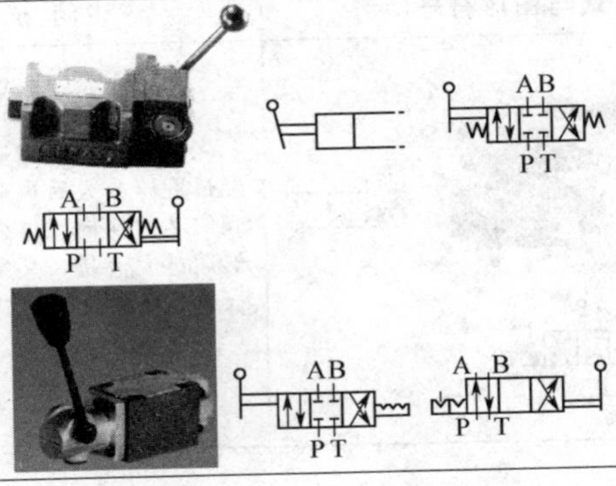 A B P T AB PT A B P T	用手柄操纵阀芯移动换位的控制方式，用于通过流量不太大的换向阀 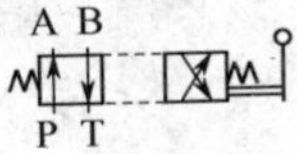 A B P T
机动操纵	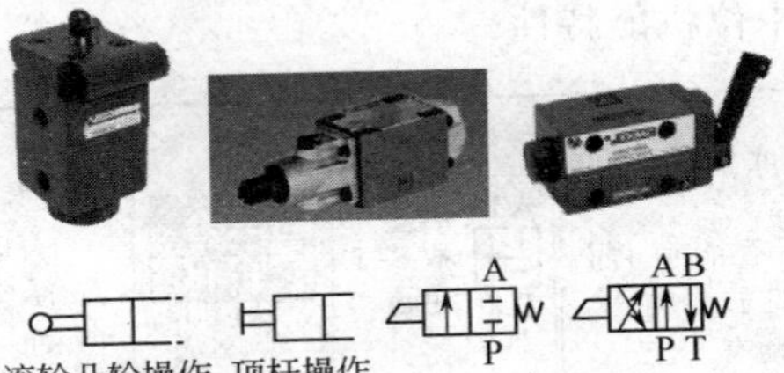 滚轮凸轮操作　顶杆操作 A P AB PT	用滚轮、凸轮操纵和顶杆操纵，推动控制阀芯换向的方式，用于通过流量不太大的换向阀
电磁铁操纵	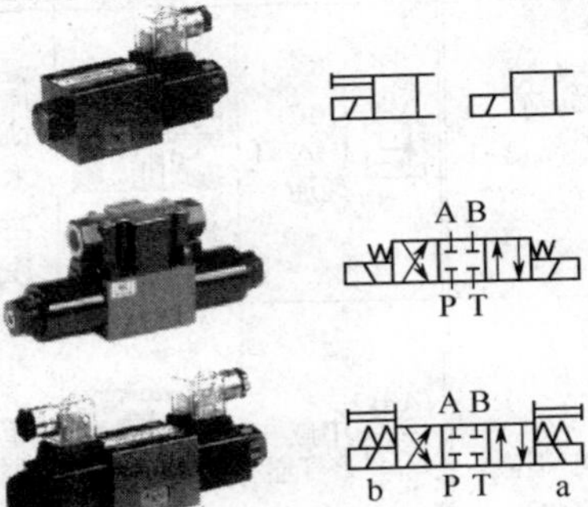 A B P T A B b P T a	用电磁铁直接推动阀芯的换向方式，用于通过流量不太大的换向阀 按阀所装电磁铁的种类分为交流与直流、干式与湿式电磁换向阀  A B b P T
液控油操纵	 液动控制 气动控制 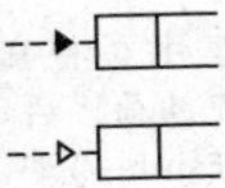	用控制压力油产生的液压力驱动主阀阀芯的换向，操纵力大，能够通过大流量，但只能近距离操纵 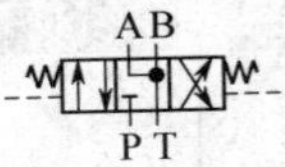 A B P T

续表

项目	操纵控制方式与图形符号	说明
电液操纵	 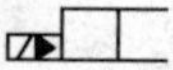  AB PT	先导电磁阀将控制信号经过液压放大后再驱动主阀阀芯的换向，这样既能够通过大流量，又采用电操纵，可远距离操纵

（3）三位四通换向阀的中位机能特性

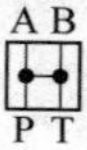 A B P T 中位连通	 APBT	泵或系统中位卸荷 缸不能急停，停止时缸浮动 启动有冲击	 A B P T 中位A–B–T连通	 APBT	泵保压，系统卸荷 停机时缸有浮动。换向冲击小，启动冲击大
 A B P T 中位P–A–T连接	 APBT	泵中位卸荷 缸能急停，启动略有冲击	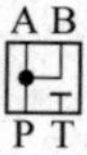 A B P T 中位P–A–B连通	 APBT	系统中位保压，但差动缸中位停不住。换向冲击和启动冲击均小
 A B P T 中位互不通	 APBT	泵与系统中位保压 多缸互不干涉 换向冲击大	 A B P T 中位P–T通	 APBT	泵中位卸荷，多缸系统彼此干涉。换向冲击小
 A B P T 中位A–T连通	 APBT	泵中位保压，A腔卸荷。启动有冲击换向冲击较小	 A B P T 中位A–B–T半连通	 APBT	泵中位保压，系统中位卸荷。换向冲击小，启动冲击略大

5.1.4　电磁阀

电磁换向阀是通过电气控制电磁铁，由电磁铁直接推动滑阀，实现液压系统中的油路换向。它将使系统中的自动化程度大大提高。

(1) 电磁铁的工作原理与结构例

滑阀式电磁阀就是依靠电磁铁的吸力以及弹簧的复位力，推动阀芯移位或复位，改变各油腔的沟通或截止状况，从而控制各种油流的走向。

利用电磁铁的通电与断电，再加上弹簧的压缩与复原，便可使阀芯在阀体孔内做轴向运动，并且在阀孔中几个不同位置停下来，利用阀芯台肩与阀体孔在不同位置上的相互“遮盖”与“开启”关系，可以使一些油路（与沉割槽通）接通而使另一些油路断开或关闭，这便是电磁阀的工作原理。

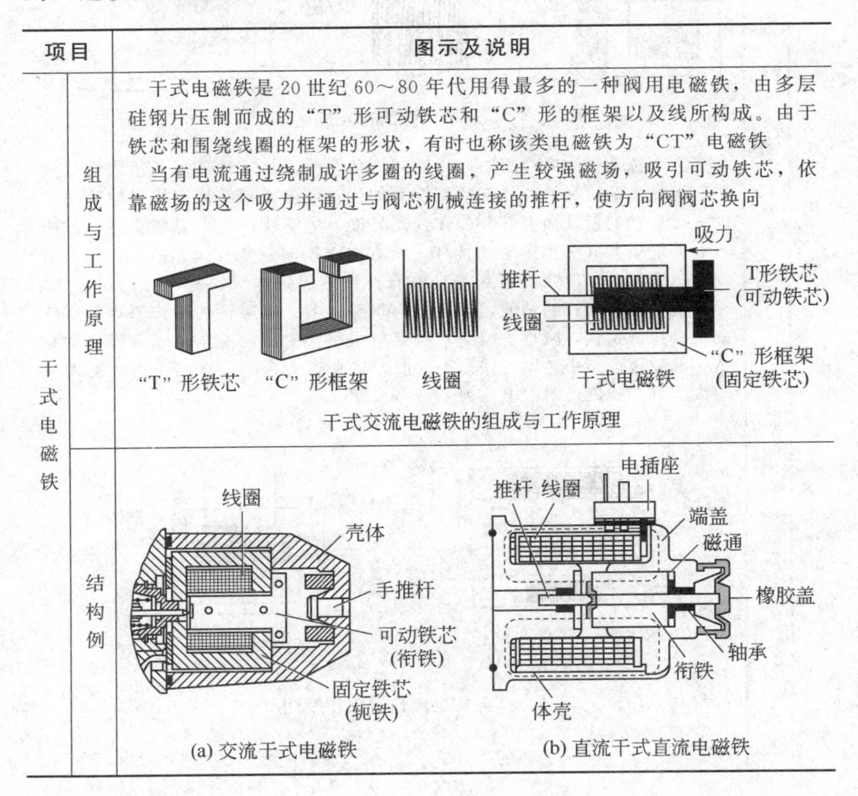

项目		图示及说明
干式电磁铁	组成与工作原理	干式电磁铁是20世纪60～80年代用得最多的一种阀用电磁铁，由多层硅钢片压制而成的“T”形可动铁芯和“C”形的框架以及线所构成。由于铁芯和围绕线圈的框架的形状，有时也称该类电磁铁为“CT”电磁铁 当有电流通过绕制成许多圈的线圈，产生较强磁场，吸引可动铁芯，依靠磁场的这个吸力并通过与阀芯机械连接的推杆，使方向阀阀芯换向 干式交流电磁铁的组成与工作原理
	结构例	(a) 交流干式电磁铁　(b) 直流干式直流电磁铁

续表

<table>
<tr><th colspan="2">项目</th><th>图示及说明</th></tr>
<tr><td>干式电磁铁</td><td>组成与工作原理</td><td>
湿式电磁铁在工业液压领域中是相对较新的设计，与气隙式设计相比，湿式衔铁设计的优点在于散热性好和取消了在干式电磁铁中易造成泄漏的推杆密封，从而提高了可靠性

湿式电磁铁是由线圈、矩形框架、推杆、衔铁（铁芯）和导磁套管组成的，线圈安置在矩形框架内，两者采用塑料封装在一起，该封装件中有一个贯穿线圈中心和框架两侧的通孔，用以套在导磁套管上。导磁套管内装有衔铁，该导磁套管采用拧入安装的方式安装在方向阀的阀体上，导磁套管内腔与方向阀的回油通道相通，故衔铁浸润在系统的油液中，这就是称之为“湿式衔铁”的原因

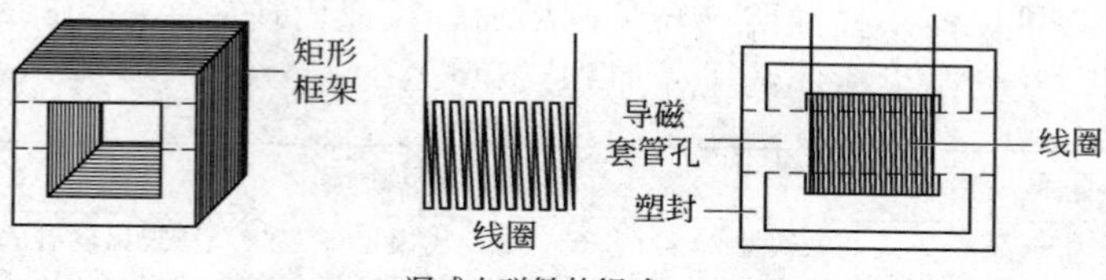

湿式电磁铁的组成

当有电流通过线圈绕组时，线圈周围便产生磁场，该磁场通过围绕线圈的矩形铁磁通道和线圈芯部的衔铁而加强。在湿式衔铁线圈接通电流的瞬时，可移动的衔铁尚有部分处在线圈外面，电流所产生的磁场会把衔铁吸入，并撞击与阀芯相接触的推杆，使方向阀换向。随着阀芯换向，衔铁将完全进入线圈。使线圈磁场完全分布在铁磁通道内。铁是良好的磁导体，而围绕衔铁和推杆的油液则导磁能力很差，湿式电磁铁的动作原理是基于磁场会拉入衔铁，减小了线圈心部处造成很大磁阻的缝隙。随着衔铁的移入，缝隙逐渐减小，电磁铁输出的推力越来越大，衔铁在线圈内时的电磁力大于其在线圈外时的电磁力

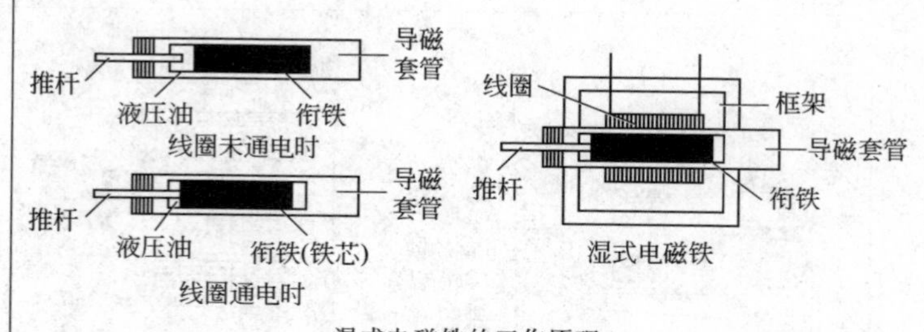

湿式电磁铁的工作原理
</td></tr>
</table>

续表

项目		图示及说明
干式电磁铁	结构例	湿式电磁铁的结构如图所示，油液可进入湿式电磁铁内，可取消推杆处的动密封，减小了阀芯运动时的摩擦阻力，提高了阀的换向性能，铁芯腔内充满油液（但线圈是干的），不仅改善了散热条件，还因油液的阻尼作用而减小了切换时的冲击和噪声。所以湿式电磁铁具有吸着声小、寿命长、散热快、温升低、可靠性好、效率高等优点。但价格比干式贵 与电磁铁之间无需像干式电磁铁那样需要很好密封，该位置不会出现外漏问题。油液进入电磁铁内还可产生阻尼作用，可减轻可动铁芯对阀本体的冲击 推杆处无需密封，油液可进入电磁铁内 插头　垫圈　线圈　衔铁　轭铁　推杆　手动杆　端盖　穿过气隙的磁通　耐压套　磁力线　穿过气隙的磁通　不导磁部分 (a) 湿式交流(或本整)　　(b) 湿式直流

此外还有油浸式电磁铁，它的铁芯和线圈都浸在油液中工作，工作更平稳可靠，但造价较高。

(2) 电磁阀的工作原理

① 二位二通电磁阀的工作原理。

原理图	说明
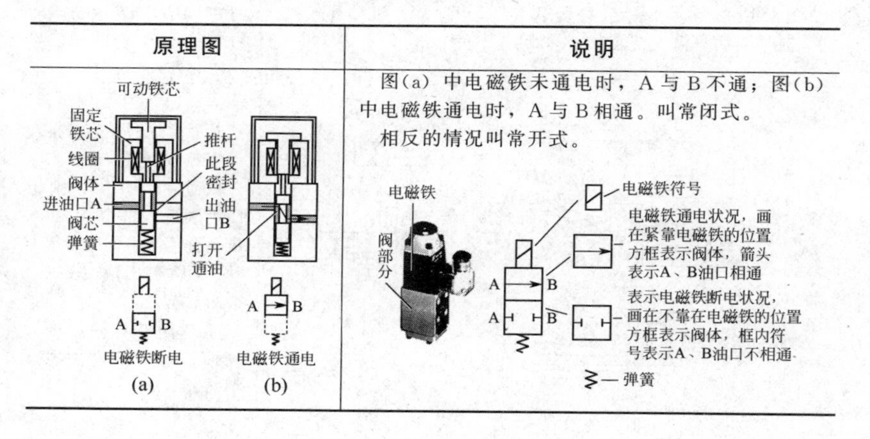	图(a) 中电磁铁未通电时，A与B不通；图(b) 中电磁铁通电时，A与B相通。叫常闭式。 相反的情况叫常开式。

② 二位四通电磁阀的工作原理与图形符号。

原理图	说明
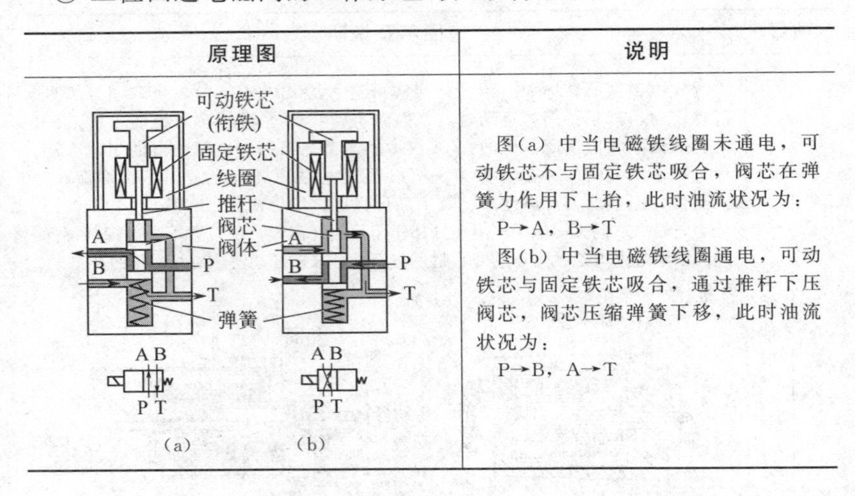	图(a) 中当电磁铁线圈未通电，可动铁芯不与固定铁芯吸合，阀芯在弹簧力作用下上抬，此时油流状况为： P→A，B→T 图(b) 中当电磁铁线圈通电，可动铁芯与固定铁芯吸合，通过推杆下压阀芯，阀芯压缩弹簧下移，此时油流状况为： P→B，A→T

③ 三位四通电磁阀工作原理。

项目	原理图	说明
两端电磁铁均未通电	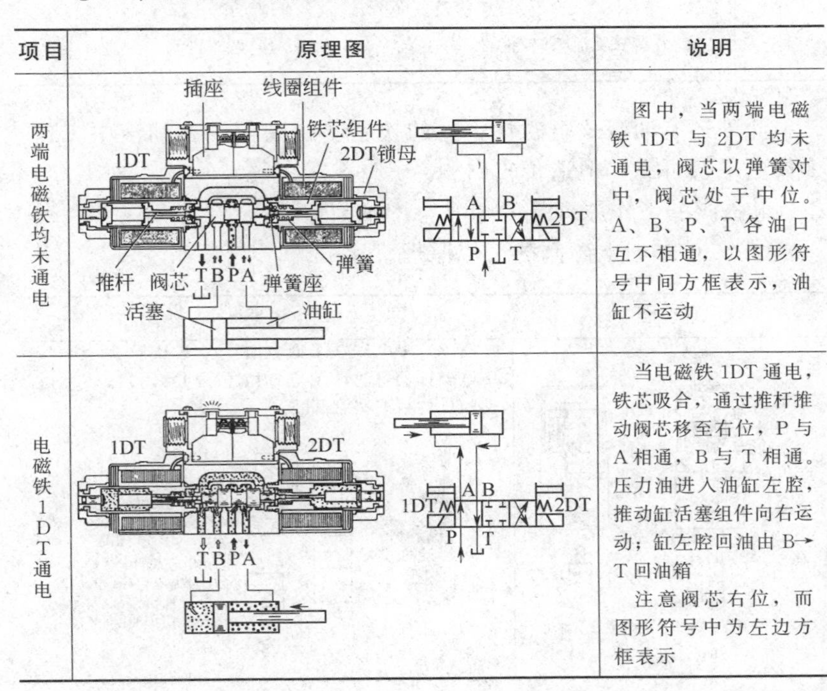	图中，当两端电磁铁 1DT 与 2DT 均未通电，阀芯以弹簧对中，阀芯处于中位。A、B、P、T 各油口互不相通，以图形符号中间方框表示，油缸不运动
电磁铁1DT通电		当电磁铁 1DT 通电，铁芯吸合，通过推杆推动阀芯移至右位，P 与 A 相通，B 与 T 相通。压力油进入油缸左腔，推动缸活塞组件向右运动；缸左腔回油由 B→T 回油箱 注意阀芯右位，而图形符号中为左边方框表示

续表

项目	原理图	说明
电磁铁2DT通电	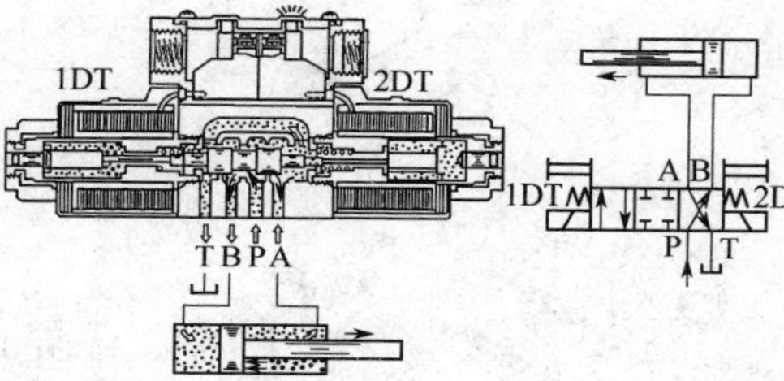	当电磁铁2DT通电，铁芯吸合，通过推杆推动阀芯左移，P与B相通，A与T相通。压力油进入油缸右腔，推动缸活塞组件向左运动；缸左腔回油由A→T回油箱 注意阀芯左位，而图形符号中为右边方框表示

(3) 结构、立体分解图例

项目	图示及说明
三位电磁阀	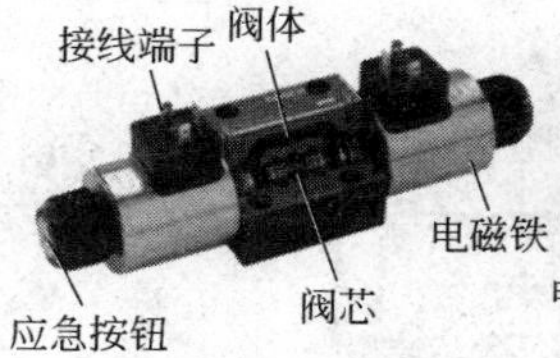 (a) 三维图 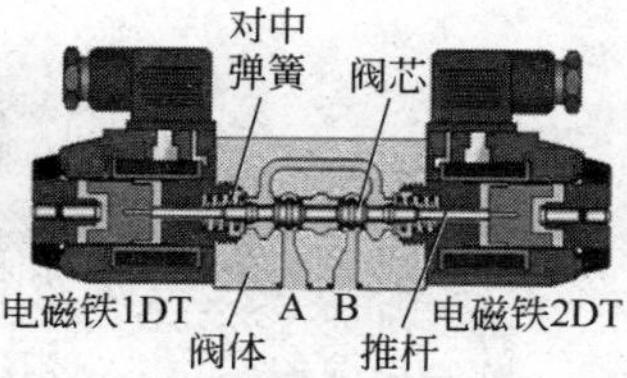　(b) 二维图

续表

项目	图示及说明
三位电磁阀	(c) 立体分解图 1—螺母；2、7、12、26—O形圈；3—线圈体壳；4—端子；5—垫；6—铁芯；8—推杆；9—弹簧；10—垫片；11、14—阀芯；13—阀体；15～17—“推杆－O形圈－定位套”装置；18—螺套；19—标牌螺钉；20—标牌；21—垫板；22、24—螺钉；23—销；25—接线盒；
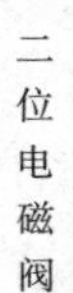 二位电磁阀	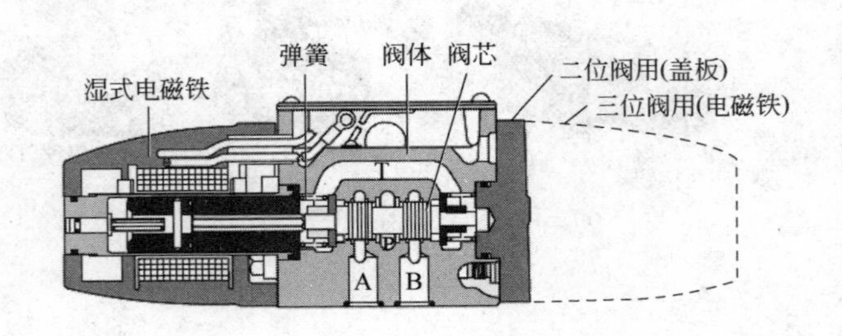

续表

项目	图示及说明
二位电磁阀	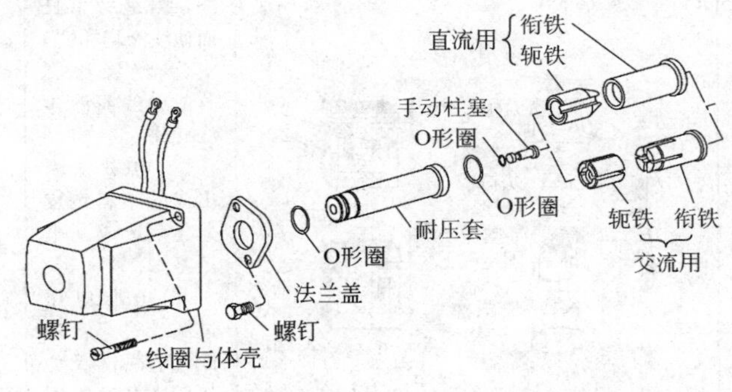 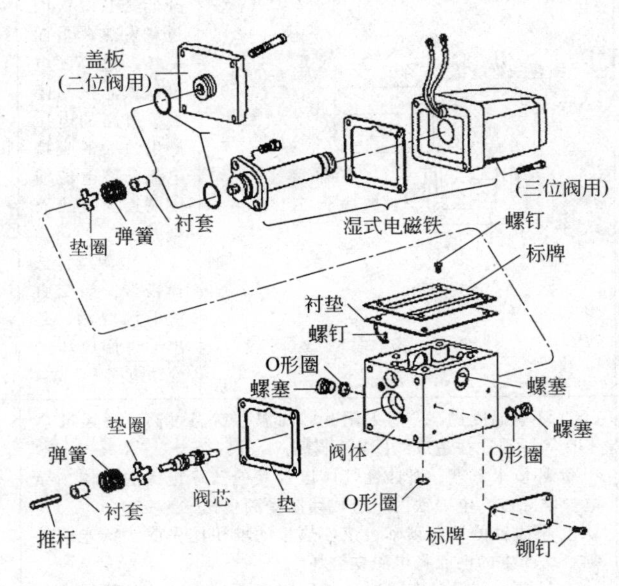

（4）主要零件与故障

① 交流电磁铁易烧坏的原因和处理。

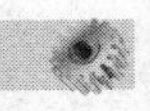

	故障原因		排除方法
主要原因	可动铁芯（衔铁） 外壳 防尘塞 防振橡胶垫 导向板 线圈 固定铁芯（挡板） 防振橡胶垫 盖板 (a) 气隙 + − (b) 可动铁芯 固定铁芯 污物 铜短路环 气隙 污物 (c) 漆包线绝缘漆 线圈 电源 包皮 接线端子	① 电磁铁线圈漆包线没有使用规定等级的绝缘漆，因绝缘不良而使线圈烧坏 ② 绝缘漆剥落或因线圈漆包线碰伤 ③ 电磁铁引出线的塑料包皮老化，造成漏电短路 ④ 电源电压过低或过高：过低，电磁铁吸力降低，电磁铁因过载发热严重而烧坏；过高，电磁铁铁芯极易闭合，过高的电压产生过大的吸持电流，该电流使线圈逐渐过热而烧毁 ⑤ 电源设计选择错误：如交直流电源混淆、超出了许用电压的变动范围等	① 重绕电磁铁线圈 ② 更换电磁铁 ③ 用电表检查 ④ 检查电源电压 ⑤ 纠正设计错误
其他原因	① 环境温度过高：直射阳光、油温、室温过高、通风散热不良等原因往往造成线圈提早老化 ② 环境水蒸气、腐蚀性气体以及其他破坏绝缘的气体、导电尘埃等进入电磁铁内，造成线圈受潮生锈 ③ 电磁铁的换向频率过快，热量的堆积比失散快；连续高频启动产生的电流将电磁铁烧坏 ④ 液压回路设计有差错：如回路背压过高、长时间在超过许用背压下的工况下使用，出现过载，烧坏电磁铁 ⑤ 阀芯卡紧，而电磁铁强行通电出现过载，最后烧坏电磁铁 ⑥ 电磁阀复位弹簧错装成刚度太大的		查明原因根据情况予以处理

② 交流电磁铁发出“嗡嗡”与“嗒嗒”噪声的处理。

故障原因		排除方法
铁芯原因	① 可动铁芯A面与固定铁芯接触面B面凹凸不平、未磨光 ② 固定铁芯上的铜短路环断裂产生电磁声和振动声 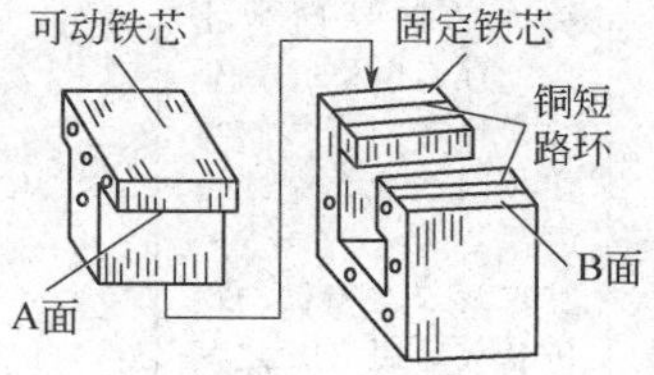	① A、B面需磨光，二面之间不能沾有脏物 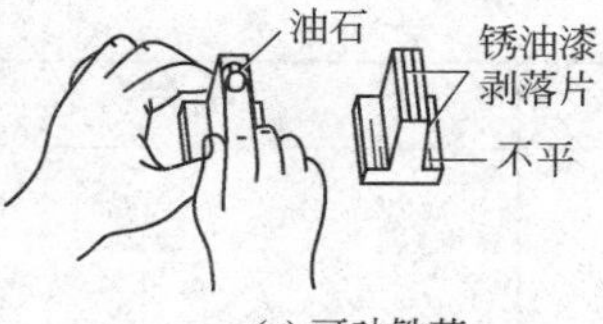 (a) 可动铁芯 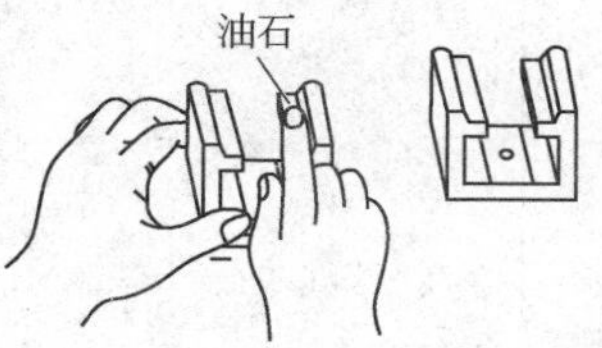 (b) 固定铁芯 ② 予以更换
其他原因	① 推杆过长：发出“嗒嗒”的噪声 ② 装错复位弹簧，弹力过大，发出“嗒嗒”声 ③ 阀芯与阀孔因毛刺、配合精度与污物卡住等原因，摩擦力过大，超过了电磁铁的吸力，电磁铁推不动，也常常发出“嗡嗡”声	适当磨短一点推杆长度，查明原因，一一排除

③ 电磁阀换向不可靠，不换向。

电磁换向阀的换向可靠性故障表现为：不换向、换向时两个方向换向速度不一致、停留几分钟（一般台架试验为5min）后，再通电发信不复位。

影响电磁换向阀的换向可靠性主要受三种力的约束：电磁铁的

吸力、弹簧复位力、阀芯摩擦力（含黏性摩擦阻力及液动力等）。

换向可靠性是换向阀最基本的性能。为保证换向可靠，弹簧力应大于阀芯的摩擦阻力，以保证复位可靠；而电磁铁吸力又应大于弹簧力和阀芯摩擦阻力二者之和，以保证能可靠地换位。因此从影响这三种力的各因素分析，可找出换向不可靠的原因和排除方法。

项目	图示	故障原因	排除方法
电磁铁故障	断线 显示灯 标牌 接线端子 螺钉 垫	① 交流电磁铁的可动铁芯被导向板卡住、直流电磁铁衔铁与套筒之间有污物卡住或因锈死、湿式电磁铁因油液不干净，脏东西卡在衔铁与耐压套（导磁套）之间等 ② 进出线接线端子脱落或因电路故障造成电磁铁不能通电 ③ 电磁铁进水或严重受潮 ④ 电压差错导致线圈烧坏 ⑤ 对于用四个螺钉安装电磁铁的电磁阀，电磁铁未装正，造成推杆歪斜别劲，阀芯运动阻力增大；另外如果四个螺钉未拧紧或因阀体上四个螺纹孔攻螺纹太浅而不能拧紧，均会造成阀芯换向不到位的现象 ⑥ 湿式电磁铁使用前未先松开放气螺钉放气	① 清洗后重新装配 ② 检查并排除电路故障 ③ 注意电磁铁的使用环境条件 ④ 按电磁铁铭牌规定使用电磁铁 ⑤ 查找原因予以处理 ⑥ 查找原因予以处理

续表

项目	图示	故障原因	排除方法
阀部分的加工与装配质量不良	 d 均压槽纳污 槽边有毛刺 (a) 阀芯 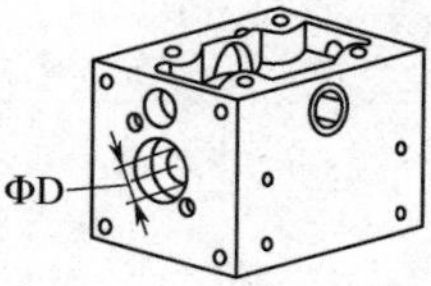 ΦD (b) 阀体 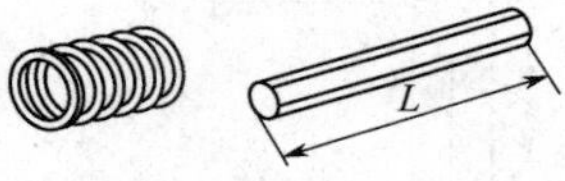 L (c) 复位弹簧与推杆	① 阀芯台肩及阀芯均压槽锐边处的毛刺，阀体沉割槽锐角处的毛刺清除不干净 ② 阀芯与阀孔因几何精度（圆度、圆柱度）不好，产生液压卡紧力 ③ 阀孔配合间隙过小或过大；阀安装螺钉拧得过紧、温度过高，阀孔变成椭圆形而卡死（包括液压卡紧）阀芯 ④ 因复位弹簧的弹力不够、弹簧疲劳、复位弹簧折断或装错等，造成阀芯不复位或不能正确复位，而不能换向或换向不良 ⑤ 推杆因磨损或其他原因，使长度尺寸 L 不对，换向不能正确到位 ⑥ 背压过大，超过了电磁阀的额定背压值	① 采用精油石和尼龙刷对阀芯与阀孔去毛刺 ② 阀芯与阀孔的几何精度，一般应控制在 0.003～0.005mm ③ 消除卡阀现象，最好用力矩扳手拧紧螺钉，拧紧力矩推荐为 M5 为 6～9N·m，M6 为 12～15N·m，M8 为 20～25N·m，M12 为 75～105N·m ④ 更换成合格的复位弹簧 ⑤ 更换成合格长度的推杆 ⑥ 电磁阀的额定背压值不能超过规定
污物所致	① 阀装配时（特别修理后的装配）清洗不干净 ② 油箱敞开，有盖不盖，污物进入卡住阀芯 ③ 油液老化、劣化，产生油泥及其他污物		① 清洗不干净 ②加强使用管理，避免因不文明现象造成尘埃大量进入油箱内的现象 ③ 换油

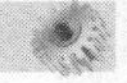

续表

项目	图示	故障原因	排除方法
设计错误	在自行设计安装板（或集成块）时，有些粗心的设计人员（笔者碰到多次）未在安装板上设计L孔泄油通道，或者虽设计了却和回油孔通。前者泄油无处可走，导致阀芯两端困油使阀芯不能换向；后者有可能因回油背压过高导致L腔压力高，轻者产生漏油，重者使电磁铁不能推动阀芯换向。因此泄油口必须单独畅通地通油箱		正确设计

(5) 常见回路例与故障

用换向阀控制的方向回路	作用	利用各种换向控制阀去控制油流的接通、切断或改变方向，达到控制执行元件的运动状态（运动或停止）和运动方向的改变（前进或后退，上升或下降）
	回路例图	电磁阀换向回路图 返回 前进 A_1 A_2 2 Q_2 Q_1 1DT 1 2DT (a) 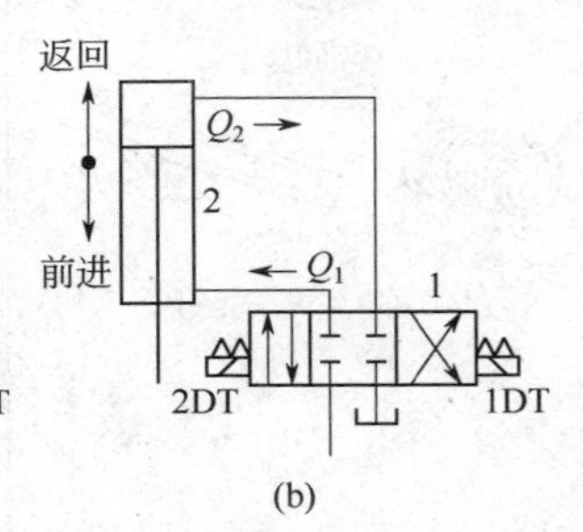 (b)
	说明	图中的换向回路中，采用的换向阀为三位四通滑阀式电磁阀构成方向控制回路，使执行元件进行换向
	故障分析与排除	**(1) 油缸或油马达不能换向或换向不良** 产生油缸不换向或换向不良这一故障有泵方面的原因，有电磁阀方面的原因，有回路方面的原因，也有油缸本身方面的原因

续表

用换向阀控制的方向回路	故障分析与排除	**(2) 液压缸返回行程时噪声振动大，还可能烧坏电磁铁** ① 电磁阀1的规格选小了：会在缸2做返回动作时，出现大的噪声和振动，特别是高压系统。在图(a)中，当2DT通电，活塞杆退回时，由于两侧的作用面积 A_1 与 A_2 不等，液压缸活塞无杆侧流出的流量 Q_2 比有杆腔流入的流量 Q_1 要大许多，例如当 $A_1=2A_2$ 时，则 $Q_2=2Q_1$，这样如果电磁阀1只按泵流量Q1选取，则阀1的通流能力远远不够，加之如果采用交流电磁阀，换向时间很短暂，液压缸在返回动作时，无杆腔的能量急剧释放而阀1又容量有限，必然造成大的振动和“咚咚”的抖动噪声，不但压力损失大增，阀芯上所受的液动力也大增，可能远大于电磁铁的有效吸力而导致交流电磁铁的烧坏 ② 连接阀1和液压缸2无杆腔之间的管路选小了：与上述同样的理由，阀1和液压缸2无杆腔之间的管路如果只按泵流量 Q_1 来选取，则液压缸活塞返回行程时，该段管内流速将远远大于允许的最大流速，而管内的沿程损失与流速的平方成正比，压力损失必然大增，压力的急降及管内液流流态变坏（紊流）必然出现这段管路的剧烈振动，噪声增加。如果这种情况出现，管子会“跳起舞”来 当加大管路和选择满足通流能力的阀1，此故障马上排除

(6) 电磁阀的修理方法

项目	图示	说明
阀芯	(a) 用精油石去除毛刺 (b) 忌用砂布打磨，会造成阀芯失圆	阀芯表面主要是磨损与拉伤。磨损拉伤轻微者，可抛光再用。如磨损拉伤严重者，可将阀芯镀硬铬或刷镀修复。修复后的阀芯表面粗糙度为 $\overset{0.2}{\bigtriangledown}$，圆度和圆柱度允差为0.003mm， 注意去除毛刺，忌用砂布打磨

续表

项目	图示	说明
阀体	研磨阀孔，保证好阀体孔与阀芯之间合理的配合间隙	主要是孔的修理，并保证好阀体孔与阀芯之间合理的配合间隙。修理方法可用研磨棒研磨或用金刚石铰刀精铰，修后阀孔表面粗糙度为$\overset{10.4}{\bigtriangledown}$，阀芯与其配合间隙0.008～0.015mm

（7）板式电磁阀底面安装尺寸

通径与标准代号	图示
4通径 GB2514－AA－02－4－A ISO4401－AA－02－4－A	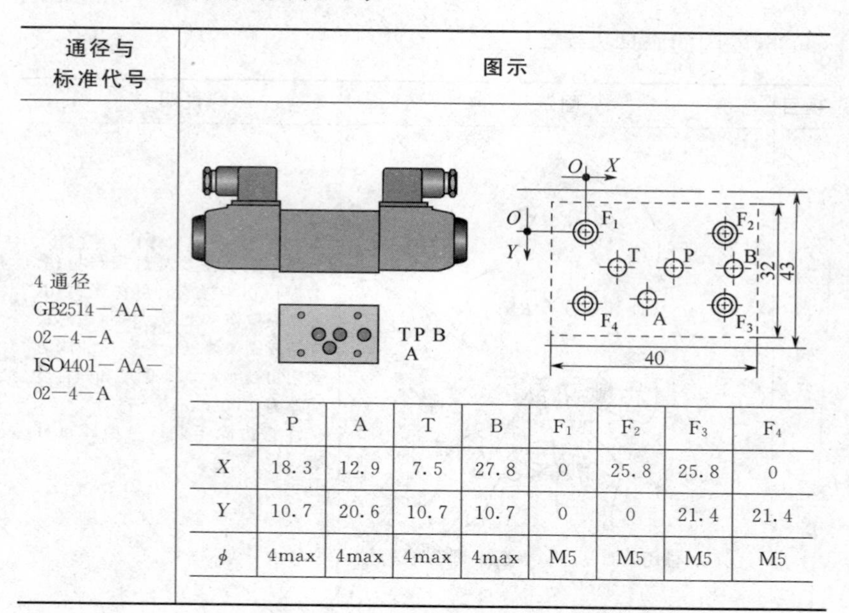

	P	A	T	B	F_1	F_2	F_3	F_4
X	18.3	12.9	7.5	27.8	0	25.8	25.8	0
Y	10.7	20.6	10.7	10.7	0	0	21.4	21.4
ϕ	4max	4max	4max	4max	M5	M5	M5	M5

续表

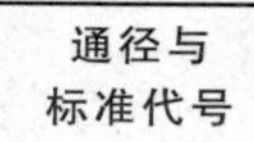

通径与标准代号	图示

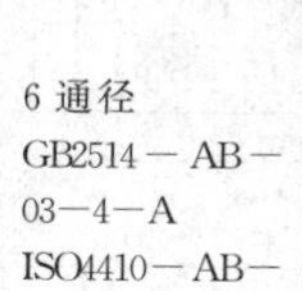

6通径
GB2514—AB—03—4—A
ISO4410—AB—03—4—A

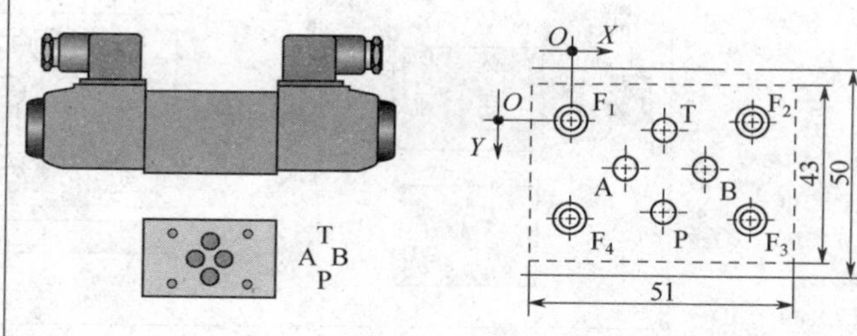

	P	A	T	B	F_1	F_2	F_3	F_4
X	21.5	12.7	21.5	30.2	0	40.5	40.5	0
Y	25.9	15.5	5.1	15.5	0	−0.75	31.75	31
ϕ	6.3_{max}	6.3_{max}	6.3_{max}	6.3_{max}	M5	M5	M5	M5

10通径
GB2514—AC—05—4—A
ISO4401—AC—05—4—A

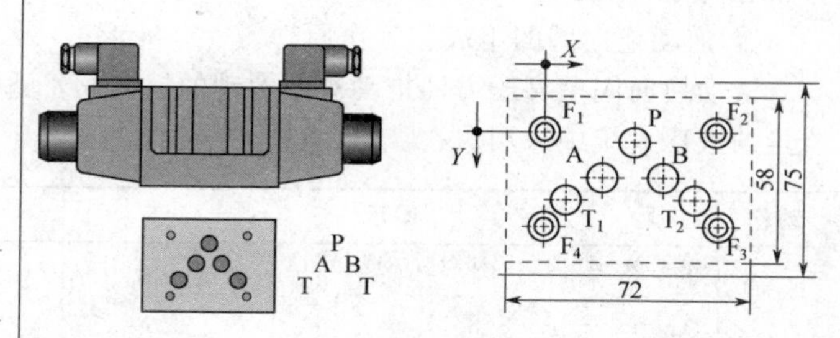

	P	A	B	T_1	T_2	F_1	F_2	F_3	F_4
X	27	16.7	37.3	3.2	50.8	0	54	54	0
Y	6.3	21.4	21.4	32.5	32.5	0	0	46	46
ϕ	11.2_{max}	11.2_{max}	11.2_{max}	11.2_{max}	11.2_{max}	M6	M6	M6	M6

续表

通径与标准代号	图示
16通径安装面尺寸 GB2514－AD－07－4－A ISO4401－AD－07－4－A	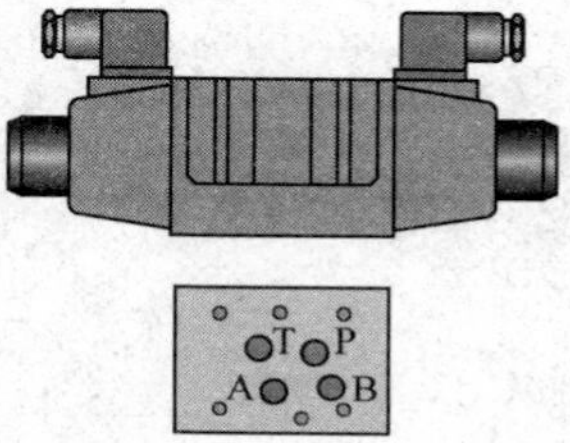 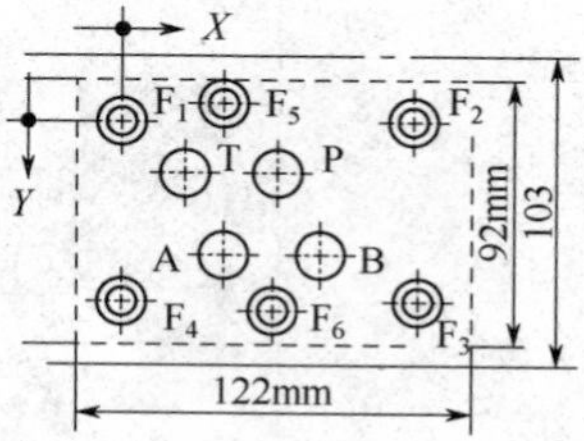 （见下表）

	P	A	T	B	F_1	F_2	F_3	F_4	F_5	F_6
X	50	34.1	18.3	65.9	0	101.6	101.6	0	34.1	50
Y	14.3	55.6	14.3	55.6	0	0	69.9	69.9	−1.6	71.5
ϕ	17.5_{max}	17.5_{max}	17.5_{max}	17.5_{max}	M10	M10	M10	M10	M6	M6

5.1.5 液动换向阀与电液换向阀

(1) 组成与工作原理

① 液动换向阀的组成与工作原理。

液动换向阀是靠压力油推动阀芯运动的换向阀，适用于要求大流量的液压系统中采用。

动作	图示	说明
组成	液动换向阀的组成如图所示： 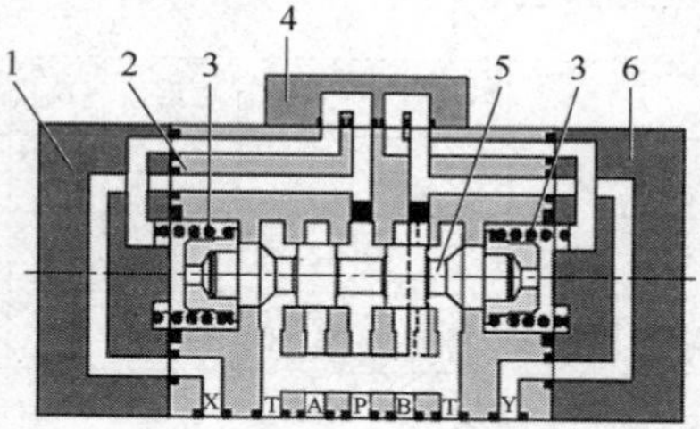	1—左盖；2—阀体；3—对中弹簧；4—顶盖；5—阀芯；6—右盖

续表

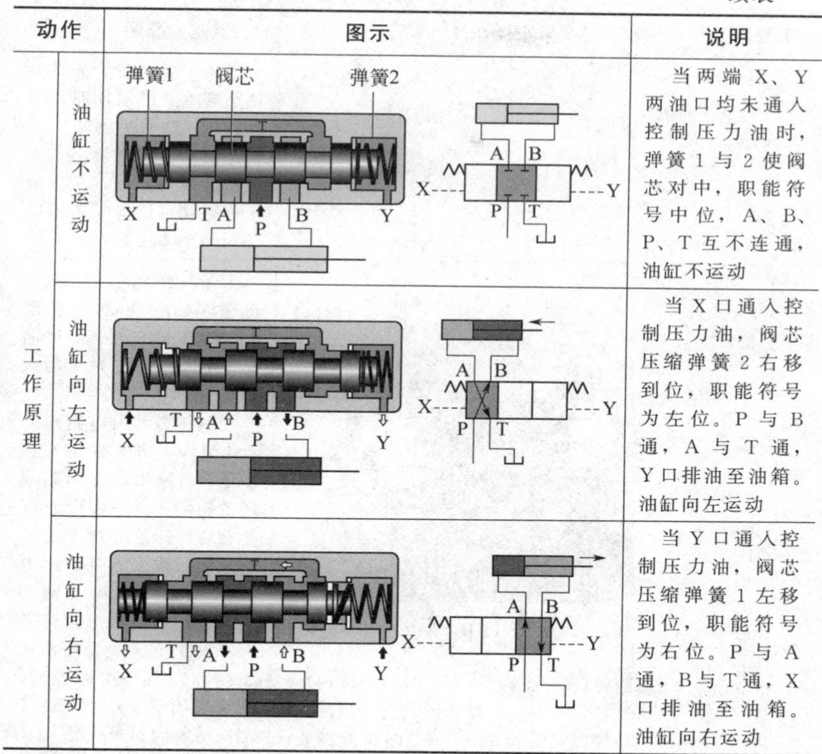

动作		图示	说明
工作原理	油缸不运动	弹簧1　阀芯　弹簧2 X　T　A　P　B　Y A　B　X　Y　P　T	当两端X、Y两油口均未通入控制压力油时，弹簧1与2使阀芯对中，职能符号中位，A、B、P、T互不连通，油缸不运动
	油缸向左运动	X　T　A　P　B　Y A　B　X　Y　P　T	当X口通入控制压力油，阀芯压缩弹簧2右移到位，职能符号为左位。P与B通，A与T通，Y口排油至油箱。油缸向左运动
	油缸向右运动	X　T　A　P　B　Y A　B　X　Y　P　T	当Y口通入控制压力油，阀芯压缩弹簧1左移到位，职能符号为右位。P与A通，B与T通，X口排油至油箱。油缸向右运动

② 电液换向阀的组成与工作原理。

项目	图示	说明
组成	电液换向阀的组成如图所示： 先导阀(电磁阀)　B　A 主阀(液动换向阀)	电液换向阀由两部分构成：小容量的电磁换向阀作先导阀与大流量（大通径）的液动换向阀作主阀组合而成，通过电磁换向阀引入控制油来控制液动换向阀（主阀）的阀芯的换位，使主油路换向，这就是电液动换向阀。将液动换向阀的顶盖拿掉，换上一个电磁阀即可

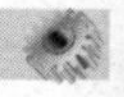

续表

项目		图示	说明
组成			适用于要求较大流量并用通断电来控制油路切换的液压系统中采用 电液换向阀既解决了大流量的换向问题，又保留了电磁阀可用电气来操纵实现远距离控制的优点
工作原理	电磁铁A、B均不通电	1—主阀体；2—主阀芯；3—对中弹簧；4—先导电磁阀阀体；5—电磁铁；6—主阀右控制腔；7—外控控制油流道；8—主阀左控制腔；9—阀芯；10—先导电磁阀阀芯	为保证液动阀回复中位，电磁阀的中位必须是P、A、B、T油口互通，因而先导电磁阀中位为Y型或H型 控制压力油由电磁阀的P孔引入，功率油口A和B分别与液动阀主阀芯两端的控制腔——X腔与Y腔相连，通过先导电磁阀的换向，改变着控制压力油从X腔（通先导阀B腔）或是从Y腔（通先导阀A腔）进入，便可推动主阀芯左右移动而换向，实现主油口P、A、B、T之间的不同相通状况 电液换向阀的工作原理是电磁阀与液动换向阀的综合
	电磁铁A通电		当电磁铁A通电，先导电磁阀阀芯压缩弹簧5.2左移，控制压力油（外控时从X口进入）经先导电磁阀进入主阀芯2的左腔，推动主阀芯右移到位，主阀芯2的右腔回油经先导电磁阀从Y口（外泄时）流回油箱 主阀的流动为：P→B，A→T

续表

项目		图示	说明
工作原理	电磁铁B通电	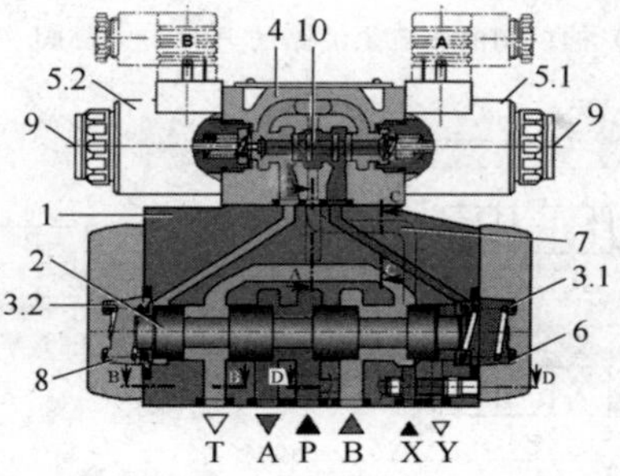	当电磁铁B通电，先导电磁阀阀芯压缩弹簧5.1右移，控制压力油（外控时从Y口进入）经先导电磁阀进入主阀芯2的右腔，推动主阀芯左移到位，主阀芯2的左腔回油经先导电磁阀从X口（外泄时）流回油箱 主阀的流动为：P→A，B→T

(2) 控制方式——外供与内供、内排与外排

① 外供（外控）与内供　先导电磁阀的控制油可以来自主油路的P口，叫内供或内控；也可以另设独立油源供给，叫外供或外控。内控时，主油路必须保证最低控制压力；外控时，独立油源的流量不得小于主阀最大通流量的15%，以保证换向时间要求。

② 内排与外排　电磁阀（先导阀）的回油可以单独引回油箱，叫外排，也可以在阀体内与主阀回油口T沟通，一起排回油箱，叫内排。

此外，液动阀两端控制油路上可安装单向节流阀，用以调节主阀的换向速度，降低换向冲击。

① 内、外供与内、外排的含义。

项目	图示与说明
外控外排	电磁阀（先导阀）的控制油取自另设独立油源，电磁阀（先导阀）的回油单独引回油箱 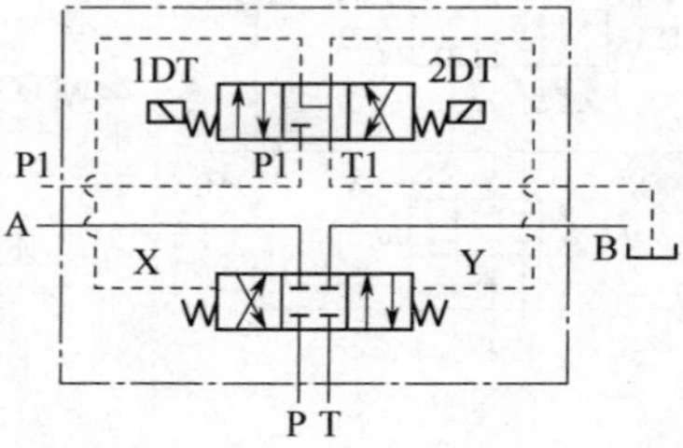 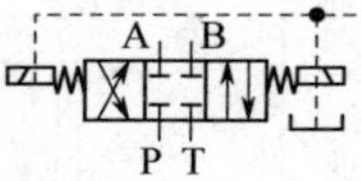 外控外排

续表

项目	图示与说明
内控外排	电磁阀（先导阀）的控制油取自主油路的P口，电磁阀（先导阀）的回油单独引回油箱。 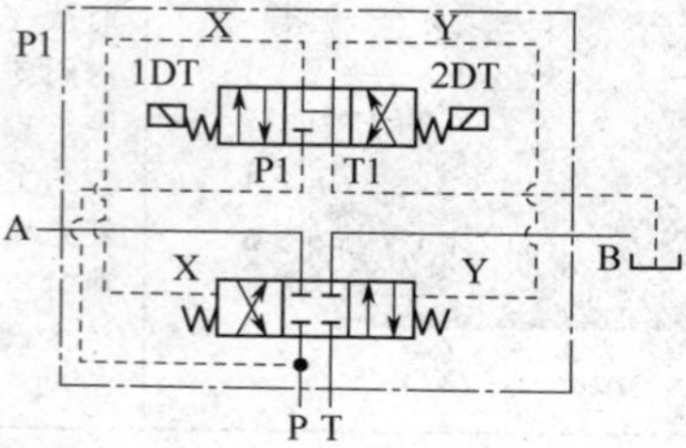 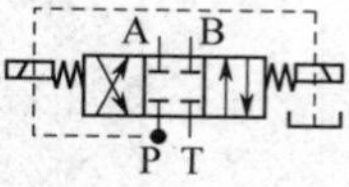 X Y P1 1DT 2DT P1 T1 A B X Y P T A B P T 内控外排
内控内排	电磁阀（先导阀）的控制油取自主油路的P口，电磁阀（先导阀）的回油在主阀体内与主阀回油口T沟通，一起排回油箱 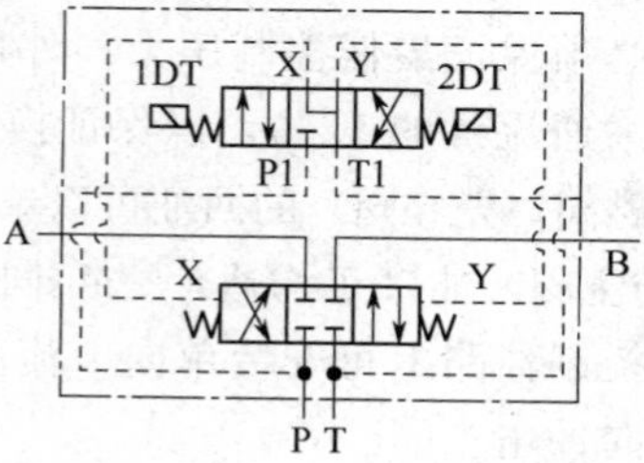 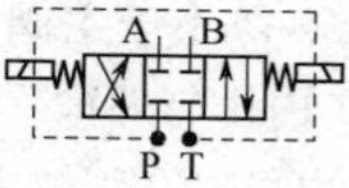 1DT X Y 2DT P1 T1 A B X Y P T A B P T 内控内排
外控内排	电磁阀（先导阀）的控制油取自另设独立油源，电磁阀（先导阀）的回油在主阀体内与主阀回油口T沟通，一起排回油箱。 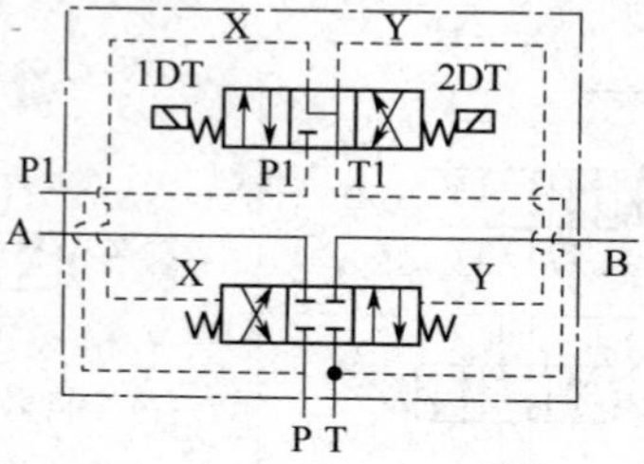 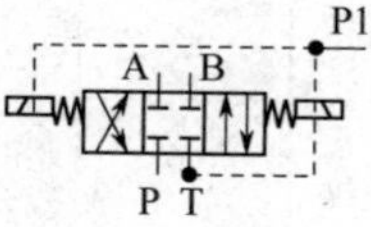 X Y 1DT 2DT P1 P1 T1 A B X Y P T P1 A B P T 外控内排

② 内外供与内外排的变换。

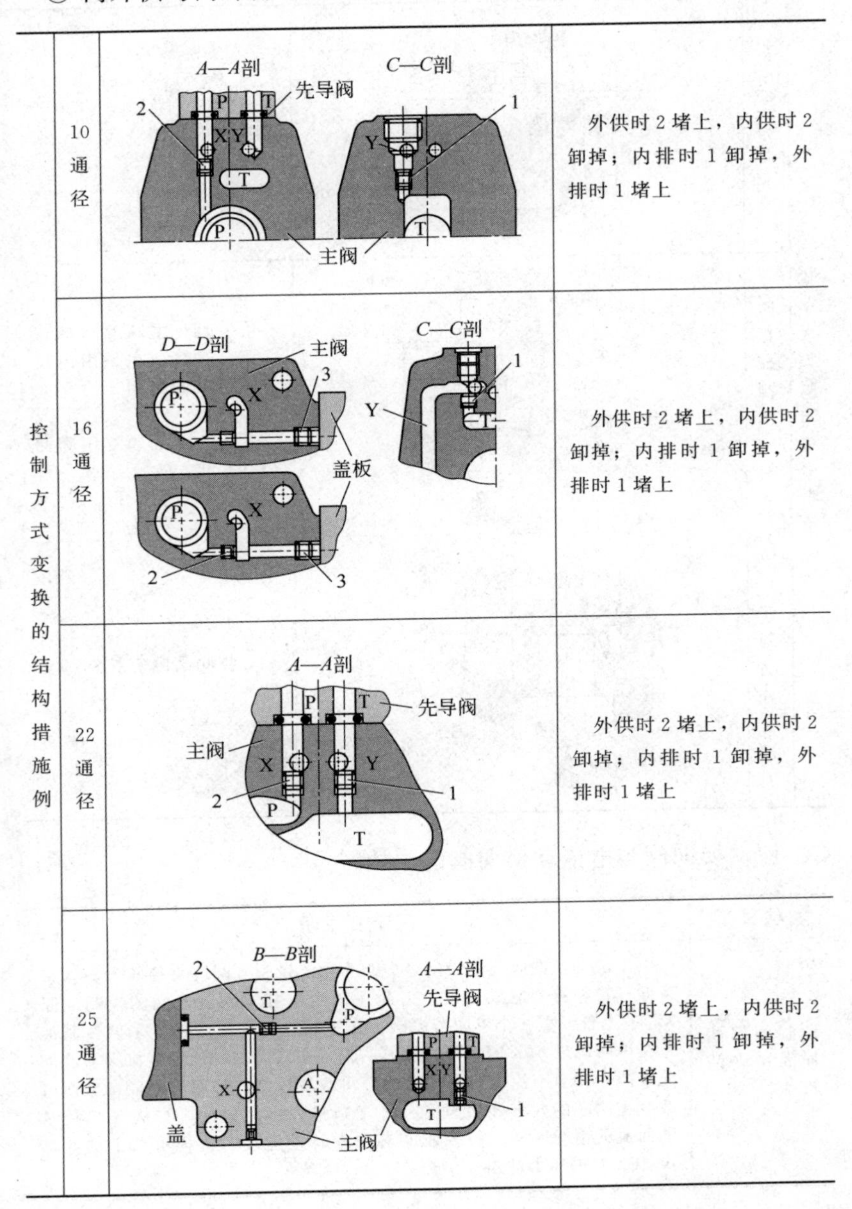

	通径	图	说明
控制方式变换的结构措施例	10通径		外供时2堵上，内供时2卸掉；内排时1卸掉，外排时1堵上
	16通径		外供时2堵上，内供时2卸掉；内排时1卸掉，外排时1堵上
	22通径		外供时2堵上，内供时2卸掉；内排时1卸掉，外排时1堵上
	25通径		外供时2堵上，内供时2卸掉；内排时1卸掉，外排时1堵上

续表

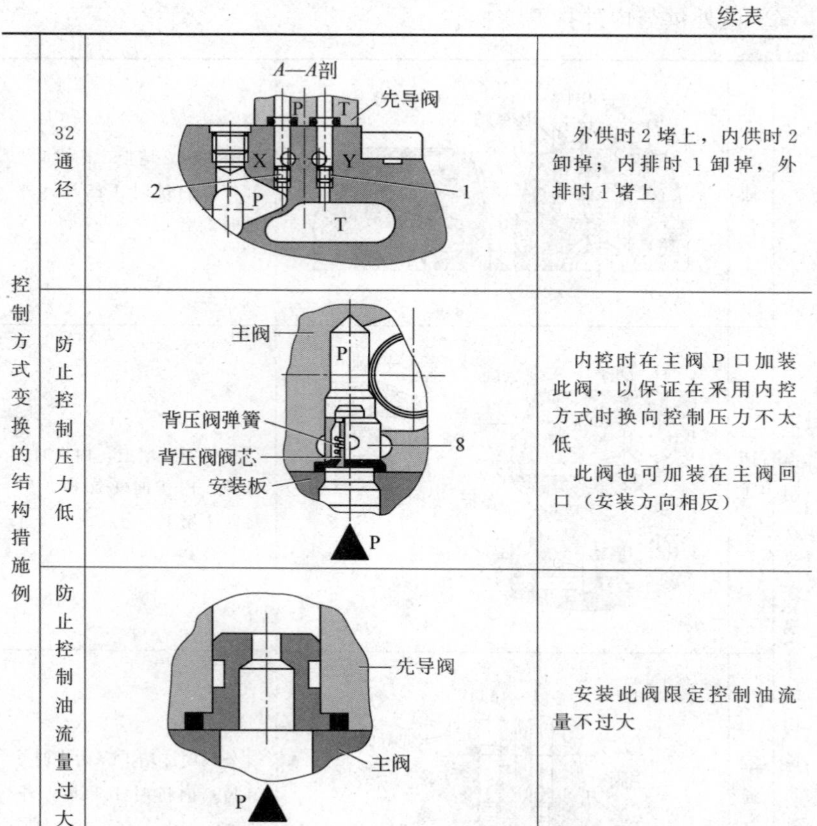

控制方式变换的结构措施例	32通径		外供时2堵上，内供时2卸掉；内排时1卸掉，外排时1堵上
	防止控制压力低		内控时在主阀P口加装此阀，以保证在采用内控方式时换向控制压力不太低 此阀也可加装在主阀回口（安装方向相反）
	防止控制油流量过大		安装此阀限定控制油流量不过大

（3）液动换向阀与电液动换向阀的结构特点

项目	图示及说明
控制阀阀芯换向速度的措施	由于液动换向阀与电液动换向阀为大流量阀，阀芯直径较大，如果换向过快，势必造成冲击，为此在结构上在主阀芯两端的控制油路X、Y上各设置一小单向节流阀，先导阀（图中未画出）来的控制油X经单向阀进入X腔，将主阀芯右推，主阀芯控制油经节流阀a_c流向先导阀，调节节流口a_c开口大小，可改变控制油的回流速度，从而可改变主阀芯的向右移动速度；从Y口进控制压力油，与从X口控制油回流的情况一样，可控制阀芯向左移动速度，这样可减少主油口A、B、P的压力冲击

续表

项目	图示及说明
控制阀阀芯换向速度的措施	另一个控制换向速度的措施是在阀芯上加工成锥面，可使在油口"开"与"关"时的液流速度平稳变化，也可减少换向冲击
主阀芯行程控制	在主阀芯两端设置了行程调节螺钉，通过对其调节，可限制主阀芯行程的大小，从而控制主阀芯各油口阀开口量与遮盖量的大小，达到对流过阀口的流量的控制
提高阀芯换向速度的控制——面积差控制	液动换向阀和电液动换向阀的换向和复位时间，在一些特殊场合，需要阀芯加快换向速度（缩短换向时间），可在液动换向阀一端或两端的控制油通道里，设置一小控制活塞。如图所示，进入X腔的控制压力油先推动小控制活塞右行，从而推动阀芯右行，由于面积$A_2<A_1$，所以推动小柱塞比推阀芯速度快很多。但是由于控制柱塞面积A_2较小，需相应提高控制压力，才能使阀芯正常换向。另外阀芯右行时，控制油回油Y腔背压升高，Y口要适当加大通径且单独回油箱 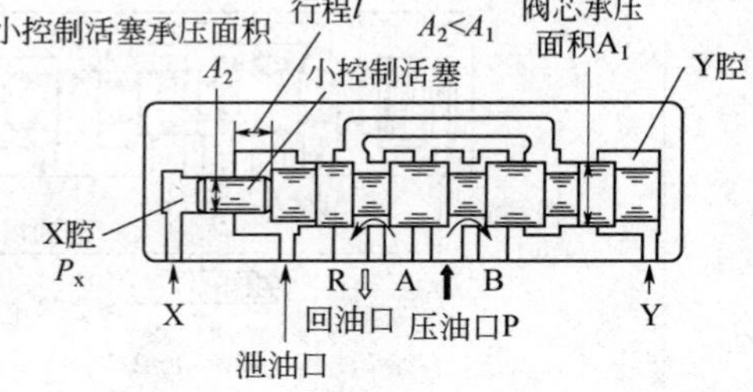

续表

项目	图示及说明
减小液控压力的结构措施	如果液动换向阀和电液动换向阀在主阀回油口背压较高，而控制油的回油又从主阀回油口连通回油的情况下，进口的这类阀（如德国Bosch公司的产品），常使用带小控制活塞的结构，使主阀芯能正常换向；但如果控制油压力 p_{st} 无法提高，可采用加大控制活塞面积——大控制活塞的结构 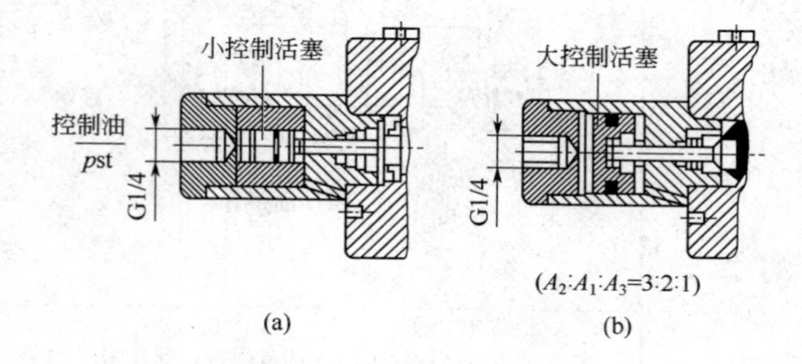
使阀芯可靠保持中位的结构	图为采用液压对中形式的换向阀。阀中右端采用大小控制活塞，大活塞承压面积 A_2 > 阀芯承压面积 A_1 > 小活塞承压面积 A_3，中位时，左右控制腔内控制压力 $p_x = p_y$，又由于 $A_2 > A_1$，所以 $p_yA_2 > p_xA_1$，阀芯处于中位时不可能右移；同样由于 $A_1 > A_3$，阀芯也不可能左移，因为右端大活塞的端面被止口挡住，因而促使阀芯向左的力只有 p_yA_3，而向右的力为 p_xA_1，显然 $p_xA_1 > p_yA_3$，所以阀芯也不可能左移，因而这种形式比单纯弹簧对中要可靠 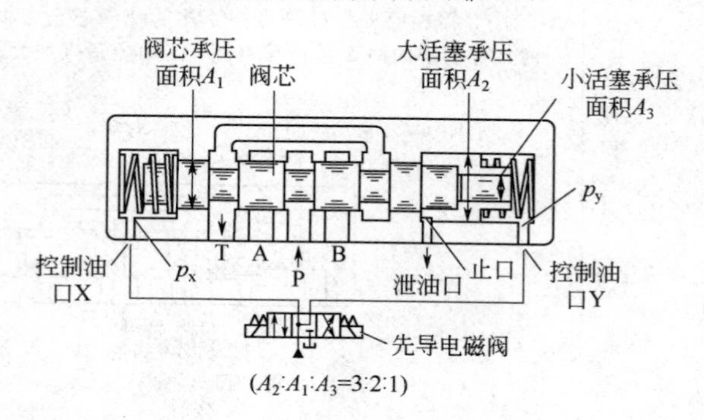

续表

项目	图示及说明
保证最低控制油液压力的结构措施	为了保证有足够的控制压力油使主阀芯可靠换向，需保证有最低控制油液压力。这在采用内供提供控制油而主阀在中间位置（含过渡位置）又为卸荷中位职能（P与T连通）的情况下特别需要注意。为此在进口的一些电液阀上，在主阀的P口或回油口孔内安装了一背压阀（德国力士乐公司叫“顶压压力阀”，美国Vickers公司叫“最低控制压力发生器”），图为德国博世-力士乐公司背压阀及安装位置图。图中的压力损失是主阀压力损失和背压阀压力损失之和 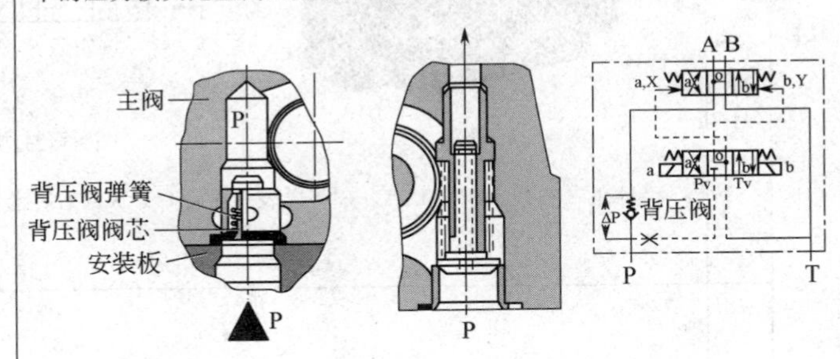
为限制控制油的流量大小而设置阻尼器	为了进行比较平缓的控制，防止控制油流量过大带来的冲击，特别是在采用内控供油而又采用高控制压力（>25MPa）的情况下使用液动与电液动换向阀时，更应注意掌控控制油的流量大小。维修人员在拆修电液阀时见到的如图所示的插入式阻尼器便起到这种作用 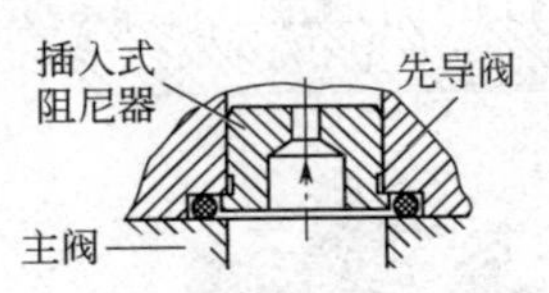 (a) 力士乐公司4WE型阀用 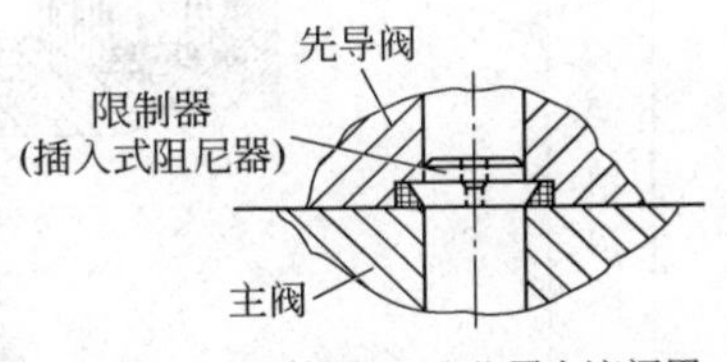 (b) 德国Bosch公司电液阀用
结构上采取措施限制控制油压力过高	为防止因控制压力油压力过高（>25MPa）带来的冲击，对控制压力的最大值也要进行控制。一般在电液阀的先导阀与主阀之间（采用内供时），如设有定比减压阀块，减压比为1 ∶ 0.66（如德国力士乐公司），但注意安装了定比减压阀块后，最小控制压力必须提高1 ∶ 0.66≈1.5倍，才能保证最低控制压力。当控制油采用内排同时又使用了预压阀（背压阀）时，且控制压力减少到30bar时，不能使用定比减压阀

（4）外观、图形符号、结构与立体分解图

项目		图示及说明
液动换向阀	外观与图形符号	 外观 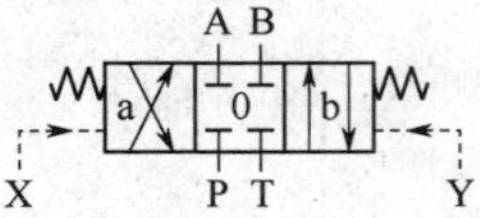　　图形符号例 壳体上往往铸有P、T、A、B字样表示主油口，X、Y表示控制油口
	结构例	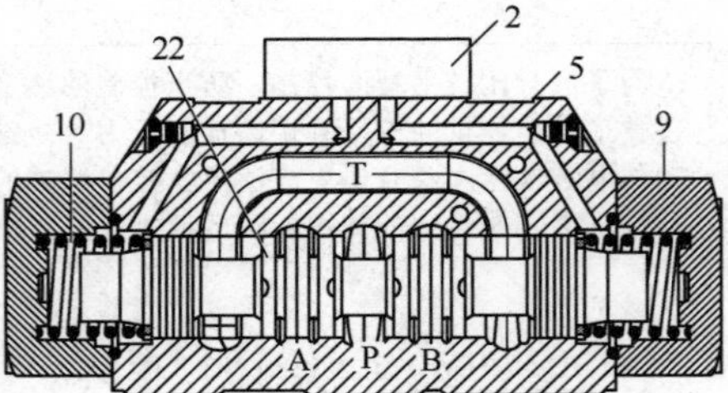 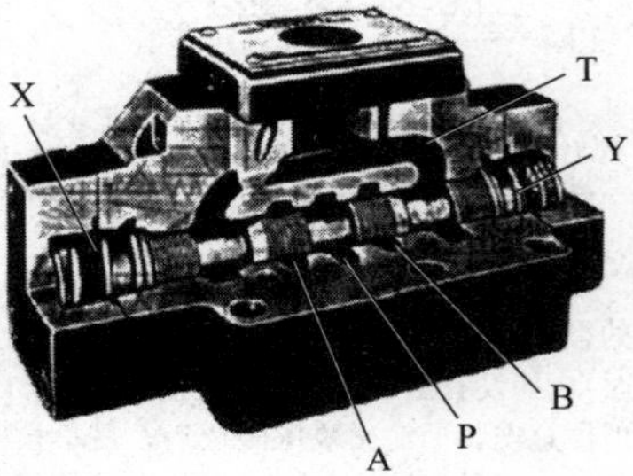

续表

项目		图示及说明
液动换向阀	零件立体分解图	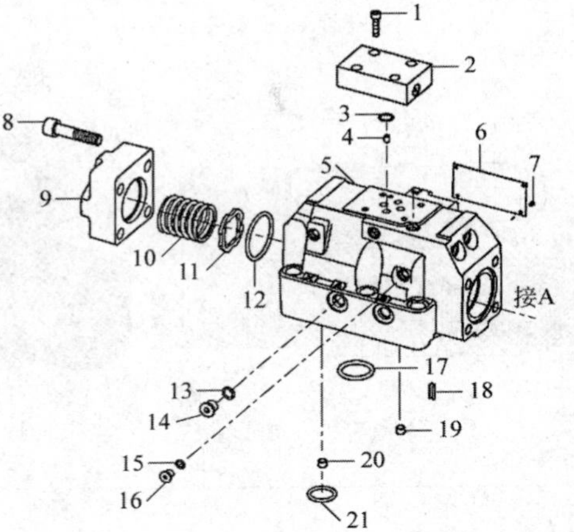 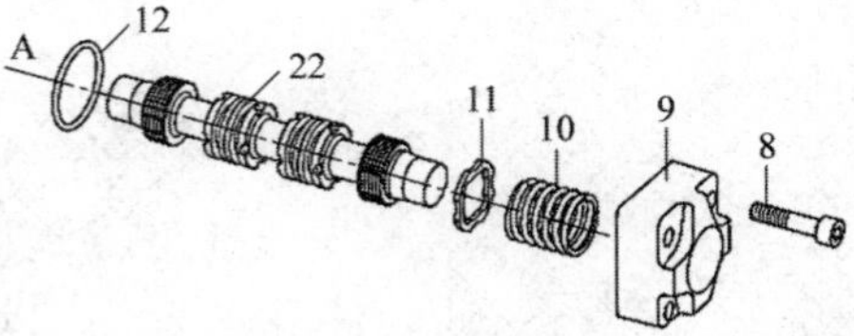 1、8—螺钉；2—顶盖；3、12、13、15、17、21—O形圈；4、19、20—闷头；5—阀体；6—铭牌；7—铆钉；9—左右端盖；10—对中弹簧；11—垫；14、16—螺堵；18—定位销；22—主阀芯
电液换向阀	外观与图形符号	 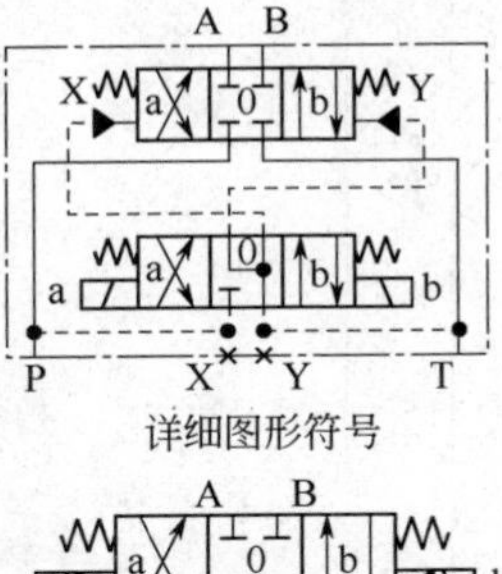 先导阀(电磁阀) 主阀(液动阀) 详细图形符号 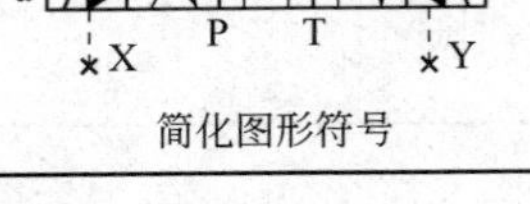 简化图形符号

续表

项目		图示及说明
电液换向阀	结构例	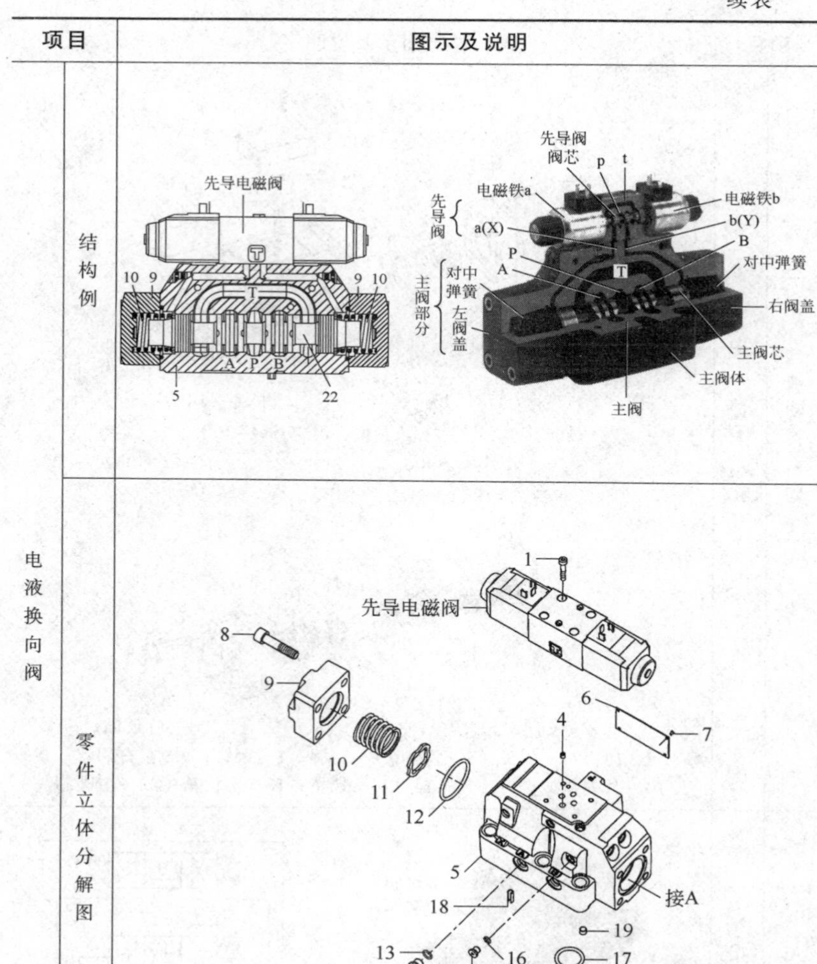
	零件立体分解图	1、8—螺钉；2—先导电磁阀；3、4、12、13、16、17、21、19、20—阀头；5—阀体；6—铭牌；7—铆钉；9—左右端盖；10—对中弹簧；11—垫；14、15—螺堵；18—定位销；22—主阀芯

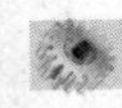

续表

项目		图示及说明
电液换向阀	零件立体分解图	A　12　22　11　10　9　8 8　3　2　9　10　11　12　22 O形圈

(5) 液动换向阀与电液动换向阀的故障排查

① 不换向或换向不正常。

图示	故障原因	排除方法
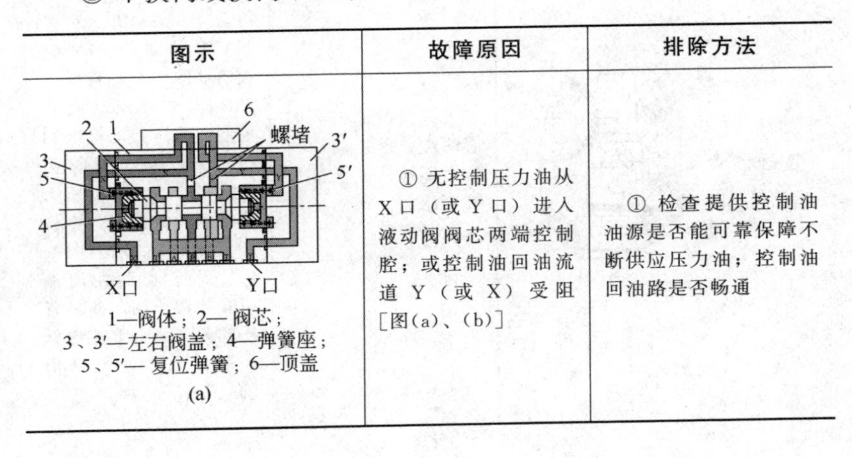 1—阀体；2— 阀芯；3、3′—左右阀盖；4—弹簧座；5、5′— 复位弹簧；6—顶盖 (a)	① 无控制压力油从X口（或Y口）进入液动阀阀芯两端控制腔；或控制油回油流道Y（或X）受阻[图(a)、(b)]	① 检查提供控制油油源是否能可靠保障不断供应压力油；控制油回油路是否畅通

续表

图示	故障原因	排除方法
(b) (c)	② 对于安装有单向节流阀控制阀芯换向速度的液动阀和电液换向阀，如果节流阀关死，或者单向阀的钢球不密合，均会出现换向不良的故障［图(b)］ ③ 主阀芯行程调节螺钉调节不当［图(b)］ ④ 主阀芯因污物卡住 ⑤ 拆修时阀两端的阀盖，四个安装螺钉孔也是对称分布，只要有一块往阀体上装时转 90°或 180°，控制油路便不通主阀芯两端，导致阀芯不能换向	② 正确调节单向节流阀，必要时予以修理 ③ 正确调节主阀芯行程调节螺钉 ④ 清洗主阀 ⑤ 装配时应注意阀盖的安装方向：阀盖上的控制油口要对准阀体上的小控制油口
(d)	虽有控制油进入阀芯两端，但控制油的压力不够，低于最低控制压力，不能换向或换向不良	国产压力为 6.3MPa 的液动阀控制油压力不得低于 0.3MPa；对于 32MPa 的国产液动阀，控制油的压力不得低于 1MPa，进口液动阀对控制油的压力均有限制（如力士乐产的阀为 0.5MPa）。对内供压力控制油的方式，且中位卸荷的液动阀（如 M、H、K 型），要在回油口安装背压阀，并将背压阀调到高于上述最低控制油压力的允许值［图(d)］

续表

图示	故障原因	排除方法
(e)	主阀芯两端的复位弹簧折断或拆修后漏装［图(a)、(e)］	补装复位弹簧
	液动换向阀和电液换向阀的控制油，有外供外排、内供外排、内供内排和外供内排四种方式，弄错供排油方式时，则可能出现不换向或换向不良的故障	可按前述方法，拆掉或堵上某个控制油通道进行变换，可在查明上述原因的基础上采取对策。修理更换时，一定要弄清楚供排油方式，不可混错
国产有些阀无此定位销，容易装错方向 (f)	对于底面无安装定位销的板式液动阀和电液换向阀，底面上的油口和安装螺钉孔为对称分布，容易在往阀板上装时，错装一头（转了 180°），便会发生不换向或换向不正常，动作错乱的现象［图(f)］	拆修时标上记号，装对方向，不要弄错

② 换向时发生冲击振动。

图示	故障原因	排除方法
此面与盖板或电磁阀相贴 节流调节螺钉 底面贴主阀顶面	① 控制油的流量过大，使阀芯移动速度过快 ② 单向节流阀的节流阀芯开度调节过大 ③ 单向节流阀中的单向阀钢球漏装或严重磨损，造成控制油节流的回油阻尼作用失效，不能减缓阀芯换向速度，造成大流量下的换向冲击	① 减小控制油的流量 ② 调小单向节流阀的节流阀芯开度 ③ 在查明原因的基础上采取对策

（6）用液动换向阀与电液动换向阀组成的方向控制回路的故障例

<table>
<tr><td rowspan="4">用换向阀控制的方向回路</td><td>作用</td><td>利用电液换向阀去控制油流的接通、切断或改变方向，达到控制执行元件的运动状态（运动或停止）和运动方向的改变（前进或后退，上升或下降）</td></tr>
<tr><td>回路例</td><td> 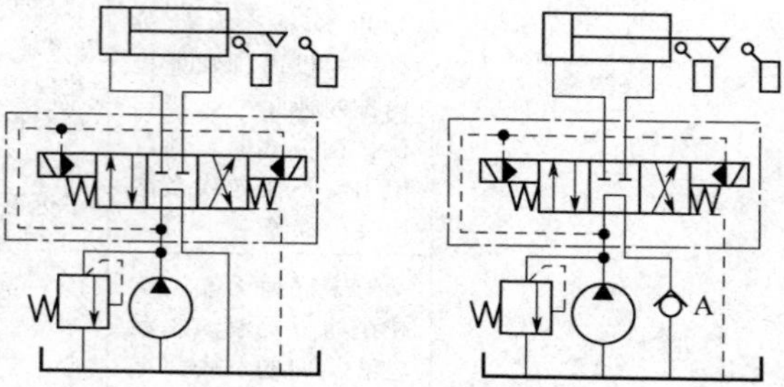(a) 内控且中位卸荷　　(b) 加装背压阀保证最低控制压力</td></tr>
<tr><td>说明</td><td>利用先导电磁阀两侧的电磁铁通断电，可使主阀芯移动换向，从而使液压缸实现左行或右行的换向动作</td></tr>
<tr><td>故障分析与排除</td><td>上图的换向回路中，采用的电液动阀为内供，且主阀中位因泵处于卸荷状态，当先导阀通电时，控制油虽可进入主阀芯的控制油腔，但因泵卸荷而无压力，不足以推动主阀芯移动换向。即产生油缸不能换向或换向不良的故障
解决办法：
① 改内供为外供方式，由外部引入适当压力的控制油，保证在主阀中位卸荷的阀也能有足够压力的控制油使主阀芯移动换向
② 如主阀中位必须卸荷，则可按图(b) 加装背压阀 A，主阀卸荷后的压力也不会低于使主阀芯移动换向的压力，保证主阀能可靠换向
③ 如果先导电磁阀有故障，则按前述方法排除电磁阀的故障</td></tr>
</table>

(7) 液动换向阀与电液动换向阀安装面尺寸

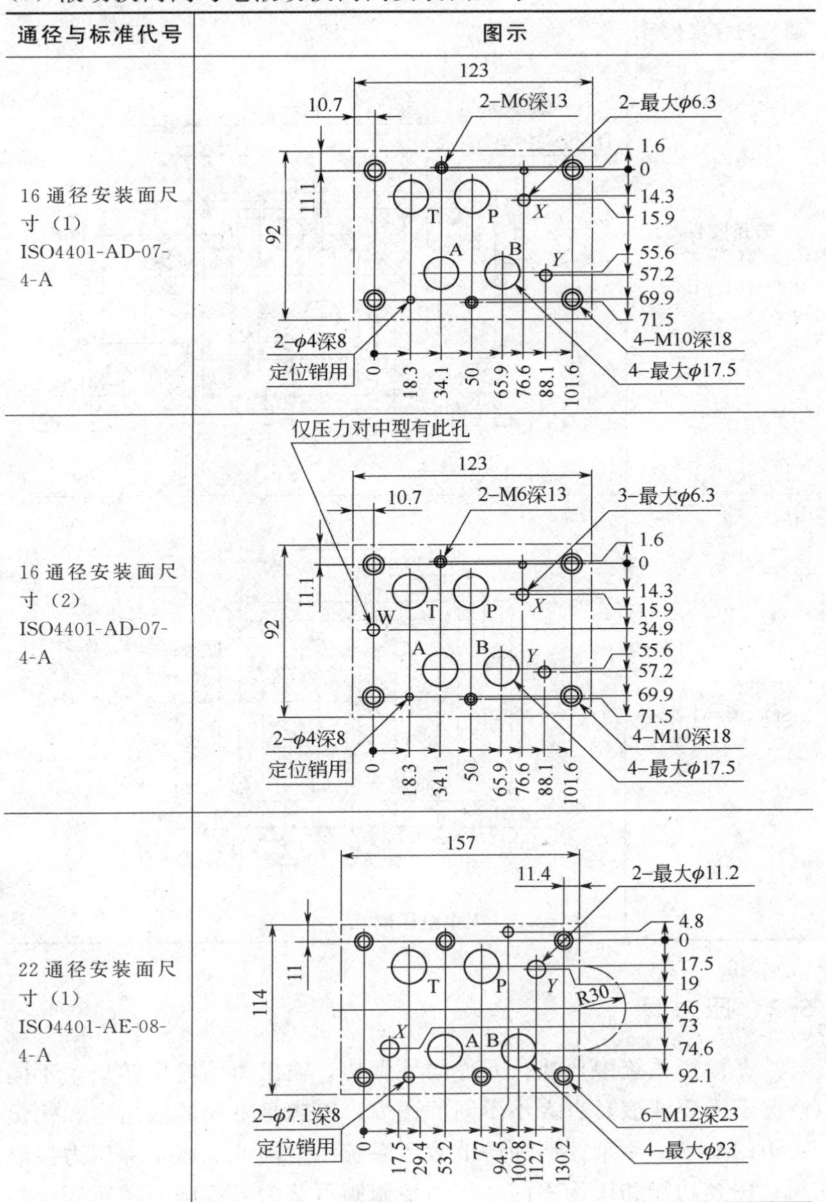

通径与标准代号	图示
16 通径安装面尺寸（1） ISO4401-AD-07-4-A	
16 通径安装面尺寸（2） ISO4401-AD-07-4-A	
22 通径安装面尺寸（1） ISO4401-AE-08-4-A	

续表

通径与标准代号	图示
22通径安装面尺寸（2） ISO4401-AE-08-4-A	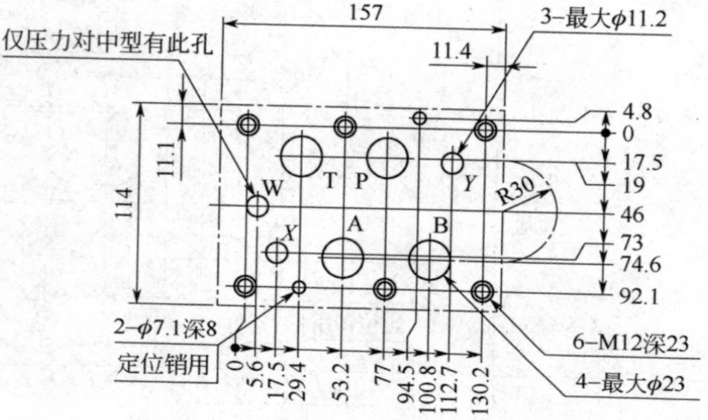 157；11.4；3-最大ϕ11.2；仅压力对中型有此孔；111；114；W；T；P；Y；R30；X；A；B；4.8；0；17.5；19；46；73；74.6；92.1；2-ϕ7.1深8；定位销用；6-M12深23；4-最大ϕ23；0；5.6；17.5；29.4；53.2；77；94.5；100.8；112.7；130.2
32通径 ISO4401-AF-10-4-A	230；19.8；6-M20深33；3-最大ϕ9.5；19.1；197；T；P；W；Y；A；B；X；0；35；44.5；79.4；123.8；130.2；158.8；2-ϕ7.1深8；4-最大ϕ33.3；0；41.3；76.2；82.5；114.3；147.6；168.3；190.5 注：仅压力对中型有W孔

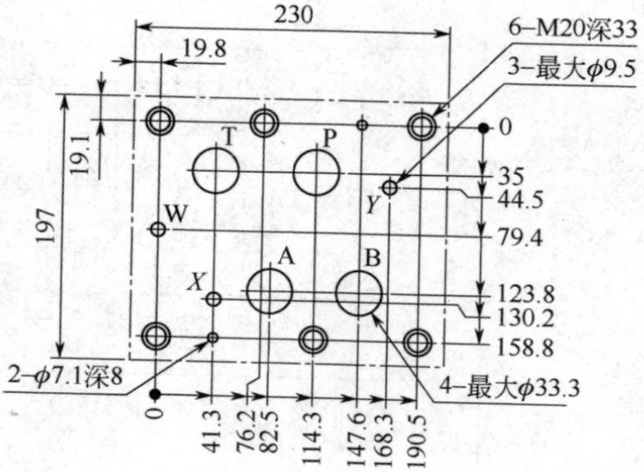

5.2 压力阀

在液压系统中，执行元件向外做功，输出力、输出转矩，不同情况下需要油液具有大小不同的压力，以满足不同的输出力和输出转矩的要求。用来控制和调节液压系统压力高低的阀类称压力控制阀。按其功能和用途不同，压力控制阀可分为溢流阀、减压阀、顺序阀和压力继电器等。

所有的压力控制阀都是利用液压力和弹簧力的平衡原理进行工作的，调节弹簧的预压缩量，便可获得不同的控制压力。

5.2.1　溢流阀

(1) 工作原理

名称	原理图	说明
直动式溢流阀	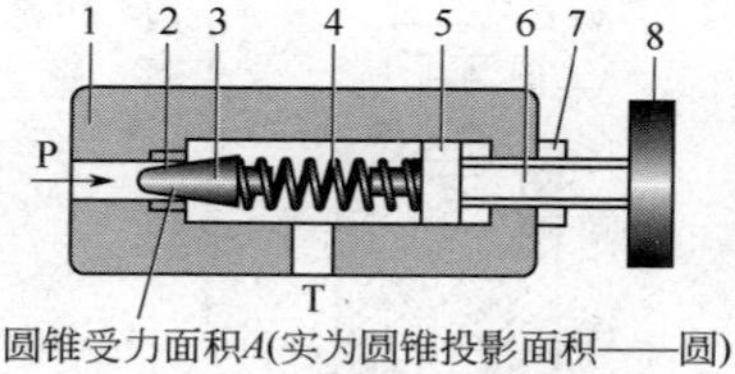 圆锥受力面积A(实为圆锥投影面积——圆) (a) $pA<F_s$时不溢流 阀芯打开 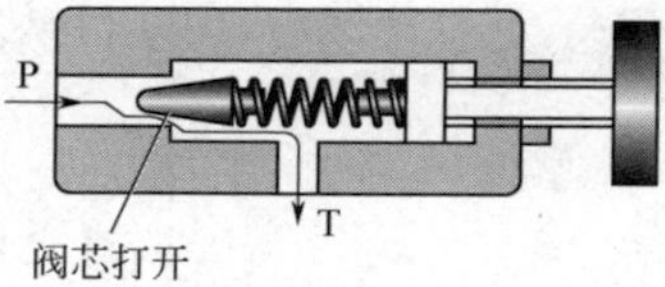 (b) $pA>F_s$时溢流	直动式溢流阀的组成如图所示，它主要由阀体1、阀座2、阀芯（锥阀）3、调压弹簧4、调节杆5、调节螺钉6、锁母7和调压手柄8所构成 系统压力油经过P口，当压力P作用于阀芯左端A面上产生的力（向右）小于弹簧作用在阀芯的弹力（向左）时，阀芯封住阀口，系统压力p取决于负载大小；当系统压力p升高时，阀芯1左端受到的力大于阀芯1右端受到的弹簧力时，阀芯右移，阀口打开，部分油经溢流回油箱，系统压力p不再升高，阀芯在压力和弹簧力作用下，处于平衡位置。当系统压力继续升高时，阀芯将继续右移，阀口开大，溢流量增多，直至阀芯处于新的平衡位置，从而保持系统在恒定的压力下工作。为提高阀的稳定性，避免阀芯移动过快而振动，一般P口加上阻尼孔

续表

名称	原理图	说明
直动式溢流阀	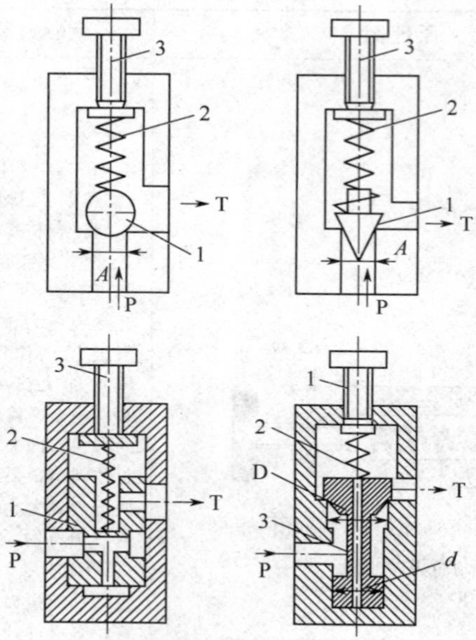 (c) 几种直动式溢流阀	其他几种直动式溢流阀的工作原理见图(c)所示，工作原理与上述相同
先导式溢流阀	先导式溢流阀分外控和内控。内控时，X口堵住，控制油从系统P口进入，再经主阀芯上的阻尼孔进入先导调压部分的左端，再作用于锥阀上	

续表

名称		原理图	说明
先导式溢流阀	三节同心式	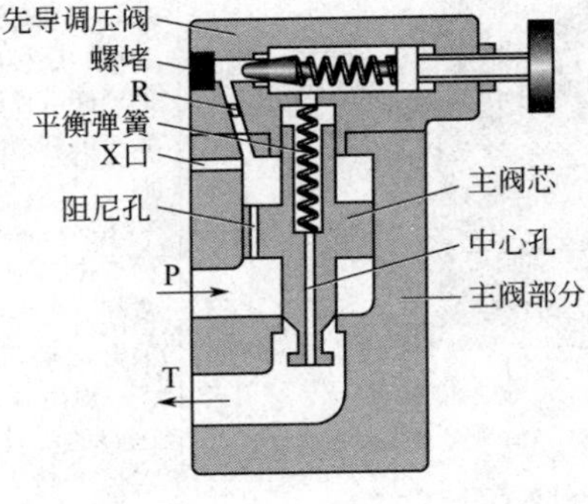	三节同心式先导式溢流阀从进油口P进入的压力油经主阀芯阻尼孔→流道R后作用在先导调压阀上。当进油口的压力较低，导阀上的液压作用力不足以克服导阀芯调压弹簧的作用力时，先导阀关闭，无油液流过主阀阻尼孔，故主阀芯上下两端的压力相等，在平衡弹簧的作用下，主阀芯处在最下端位置，溢流阀进油口P和溢油口T隔断，无溢流；当进油口压力升高，先导阀上的液压力大于调压弹簧的预调力时，导阀打开，压力油就通过主阀芯上阻尼孔→开启的导阀→平衡弹簧腔→主阀芯中心孔→流道T流回油箱。由于阻尼孔的作用，使主阀芯上端的液体压力小于下端。当这个压力差作用在主阀芯上的力超过复位弹簧力、摩擦力和主阀芯自重时，主阀芯便打开，油液从进油口P流入，经主阀阀口由溢油口T流回油箱，实现溢流作用。调节导阀弹簧的预紧力，即可调节溢流阀的溢流压力。外控时控制油从X口进入先导调压阀的左端

续表

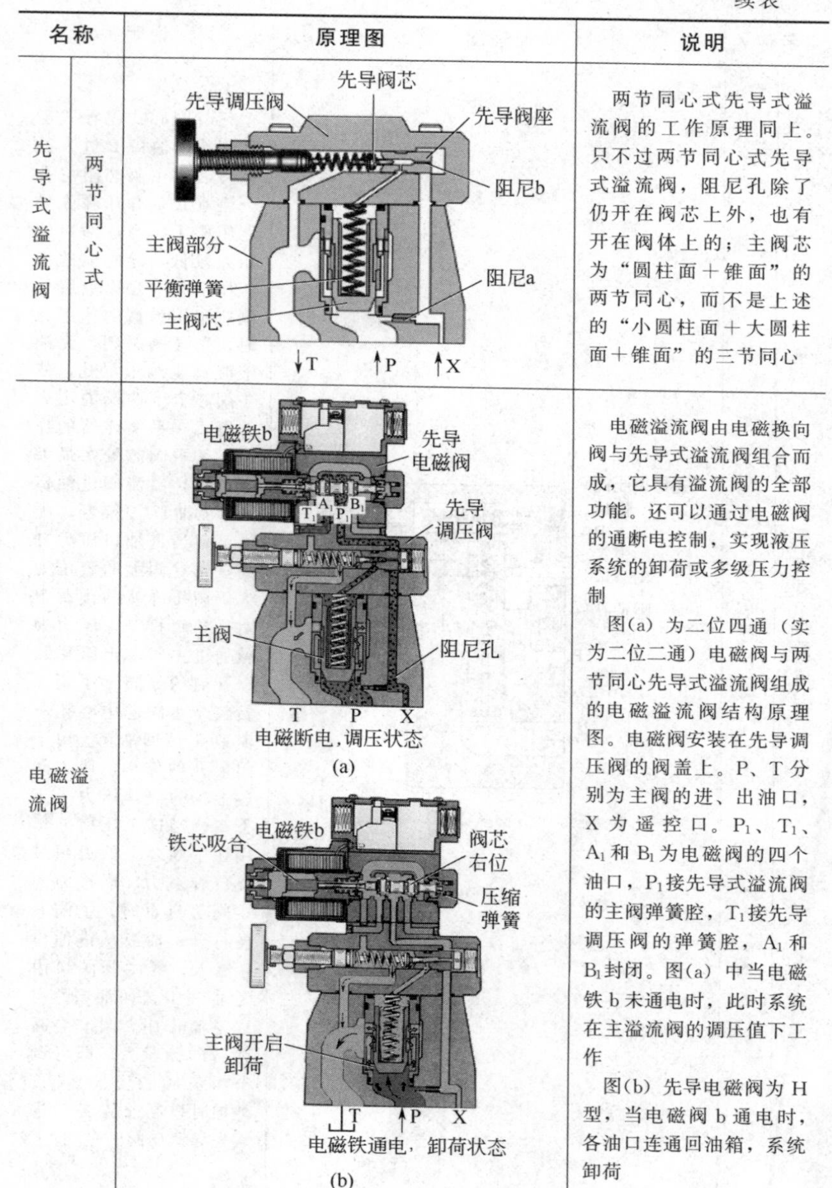

名称		原理图	说明
先导式溢流阀	两节同心式		两节同心式先导式溢流阀的工作原理同上。只不过两节同心式先导式溢流阀，阻尼孔除了仍开在阀芯上外，也有开在阀体上的；主阀芯为“圆柱面＋锥面”的两节同心，而不是上述的“小圆柱面＋大圆柱面＋锥面”的三节同心
电磁溢流阀		电磁断电，调压状态 (a) 电磁铁通电，卸荷状态 (b)	电磁溢流阀由电磁换向阀与先导式溢流阀组合而成，它具有溢流阀的全部功能。还可以通过电磁阀的通断电控制，实现液压系统的卸荷或多级压力控制 图(a) 为二位四通（实为二位二通）电磁阀与两节同心先导式溢流阀组成的电磁溢流阀结构原理图。电磁阀安装在先导调压阀的阀盖上。P、T 分别为主阀的进、出油口，X 为遥控口。P_1、T_1、A_1 和 B_1 为电磁阀的四个油口，P_1 接先导式溢流阀的主阀弹簧腔，T_1 接先导调压阀的弹簧腔，A_1 和 B_1 封闭。图(a) 中当电磁铁 b 未通电时，此时系统在主溢流阀的调压值下工作 图(b) 先导电磁阀为 H 型，当电磁阀 b 通电时，各油口连通回油箱，系统卸荷

续表

名称	原理图	说明
卸荷溢流阀	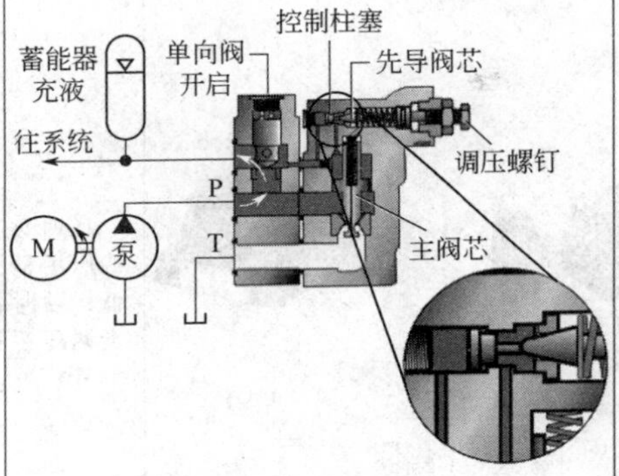 (a) 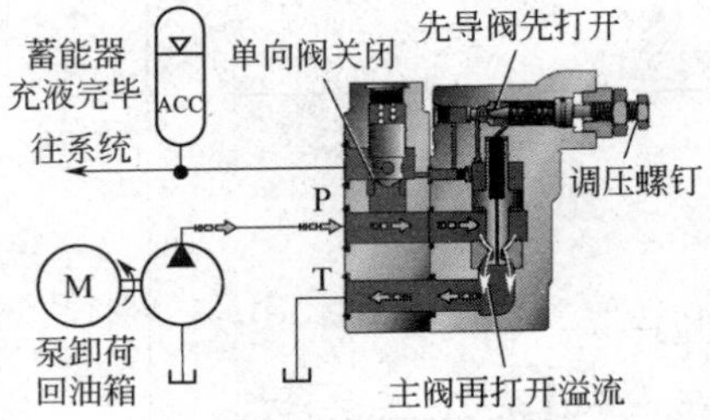 (b) 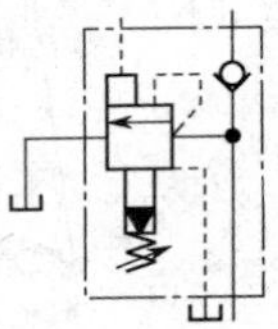 (c)	卸荷溢流阀简称卸荷阀，又称为“蓄能器/泵卸荷阀”。它是在溢流阀的基础上加上特制的单向阀组合而成的组合阀，因此又叫单向溢流阀，可使液压泵实现自动卸荷和自动加压。这种阀主要用于蓄能器回路 图（a）中，在蓄能器充压的压力未超过调压螺钉预调的压力（蓄能器充液压力）时，先导阀阀芯关闭，主阀芯上腔与下腔压力相等而关闭，泵来的压力油打开单向阀给蓄能器充液，这种状态被称为“泵高压充液” 图（b）中，在蓄能器充压的压力超过调压螺钉预调的压力（蓄能器充液压力）后，推动控制柱塞右行，顶开先导阀阀芯，主阀芯上腔卸压而上抬，主溢流阀将被全部打开，泵来的压力油以仅相当于通过阀流阻的低压压力由P→T被导回油箱，这种状态被称为“泵被卸荷” 当蓄能器内的压力下降低于调压螺钉所调节的压力，大约为关闭压力的83%，先导阀阀芯又关闭，主溢流阀阀芯也随之关闭，于是泵又加压输出由P→A→蓄能器，蓄能器重又充压 拆开图中螺堵外接控制油路压力油可进行外控

（2）外观、图形符号、结构与立体分解图例

项目		图示	说明
直动式溢流阀	外观与图形符号	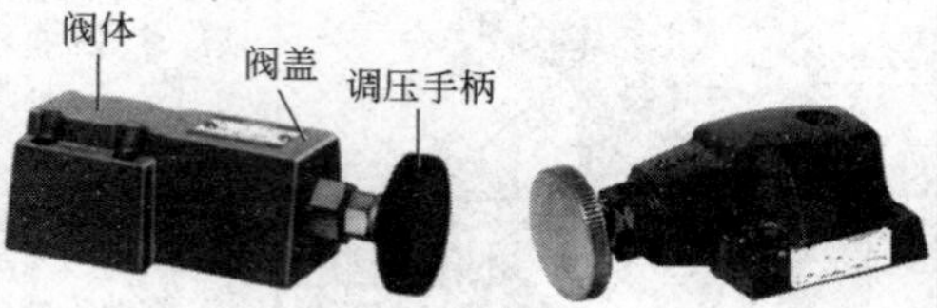 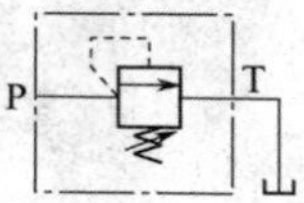 阀体 阀盖 调压手柄 P T	逆时针方向转动调压手柄为压力降低；顺时针方向转动调压手柄为压力上升
	结构与立体分解图	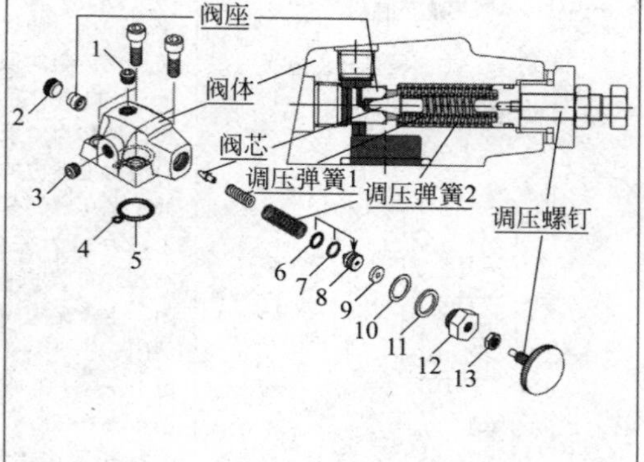 阀座 阀体 阀芯 调压弹簧1 调压弹簧2 调压螺钉 1 2 3 4 5 6 7 8 9 10 11 12 13	1～3—螺堵；4～6、10—O形圈；7、11—密封挡圈；8—调节杆；9—垫；12—螺套；13—锁母

续表

项目		图示	说明
先导式溢流阀	外观与图形符号	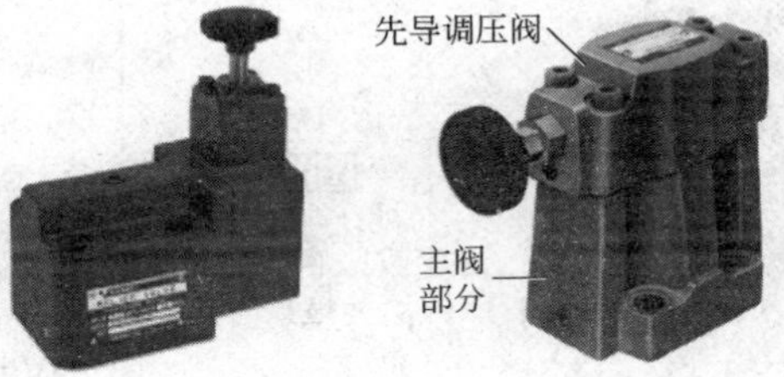 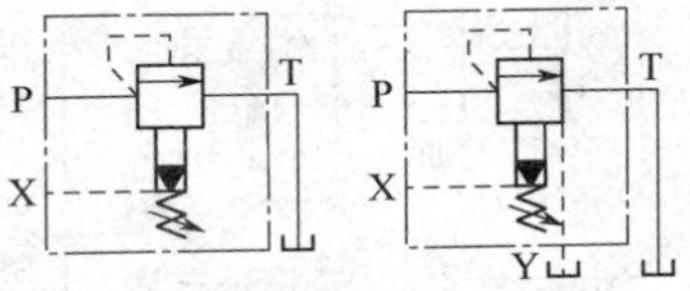 先导调压阀 主阀部分 P T X P T X Y 标准符号(内泄式)　外泄式	先导式溢流阀在组成上分为两部分：上部是一个小规格的直动型溢流阀——先导部分，下部是主阀部分
	结构与立体分解图	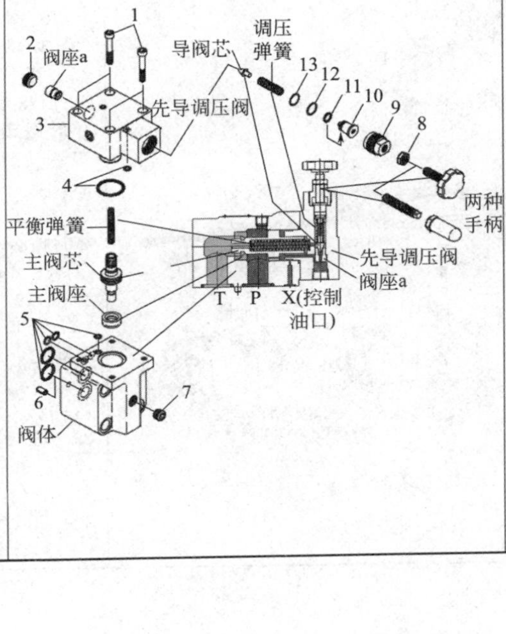 1 2 阀座a 导阀芯 调压弹簧 13 12 11 10 9 8 先导调压阀 3 4 两种手柄 平衡弹簧 主阀芯 先导调压阀 阀座a 主阀座 T P X(控制油口) 5 6 7 阀体	1—螺钉；2、7—螺堵；3—阀盖；4、5、11～13—O形圈；6—定位销；8—锁母；9—螺套；10—调节杆

续表

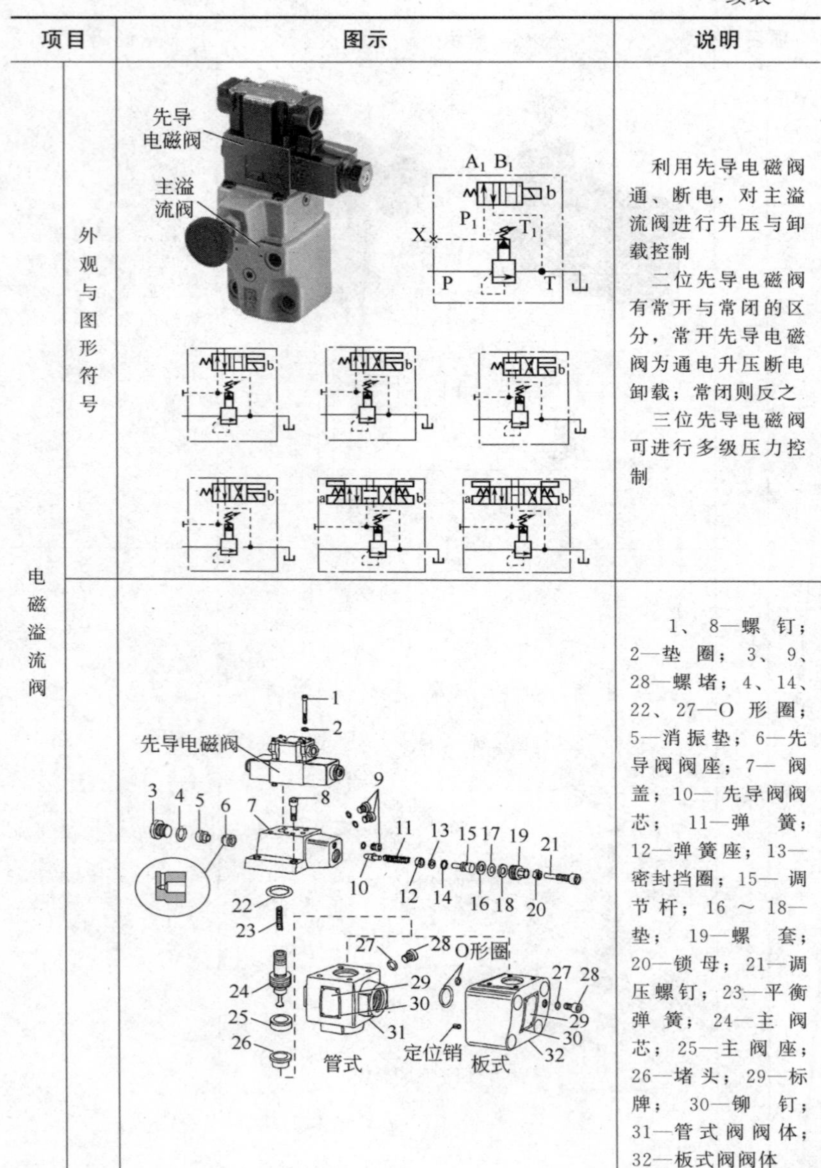

项目		图示	说明
电磁溢流阀	外观与图形符号		利用先导电磁阀通、断电，对主溢流阀进行升压与卸载控制 二位先导电磁阀有常开与常闭的区分，常开先导电磁阀为通电升压断电卸载；常闭则反之 三位先导电磁阀可进行多级压力控制
			1、8—螺钉；2—垫圈；3、9、28—螺堵；4、14、22、27—O形圈；5—消振垫；6—先导阀阀座；7—阀盖；10—先导阀阀芯；11—弹簧；12—弹簧座；13—密封挡圈；15—调节杆；16～18—垫；19—螺套；20—锁母；21—调压螺钉；23—平衡弹簧；24—主阀芯；25—主阀座；26—堵头；29—标牌；30—铆钉；31—管式阀阀体；32—板式阀阀体

续表

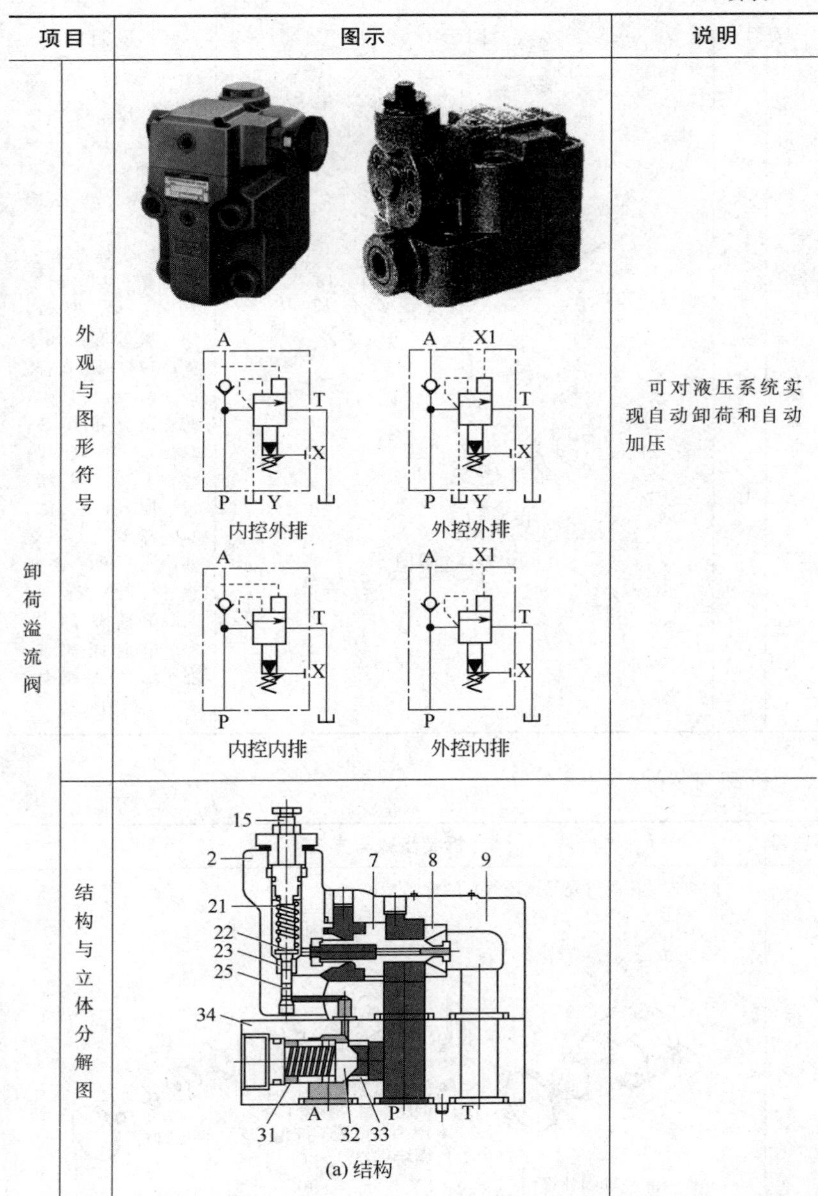

项目		图示	说明
卸荷溢流阀	外观与图形符号	内控外排　外控外排　内控内排　外控内排	可对液压系统实现自动卸荷和自动加压
	结构与立体分解图	(a) 结构	

续表

项目		图示	说明
卸荷溢流阀	结构与立体分解图	(b) 立体分解图	1—螺钉；2—阀盖锁母；3、4、11、12、18、33—O形圈；5、6—平衡弹簧；7—主阀芯；8—主阀座；9—主阀体；10—定位销；13—调节螺钉；14—螺母；15—螺母套；16—垫；17—调节杆；19—调压弹簧；20—先导锥阀芯；21—先导阀座；22—工艺螺堵；23—控制柱塞；24—螺堵；25—螺塞；26～28—密封组件；29—弹簧；30—单向阀阀芯；31—单向阀阀座；32—单向阀阀体；34—定位销

(3) 拆卸与装配

项目	拆装步骤与方法
拆卸	① 直动式溢流阀（先导调压阀）的拆卸 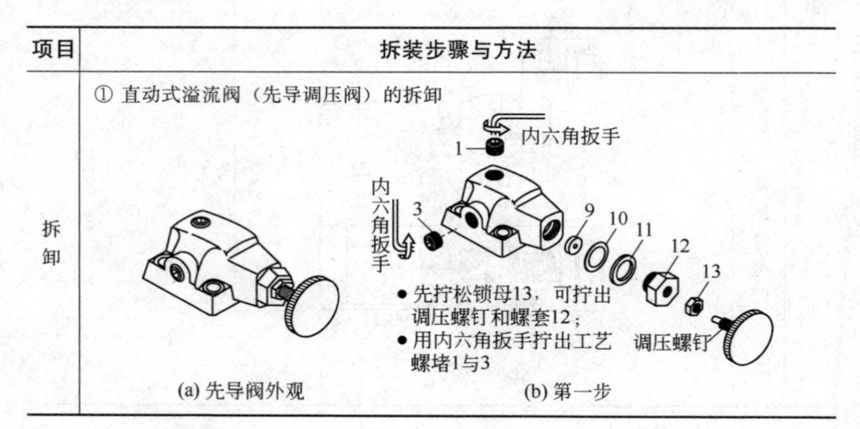 (a) 先导阀外观　(b) 第一步

续表

<table>
<tr><th>项目</th><th>拆装步骤与方法</th></tr>
<tr><td>拆卸</td><td>
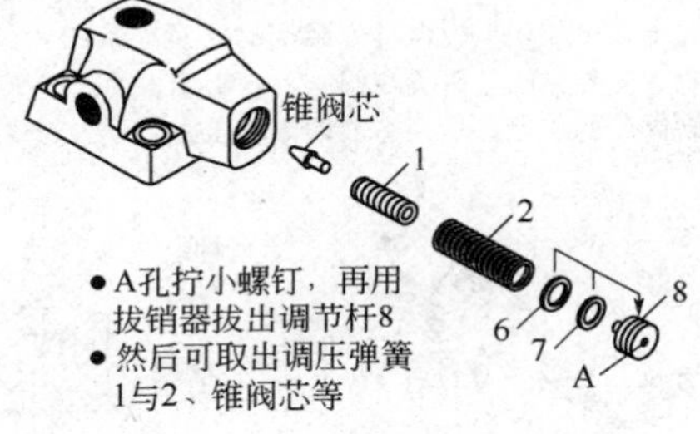

(c) 第二步

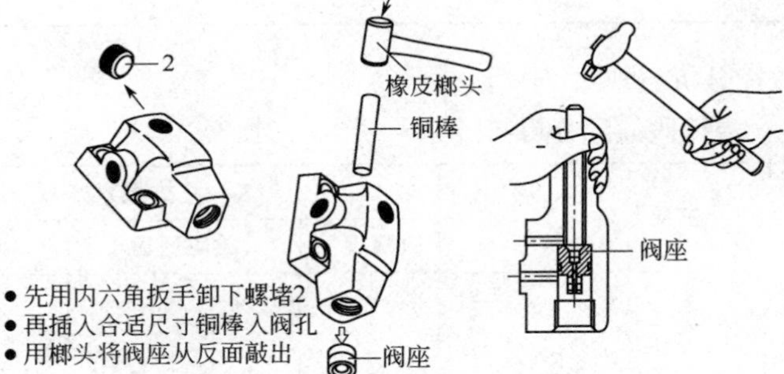

(d) 第三步

② 先导式溢流阀的拆卸

先导阀部分的拆卸同上，主阀部分的拆卸方法如下：

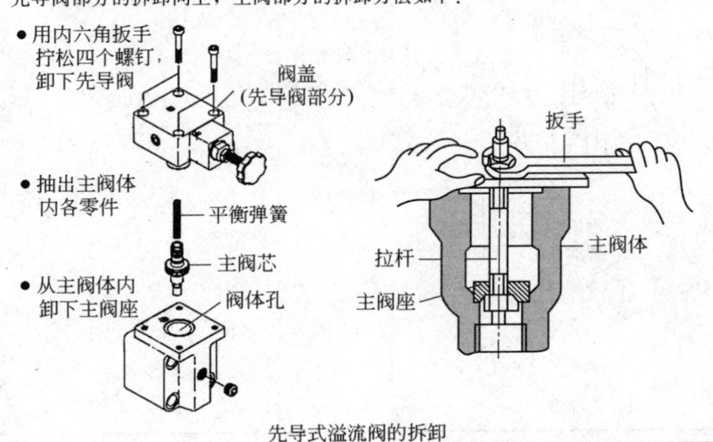

先导式溢流阀的拆卸
</td></tr>
</table>

续表

项目	拆装步骤与方法
装配	装配方法与上述步骤相反，但拆修装配时注意应按图示的方法将锥阀芯朝上装，否则很容易出现先导锥阀芯斜置在阀座上，当拧入手柄调压时，会出现弹簧力使锥阀芯尖端顶缺阀座的现象，从而造成调压时压力上不去的故障 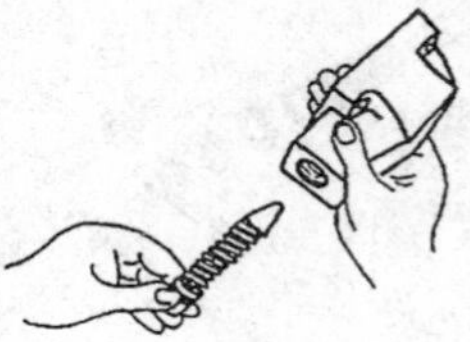 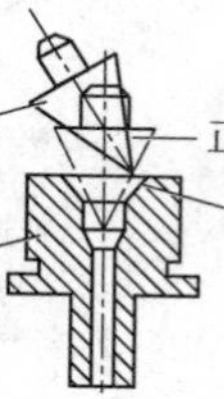

(4) 故障分析与排除

① 溢流阀故障分析与排除。

主要零件	故障		
	故障现象	故障原因	排除方法
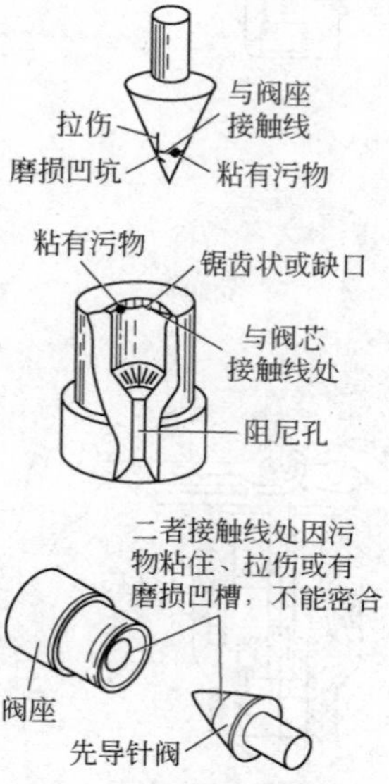 (a) 先导锥阀与阀座	手柄调压时，压力升得很慢，甚至一点儿也调不上去	① 先导锥阀与阀座接触处粘有污物［图(a)］	① 清洗与换油

续表

主要零件	故障		
	故障现象	故障原因	排除方法
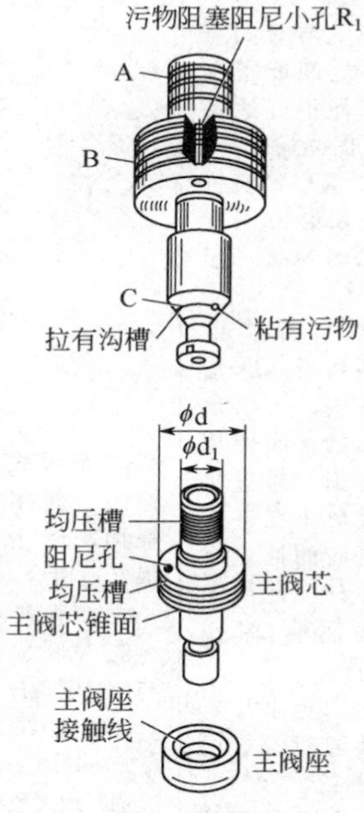 污物阻塞阻尼小孔R_1 A B C 拉有沟槽 粘有污物 ϕd ϕd_1 均压槽 阻尼孔 均压槽 主阀芯锥面 主阀芯 主阀座接触线 主阀座 (b) 主阀芯与阀座	手柄调压时，压力升得很慢，甚至一点儿也调不上去	② 先导锥阀与阀座接触处纵向拉伤有划痕，接触线处磨损有凹坑［图(a)］ ③ 主阀芯与阀座接触处粘有污物、拉伤接触线处磨损有凹坑［图(b)］ ④ 主阀芯上有毛刺，或阀芯与阀体孔配合间隙内卡有污物，或者主阀芯与阀体孔配合过紧，使主阀芯卡死在全开位置［图(c)］ ⑤ 先导调压弹簧或主阀平衡弹簧漏装、折断或者错装成弱弹簧	② 经研磨修复使先导锥阀与阀座接触处密合，严重拉伤时要予以更换 ③ 清洗与换油；研磨修复主阀芯与阀座接触处使之密合 ④ 用尼龙刷等清除主阀芯、阀体沉割槽尖棱边上的毛刺，保证主阀芯与阀体孔配合间隙在 0.008～0.015mm 的间隙下灵活移动 ⑤ 补装或更换先导调压弹簧或主阀平衡弹簧
	压力虽可上升，但升不到公称（最高调节）压力	① 主阀芯卡死在某一微小开度上，呈不完全打开的微开启状态［图(b)］ ② 污物颗粒部分堵塞主阀芯阻尼小孔、旁通小孔和先导阀座阻尼小孔［图 (b) ］	① 去毛刺、清洗，排除卡阀现象 ② 用 ϕ 1mm 直径钢丝穿通阻尼孔

续表

主要零件	故障		
	故障现象	故障原因	排除方法
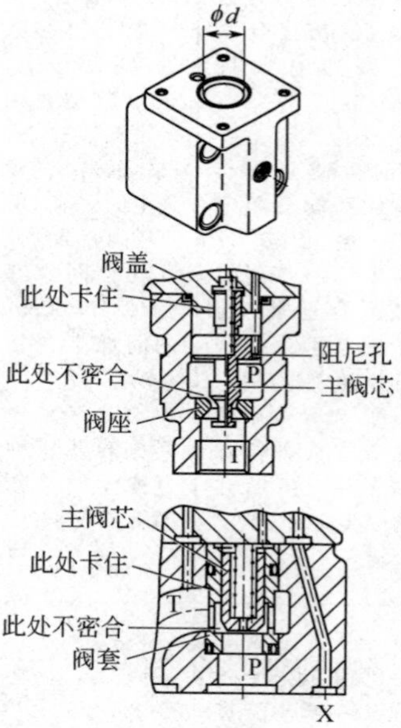 (c) 阀体与主阀芯	压力虽可上升，但升不到公称（最高调节）压力	③ 先导针阀与阀座之间能密合但不能很好地密合［图(a)］ ④ 调压弹簧折断或错装成刚度小的弱弹簧［图(d)］ ⑤ 主阀芯 ϕd 与阀体孔 ϕD 配合过松，拉伤出现沟槽，或使用后磨损，通过主阀阻尼小孔进入弹簧腔的油流有一部分经此间隙漏往回油口［图(c)］ ⑥ 其他原因 油温过高，内泄漏量大 油泵内部零件磨损，内泄漏大，输出流量小，不能维持高负载对流量的需要，压力上升不到公称压力，且表现为调节压力时，压力表指针剧烈波动 液压系统内其他元件磨损或因其他原因造成的泄漏大	③ 研配先导锥阀与阀座接触面，使之能很好地密合 ④ 更换弹簧 ⑤ 主阀芯 ϕd 与阀体孔 ϕD 配合间隙约为 0.007～0.02mm，大通径取大值 ⑥ 查明原因，采取对策

续表

主要零件	故障		
	故障现象	故障原因	排除方法
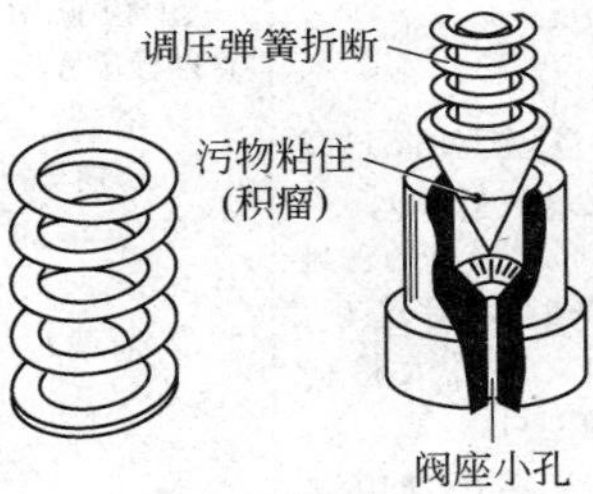 调压弹簧折断 污物粘住(积瘤) 阀座小孔 (d) 调压弹簧 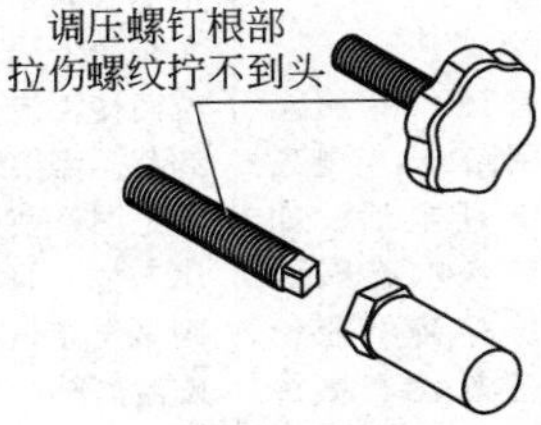 调压螺钉根部拉伤螺纹拧不到头 (e) 调压螺钉	压力调不下来	① 先导阀座的阻尼孔被堵死时压力下不来、调压失效。在一些热加工液压设备因油温高，阻尼孔常被油中析出的沥青物质堵死［图(a)］ ② 调压螺钉有碰伤拉伤，使得调压手轮不能拧紧到极限位置，而不能完全将先导弹簧压缩到应有的位置，压力也就不能调到最大［图(e)］ ③ 因调节杆密封沟槽太浅，O形圈线径 ϕ 又太粗，卡住调节杆不能随松开的调压螺钉右移［图(f)］ ④ 调节杆外径尺寸 ϕd 太大或因毛刺污物卡住在阀盖孔内，不能随松开的调压手柄而后退，所调压力下不来或调压失效［图(f)］ ⑤ 错装成刚性太大、太长的弹簧	① 用 ϕ1mm 直径钢丝穿通阻尼孔 ② 用板牙修理调压螺钉 ③ 更换成线径 ϕ 合适的O形圈 ④ 检查调节杆外径尺寸 ⑤ 更换成刚度合适的弹簧

续表

主要零件	故障		
	故障现象	故障原因	排除方法
密封沟槽 线径ϕ ϕd O形圈 密封挡圈 调节杆卡住不能右移 P 阀芯未打开 (f) 调节杆与O形圈	从调压螺钉处往外漏油	① 调节杆上密封沟槽的O形圈破裂［图(f)］ ② 调节杆上密封沟槽的O形圈漏装［图(f)］ ③ O形圈线径尺寸ϕ偏小［图(f)］ ④ 密封挡圈破裂或漏装［图(f)］ ⑤调节杆的密封沟槽尺寸不正确：如太深或太粗糙［图(f)］ ⑥ 调节杆的密封沟槽内粘有污物［图(f)］	① 更换合格O形圈与密封挡圈 ② 检查调节杆外径尺寸 ③ 清洗 ④ 更换与补装 ⑤ 重新加工一调节杆换上 ⑥ 清洗
×× b 往系统 1 (g) ×× b 往系统 1 (h)	使用电磁溢流阀的回路中，要么系统压力上不去，要么不能卸荷	在图(g)所示的回路中，当电磁铁b断电后，如果二位电磁阀的复位弹簧不能使阀芯复位，系统压力上不去；对于图(f)所示的回路中，则系统不能卸荷	对于两种情况都应检查二位电磁阀断电后阀芯是否卡死不复位而使溢流阀总卸荷。需要提醒的是国产使用的用二位二通电磁阀做先导阀的电磁溢流阀，其电磁阀有常闭式(O型)与常开式(H型)之别，修理时很容易将阀芯调头装配，此时常闭变常开，常开变常闭，须特别注意不要搞错

② 溢流阀回路故障分析与排除。

故障	回路图例	故障原因	解决办法
二级（多级）调压回路中的压力冲击	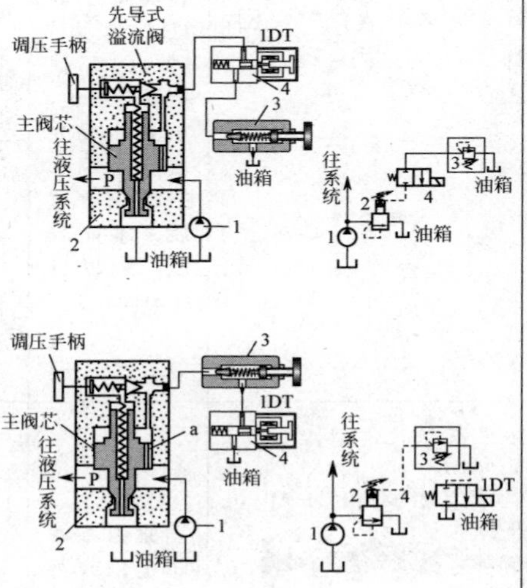 (a)	在图(a)所示的二级调压回路中，当1DT不通电时，系统压力由溢流阀2来调节；反之1 DT通电时，系统压力由溢流阀3来调节，这种回路的压力切换由阀4来实现，当压力由p_1切换到p_2($p_1>p_2$)时，由于阀4与阀3间的油路内切换前没有压力，故当阀4切换（1DT通电）时，溢流阀2遥控口处的瞬时压力由p_1下降到几乎为零后再回升到p_2，系统自然产生较大的压力冲击	将阀3与阀4交换一个位置，这样从阀2的遥控口到阀4的油路里总是充满了压力油，便不会产生过大的压力冲击

续表

故障	回路图例	故障原因	解决办法
在多级调压回路中，调压时升压时间长	(b)	在图(b)所示的二级调压回路中，当遥控管路较长，而系统从卸荷(阀2的2DT通电）状态转为升压状态（阀2的1DT通电）时，由于遥控管接油池，压力油要先填满遥控管路排完空气后，才能升压，所以升压时间长	尽量缩短遥控管路的长度，并采用内径为$\phi3$～$\phi5$的遥控管，而且最好在遥控管路回油A处增设一背压阀
在遥控调压回路中，出现遥控管配振动和先导调压阀1的振动	(c)	原因基本同上，另外随着多级压力的频繁变换，控制管很可能会在高压←和→低压的频繁变换中产生冲击振动	遥控配管的A处装设一小流量节流阀，并进行适当调节，故障便可排除

续表

故障	回路图例	故障原因	解决办法
溢流阀调节时，最低压力调节值下不来，伴有升压动作缓慢现象	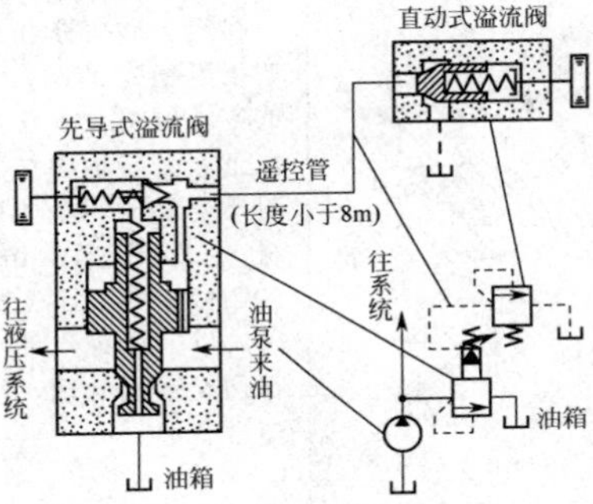 (d)	产生这一故障的原因是由于从主溢流阀到遥控先导溢流阀之间的遥控管过长（例如超过10m），压力损失过大所致[图(d)]	遥控管最长不能超过8m

(5) 主要零件的修理

名称	图示	说明
先导锥阀（针阀）	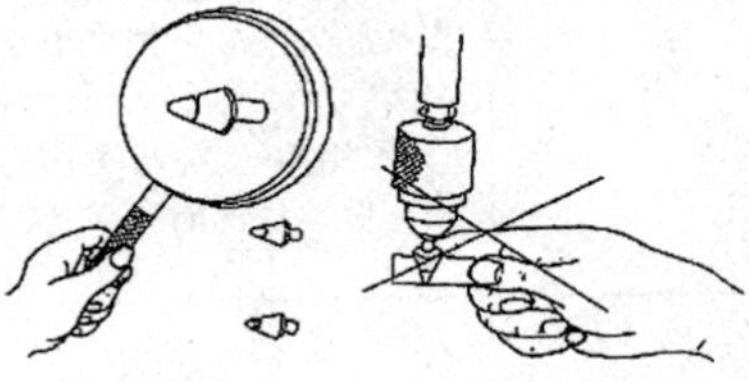 (a) (b)	① 对于整体式淬火的针阀，可夹持其柄部在小外圆磨床上修磨锥面，磨掉凹坑和拉伤部位 ② 对于氮化处理的针阀，因氮化层浅，修磨后会破坏氮化层，修磨锥面后应再次经氮化和热处理 ③ 不可将针阀夹持在台钻上修磨，手工砂磨［图(b)］容易产生多棱形 ④ 更换针阀时，可购买散件或测绘针阀的相应尺寸绘图制作
先导阀座与主阀座	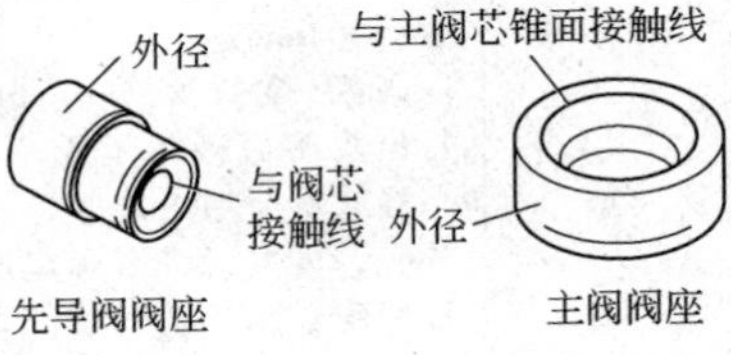 先导阀阀座 主阀阀座	① 如果阀座与阀芯接触处磨损不严重，可不拆下阀座，采用与先导针阀对研（需做一手柄套在针阀上）或用一研磨棒，头部形状与针阀相同，进行研磨 ② 如果拉伤严重，则可用120°中心钻钻刮从阀盖卸下的先导阀阀座和从阀体上卸下的主阀阀座

续表

名称	图示	说明
调压弹簧、平衡弹簧	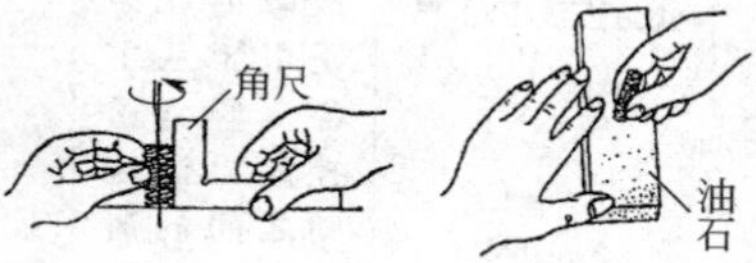 角尺 (a) 油石 (b)	弹簧变形扭曲和损坏，会产生调压不稳定的故障，可按图(a)的方法检查，按图(b)中的方法修正端面与轴心线的垂直度，歪斜严重或损坏者予以更换，弹簧材料选用 T8MnA、50CrVA、50CrMn 等，钢丝表面不得有缺陷，以保证钢丝的疲劳寿命，弹簧须经强压处理，以消除弹簧的塑性变形
主阀芯的修理	 阻尼孔 与阀座贴合面磨损 外圆拉毛及磨损	① 主阀芯外圆轻微磨损及拉伤时，可用研磨法修复 ② 磨损严重时，可刷镀修复或更换新阀芯主阀芯各段圆柱面的圆度和圆柱度均为 0.005mm，各段圆柱面间的同轴度为 0.003mm，表面粗糙度不大于0.2，主阀锥面磨损时，须用弹性定心夹持外圆校正几节（2 或 3 节）同心后，再修磨锥面 ③ 用钢丝穿通主阀芯上阻尼孔，做到目视能见亮光
阀体与阀盖的修理	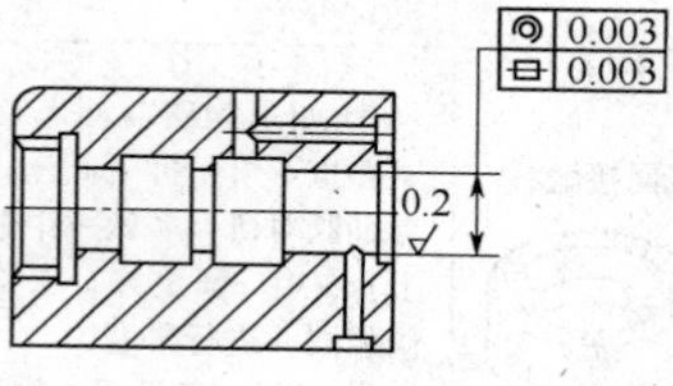 0.003 0.003 0.2	阀体修理主要是修复磨损和拉毛的阀孔，可用研磨棒研磨或用可调金刚石铰刀铰孔修复。但经修理后孔径一般扩大，须重配阀芯。孔的修复要求为孔的圆度、圆柱度为 0.003mm 阀盖一般无需修理，但在拆卸，打出阀座后破坏了原来的过盈，一般应重新加工阀座，加大阀座外径，再重新将新阀座压入，保证紧配合

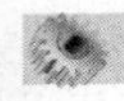

5.2.2　减压阀

减压阀的主要用途是用来降低液压系统中某一分支油路油液的压力，使分支油路的压力比主油路的压力低且很稳定。它相当于电网中的降压变压器。

减压阀按结构形式和工作原理分，也有直动式和先导式两类；按主油口的通道数分，有二通式和三通式。另外直动式中有定差减压阀和定比减压阀，而先导式多为定值输出式减压阀。

(1) 工作原理

<table>
<tr>
<td>直动式减压阀</td>
<td>
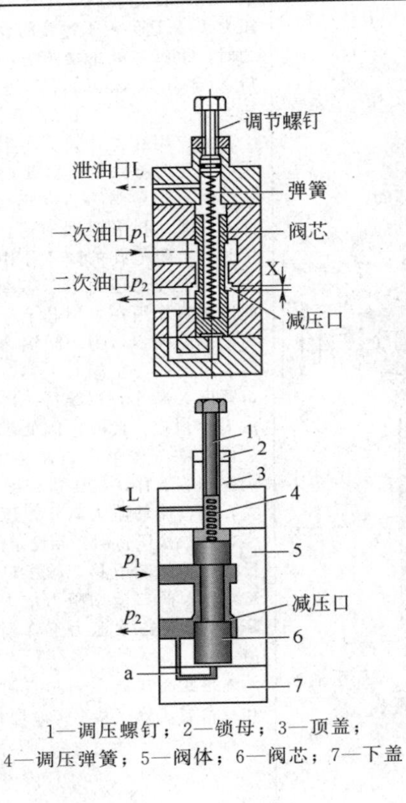

1—调压螺钉；2—锁母；3—顶盖；4—调压弹簧；5—阀体；6—阀芯；7—下盖
</td>
<td>如图所示，一次压力油 p_1 从进油口流入，经阀芯下端台肩与阀体沉割槽之间的环状减压口减压后压力降为 p_2 从二次油口流出，此为“减压”。p_2 经阀芯底部小孔进入，作用在阀芯下端，产生液压力上抬阀芯，阀芯上端弹簧力下压阀芯，此二力进行比较。当二次压力未达到阀的设定压力时，阀芯处于最下端，减压口 X 开口最大，$p_1 \rightarrow p_2$ 的减压作用最小，p_2 的压力上升；当二次压力达到阀的设定压力时，阀芯上移，减压口 X 开口减小进行减压，维持二次压力基本不变。如果进口压力 p_1 增大（或减小），p_2 也随之增大（或减小），阀芯上抬的力增大（或减小），减压口开度 X 便减小（或增大），使 p_2 压力下降（或上升）到原来由调节螺钉调定的出口压力 p_2 为止，从而保持 p_2 不变，当出口压力 p_2 变化，也同样通过这种自动调节减压口开度尺寸，维持出口压力 p_2 不变。减压阀具有“减压”与“稳压”作用</td>
</tr>
</table>

续表

先导式减压阀	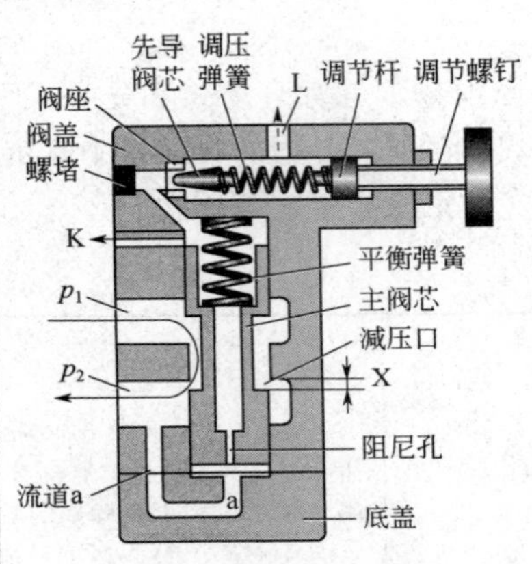 (a) 两台肩阀芯先导式减压阀 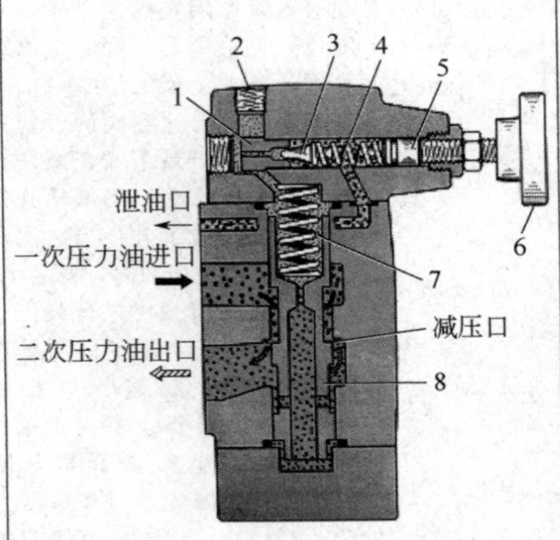 1—阀座；2—螺堵；3—先导阀芯； 4—调压弹簧；5—调节杆；6—调压手柄； 7—平衡弹簧；8—主阀芯	先导式减压阀的结构原理如图(a)所示，一次压力油从 p_1 口进入，经主阀减压口→流道 a→主阀芯下腔→经阻尼孔→主阀芯上腔，作用在先导阀芯上。当二次压力 p_2 未达到调压弹簧的设定压力时，主阀芯处于最下方，减压口 X 全开（Xmax），不进行减压，即 $p_1 \approx p_2$；当二次压力 p_2 上升到作用在先导阀上产生的液压力大于先导阀调压弹簧的预调压力时，先导阀阀芯打开，压力油通过泄油孔 L 流回油箱。由于主阀芯上阻尼孔的降压作用，使主阀芯上端的压力小于下端，当此压力差作用在主阀芯上产生的力超过主阀弹簧力、摩擦力和主阀芯自重时，主阀芯上移，减压口开度 X 减小，以维持二次压力 p_2 基本恒定。此时，阀处于减压工作状态。如果出口压力减小，则主阀芯下移，减压口开度 X 增大，阀口流动阻力减小，压降减小，使二次压力回升到设定值上；反之，主阀芯上移，减压口开度 X 减小，阀口流动阻力增大，压降增大，使二次压力下降到设定值上 先导式减压阀主阀芯有两台肩和三台肩之分，其工作原理相同

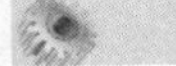

续表

先导式减压阀	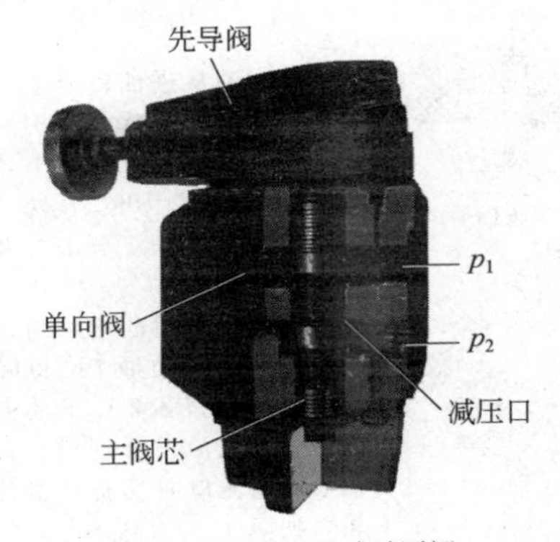 (b) 三台肩阀芯先导式减压阀	
单向减压阀	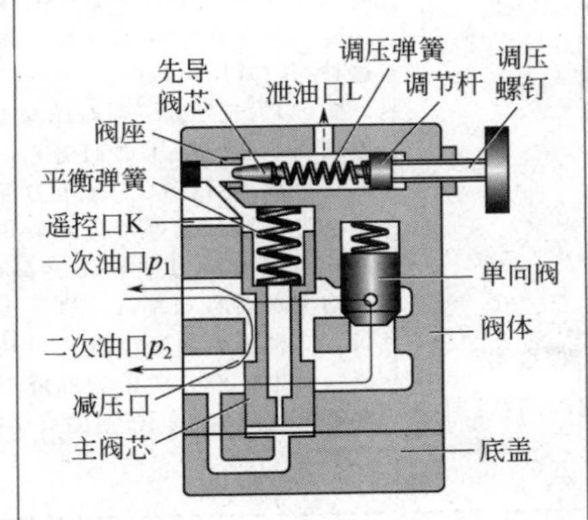 	先导式单向减压阀的结构原理如图所示，其正向油流的减压原理与未带单向阀的减压阀相同。而反向流动即压力油从出油口 p_2 反向流入，从进油口 p_1 流出时，单向阀打开，油流自由流动，不起减压作用 通过遥控口 K 外接到远程调压阀，可对减压阀的二次压力实行远程调压；通过电磁换向阀外接多个远程调压阀，还可实现多级减压
溢流减压阀	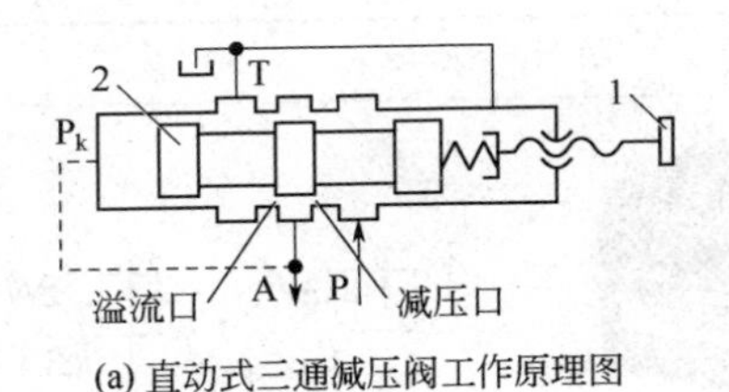 (a) 直动式三通减压阀工作原理图	图(a)为直动式三通减压阀工作原理图，它除了像二通式减压阀那样有进、出油口外，还增加了一回油口 T，所以叫“三通”。其工作原理如图所示：

续表

溢流减压阀	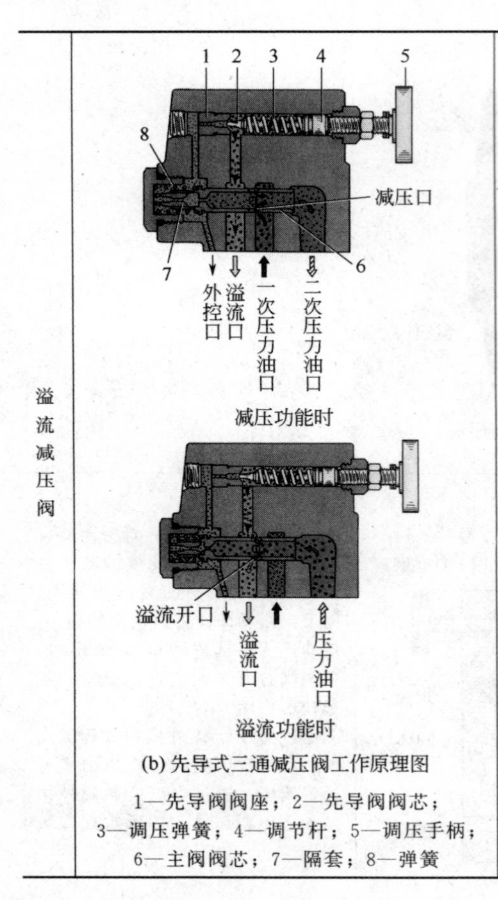 (b) 先导式三通减压阀工作原理图 1—先导阀阀座；2—先导阀阀芯；3—调压弹簧；4—调节杆；5—调压手柄；6—主阀阀芯；7—隔套；8—弹簧	当压力油从进油口 P 进入，经减压口从出油口 A 流出时，为减压功能，其工作原理与上述二通式减压阀相同，出口压力 PA 的大小由调节手柄 1 调节，并由负载决定其大小 当出口压力瞬间增大时，由 A 引出的控制压力油 PK 也随之增大，破坏了阀芯 2 原来的力平衡而右移，溢流口开度增大，A 腔油液经溢流口向 T 通道溢流回油箱，使 A 腔压力降下来，行驶溢流阀功能 所以三通式减压阀具有 P→A 的减压阀功能和 A→T 的溢流阀功能，一阀起两阀的作用。因而这种阀叫减压溢流阀。 图(b)为先导式三通减压阀工作原理图：当一次压力油进入，经减压口减压后，从二次压力油口流出进入执行元件，行使减压功能；当二次压力油异常升高时，推动主阀阀芯 6 左行，打开溢流口，二次压力油经溢流开口从溢流口流出，使二次压力油降下来到符合规定为止，行使溢流功能

（2）外观、图形符号、结构与立体分解图例

项目	图示
直动式减压阀	(a) 外观　　(b) 图形符号

续表

项目	图示
直动式减压阀	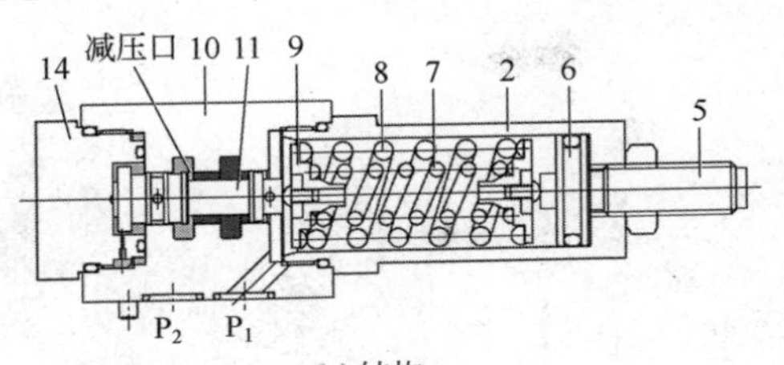 (c) 结构 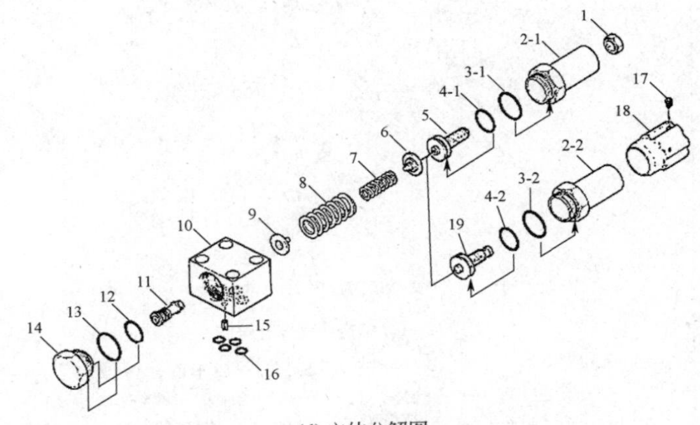 (d) 立体分解图 1—锁母；2—螺套；3、4、12、13、16—O形圈；5—调压螺钉； 6、9—弹簧座；7、8—弹簧；10—阀体；11—阀芯； 14—螺堵；15—定位销；17—止动螺钉；18—手柄
先导式减压阀	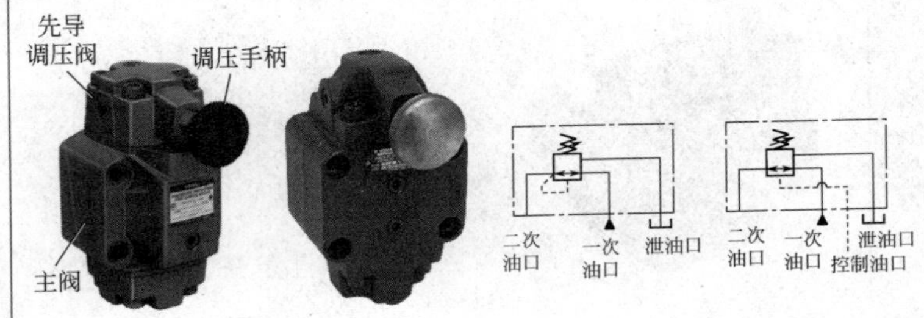 (a) 外观 (b) 图形符号

续表

<table>
<tr><th>项目</th><th>图示</th></tr>
<tr><td>先导式减压阀</td><td>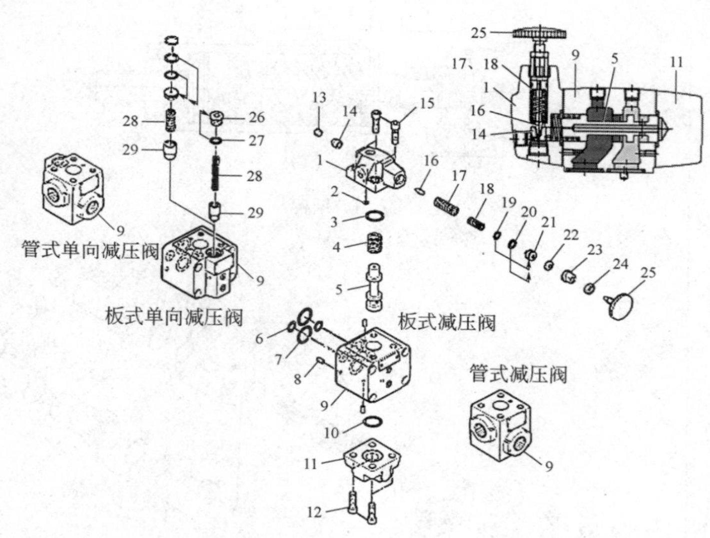

(c) 结构与立体分解图
1—先导阀盖；2、3、6、7、10、19、20、27—O形圈；4—弹簧；5—主阀芯；8—定位销；9—主阀体；11—下盖；12、15—螺钉；13—堵头；14—先导阀座；16—先导阀阀芯；17、18—调压弹簧；21—调节杆；22—垫；23—螺套；24—螺母；25—调节手柄；26—螺塞；28—弹簧；29—单向阀阀芯</td></tr>
<tr><td>溢流减压阀</td><td>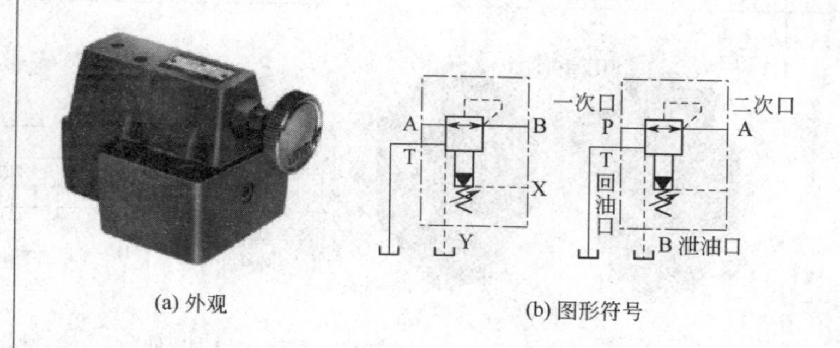

(a) 外观 (b) 图形符号</td></tr>
</table>

续表

<table>
<tr><th>项目</th><th>图示</th></tr>
<tr><td>溢流减压阀</td><td>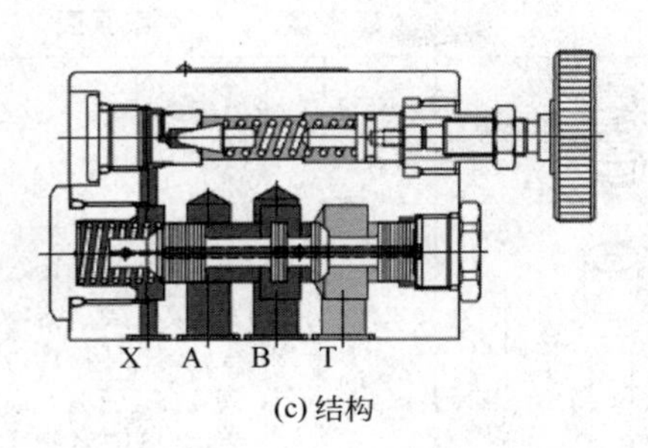

(c) 结构
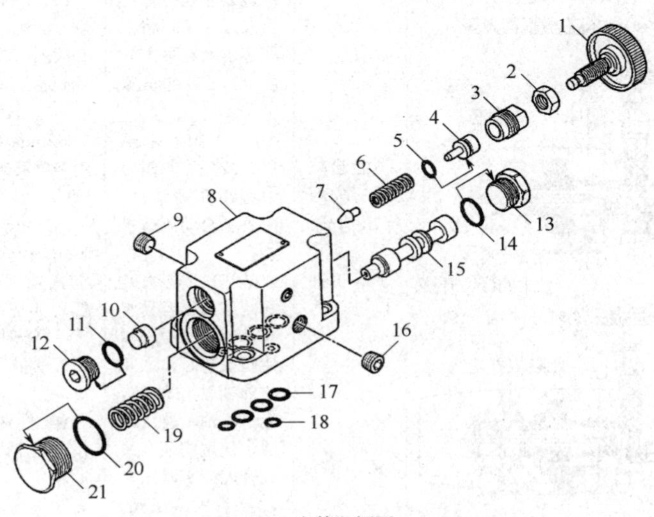

(d) 立体分解图
1—调压手柄；2—锁母；3—螺套；4—调节杆；
5、11、14、17、18、20—O形圈；6—调压弹簧；
7—先导针阀；8—阀体；9、12、13、16、21—螺堵；
10—先导阀座；15—主阀芯；19—弹簧</td></tr>
</table>

（3）故障分析与排除

主要零件	故障分析与排除		
	故障现象	故障原因	排除方法
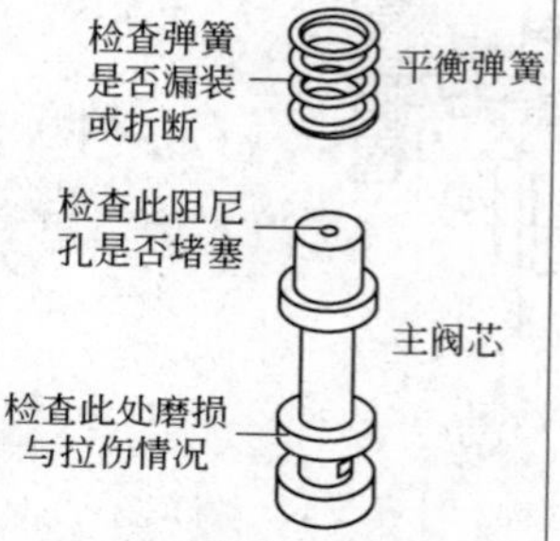 检查弹簧是否漏装或折断 平衡弹簧 检查此阻尼孔是否堵塞 主阀芯 检查此处磨损与拉伤情况 (a) 主阀芯与平衡弹簧 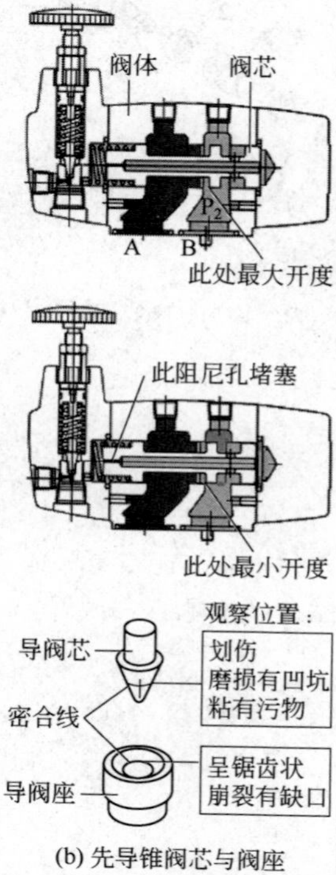 阀体 阀芯 P_2 A B 此处最大开度 此阻尼孔堵塞 此处最小开度 观察位置： 导阀芯 划伤 磨损有凹坑 粘有污物 密合线 导阀座 呈锯齿状 崩裂有缺口 (b) 先导锥阀芯与阀座	不能起减压作用（出口压力 p_2 几乎等于进口压力 p_1）	① 因主阀芯上或阀体孔沉割槽棱边上因毛刺、污物卡住，因主阀芯与阀孔配合过紧，或者因主阀芯或阀孔形位公差超差，产生液压卡紧，将主阀芯卡死在最大开度（Y_{max}）的位置上 ② 主阀芯上阻尼孔或先导阀阀座中心小孔被堵住，失去了自动调节机能 ③ 管式或法兰式减压阀很容易将阀盖装错了方向，使阀盖与阀体之间的外泄油口堵死，无法排油，造成困油，使主阀顶在最大开度而不减压 ④ 管式减压阀，出厂时，泄油孔是用油塞堵住的，使用时泄油孔的油塞未拧出 ⑤ 板式阀泄油通道堵住未通油箱	① 分别采取去毛刺、清洗、修复阀孔和阀芯，并保证阀孔或阀芯之间合理的间隙（一般为0.007～0.015mm），配前可适当研磨阀孔，再配阀芯 ② 可用直径为1mm钢丝或用压缩空气吹通阻尼孔，然后清洗装配 ③ 修理时将阀盖装配方向装正确即可 ④ 将油塞拧出，接上泄油管引回到油箱 ⑤ 疏通泄油通道

续表

主要零件	故障分析与排除		
	故障现象	故障原因	排除方法
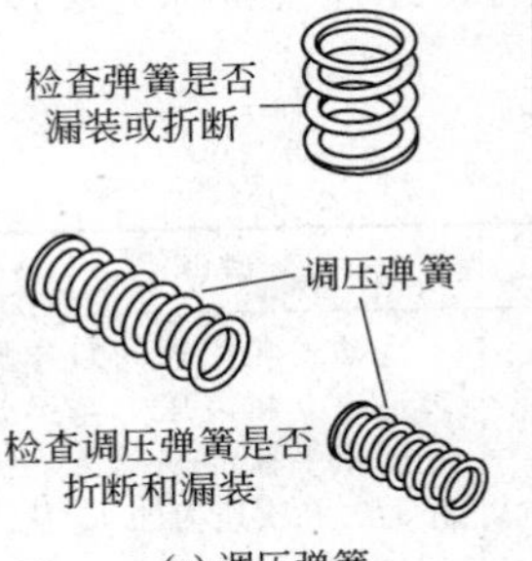 检查弹簧是否漏装或折断 调压弹簧 检查调压弹簧是否折断和漏装 (c) 调压弹簧	出口压力 p_2 很低，升不起来	① 先导阀（锥阀）与阀座配合面之间因污物滞留、有严重划伤、阀座配合孔失圆、有缺口，造成先导阀芯与阀座孔不密合 ② 漏装了先导锥阀芯 ③ 管式减压阀进出油口接反了 ④ 进油口压力太低 ⑤ 主阀芯上长阻尼孔被污物堵塞 ⑥ 先导阀弹簧（调压弹簧）错装成软弹簧，或者因弹簧疲劳产生永久变形或者折断	① 修理使之密合 ② 补装 ③ 修正接管错误 ④ 查明原因予以排除 ⑤ 用直径为 1mm 钢丝穿通阻尼孔 ⑥ 更换为合格弹簧
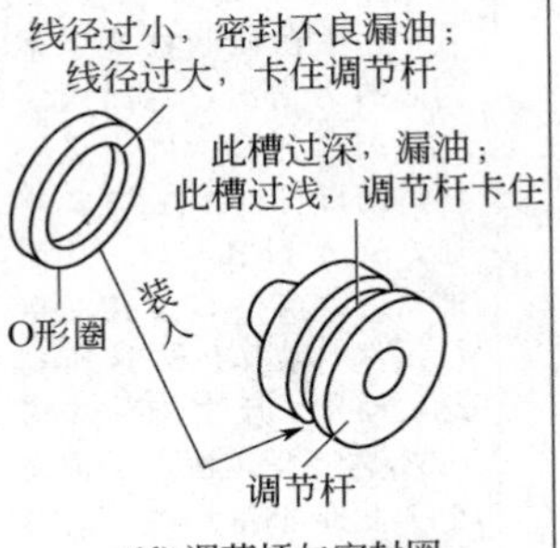 线径过小，密封不良漏油；线径过大，卡住调节杆 此槽过深，漏油；此槽过浅，调节杆卡住 O形圈 装入 调节杆 (d) 调节杆与密封圈	不稳压，压力振摆大，有时噪声大	① 弹簧变形 ② 进了空气 ③ 减压阀超过额定流量下使用时，往往会出现主阀振荡现象，使减压阀不稳压，使出油口压力出现“升压—降压—再升压—再降压”的循环	① 更换为合格弹簧 ② 排气 ③ 选用适合型号大规格的减压阀

5.2.3 顺序阀

顺序阀串联于油路，利用进口侧油液压力的升高或降低，来导通或关闭油通路；当阀的进口压力（一次压力）未达到顺序阀所预先调

定的压力之前，顺序阀是关闭的，出油口（二次侧压力油口）无油液流出；当进油口压力达到或超过顺序阀所预先调定的压力后，顺序阀开启，进、出油口相通，压力油从出油口流出，使连接在出油口的下一个执行元件动作；因此应用顺序阀可使液压系统中的各执行元件按压力的大小而先后顺序动作，起到一个液压开关的作用。

顺序阀按结构形式和工作原理分有直动式和先导式两类；按控制油来源分有内控（内供）和外控（外供）两种，外控式常称为液压控顺序阀。

（1）工作原理

项目		图示	说明
直动式	顺序阀	调压螺钉 调压弹簧 上盖 Y d 泄油口 c p_2 B 阀体 A p_1 阀芯 底盖 b 控制柱塞 螺堵1 a	直动式顺序阀的工作原理是建立在液压力与弹簧直接相平衡的基础上而工作的。一次压力油 p_1 从进油口 A 进入，经孔 b、孔 a 作用在控制柱塞下端的承压面积上。当进油口的压力 p_1 较低，不足以克服调压弹簧的作用力时，阀芯关闭，无油液流向出口 A（p_1 与 p_2 不通）；当 p_1 上升，作用在控制柱塞上推阀芯的力增大，继而阀芯克服调压弹簧的弹力也上移，阀口打开，A 与 B 相通，从 A 到 B 流出，从而推动后续与 B 口连接的执行元件（液压缸或液压马达）动作；反之，当 A 口压力 p_1 下降，液压上推力小于下推的弹簧力，阀芯重又关闭。因此，顺序阀是用压力大小来控制 A 口与 B 口通断的"液压开关"。采用控制柱塞的目的是减小液压作用面积，从而降低弹簧刚度，减少手调时的调节力矩

续表

项目		图示	说明
直动式	顺序阀	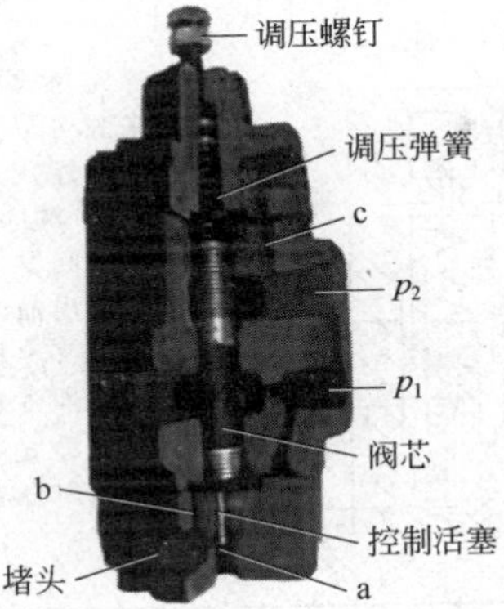 调压螺钉 调压弹簧 c p_2 p_1 阀芯 b 控制活塞 堵头 a	拆掉螺堵1，接上控制油，并且将底盖旋转90°或180°安装，则可用液压系统其他部位的压力对阀进行控制(外控)，其工作原理与上述内控式完全相同，区别仅在于控制柱塞的压力油不是来自进油腔A，而是来自流压系统的其他控制油源 直动式顺序阀与直动式溢流阀的区别为：顺序阀封油长度长些，出油口B接执行元件而不是接油箱，另外泄油口要单独接回油箱
	单向顺序阀	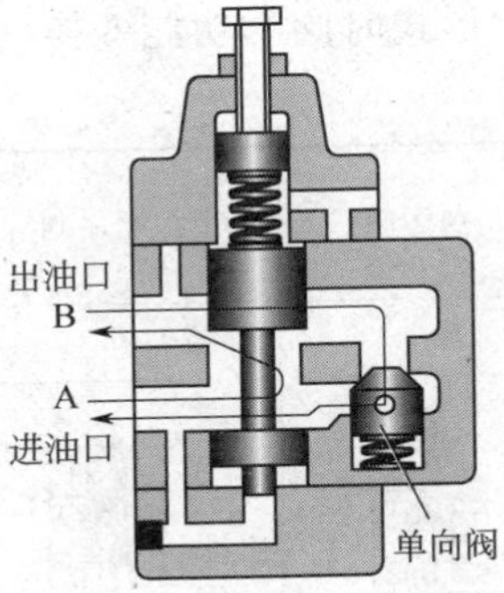 出油口 B A 进油口 单向阀	单向顺序阀是单向阀和顺序阀的并联组合。液流A→B正向流动时起顺序阀的作用，工作原理见上述；液流B→A反向流动时起单向阀的作用
	卸荷阀	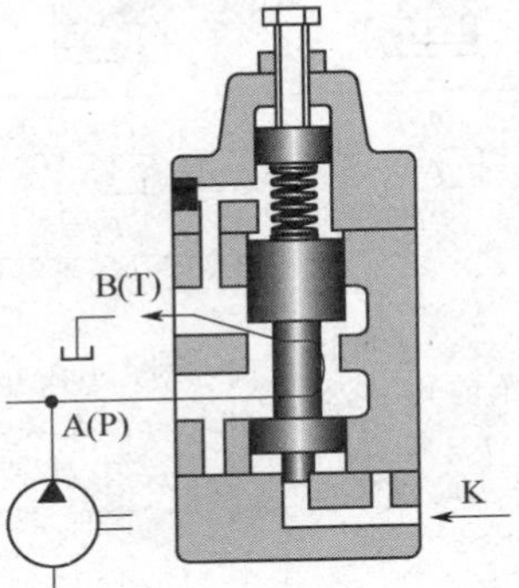 B(T) A(P) K	当将出口B接油箱，A口接泵来油，如果外控口K压力超过此阀所调压力，阀芯打开，可使泵来油回油箱而使泵卸荷

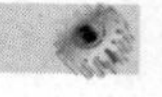

续表

项目		图示	说明
先导式	顺序阀	调压手柄 调压弹簧 先导阀芯 e f d 泄油口L 出油口p_2 封油长度 阻尼孔c 进油口p_1 主阀芯 b a	先导式顺序阀按控制油来源可分为内控式（一般的顺序阀）和外控式（液控）。顺序阀的工作原理与溢流阀基本上相同，但由于进出油口 p_1 和 p_2 都是压力油（p_2 接负载），所以它的泄油口 L 要单独回油箱 先导式顺序阀也可与单向阀组合成单向顺序阀

（2）顺序阀盖板各种不同装配形式时阀的功能变换

① 不带单向阀。

阀类型	1 型：低压溢流阀	2 型：顺序阀	3 型：顺序阀	4 型：卸荷阀
控排方式	内控内泄	内控外泄	外控外泄	外控内泄
结构原理图	p_2 p_1	L p_2 p_1	L p_2 p_1 K	T p_1 K
图形符号	p_1 p_2(T)	p_1 L p_2	p_1 K L p_2	p_1 K T
动作说明	可作低压溢流阀用，但要注意有超调压力的产生。p_2 接油箱	用于使两个执行元件的顺序动作。p_1 超过调节压力时阀开启 $p_1 \rightarrow p_2$	同 2 型，但阀开启与 p_1 无关，而取决于外控油 K	作卸荷使用。当外控油口压力达到设定压力以上时，阀全开，p_1 通油池 T

② 带单向阀。

阀类型	1 型：平衡阀	2 型：单向顺序阀	3 型：单向顺序阀	4 型：平衡阀
控制、泄油型式	内控－内泄	内控－外泄	外控－外泄	外控－内泄
示意图	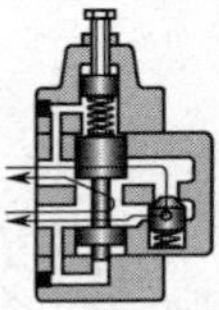	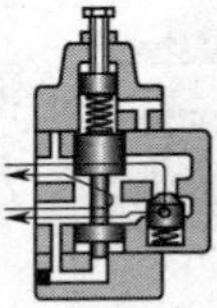	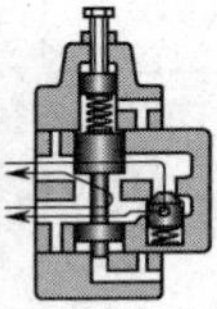	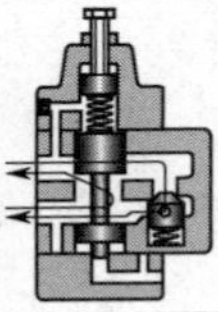
液压图形符号	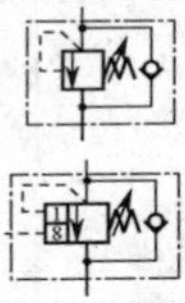 带辅助控制	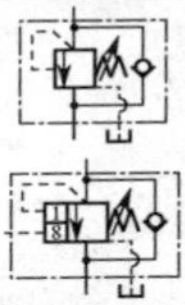 带辅助控制	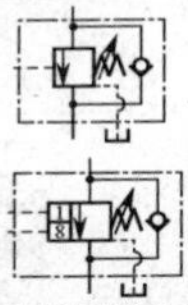 带辅助控制	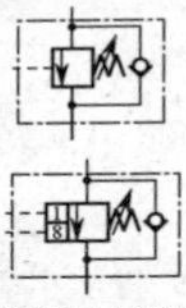 带辅助控制
动作说明	使执行元件回油侧发生压力，阻止重物下落时使用。如一次压力超过设定压力，油液可流过而保持压力恒定。反向靠单向阀而自由流动	用于控制 2 个以上执行元件顺序动作。如一次压力超过设定压力，油液流到二次压力侧。反向靠单向阀而自由流动	与 2 型阀相同的目的使用，靠外控压力操作，而和一次压力无关。反向靠单向阀而自由流动	与 1 型阀相同的目的使用，靠外控压力操作，与一次压力无关。反向靠单向阀而自由流动

(3) 外观、图形符号、结构与立体分解图例

项目	图示	说明与图注
直动式	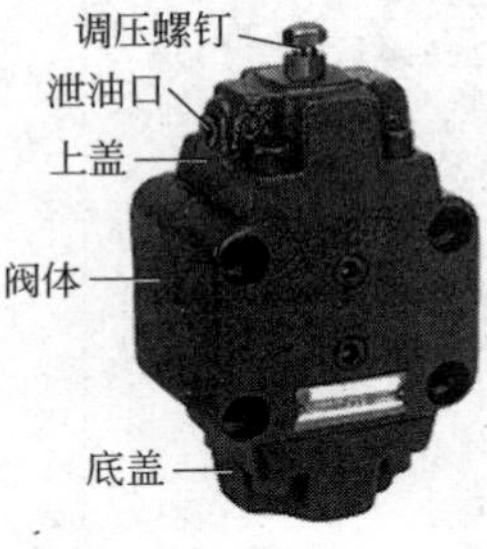 调压螺钉 泄油口 上盖 阀体 底盖 A B Y (a) 外观 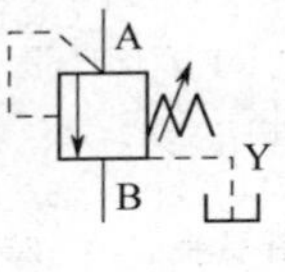　(b) 图形符号	顺序阀以直动式的最多，更改阀上盖与下盖的安装方向，可使阀行使顺序阀、溢流阀和卸荷阀等多种功能

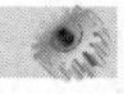

续表

<table>
<tr><th>项目</th><th>图示</th><th>说明与图注</th></tr>
<tr><td>直动式</td><td>
调压弹簧 阀芯 阻尼孔口 控制柱塞 调压螺钉 上盖 d e p2 p1 a 阀体 B A e 底盖 b 螺堵
(c) 结构 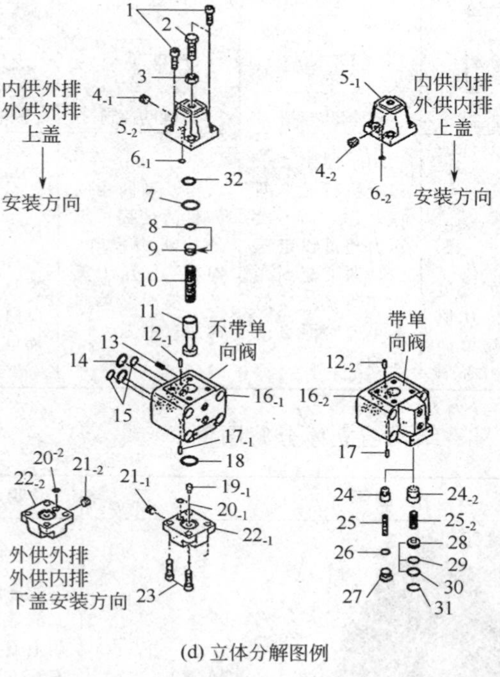
1 2 3 4-1 5-2 6-1 32 7 8 9 10 11 12-1 13 14 15 16-1 17-1 18 内供外排 外供外排 上盖 安装方向 5-1 内供内排 外供内排 上盖 4-2 6-2 安装方向 不带单向阀 带单向阀 12-2 16-2 17 24 24-2 25 25-2 26 28 29 27 30 31 20-2 21-2 22-2 21-1 19-1 20-1 22-1 23 外供外排 外供内排 下盖安装方向
(d) 立体分解图例
1、23—螺钉；2—调压螺钉；3—锁母；4、27—螺塞；5—上盖；6～8、14、15、18、20、26、29、30、32—O 形圈；9—弹簧座；10、25—弹簧；11—阀芯；12、13—定位销；16—阀体；17—阻尼孔；19—控制柱塞；21—螺堵；22—下盖；24、28—塞；31—卡簧
</td><td>由于控制柱塞的存在，可降低调压螺钉的调节力，这也是顺序阀多采用直动式的原因</td></tr>
</table>

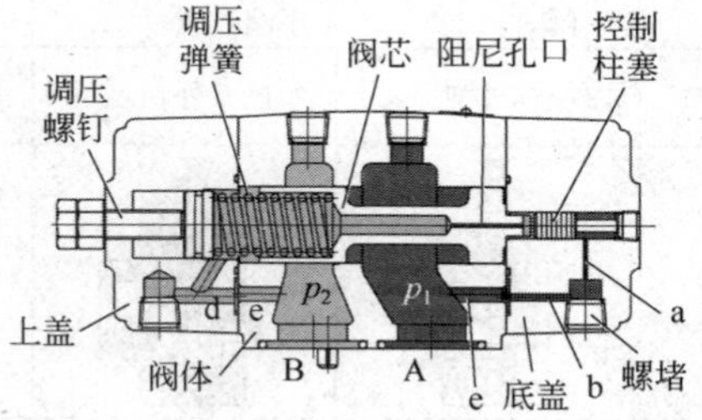

续表

项目	图示	说明与图注
先导式	 (a) 外观 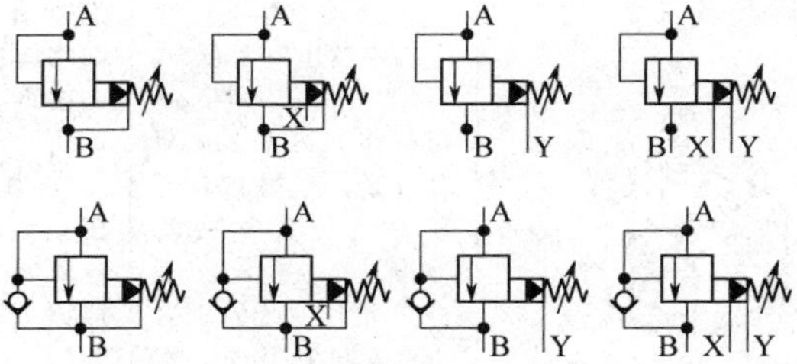 内供内排　外供内排　内供外排　外供外排 (b) 图形符号 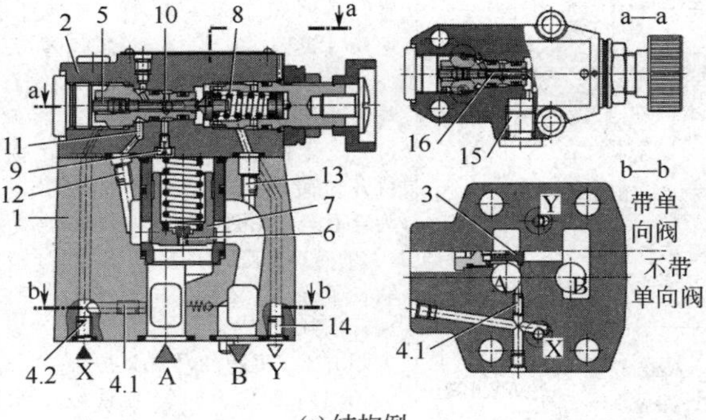 (c) 结构例 1—主阀体；2—阀盖；3、4、6、15—螺堵；5—控制柱塞；7—主阀芯；8— 调压弹簧；9—阻尼螺钉；10—台肩；11～14—油道或螺塞；16—油道	先导式顺序阀根据不同使用要求有：内供内排、外供内排、内供外排、外供外排四种形式 ① 内供外排时，作顺序阀用，阻尼 4.1 导通，螺堵 12 与 14 卸掉，螺堵 4.2、13 与 15 堵上 ② 外供内排时，作平衡支撑阀（液控顺序阀）用，阻尼 4.2 导通，螺堵 12 与 13 卸掉，螺堵 4.1、14 与 15 堵上 ③ 内供内排时，作背压阀用，螺堵 4.2、14 与 15 堵上，4.1、12、13 导通，且二次油口 B 接油箱而不是负载 ④ 外供外排时，作卸荷阀与旁通阀用，螺堵 4.2、14 和 15 应卸掉，螺堵 4.1、12 和 13 应堵上

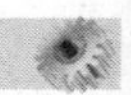

（4）顺序阀的故障分析与排除

① 顺序阀的故障分析与排除。

出油口无油流出不顺序动作	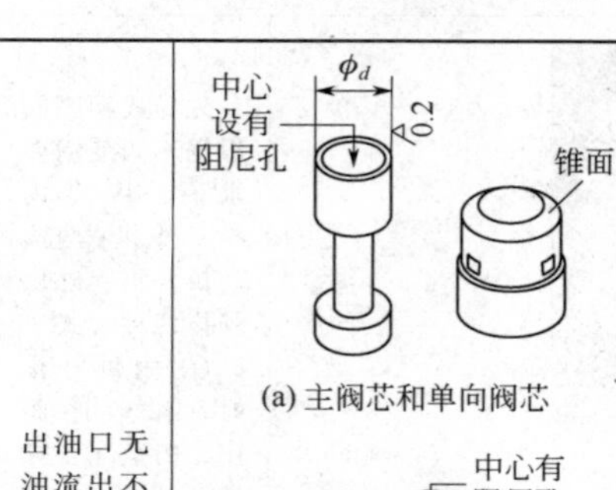 (a) 主阀芯和单向阀芯 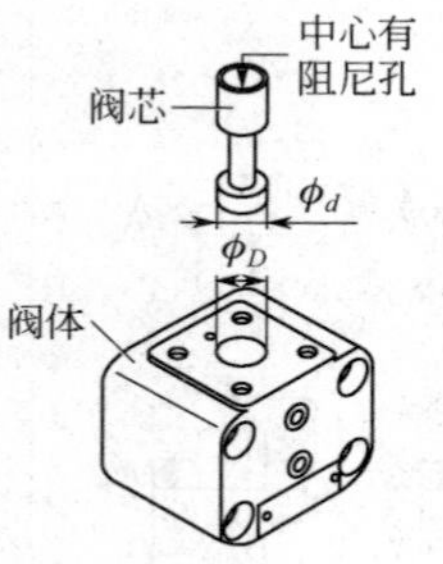 (b) 阀芯与阀体的配合	① 顺序阀的主阀芯因污物或毛刺卡住，停留在关闭位置［见图(c)］ ② 上下阀盖方向装错，液控（外控）顺序阀，泄油口 Y 错装成内部回油的形式，外控与内控混淆［见图(d)］ ③ 液控（外控）顺序阀控制压力太小 ④ 主阀芯外圆 ϕd 与阀体孔内圆 ϕD 配合过紧，主阀芯卡死在关闭位置［见图(a)］ ⑤ 液压系统的压力未建立起来	① 拆开清洗去毛刺，使阀芯运动灵活顺滑 ② 上下阀盖方向装正确 ③ 控制压力应符合要求 ④ 将阀芯在阀体孔内来回推动几下，使阀芯运动灵活。必要时研磨阀体孔 ⑤ 查找出液压系统的压力建立不起来的原因并予以排除
出油口总流出油，不顺序动作	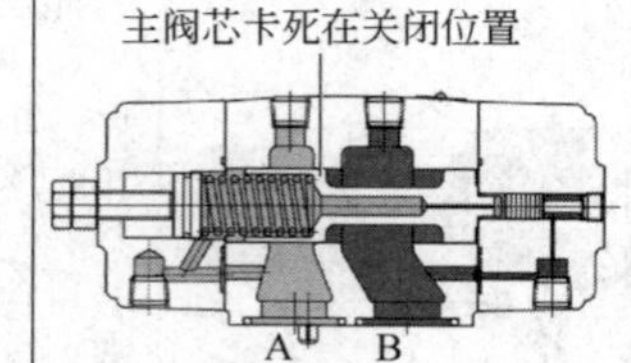 阀芯卡住在关闭位置 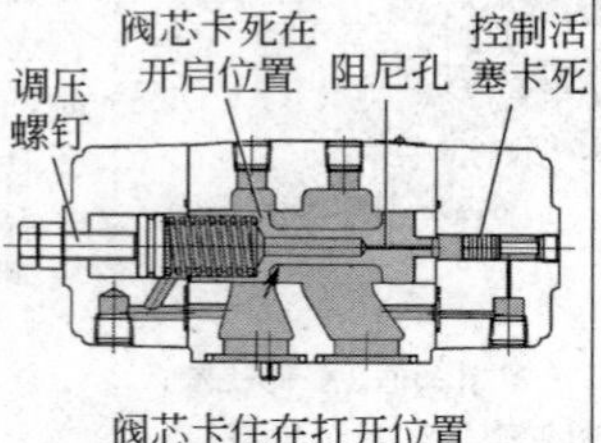 阀芯卡住在打开位置 (c) 阀芯在阀体孔内的情况	① 主阀芯因污物与毛刺卡死在打开的位置，顺序阀变为一直通阀［见图(c)］ ② 主阀芯外圆 ϕd 与阀体孔内圆 ϕD 配合过紧，主阀芯卡死在打开位置，顺序阀变为直通阀［见图(c)］ ③ 外控顺序阀的控制油道被污物堵塞，或者控制活塞被污物、毛刺卡死［见图(e)］ ④ 上下阀盖方向装错，外控与内控混淆［见图(d)］ ⑤ 单向顺序阀的单向阀芯卡死在打开位置	① 拆开清洗去毛刺，使阀芯运动灵活顺滑 ② 将阀芯在阀体孔内来回推动几下，使阀芯运动灵活。必要时研磨阀体孔 ③ 清洗疏通控制油道，清洗控制活塞 ④ 纠正上下阀盖安装方向 ⑤ 清洗单向阀芯

续表

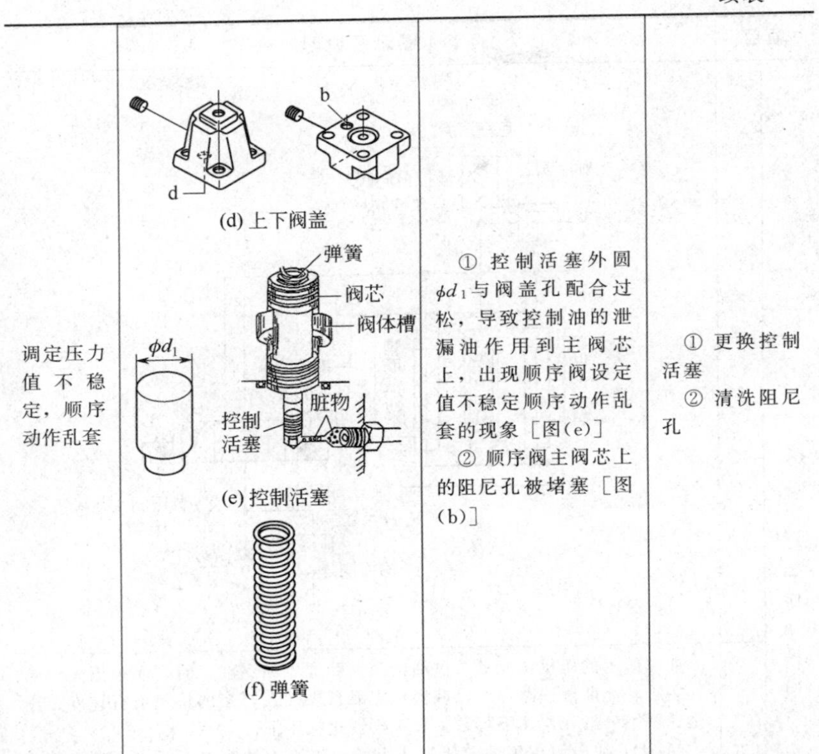

调定压力值不稳定，顺序动作乱套	(d) 上下阀盖 (e) 控制活塞 (f) 弹簧	① 控制活塞外圆ϕd_1与阀盖孔配合过松，导致控制油的泄漏油作用到主阀芯上，出现顺序阀设定值不稳定顺序动作乱套的现象［图(e)］ ② 顺序阀主阀芯上的阻尼孔被堵塞［图(b)］	① 更换控制活塞 ② 清洗阻尼孔

② 顺序阀应用回路的故障分析与排除。

项目		图示及说明
1. 顺序动作回路	作用	在多缸液压系统中，需要某个缸先动作，然后另一个缸再动作。于是可用顺序阀组成回路进行控制

续表

项目		图示及说明
1.顺序动作回路	回路例图	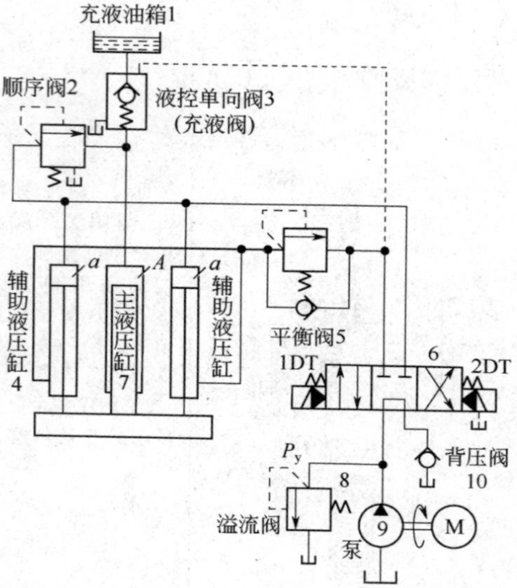
	说明	如图所示的压机，光靠泵供油给两辅助缸 4 和主缸 7 时，而采用充液阀的主缸补充油液回路却可以获得比光靠泵供油大得多的快速下行速度。于是让两辅助缸先快速下行，主缸 7 再慢速加压下行 当 2DT 通电时，辅助液压缸 4 上腔 a 进压力油而先下行，此时因负载小，顺序阀 2 未能打开，主缸 7 油腔未能进泵来的压力油，但辅助液压缸 4 带动其强制下行，使油腔形成一定的真空度，于是大气压将充液油箱 1 油液打开经充液阀补入主缸油腔；当辅助液压缸下行到接触工件，负载增大，辅助液压缸上腔及顺序阀 2 进口压力便也增大而开启，泵来的压力油便进入主缸油腔，进行加压工作行程，此时阀 3 关闭 当 1DT 通电时，辅助液压缸 4 下腔进压力油而上行，此时因阀 3 的控制油路为压力油，充液阀打开，主缸油腔回油经充液阀 3 回到充液油箱 1
	故障排查	故障 1：快速下行速度不快 此故障来自充液阀 3 阀芯卡死在关闭位置而顺序阀 2 阀芯卡死在开启位置的情况 故障 2：缸不下行 此故障来自充液阀 3 阀芯卡死在关闭位置，而顺序阀 2 阀芯卡死在关闭位置的情况 故障 3：换向阀 6 处于中位时，缸不能停下来而以很慢速度自由下落 此故障来自平衡阀（单向顺序阀）5 与换向阀的内泄漏大

续表

项目		图示及说明	
2.平衡回路	作用	在各种立式液压机以及各种起吊液压设备中，为了防止活塞和运动部件（如起吊重物和模具等）因自重和因载荷的突然减少时发生运动部件突然下落，而发生设备安全和人身安全等事故，可采用平衡回路。设置一个适当的阻力（液压支承），代替悬挂重锤的平衡方法	
	回路例图	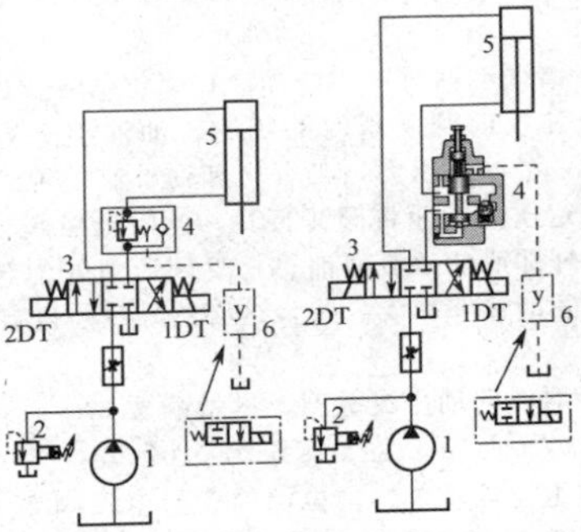 采用单向顺序阀（内控顺序阀）的平衡回路	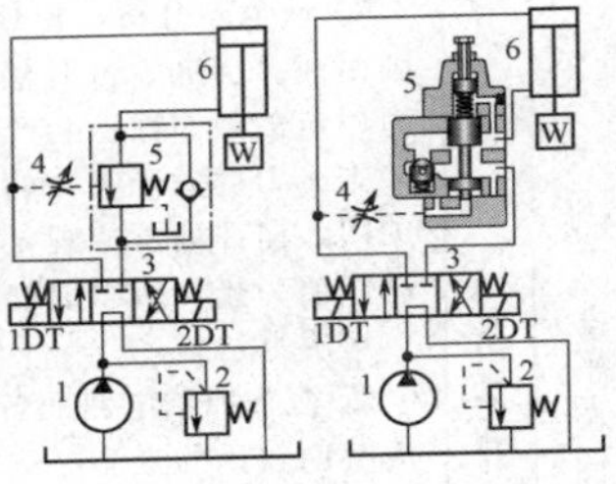 利用外控顺序阀（平衡阀）的平衡回路
	说明	单向顺序阀4的调整压力稍大于工作部件的自重G在油缸b下腔中形成的压力，这样在工作部件静止或不工作停机时，单向顺序阀4关闭，缸5不会自行下滑；工作时缸下行时，阀4开启，缸下腔产生的背压力能平衡自重G，不会产生下行时的超速现象。但由于有背压必须提高油缸上腔进油压力，要损失一部分功率	单向顺序阀（外控顺序阀）5的开启取决于顺序阀液控口控制油的压力，与负载重量W的大小无关。为了防止液压缸振荡，在控制油路中装节流阀4，通过外控（液控）顺序阀5和节流阀4在重物下降的过程中起到平衡的作用，限制其下降速度 注意：如果重物W很重，一定要采用这种用外控顺序阀的平衡回路，否则会因背压高而加大油缸上腔进油压力，要损失很大部分功率

续表

项目		图示及说明
2.平衡回路	故障排查	故障1：停位位置不准确 一般来说，当换向阀处于中位时，油缸5活塞可停留在任意位置上，而实际情况是当限位开关或按钮发出停位信号后，缸5活塞要下滑一段距离后才能停住，即出现停位位置点不准确的故障。产生这一故障的原因是： ① 停位电信号在控制电路中传递的时间$\Delta t_{电}$太长，电磁阀3的换向时间$\Delta t_{换}$长，使发信后阀3要经过$\Delta t_{总}=\Delta t_{电}+\Delta t$的时间（约0.2～0.3s）和缸位移$S=\Delta t_{总}v_{缸}$的距离（约50～70mm）后，油缸才能停位（$v_{缸}$为油缸的运动速度） ② 从油路分析，出现下滑说明油缸下腔的油液在停位信号发出后还在继续回油。当缸5瞬时停止和换向阀4瞬时关闭时，油液会产生一冲击压力，负载的惯性也会产生一个冲击压力，二者之和使油缸下腔产生的总的冲击压力远大于阀4的调定压力，而将阀4打开，此时虽然阀3处于中位关闭，但油液可从阀4的外部泄油道流回油箱，直到压力降为阀4的压力调定值为止。所以油缸下腔的油要减少一些，这必然导致停位点不准确 解决办法是： ① 检查控制电路的各元器件的动作灵敏度，尽量缩短$\Delta t_{总}$；另外将阀换成换向较快的交流电磁阀，可使$\Delta t_{换}$由0.2s降为0.07s ② 在图中阀4的外泄油道y处增加一两位两通交流电磁阀6。正常工作时，3DT通电，停位时3DT断电，使外部泄油道被堵死，保证缸5下腔回油无处可泄，从而使油缸活塞不能继续下滑，满足了停位精度 故障2：缸停止或停机后缓慢下滑 主要原因是油缸活塞杆密封的外泄漏、单向顺序阀4及换向阀3的内泄漏较大所致。解决这些泄漏便可排除故障。另外可将阀4改为液控单向阀，对防止缓慢下滑有益 故障3：液压缸往下掉，支撑不住 ① 检查外控顺序阀5是否调节压力过低，不能撑起重物W； ② 检查外控顺序阀5中的单向阀是否不密合； ③ 检查外控顺序阀5的阀芯是否卡死在开启位置 故障4：液压缸下行很费劲，甚至不能下行 ① 检查外控顺序阀5的阀芯是否卡死在关闭位置； ② 检查系统压力是否因故障（如溢流阀故障）过低； ③ 节流阀4是否全关闭了，而无控制压力油打开外控顺序阀5

5.2.4 压力继电器

压力继电器是将某一定值的液体压力信号转变为电气信号的元件，以该信号接通或断开某一电路，实现回路自动程序控制和安全保护。

(1) 外观、结构原理与图形符号

<table>
<tr><th>型号例</th><th>外观、结构原理与图形符号</th><th>说明</th></tr>
<tr><td>DP 型压力继电器</td><td> (a) 外观 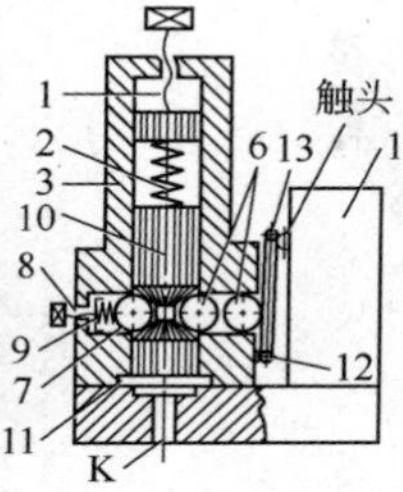
(b) 工作原理 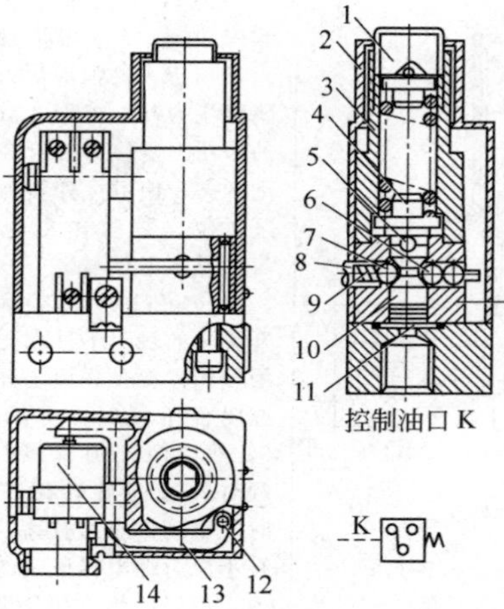
(c) 结构
1—压力调节螺钉；2—主调压弹簧；3—阀盖；4—弹簧座；5～7—钢球；8—副调节螺钉；9—副弹簧；10—柱塞（阀芯）；11—橡胶薄膜；12—销轴；13—杠杆；14—微动开关；15—中体</td><td>属中低压压力继电器，分板式和管式两种。当作用在橡胶薄膜 11 上的控制油 K 的压力到达一定数值（大小由压力调节螺钉 1 调定）时，柱塞 10 被因压力油 K 的作用而向上鼓起的橡胶薄膜 11 的推动而向上移动，压缩弹簧 2，使柱塞 10 维持在某一平衡位置，柱塞锥面将钢球 6（两个）和钢球 7 往外推，钢球 6 推动钢球 7 绕销轴 12 逆时针方向转动，压下微动开关 14 的触头，发出电信号。当控制油 K（与系统相连）中的压力因系统压力压降而下降到一定值时，柱塞上下力失去平衡，向下的弹簧力大于向上的油压作用力，柱塞 10 下移，钢球 6 与 7 又回复进入柱塞锥面槽内，微动开关在自身弹簧作用力下复位，电气信号切断
当系统压力波动较大（负载变化大）时，为防止因压力波动而误发动作，需调出一定宽度的返回区间（灵敏度）。返回区间调节太小，即过于灵敏，容易误发动作。调节螺钉 8、弹簧 9 和钢球 7 就是起这个作用。钢球 7 在弹簧 9 的作用下会对柱塞 10 产生一定的摩擦力。柱塞上升（使微动开关闭合）时，摩擦力与液压作用力的方向相反；柱塞下降（微动开关断开）时，摩擦力与液压作用力的方向相同。因此，使微动开关断开时的压力比使它闭合时的压力低。用调节螺钉 8 调节弹簧 9 的作用力，可以改变微动开关闭合和断开之间的压力差值</td></tr>
</table>

续表

型号例	外观、结构原理与图形符号	说明
HED1型压力继电器	 (a) 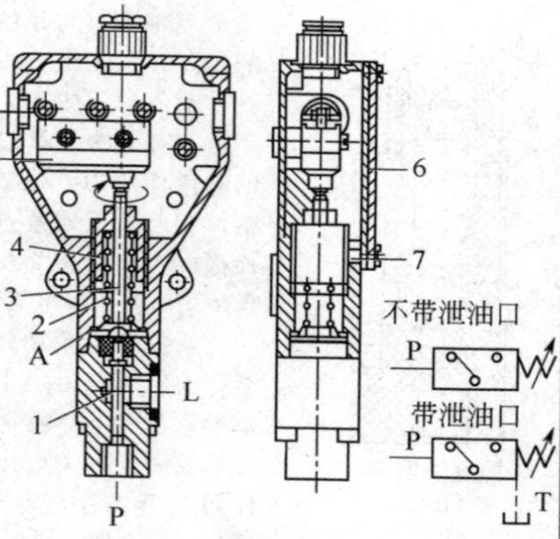 不带泄油口 带泄油口 (b) 结构与图形符号 1—柱塞；2—调压弹簧；3—推杆；4—调节螺钉；5—微动开关；6—标牌；7—锁紧螺钉	如图所示，其工作原理是：当由P口进入的油液压力上升达到由调节螺钉4所调节、调压弹簧2所决定的开启压力时，作用在柱塞1下端面（感压元件）上的液压力克服弹簧2的弹力，通过推杆3使微动开关动作，发出电信号；反之当P口进入的油液压力下降到闭合压力时，柱塞1在弹簧2的作用下复位，推杆3则在微动开关5内触点弹簧力的作用下复位，微动开关也随之复位，发出电信号 限位止口A起着保护微动开关5的触头不过分受压的作用。当需要预先设定开启压力或闭合压大时，可拆开标牌6，然后松开锁紧螺钉7，再顺时针方向旋转调节螺塞4时，则动作压力升高，反之则减小压力继电器设定的动作压力，调好后仍然用锁紧螺钉7锁紧

(2) 压力继电器的故障分析与排除

项目	故障原因	排除方法
不发信号与误发信号	① 因柱塞（阀芯）与阀体孔的配合不好，或因毛刺和不清洁，致使柱塞卡死 ② 薄膜式压力继电器的橡胶隔膜破裂 ③ 微动开关定位不牢或未压紧 ④ 微动开关不灵敏，复位性差 ⑤ 微动开关的触头与杠杆（顶杆）之间的空行程过大或过小时，易发误动作信号 ⑥ 压力继电器的泄油管路不畅通 ⑦ 设计时压力继电器的安置位置错误：如回油节流调速回路中压力继电器装在回油路上 ⑧ 系统压力未上升或下降到压力继电器的设定压力 ⑨ 返回区间调节太小	① 清洗，使柱塞运动灵活 ② 更换成新的橡胶隔膜 ③ 装牢紧固微动开关 ④ 调换成动作灵敏的微动开关 ⑤ 正确调整使空行程不过大也不过小 ⑥ 压力继电器的泄油管路一定要畅通无阻 ⑦ 回油节流调速回路中压力继电器只能装在进油路上 ⑧ 检查压力不能上升或不能下降的原因，予以排除 ⑨ 正确调节返回区间的大小
动作不灵敏	① 柱塞（阀芯）移动不灵活 ② 微动开关不灵敏 ③ 弹簧刚性差，疲劳 ④ 返回区间调节太大	① 清洗使之运动灵活。有些压力继电器柱塞表面要涂二硫化铝（黑色）润滑，用户往往以为二硫化钼为污物而将其洗掉，这是不对的 ② 调换成动作灵敏的微动开关 ③ 更换成合格弹簧 ④ 正确调节返回区间的大小

5.3　流量阀

执行元件的往复直线运动速度或者回转速度是由流入的流量多少决定的，因而需要流量控制阀来进行控制与调节。流量阀如同水龙头，操作手柄开大关小，可调节流量阀的出油口流量大小。流量阀像是出口流量可开大关小的“水龙头”。

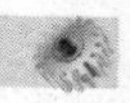

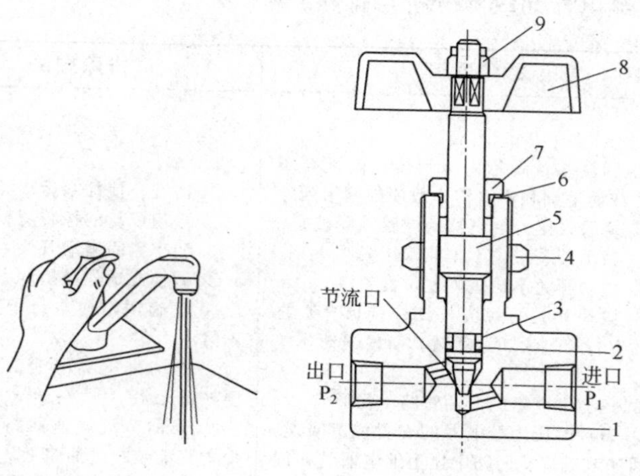

5.3.1 节流阀

(1) 工作原理

节流口的结构形式	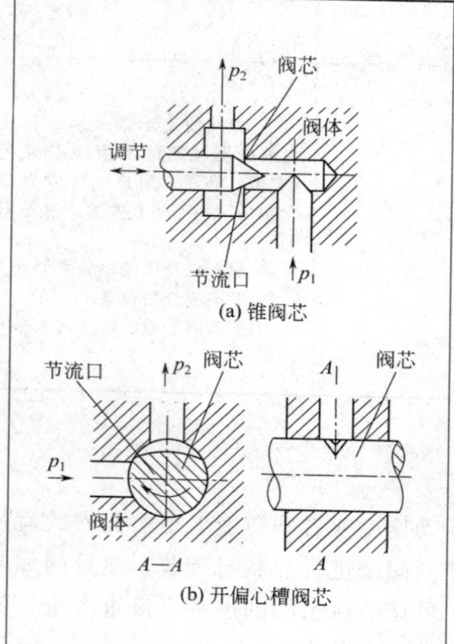 (a) 锥阀芯 (b) 开偏心槽阀芯	流经阀口的流量公式为： $q = C_q A\sqrt{\frac{\alpha}{\rho}(p_1 - p_2)}$ $= C_q A\sqrt{\frac{\alpha}{\rho}\Delta P}$ ($\Delta p = p_1 - p_2$) 式中 C_q——流量系数； Δp——节流口的前后压差； A——节流口通流面积； α——常数； ρ——油液密度 流量系数 C_q 近乎常数，油液密度 ρ 也可视为不变，所以通过流量阀的流量 q 可看成只与节流口的通流面积 A 及节流口的前后压差 $\Delta p = p_1 - p_2$ 有关 从上式可知：通过改变通流面积 A 的大小，改变进出油口的压差 Δp，可控制所通过的流量 q 的大小，达到控制执行元件速度的目的

续表

节流口的结构形式	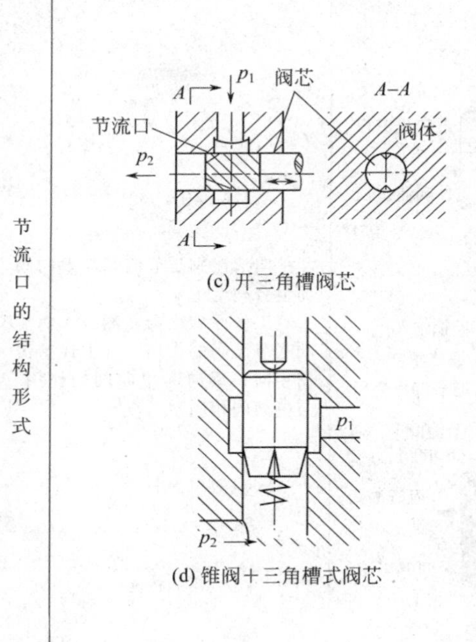 (c) 开三角槽阀芯 (d) 锥阀＋三角槽式阀芯	改变通流面积的方法：图(a)、(c) 轴向移动阀芯，可改变节流阀节流口的通流面积 A；图(b)则是通过旋转阀芯来改变节流阀节流口的通流面积 A。一般节流阀中用得较多的是图(d) 的“锥阀＋三角槽”的组合形式。此外还有缝隙式
节流阀的工作原理	手柄 流量调节螺钉 节流口 节流阀阀芯 出油口 进油口 阀芯复位弹簧 阀体	如上述开关水龙头一样，旋转调节手柄，可开大或关小节流口的开度大小，从而改变阀出油口的流量大小

续表

<table>
<tr>
<td>单向节流阀的工作原理</td>
<td>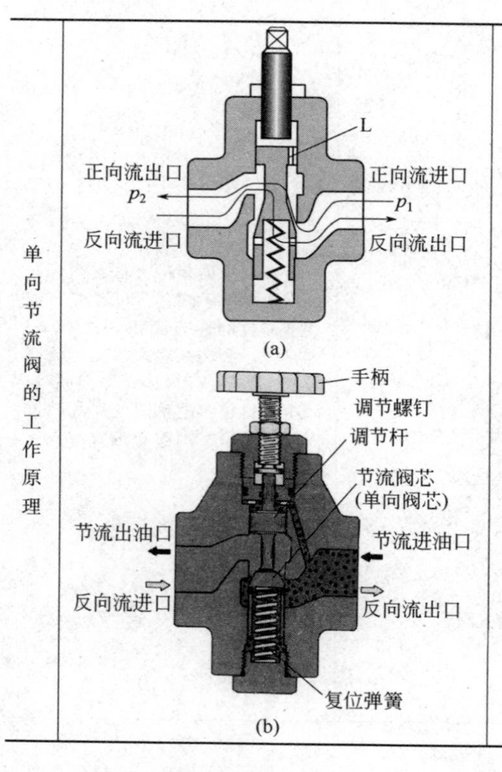

(a)
(b)</td>
<td>单向节流阀是节流阀与单向阀的组合阀
其工作原理均为：油液正向流动起节流阀的作用，与上述节流阀相同；反向起单向阀的作用，与单向阀相同</td>
</tr>
</table>

（2）外观、图形符号、结构与立体分解图

项目	图示	说明与图注
外观与图形符号		旋转流量调节手柄移动节流阀芯，从而改变阀的通流面积来调节通过阀的流量大小，以实现对执行元件的无级调速

续表

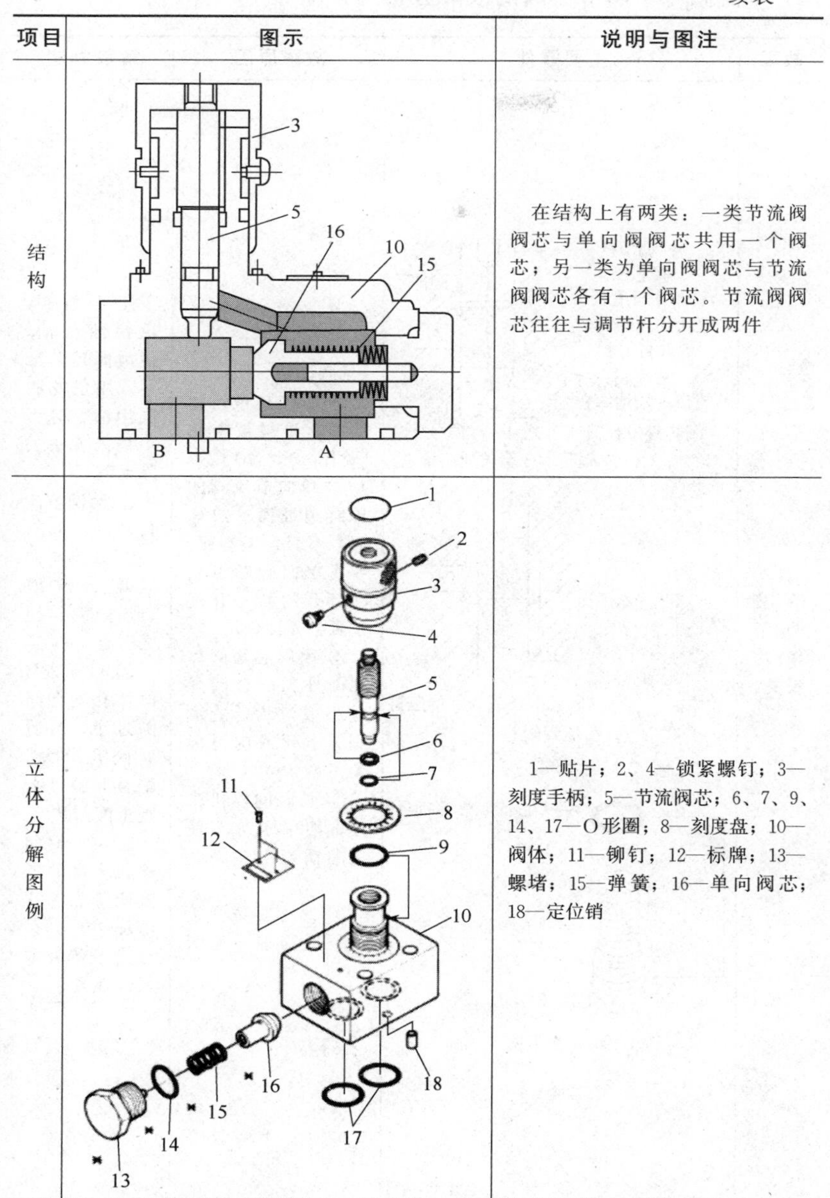

项目	图示	说明与图注
结构		在结构上有两类：一类节流阀阀芯与单向阀阀芯共用一个阀芯；另一类为单向阀阀芯与节流阀阀芯各有一个阀芯。节流阀阀芯往往与调节杆分开成两件
立体分解图例		1—贴片；2、4—锁紧螺钉；3—刻度手柄；5—节流阀芯；6、7、9、14、17—O形圈；8—刻度盘；10—阀体；11—铆钉；12—标牌；13—螺堵；15—弹簧；16—单向阀芯；18—定位销

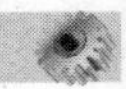

(3) 节流阀与单向节流阀的故障分析与排除

故障	主要零件	故障原因	解决办法
节流调节作用失灵	 (a) 节流阀阀芯卡死 (b) 节流口被阻塞	① 节流阀芯因污物、毛刺等卡住[见图(a)] ② 节流口被污物堵塞，滑阀被卡住[见图(a)、(b)] ③ 单向节流阀的单向阀锥面（或球面）不密合关不死，或者单向阀芯卡死在打开的某一开度位置［见图(c)］ ④ 因阀芯与阀体孔内外圆配合间隙过小或过大，造成阀芯卡死或内泄漏大 ⑤ 长时间停机未用，油中水分等使阀芯锈死卡在阀孔内 ⑥ 阀芯复位弹簧断裂或漏装［见图(d)］	① 拆洗阀，更换液压油，使滑阀运动灵活。用尼龙刷或用油石等手工精修方法去除毛刺 ② 清洗节流口 ③ 研磨单向阀配合锥面(或球面)，使之密合 ④ 对阀芯与阀体孔配合间隙过小，可研磨阀孔修复，配合间隙过大则重配阀芯 ⑤ 对长时间停机未用的节流阀应先拆开清洗 ⑥ 更换补装复位弹簧

续表

故障	主要零件	故障原因	解决办法
流量虽可调节，但调好的流量不稳定，从而使执行元件的速度不稳定	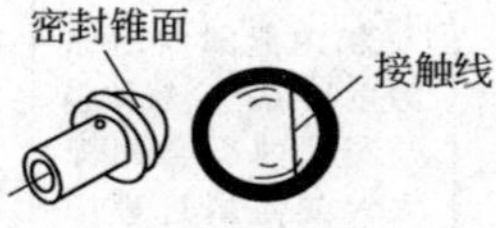 密封锥面 接触线 (c) 单向阀阀芯  (d) 复位弹簧  (e) 密封破损 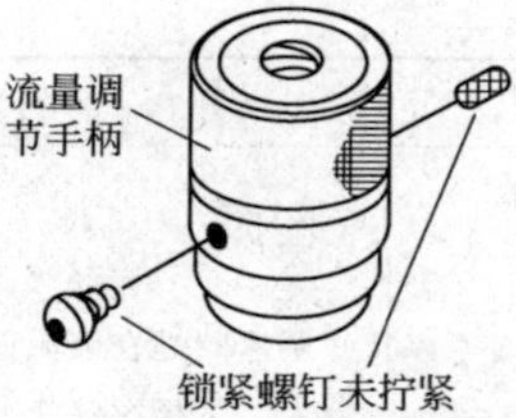 流量调节手柄 锁紧螺钉未拧紧 (f) 手柄与锁紧螺钉	① 因O形圈破损、阀芯与阀体孔配合间隙太大等原因，节流阀内、外泄漏量大 ② 油液不干净，油中杂质黏附在节流口边上，通油截面减小，使速度减慢；杂质冲走后，速度又加快 ③ 节流阀的性能较差，特别是低速时流量不稳定 ④ 调节手柄锁紧螺钉松动［见图(f)］ ⑤ 油温升高，油液的黏度降低，使速度逐步升高 ⑥ 阻尼装置堵塞，系统中有空气，出现压力变化及跳动 ⑦ 在筒式的节流阀中，因系统载荷有变化使速度突变 ⑧ 油温高在节流口部位析出胶质、沥青等物，附于节流口壁面	① 检查泄漏原因，如配合间隙、零件损坏予以修复或更换；密封接合处的密封漏装或破损时补装或更换情况 ② 拆开清洗，更换新油液，使阀芯运动灵活 ③ 改用调速阀 ④ 流量调好后拧紧调节手柄锁紧螺钉 ⑤ 设法降低油温 ⑥ 查明原因予以排除 ⑦ 稳定负载或改用调速阀 ⑧ 减少系统发热，更换黏度指数高的油液等

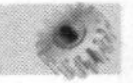

续表

故障	主要零件	故障原因	解决办法
外泄漏，内泄漏大		①外泄漏主要发生在调节手柄部位，另外还有工艺螺堵、阀安装面等处．产生原因主要是这些部位所用O形密封圈的压缩永久变形、破损及漏装等 ②内泄漏大的原因主要是节流阀芯与阀孔的配合间隙太大或使用过程中的严重磨损及阀芯与阀孔拉有沟槽(圆柱阀芯的轴向沟槽，平板阀的径向沟槽)，还有油温过高等因素造成 ③油温高，油液黏度变低	①查明原因予以排除 ②保证阀芯与阀孔公差，保证节流阀芯与阀孔合理的配合间隙；如果磨损严重或拉伤有沟槽，则须电刷镀或重新加工阀芯进行磨配研 ③查明原因予以排除

5.3.2 调速阀

(1) 调速阀的工作原理

名称	结构原理图	说明
调速阀	p_2 进油口 A p_1 a 减压口 p_3 p_2 p_2 c b 出油口 B p_3 d 节流口	调速阀是在节流阀的基础上再加了一个定差减压阀：节流阀调节通过阀的流量（改变A），减压阀稳定节流阀口前后压差Δp基本不变。这样由上述通过节流阀的流量公式可知：A调节好后不变，Δp也不变，因而调速阀的通过流量q也基本不变

续表

名称	结构原理图	说明
调速阀	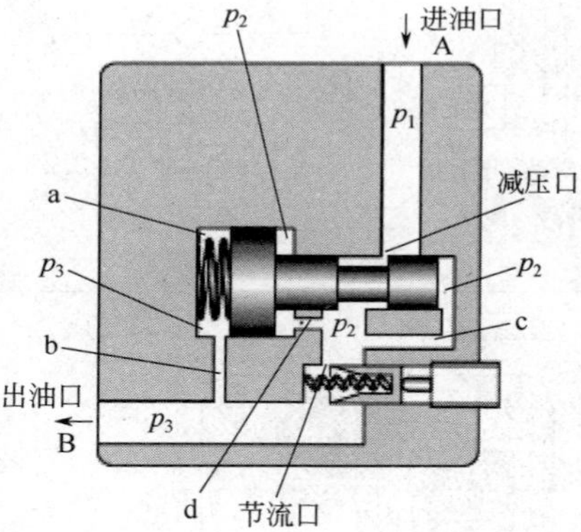	将节流口的前后压力油 p_2、p_3 分别引到定差减压阀阀芯左右两端。先设进口压力 p_1 不变，如果负载增加，p_3 随之增大，a 腔压力增大，定差减压阀阀芯右移，开大减压阀口，减压口的减压作用减弱，p_2 也就增大，亦即 p_3 增大 p_2 也跟着增大，使节流阀阀口前后压差 $\Delta p=p_2-p_3$ 维持不变；反之当负载减小，p_3 也随之减小，减压阀芯左移，关小减压阀口，减压口的减压作用增强，p_2 也就减小，Δp 也基本不变 反之设出口压力 p_3（负载压力）一定，当进口压力 p_1 变化时，完全可以作出与上述同上的分析。所以由于定压差减压阀的这种压力补偿作用，无论负载变化也好，进口压力变化也好，均能保证节流阀前后压差 $\triangle p$ 基本不变，所以通过调速阀的流量 Q，只要节流阀节流口的开度调定（A 一定），则通过调速阀的流量基本恒定
单向调速阀	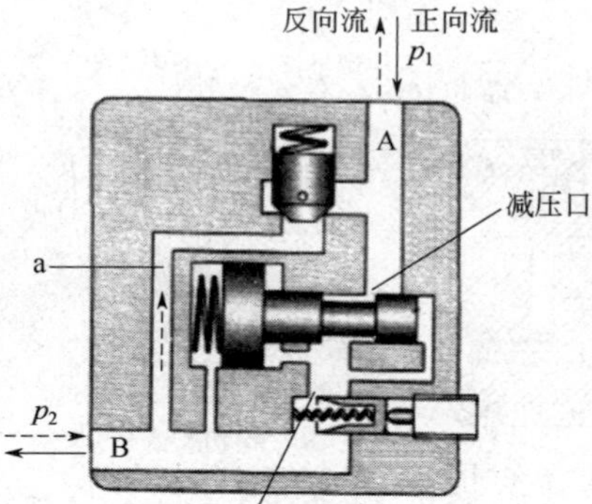	由上述调速阀再组合一单向阀而成，调速部分的原理与上述完全相同。装上单向阀后，其差别仅在于：当反向油流时，油液从 B 口连入经通道 a，再经单向阀（此时单向阀打开）从 A 口流出，少量油经节流阀→减压阀→A 口流出；正向油流时，油液只从 A 口流入，经调速阀部分流道从 B 口流出，起调速作用，此时单向阀关闭

（2）调速阀的外观、图形符号、结构与立体分解图例

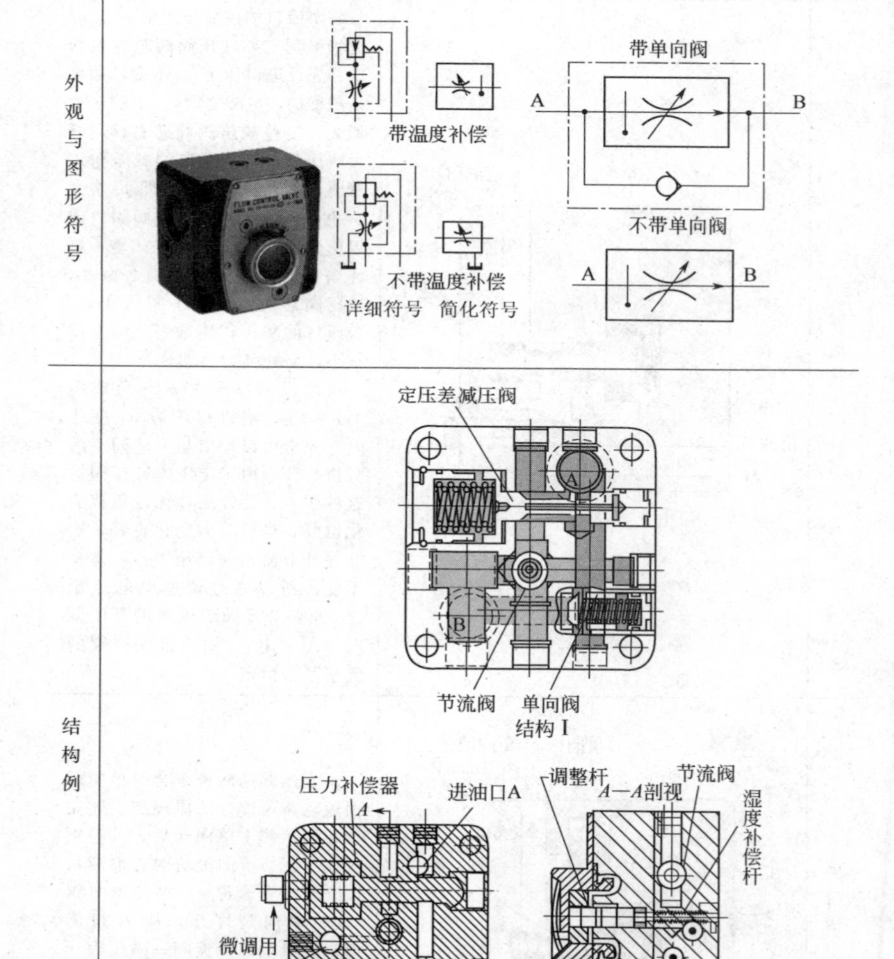

续表

调速阀立体分解图例	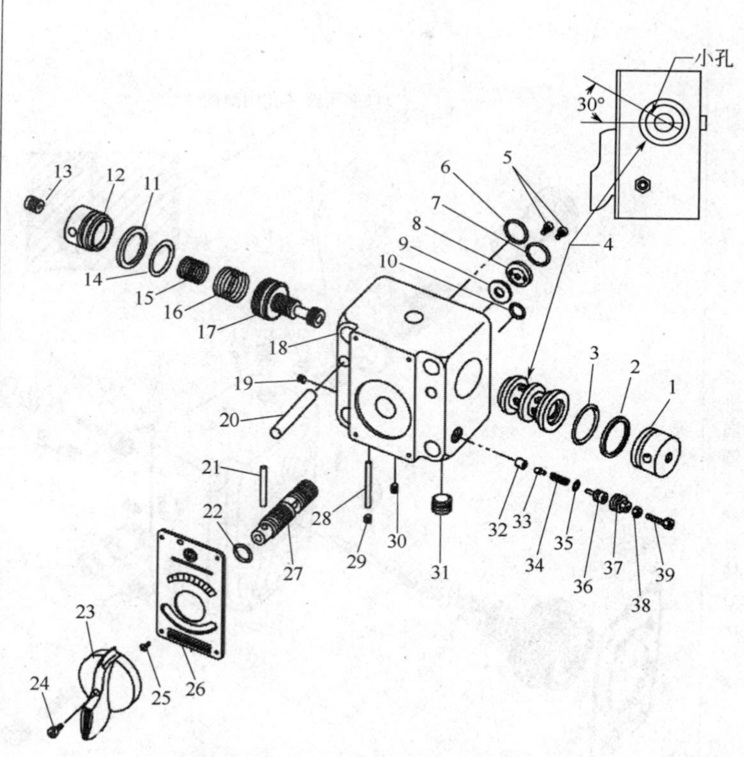 1、12、19、20、29、30—堵头；2、6、7、10、22—O形圈；3、11—密封挡圈；4—阀套；5、14、24—螺钉；8—垫；9—垫圈；13、26—标牌；15—定位块；16—弹簧；17—压力补偿阀芯；18—阀体；21—销；23—手柄；25—铆钉；27—节流阀阀芯；28—安装定位销；31—螺塞；32～39—单向阀组件

续表

单向调速阀立体分解图例	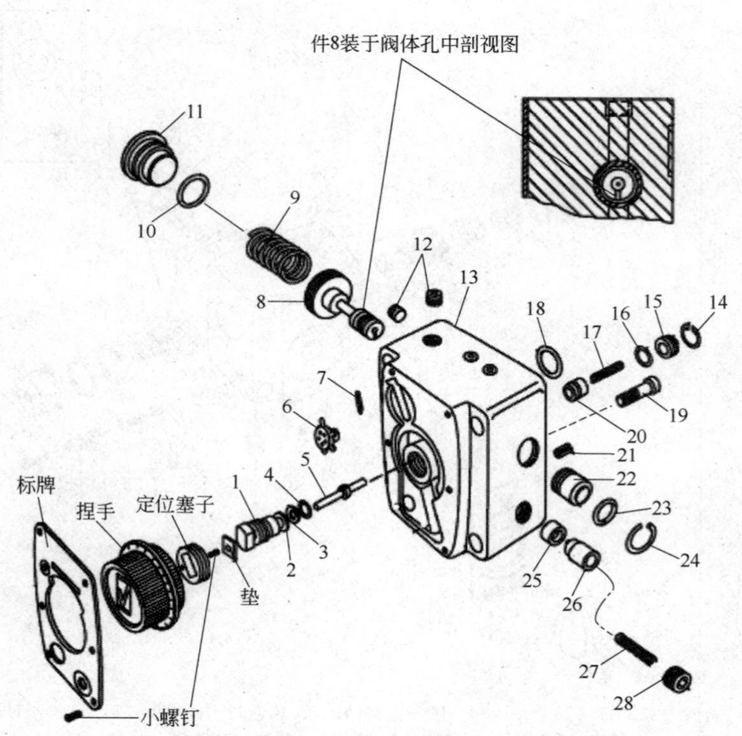 1、19—流量调节螺钉；2—垫；3—密封挡圈；4、10、16、18、23—O形圈；5—温度补偿杆；6—指示器；7、9、17、27—弹簧；8—压力补偿阀芯；11、12、15、22—堵头；13—阀体；14、24—卡簧；20—节流阀芯；21—安装定位销；25—单向阀阀座；26—单向阀阀芯；28—螺堵

(3) 维修调速阀的技能

故障	图示	故障原因	排除方法
节流作用失灵，调不了速度	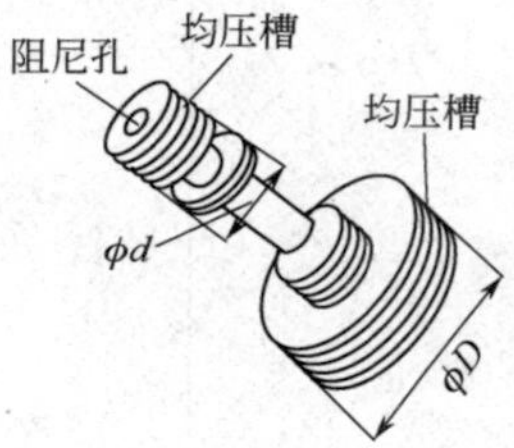 阻尼孔 均压槽 均压槽 ϕd ϕD	① 节流阀阀芯卡死在阀体内的全闭或小开度位置 ② 定压差减压阀阀芯（压力补偿阀）不动作，卡住在关闭位置 ③ 液压系统故障，未来油	① 可拆开清洗、保证装配间隙，使节流阀阀芯能灵活移动，必要时换油 ② 拆洗和去毛刺，使减压阀阀芯能灵活移动 ③ 检查并排除液压系统故障
调好的输出流量不稳定	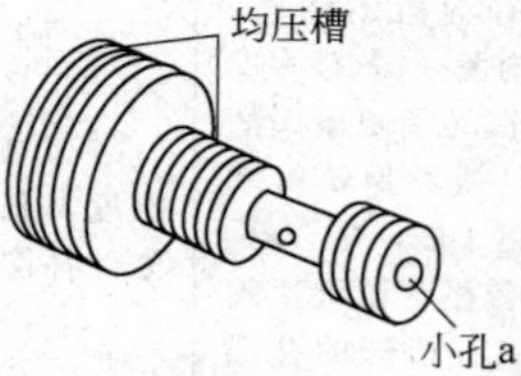 均压槽 小孔a (a) 减压阀阀芯 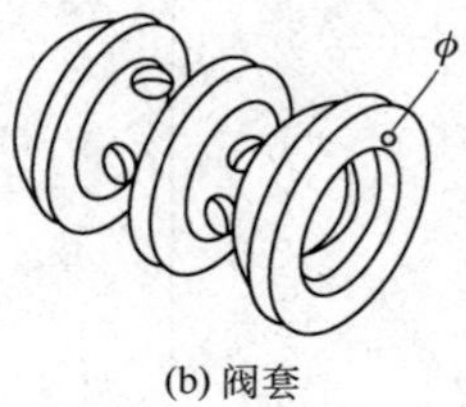 ϕ (b) 阀套	① 定压差减压阀阀芯被污物卡住，动作不灵敏，失去了压力补偿功能［图(c)］ ② 定压差减压阀与阀套配合过紧或大小头不同轴［图(a)］ ③ 定压差减压阀阀芯小孔 a 因油液高温产生的沥青质物质沉积而被阻塞时，压力补偿功能失效［图(a)］ ④ 阀套上的小孔 ϕ 被污物塞死 注：有些阀无阀套，小孔 ϕ 钻在阀体上［图(b)］ ⑤ 因磨损节流阀阀芯与阀体孔的配合间隙增大，或因油温过高，内外泄漏量大，导致流量不稳定［图(d)］ ⑥ 对于安装无定位销定位的调速阀，进出油口易接反，使调速阀如同一般节流阀	① 此时的调速阀只相当于节流阀．可拆开清洗 ② 可拆开检查，特别要注意减压阀芯的大小头 ϕd 与 ϕD 是否同轴 ③ 用细钢丝穿通 ϕ 孔 ④ 可用细钢丝穿通 ⑤ 治理内泄漏 ⑥ 研磨单向阀阀芯与阀座，使之能密合；必要时予以更换

续表

故障	图示	故障原因	排除方法
调好的输出流量不稳定	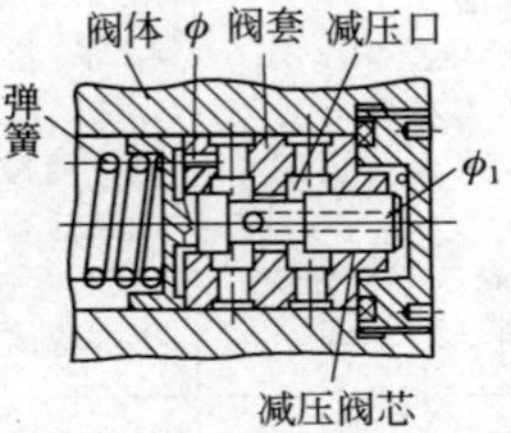 阀体 φ 阀套 减压口 弹簧 ϕ_1 减压阀芯 (c) 减压阀阀芯与阀套装配图 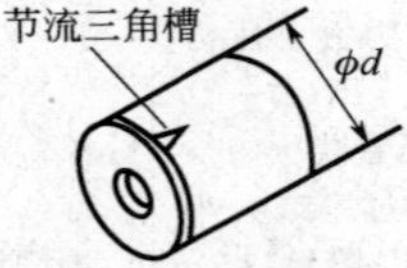 节流三角槽 ϕd (d) 节流阀阀芯 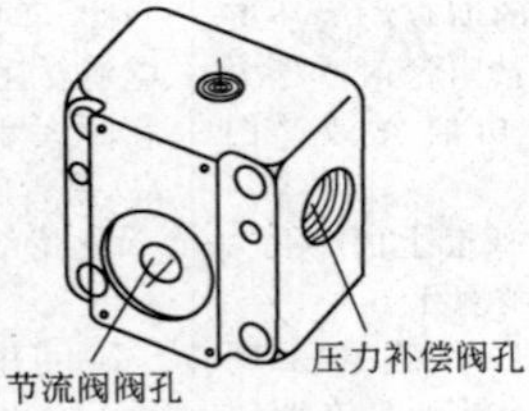 节流阀阀孔 压力补偿阀孔 (e) 阀体 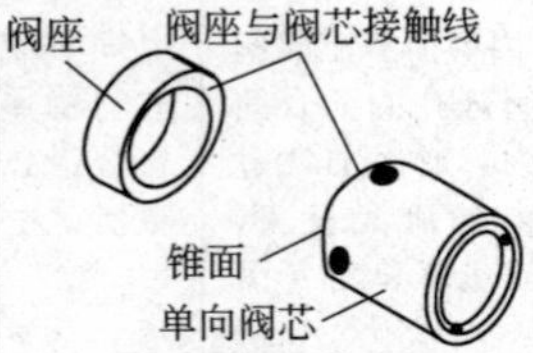 阀座 阀座与阀芯接触线 锥面 单向阀芯 (f) 单向阀阀芯与阀座	⑦ 单向调速阀中的单向阀阀芯与阀座接触处因有污物卡住或者拉有沟槽不密合，存在内漏［图(f)］ ⑧ 漏装了减压阀的弹簧，或者弹簧折断和装错［图(c)、(g)］ ⑨ 温度补偿调速阀的温度补偿杆的补偿作用失效，或温度补偿杆弯曲［图(g)］	⑦ 予以补装或更换 ⑧ 更换为合格的温度补偿杆或校正温度补偿杆

续表

故障	图示	故障原因	排除方法
最小稳定流量不稳定，执行元件低速运动时出现爬行抖动现象	(g)弹簧与温度补偿杆	① 节流阀芯外径 ϕd 与阀孔配合间隙过大，内泄漏大使最小稳定流量不稳定［图(d)、(e)］ ② 节流阀阀芯三角槽（节流口）处积有污物，造成节流口时堵时通［图(d)］ ③ 油温高且温度变化大 ④ 单向阀阀芯与阀座不密合 ⑤ 温度补偿杆弯曲或补偿作用失效	① 解决节流阀芯处的内泄漏问题 ② 拆开清洗，必要时采用薄刃口节流的调速阀 ③ 控制油温及其变化 ④ 修理单向阀阀芯与阀座，使二者接触处能密合封闭 ⑤ 更换温度补偿杆

（4）三种节流调速回路的故障分析与排除

① 三种节流调速回路的回路示意图。

进口节流	出口节流	旁路节流

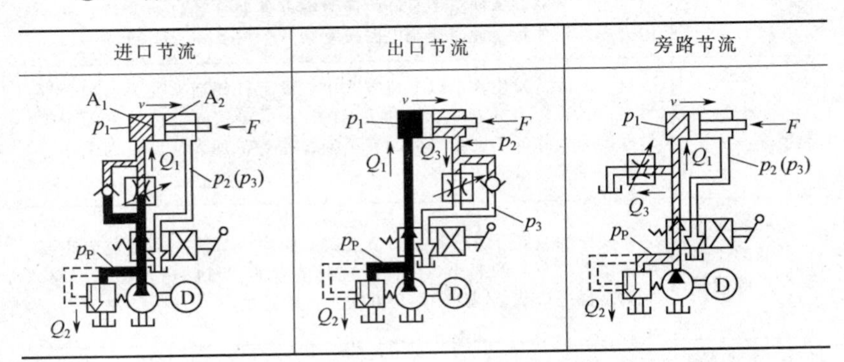

② 三种节流调速回路的故障分析

故障	故障分析与排除
1. 油缸易发热，缸内的泄漏增加	进口节流调速回路中，通过节流阀产生节流损失而发热的油直接进入油缸，使油缸易发热和增加泄漏 而出口节流调速和旁路节流调速回路中通过节流阀发热的油正好流回油箱，容易散热

续表

故障	故障分析与排除
2. 不能承受负值负载（与活塞运动方向相同的负载），在负值负载下失控前冲，速度稳定性差	进口节流调速回路和旁路节流调速回路若不在回油路上加背压阀就会产生这一故障，而出口节流调速回路由于回油路上节流阀的“阻尼”作用（阻尼力与速度成正比），能承受负值负载，不会因此而造成失控前冲，运动较平稳；前者加上背压阀后，也能大大改善承受负值负载的能力和使运动平稳，但须相应调高溢流阀的调节压力，因而功率损失增大
3. 停车后工作部件再启动时冲击大	出口节流调速回路中，停车时油缸回油腔内常因泄漏而形成空隙，再启动时的瞬间泵的全部流量Q_p输入油缸工作腔（无杆腔），推动活塞快速前进，产生启动冲击，直至消除回油腔内的空隙建立起背压力后，才转入正常。这种启动冲击有可能损坏刀具工件，造成事故。旁路节流也有此类故障。而采用进口节流调速回路，只要在开车时关小节流阀，进入油缸的油液流量总是受到其限制，就避免了启动冲击。另外，停车时，不使油缸回油腔接通油池也可减少启动冲击
4. 压力继电器不能可靠发信或者不能发信	在出油口节流调速回路中，油缸进油路中，$p_1=p_P$基本不变，若将压力继电器安装在油缸进油路中，当然不能发信 而进口或旁路节流调速回路中安装在油缸进油路中，可以可靠发信。出口节流调速回路中只能将压力继电器装在油缸回油口处并采用失压发信才行，此时控制电路较复杂
5. 密封容易损坏	这一故障常发生在出口节流方式中。设无杆端活塞受力面积分别为A_1与A_2，当$A_1/A_2=2$和$F=0$时，$p_2=2p_p$，这就加大了密封摩擦力，降低了密封寿命，甚至损坏密封，加大泄漏，而采用进口节流或旁路节流要好些
6. 难以实现更低的工进速度，调速范围窄	在同样的速度要求下，出口节流调速回路中节流阀的通流面积要调得比进口节流的要小，因此低速时前者的节流阀比较容易堵塞；也就是说进口节流调速回路可获得更低的速度
7. 速度高、负载大时刚性差	进口节流和出口节流方式在速度高负载大时刚性差，而旁路节流方式在速度高、负载大时刚性要好些
8. 系统功率损失大，容易发热	进口节流和出口节流方式不但存在节流损失，还存在溢流损失，所以功率损失大，发热相对较大。而旁路节流方式只存在节流损失，无溢流损失，且油泵的工作压力与负载存在一定程度的匹配关系，所以功率损失相对较小，发热也应该小些，但进口节流方式和旁路节流方式还需考虑背压的影响

续表

故障	故障分析与排除
9. 爬行	进口节流和旁路节流方式在某种低速区域内易产生爬行，相对来说出口节流防爬行性能要好些 “进口节流＋固定背压”方式在背压较小（0.5～0.8MPa）时，还有可能爬行，抗负值负载的能力也差。只有再提高背压值，但效率低，可采用自调背压的方式（设置自调背压阀）解决
10. 泵的启动冲击	三种节流调速方式如果在负载下启动以及溢流阀动作不灵时，均产生泵启动冲击。只有在卸载上启动和选用动作灵敏超调压力小的溢流阀才可得以避免
11. 快进转工进的冲击——前冲	快进转工进时，油缸等运动部件从高速突然转换到低速，由于惯性力的作用，运动部件要前冲一段距离才按所调的工进速度低速运动，这种现象叫前冲 产生快进转工进的冲击原因有： ① 流速变化太快，流速突变引起泵的输出压力突然升高，产生冲击 对出口节流系统，泵压力的突升使油缸进油腔的压力突升，更加大了出油腔压力的突升，冲击较大 ② 速度突变引起压力突变造成冲击：对出口节流系统，后腔压力突然升高，对进口节流系统，前腔压力突降，甚至变为负压 ③ 出口节流时，调速阀中的定压差减压阀来不及起到稳定节流阀前后压差的作用，瞬时节流阀前后的差大，导致瞬时通过调速阀的流量大，造成前冲 排除由快进转工进的前冲现象方法有： (1) 采用正确的速度转换方法： ① 电磁阀的转换方式，冲击较大，转换精度较低，可靠性较差，但控制灵活性大 ② 电液动换向阀：使用带阻尼的电流阀通过调节，阻尼大小，使速度转换的速度减慢，可在一定程度上减少前冲 ③ 用行程阀转换，冲击较小。经验证明，将行程挡铁做成两个角度，用30°斜面压下行程阀的滑润开口量的2/3，用10°斜面压下剩余的1/3开口，效果更好。或在行程阀芯的过渡口处开1～2mm长的小三角槽，也可缓和快进转工进的冲击。行程阀的转换精度高，可靠性好，但控制灵活性小，管路较复杂，工进过程中越程动作实现困难 ④ 采用“电磁阀＋蓄能器”外加装电磁阀 (2) 在双泵供油回路快进时，用电磁阀使大流量泵提前卸载，减速后再转工进 (3) 在出口节流时，提高调速阀中定压差减压阀的灵敏性，或者拆修该阀并采取去毛刺清洗等措施，使定压差减压阀灵活运动自如

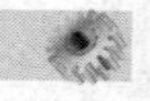

续表

故障	故障分析与排除
12. 工进转快退的冲击	产生原因有： ① 由于此时产生压力突减，产生不太大的冲击现象 ② 对有可能出现这种冲击现象的原因有：由于采用 H 型换向阀（如导轨磨床）或采用多个阀控制时，动作时间不一致，使前后腔能量释放不均衡造成短时差动状态 排除方法有： ① 调节带阻尼的电液动换向阀的阻尼，加快其换向速度 ② 不采用 H 型换向阀，而改用其他型 ③ 用一个阀控制动作的转换
13. 快退转停止的冲击——后座冲击	这一故障的产生原因与行程终点的控制方式以及换向阀的主阀芯的机能有关。选用不当造成速度突减，使油缸后腔压力突升，流量的突减使油泵压力突升，另外还有空气的进入，均会造成后座冲击。排除方法有： ① 采用带阻尼可调慢换向速度的电液换向阀进行控制 ② 采用动作灵敏的溢流阀，停止时马上能溢流 ③ 采用合适的换向阀中位职能：如 Y 型、J 型为好，M 型也可 ④ 采取防止空气进入系统的措施

（5）修理

修理项目	定压差减压阀的检修	节流阀阀芯的检修	阀套的检修	温度补偿杆的检修
修理方法	目测减压阀芯小孔的堵塞情况 小孔堵塞时，用ϕ1mm钢丝穿通	检查拉伤磨损情况 A	检查阀套小孔的堵塞情况 小孔堵塞时，用ϕ1mm钢丝穿通	在平板上检查温度补偿杆的弯曲度

5.4 叠加阀

叠加阀是一种可以相互叠装的液压阀，它本身的内部结构与一般常规液压阀相仿，不同的是每一叠加阀以自身的阀体作为连接体，同一通径的各种叠加阀的结合面上均有连接尺寸相同的 P、

A、B、T 等油口，这样可将相同通径的叠加阀按照要求，选择适合的几个不同功能的叠加阀，互相用长螺栓串成一串，叠装起来，组成液压回路与一个完整的液压系统。每个叠加阀既起到控制元件的作用，又起到通油通道的作用。

叠加阀广泛用于机床、塑料橡胶等轻工机械、工程机械、煤炭机械、船舶及冶金等行业的液压设备上。

5.4.1　组成

叠加阀组成的系统例

每一叠最上面一般为板式普通电磁阀或电液换向阀，最下面为底板。中间是根据组成液压系统所需要的数个叠加阀元件，每个叠加阀既起到控制元件的作用，又起通油通道的作用，这样便可免去很多管道，使设计安装简单

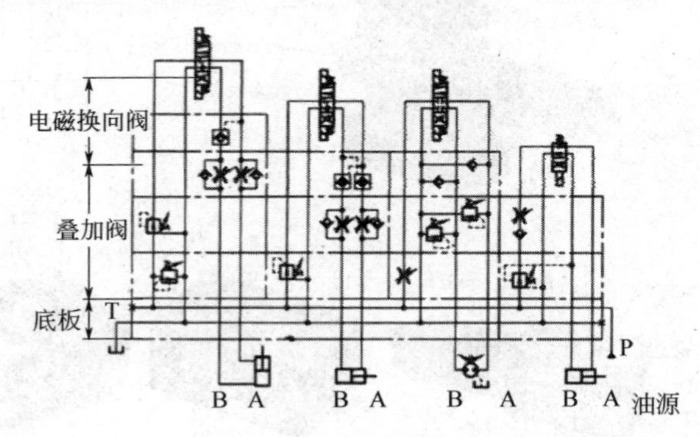

液压缸　液压缸　液压马达　液压缸

(a) 叠加阀回路例

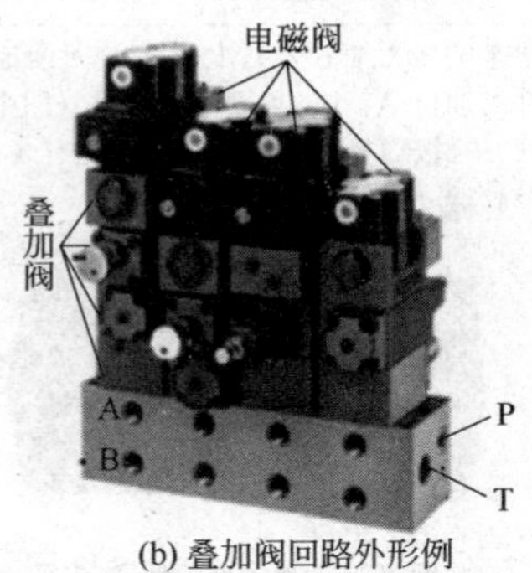

(b) 叠加阀回路外形例

叠装起来的叠加阀

续表

叠加阀简介	与其他常规阀一样，它也包括压力阀（溢流、减压、顺序、卸荷、制动以及压力继电器等）、流量阀（节流阀、调速阀）等以及方向阀（单向阀和液控单向阀）等多种规格型号。其工作原理、结构与本节中前述的常规普通方向阀、普通压力阀和普通流量阀完全相同，结构上也没有太大差异。但由于叠加阀还要起通道作用，所以每种规格的叠加阀都有一些上下相通的油孔 P、A、B、T 等 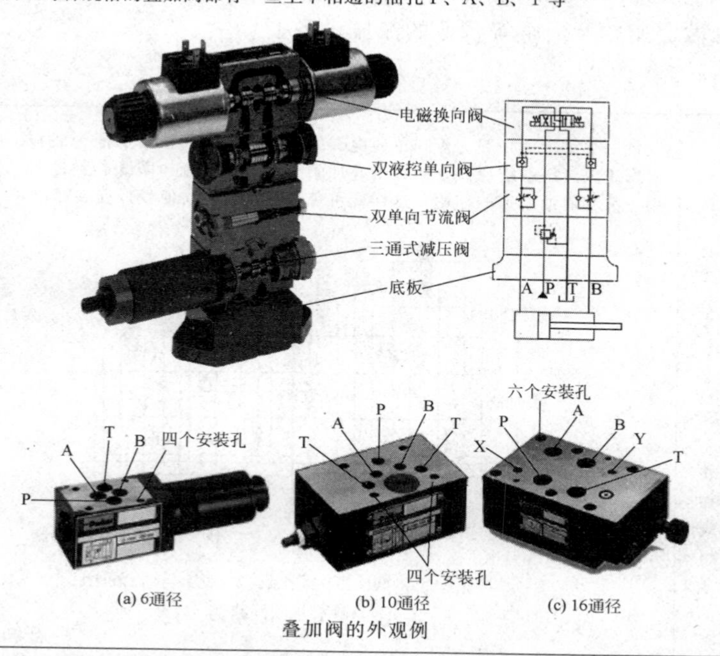 叠加阀的外观例
底板	底板侧面上有接泵来的压力油的公共 P 口和接回油池的公共 T 口，底板正面上还有几对接执行元件的油口 A、B。顶面安装数叠（图中为三叠）叠加阀的油口 P、A、B、T，油口排列方式按通径大小而定，另外还有 4～6 个安装螺钉孔 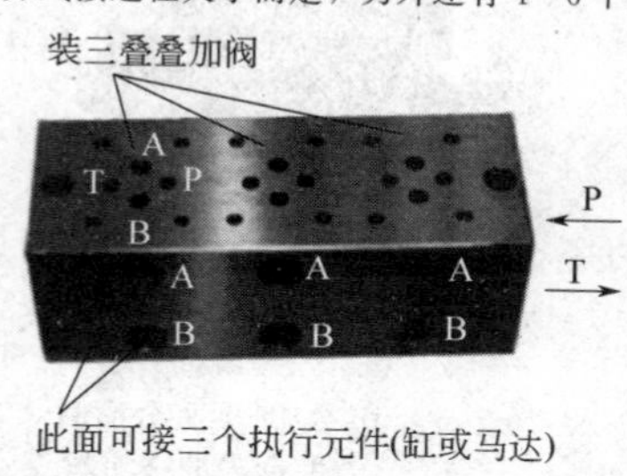

5.4.2　外观、工作原理、结构及图形符号

类型	外观、工作原理、结构及图形符号
叠加溢流阀	直动式叠加溢流阀外观与工作原理如图(a)所示，泵来的压力油P经a孔作用在阀芯左端面上，产生向右的力，调压弹簧产生向左的力，向左的力大于向右的力时，P与T不通；当压力P继续上升到向右的力大于向左的力时，阀芯右移，P到T接通溢流，压力不再上升，限制了最高压力。调压螺钉则可用来调节最高压力的大小 先导式叠加溢流阀结构原理如图(b)所示

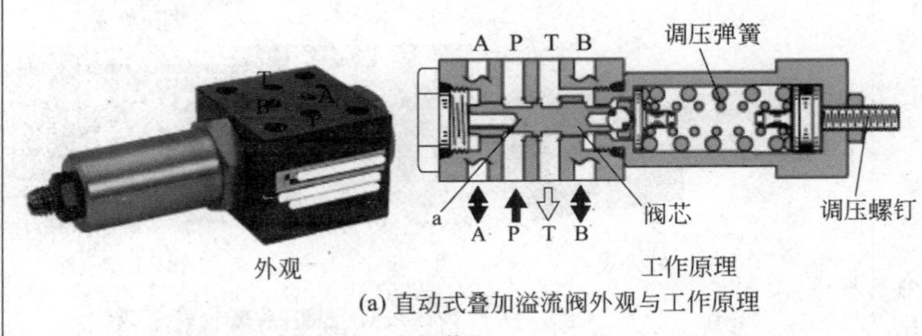

(a) 直动式叠加溢流阀外观与工作原理

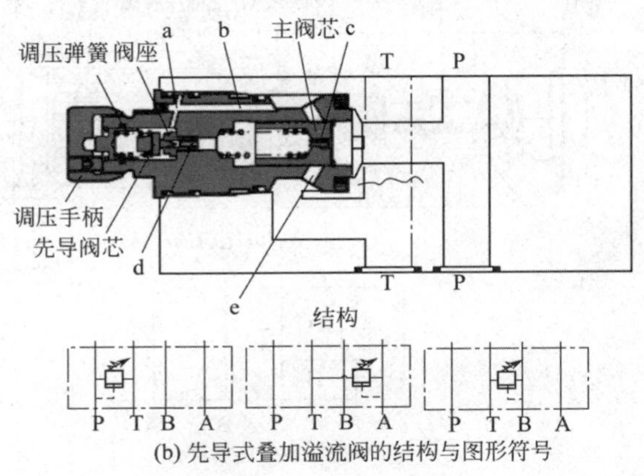

(b) 先导式叠加溢流阀的结构与图形符号

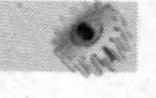

续表

类型	外观、工作原理、结构及图形符号
叠加顺序阀	叠加顺序阀的外观如图(a)所示，其工作原理如图(b)所示：液流从叠加阀底面 P 孔流入，经阀芯阻尼孔 a 作用在阀芯左端面上，产生的力小于调压弹簧向左的弹力时，P 到 P_1 不通；当压力 P 上升，作用在阀芯左端面上产生的力大于调压弹簧向左的弹力时，阀芯右移，P 到 P_1 的通道被打开，P 到 P_1 连通。结构与工作原理均与普通顺序阀相同 结构与图形符号分别见图(c)、(d) 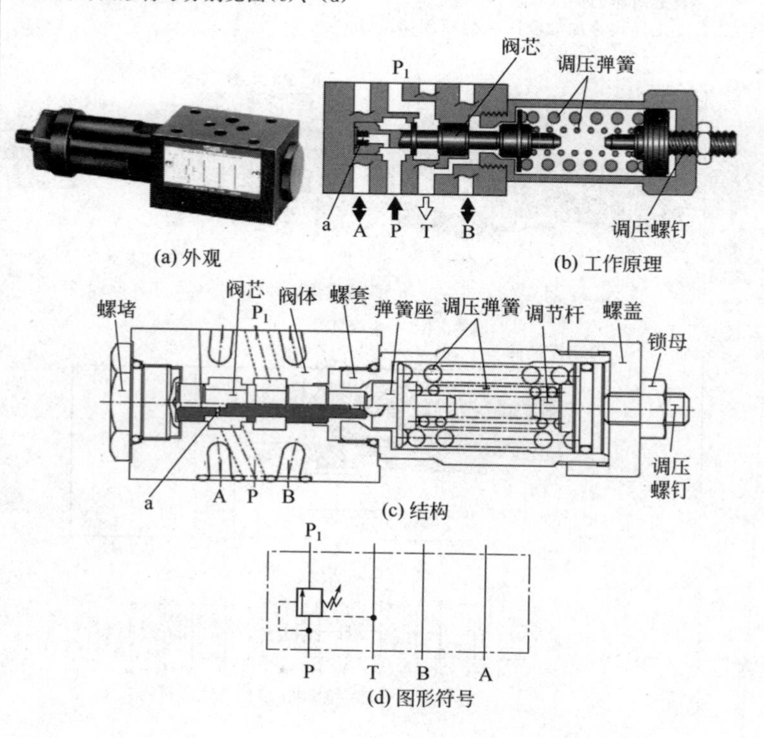

(a) 外观

(b) 工作原理

(c) 结构

(d) 图形符号

续表

类型	外观、工作原理、结构及图形符号
叠加单向顺序阀	叠加单向顺序阀的外观如图(a)所示，其工作原理如图(b)所示：压力油由 B 口进入，经 a 再经阻尼 e，作用在阀芯左端面上产生的力小于右端的弹簧力时，B→B_1 不通；当由 B 口进入的压力油压力上升，作用在阀芯左端面上产生的力大于右端的弹簧力时，阀芯右移，打开了 B→B_1 的通路，压力油从二次油口 B_1 流出 结构与图形符号分别见图(c)、(d) 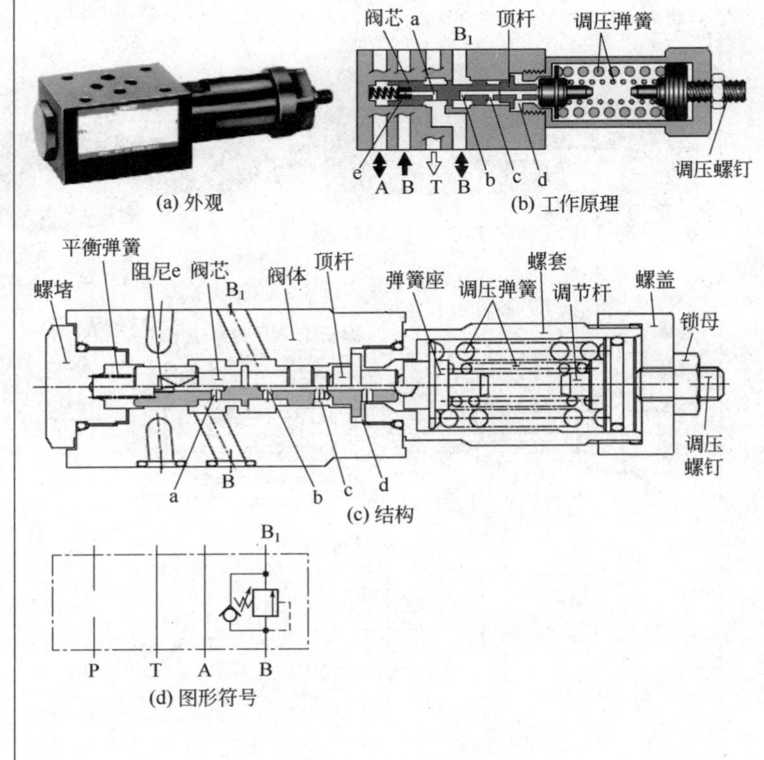 (a) 外观 (b) 工作原理 (c) 结构 (d) 图形符号

续表

类型	外观、工作原理、结构及图形符号
叠加溢流减压阀	仅对三通式叠加溢流减压阀加以说明。 叠加溢流减压阀的外观如图(a)所示，其工作原理如图(b)所示： 正向油流 P→P_1时经减压口减压，行使减压功能，其工作原理与非叠加式溢流减压阀相同；当 P_1压力过大，油液由 P_1→阻尼孔 a→阀芯左端面上，阀芯右移，关闭了减压口，打开溢流口，反向油从 P_1→阀芯中心孔→孔 c→孔 b→T 回油箱，为溢流功能 结构与图形符号分别见图(c)、(d) 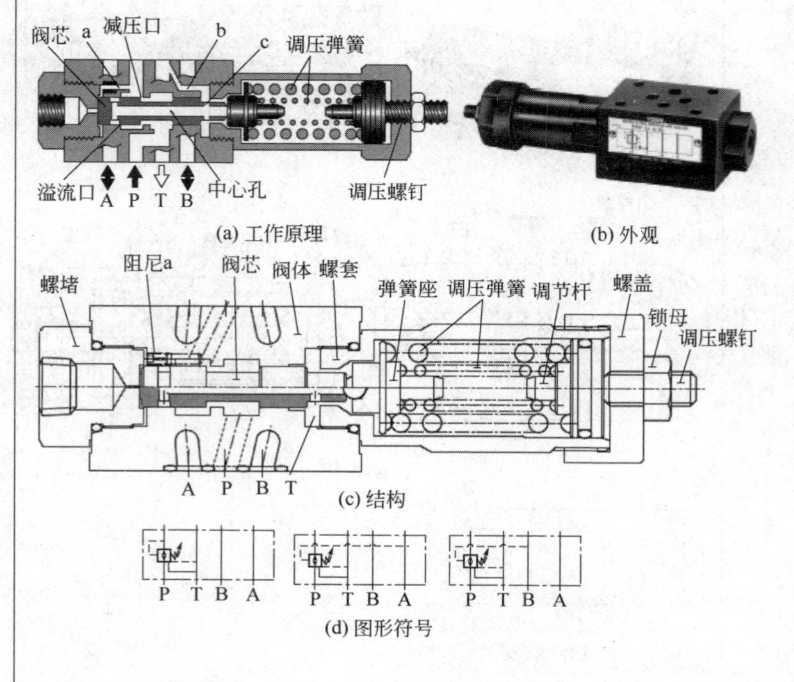 (a) 工作原理 (b) 外观 (c) 结构 (d) 图形符号

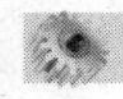

续表

类型	外观、工作原理、结构及图形符号
叠加单向阀	叠加单向阀的外观如图(a)所示，设在P流道叠加单向阀的工作原理如图(b)所示：与非叠加式普通单向阀相同，压力油从P→P_1导通，反向P_1→P不能流动而截止 结构与图形符号分别见图(c)、(d) 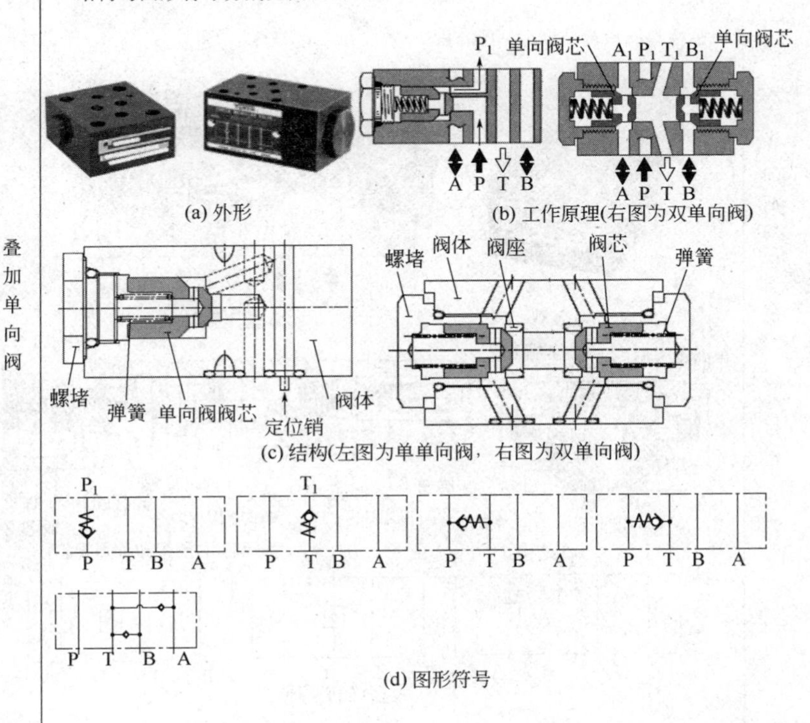

(a) 外形

(b) 工作原理(右图为双单向阀)

(c) 结构(左图为单单向阀，右图为双单向阀)

(d) 图形符号

续表

<table>
<tr><th>类型</th><th>外观、工作原理、结构及图形符号</th></tr>
<tr><td>叠加液控单向阀（双向液压锁）</td><td>双液控单向阀的外观如图(a)所示，工作原理如图(b)所示：当控制活塞右端通入压力控制油，控制活塞左行，推开左边的单向阀，实现 $B_1 \to B$ 或 $B \to B_1$ 正反方向的流动；反之，当控制活塞左端通入压力控制油，控制活塞右行，推开右边的单向阀，实现 $A_1 \to A$ 或 $A \to A_1$ 正反方向的流动。也可只是单液控单向阀
结构与图形符号分别见图(c)、(d)
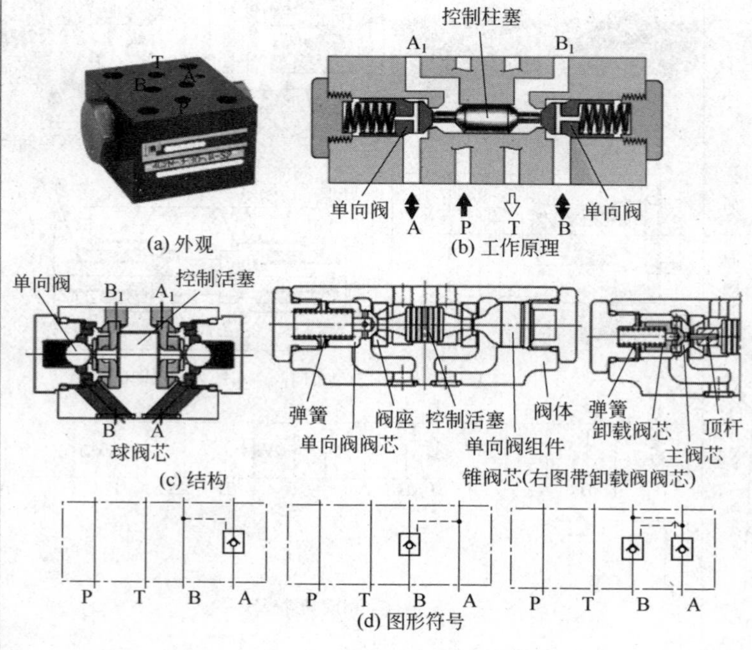

(a) 外观
(b) 工作原理
(c) 结构
(d) 图形符号</td></tr>
</table>

续表

类型	外观、工作原理、结构及图形符号
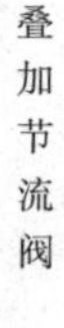 叠加节流阀	叠加节流阀的外观如图(a)所示，其工作原理如图(b)所示：图中为设在 P→ P_1流道中的节流阀，压力油从 P 流入，经节流口后从 P_1口流出，开口大小由旋转手柄调节，从而调节了出口的流量大小 结构与图形符号分别见图(c)、(d)  (a) 外观 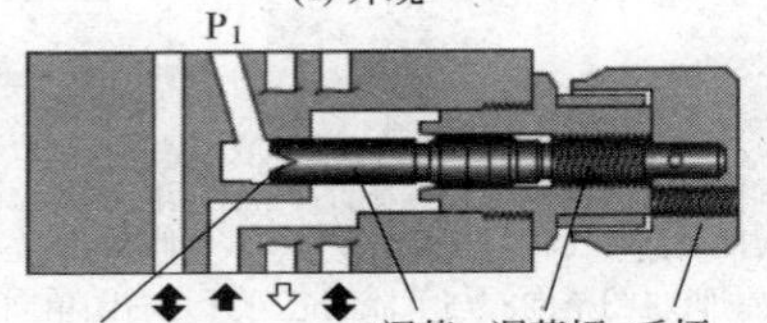 (b) 工作原理 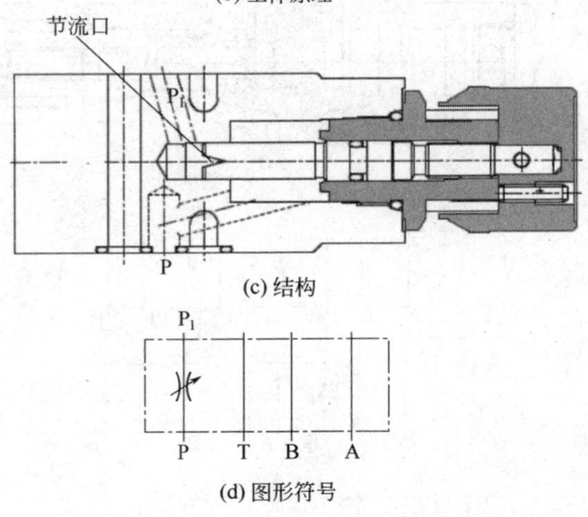 (c) 结构 (d) 图形符号

续表

类型	外观、工作原理、结构及图形符号
叠加单向节流阀	叠加单向节流阀的外观如图(a)所示，其工作原理如图(b)所示：当液流从 B→B_1或从 A→A_1流动时，单向阀处于关闭状态，液流只能通过节流阀实现从 B→B_1或从 A→A_1的流动，实现进油节流；反向从 B_1→B 或从 A_1→A 流动时，单向阀阀芯开启，油液不受节流限制而自由流动 将双单向节流叠加阀换一个，实现回油节流。结构与图形符号分别见图(c)、(d) 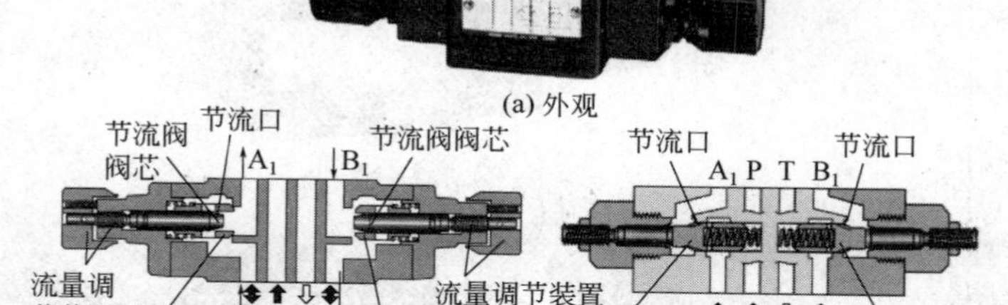 (a) 外观 (b) 工作原理(左图单向阀与节流阀芯分开，右图单向阀与节流阀芯为一体) 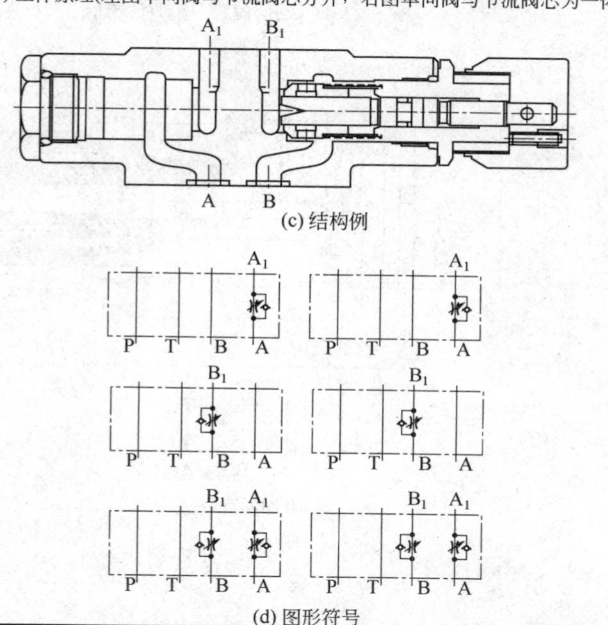 (c) 结构例 (d) 图形符号

5.4.3 故障分析与排除

故障	故障分析与排除
锁紧回路不能可靠锁紧	如图(a)所示为双向液压锁回路，图左的回路不能可靠锁定油缸不动，故障原因是由于双液控单向阀块在减压阀块之后，而减压阀为滑阀式，从B经减压阀先导控制油路来的控制油会因减压阀的内漏而导致B通道的压力降低而不能起到很好的锁定作用。可按图中右边的叠加顺序进行组合构成系统
液压缸因推力不够而不动作或不稳定	图(b)中左边的叠加方式，当电磁铁a通电时（P→A，B→T），本应油缸左行，但由于B→T的流动过程中，由于单向节流阀C的节流效果，在油缸出口B至单向节流阀C的管路中（图中▲部分）的背压升高，导致与B相连的减压阀的控制油压力也升高，此压力使减压阀进行减压动作，常常导致进入油缸A腔的压力不够而推不动油缸左行，或者使动作不稳定，所以应按右图进行组合构成系统
油缸产生振动（时停时走）现象	当图(c)左图的电磁铁b通电时（P→B，A→T），由于叠加式单向节流阀的节流效果在图中▲部位产生压力升高现象，产生的液压力为关闭叠加式液控单向阀的方向，这样液控单向阀会反复进行开、关动作，使油缸发生振动现象（电磁铁a通电，B→T的流动也同样）。解决办法是按图中右图进行配置
叠加式制动阀与叠加式单向阀（出口节流）时产生的故障	如图(d)所示的油马达制动回路中，左图(误）中，▲部分产生压力（负载压力以及节流效果产生的背压），负载压力和背压都作用于叠加式制动阀打开的方向，所以，设定的压力要高于负载压力与背压之和（p_A+p_B），若设定压力低于（p_A+p_B），在驱动执行元件时，制动阀就会动作，使执行元件达不到要求的速度；反之，若设定压力高于（p_A+p_B），由于负载压力相应设定压力过高，在制动时，常常会产生冲击。所以，在进行这种组合时，要按右图(正确）的组合构成系统

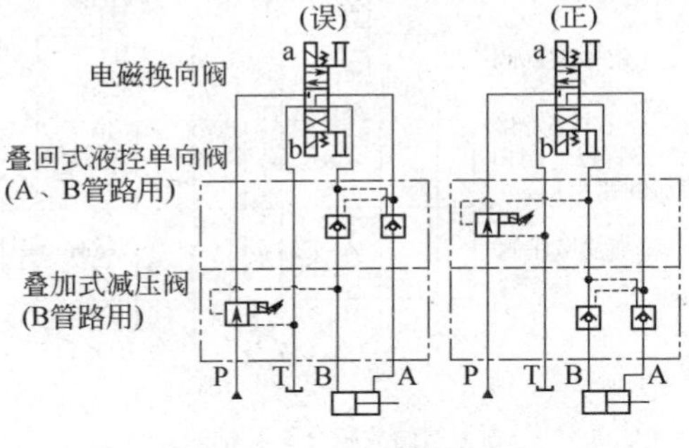

(误) (正)

电磁换向阀

叠回式液控单向阀
(A、B管路用)

叠加式减压阀
(B管路用)

a b P T B A

(a)

续表

故障	故障分析与排除
	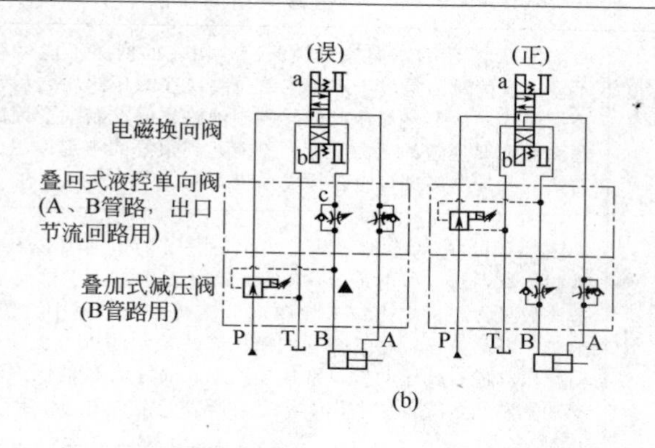 (b) 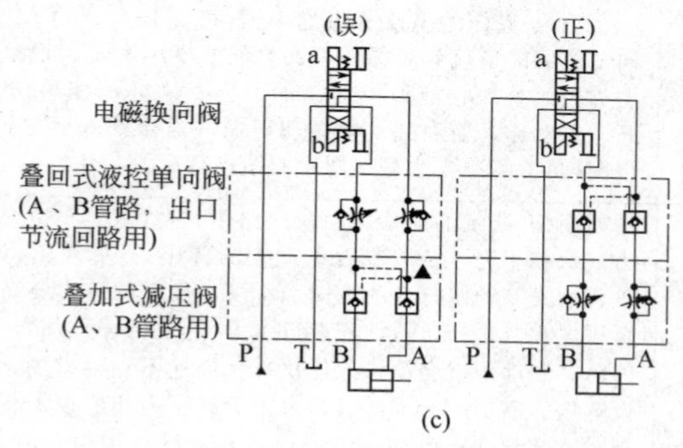 (c) 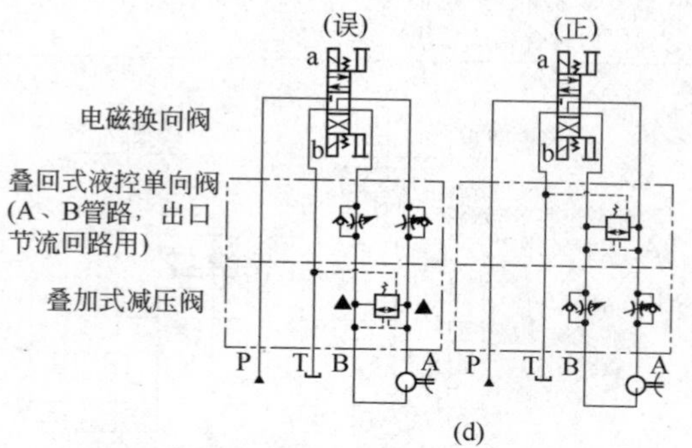 (d) 叠加阀的故障分析与排除

5.4.4 安装面尺寸

<table>
<tr><th>通径</th><th>安装面尺寸</th></tr>
<tr><td>6通径与10通径</td><td>
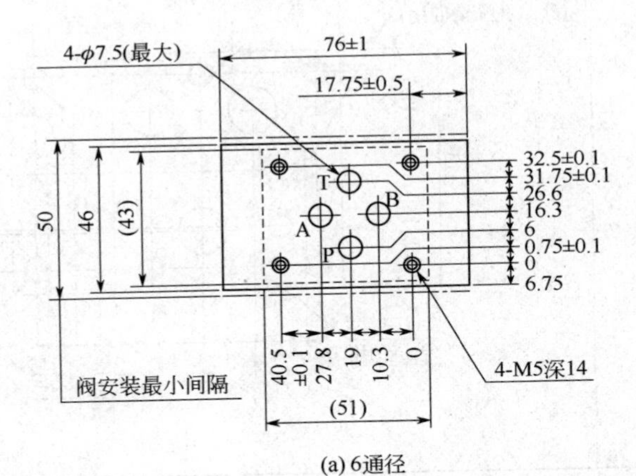

(a) 6通径

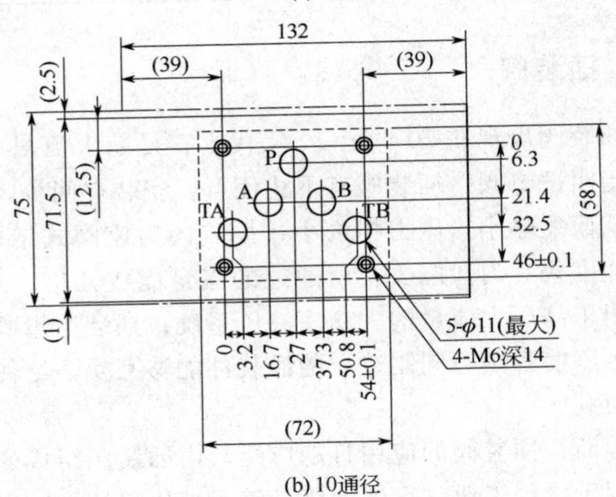

(b) 10通径
</td></tr>
</table>

续表

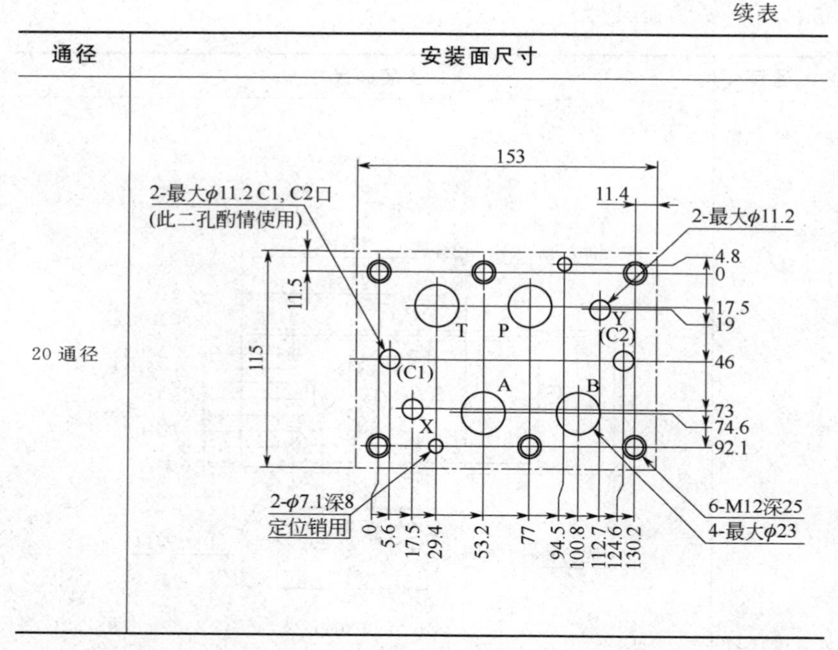

通径	安装面尺寸
20 通径	

5.5 插装阀

插装阀出现在 20 世纪 70 年代末，是超大流量的液压阀品种，最开始叫逻辑阀。插装阀有下述优点：安装空间少，减少了许多管路，从而发热小，压力损失小；插装阀为座阀式结构，结构紧凑，反应速度快、内泄漏少，所通过的流量能成几倍、几十倍的增加，最适用于高压大流量的大功率液压系统；插装逻辑阀国内外已标准化，可以使各国不同制造厂的插装件能够互换，给使用维修带来极大的便利。

因而，插装阀的应用日趋广泛，由插装阀组成的插装液压系统广泛用于橡胶工业、钢铁冶炼、铸锻液压机械、工程机械、交通运输等各种大型液压设备上。无论国外还是国内，使用插装阀的液压设备已越来越多，大型液压设备使用插装阀组合成液压系统是液压技术发展的重要趋势之一。

5.5.1　组成及插装单元的工作原理

<table>
<tr><th>项目</th><th>图示及说明</th></tr>
<tr><td>插装阀的组成</td><td>插装阀有盖板式和螺纹式两类。盖板式插装阀由先导部分（先导控制阀和控制盖板）、插装件和通道块（阀体）等组成

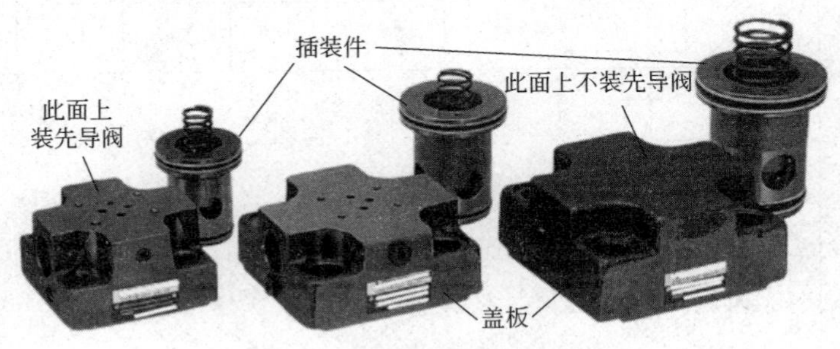

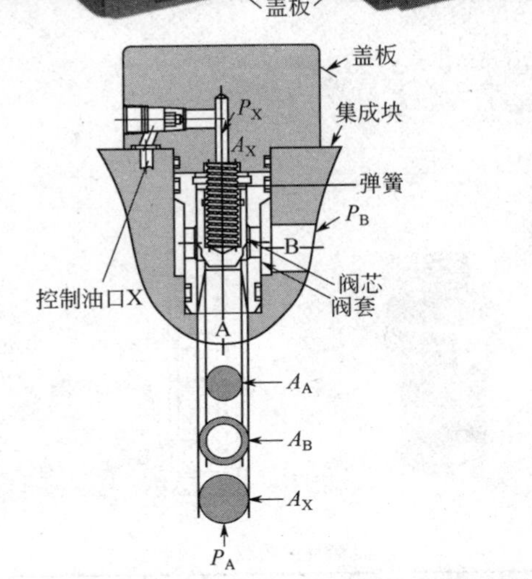
</td></tr>
</table>

续表

项目	图示及说明
插装阀的组成	见下

尺寸	D	d	L	C
16	ϕ32	ϕ25	48	3.2
25	ϕ45	ϕ34	61.5	2.9
32	ϕ60	ϕ45	72	3.0
40	ϕ75	ϕ55	90	4.0
50	ϕ90	ϕ68	104	4.0
63	ϕ120	ϕ90	135	4.0

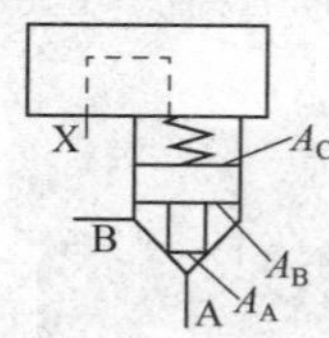

A_A：A口承压面积

A_B：B口承压面积

p_A：A口压力

p_B：B口压力

$A_A+A_B=A_C$

插装件

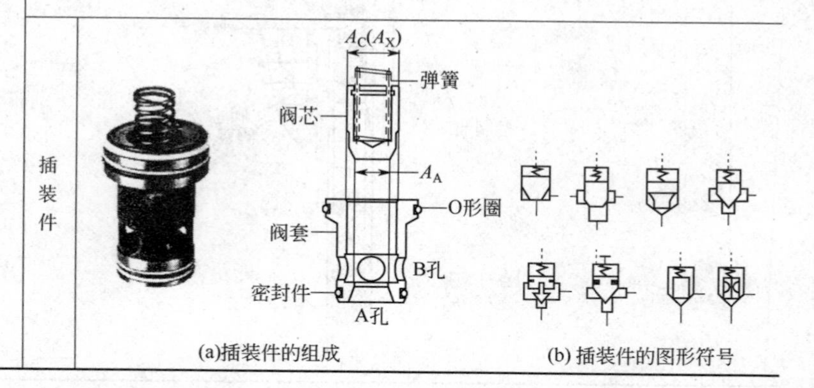

(a)插装件的组成　　(b) 插装件的图形符号

续表

项目		图示及说明
插装阀的组成	控制盖板	 顶面　接压力表　L　X　C (a) 顶面不装电磁阀的盖板(顶面可接压力表) 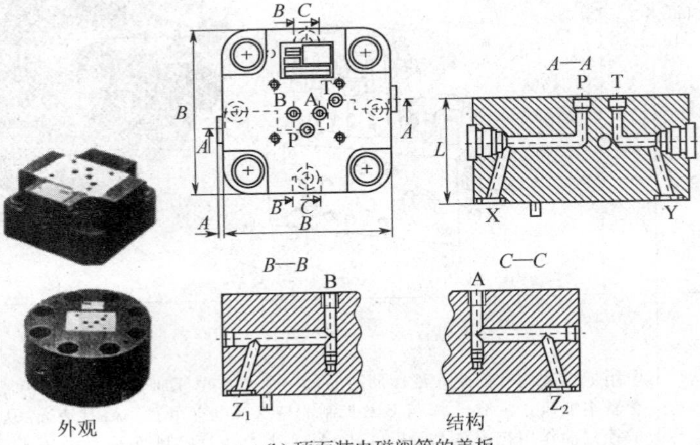 外观　结构 (b) 顶面装电磁阀等的盖板 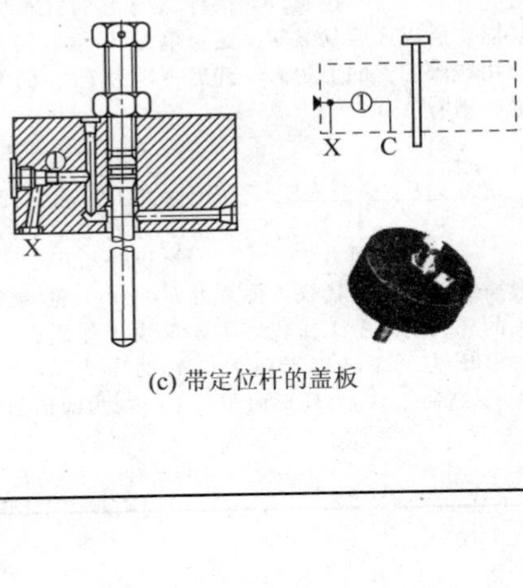 (c) 带定位杆的盖板

续表

<table>
<tr><th>项目</th><th colspan="2">图示及说明</th></tr>
<tr><td>插装阀的组成</td><td>集成块</td><td>集成块又叫通道块，用来安装插装件、控制盖板和其他控制阀，沟通主油路和控制油路的块体。块体上装入若干个插装件、控制盖板和先导控制元件，可构成一些典型的液压回路。它们可分别起到调压、卸荷、保压、顺序动作以及方向控制和流量调节等作用，组成整台液压设备的插装阀液压控制系统。通道块上每一插装件的加工安装尺寸，已国际标准化，全世界通用
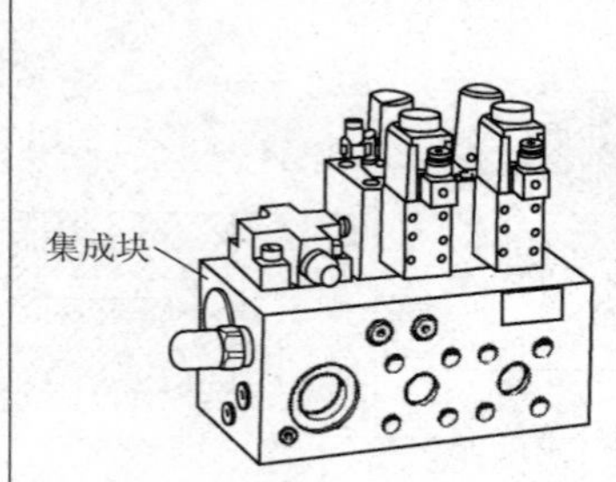

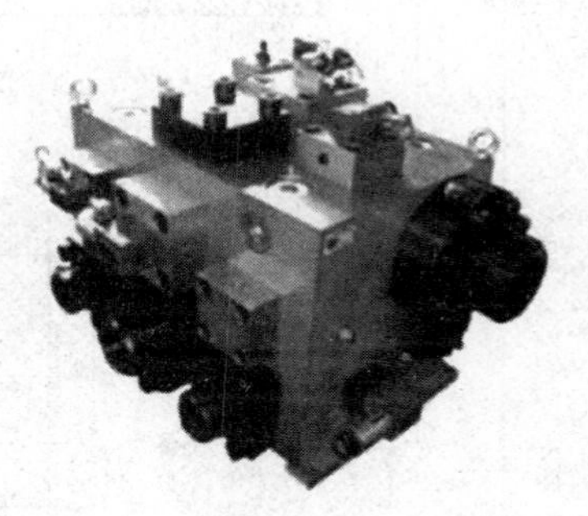</td></tr>
<tr><td>插装单元的工作原理</td><td colspan="2">组成插装阀和插装式液压回路的每一个基本单元叫插装件。每一插装件有三个基本油口：主油口 A 与 B 及控制油口 X（也有用 C、A_P代表）。从 X 口进入的控制油作用在阀芯大面积 A_X（A_C）上，通过控制油 p_X的加压或卸压，可对阀进行“开”、“关”控制。如果将 A 与 B 的接通叫“1”，断开叫“0”，便实现逻辑功能，所以插装件又叫“逻辑单元”，插装阀又叫“逻辑阀”
设作用在阀芯上的上抬力（开启力）为 F_0，向下的力（关闭力）为 F，略去摩擦力，则有：
$(p_XA_X+F_S)-(p_AA_A+p_BA_B+F_Y)>0$：阀开启
$\underbrace{(p_XA_X+F_S)}_{\text{阀关闭力}F}-\underbrace{(p_AA_A+p_BA_B+F_Y)}_{\text{阀开启力}F_0}<0$：阀关闭
一般插装件的弹簧较软，弹簧力 F_S很小，锥阀阀芯受到的液动力 F_Y也很小，所以阀的开、闭两个工作状态主要取决于作用在 A、B、X 三腔油液相应压力产生的液压力，即决定于各油口处的压力 p_A、p_B、p_X和对应的作用面积（A_A、A_B、A_X、A_B为环形面积，A_B、A_X为圆形面积）之乘积</td></tr>
</table>

续表

<table>
<tr><th>项目</th><th>图示及说明</th></tr>
<tr><td>插装单元的工作原理</td><td>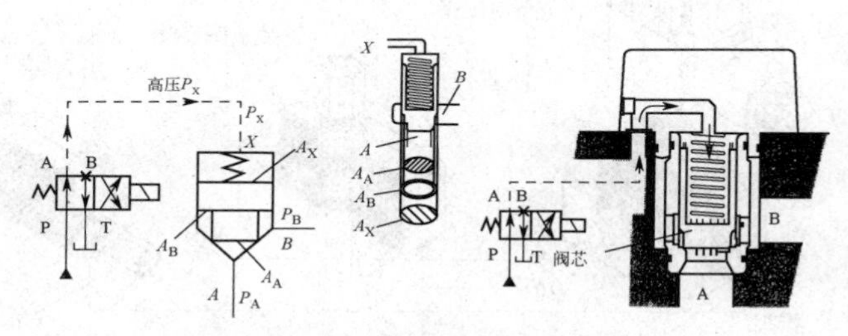
(a) 电磁铁断电，阀关闭，A与B不通($F>F_0$)
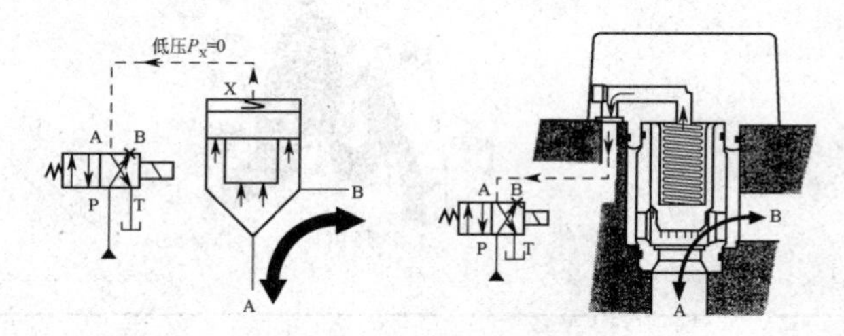
(b) 电磁铁通电，阀打开，A与B连通($F<F_0$)
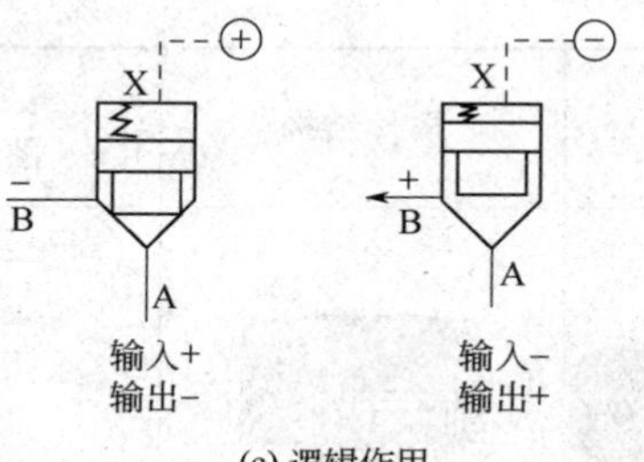
(c) 逻辑作用</td></tr>
</table>

续表

项目	图示及说明
盖板与插装单元的几个基本组合	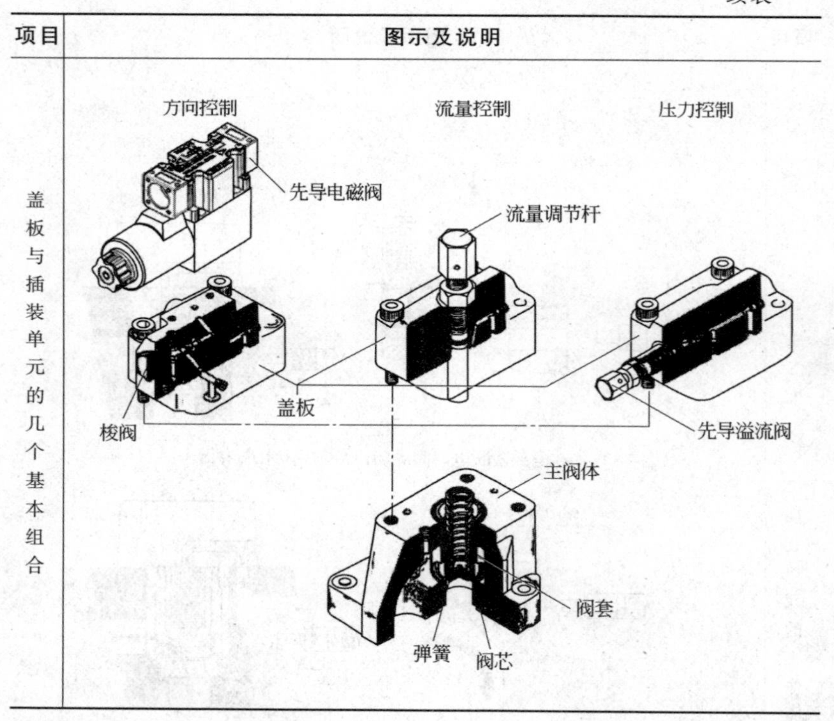

5.5.2 方向、流量和压力控制

插件功能	外观	插件结构	盖板形式及图形符号	说明
方向控制功能		X B A	X B A 基本型盖板	这种不同盖板形式具有方向控制功能的组件可用于构成单向阀、液控单向阀和其他插装式方向阀

续表

插件功能	外观	插件结构	盖板形式及图形符号	说明
方向控制功能		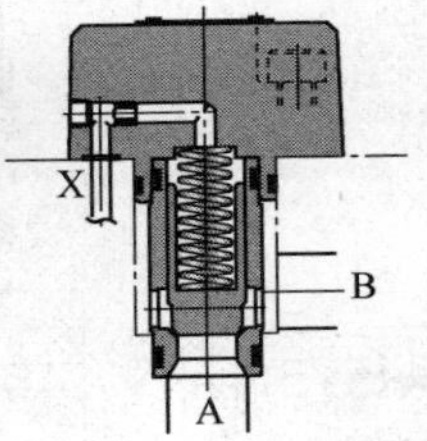	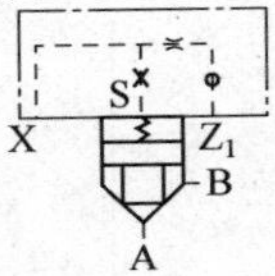 带单向阀盖板 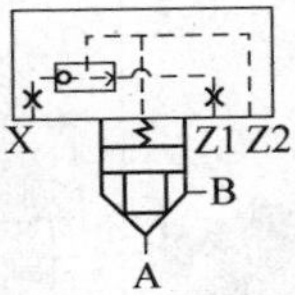 带梭阀盖板	
方向与流量控制功能		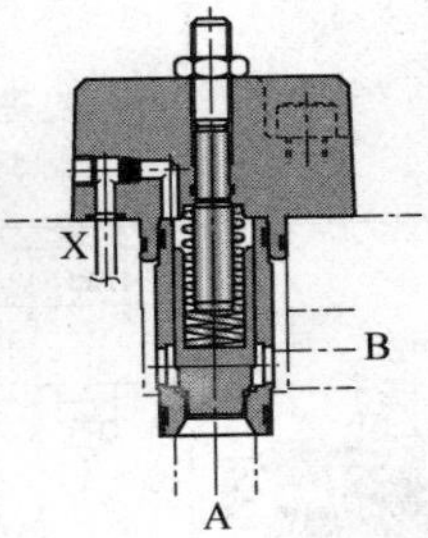	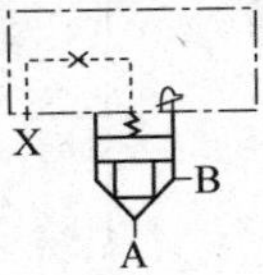 带行程调节螺钉的盖板 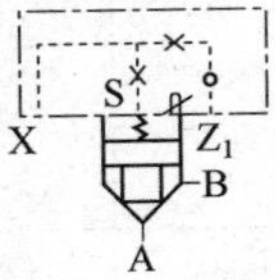 带单向阀与行程调节的盖板 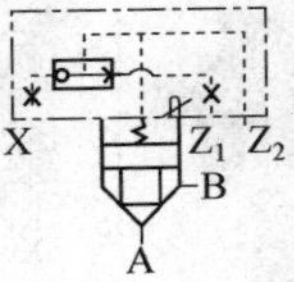 带梭阀与行程调节的盖板	盖板上设有调节阀芯开口大小的行程调节螺钉

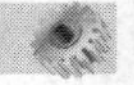

续表

插件功能	外观	插件结构	盖板形式及图形符号	说 明
压力控制功能		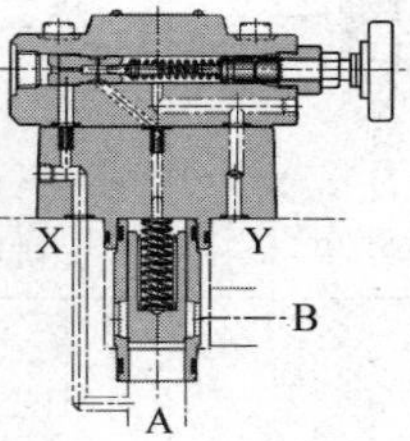	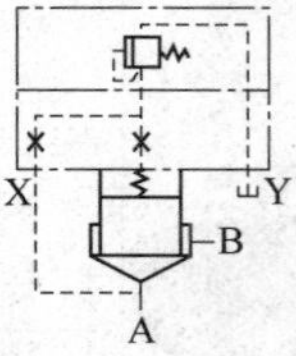 标准型 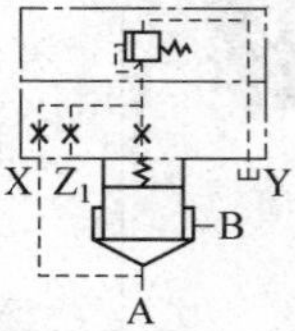 Z_1进控制油，Y口泄油控制 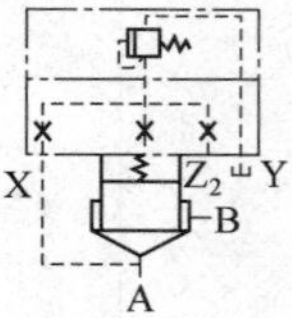 Z_2进控制油，Y口泄油控制	构成插装式溢流阀，控制方式有内控内泄、外控外泄、内控外泄、外控内泄
插装式电磁阀的方向控制功能与组合阀		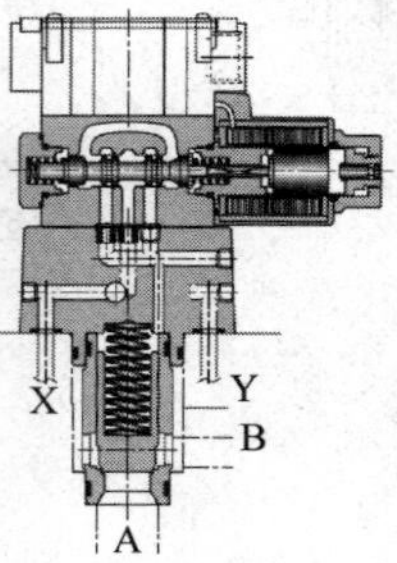	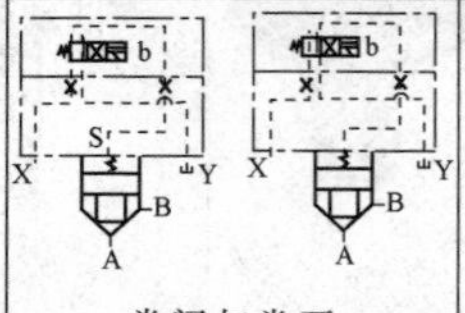 常闭与常开 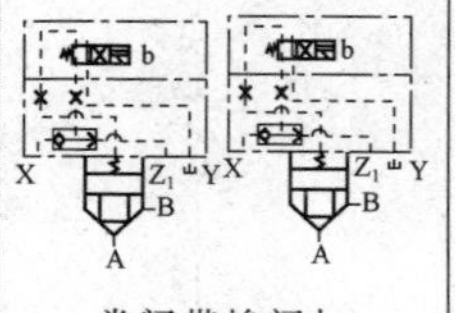 常闭带梭阀与常开带梭阀	构成插装式电液换向阀

续表

<table>
<tr><th>插件功能</th><th colspan="2">外观</th><th>插件结构</th><th>盖板形式及图形符号</th><th>说明</th></tr>
<tr><td></td><td colspan="2"></td><td></td><td>常闭带梭阀与常开带梭阀</td><td></td></tr>
<tr><td rowspan="2">插装式电磁阀的方向控制功能与组合阀</td><td rowspan="2"></td><td rowspan="2">组合阀</td><td colspan="3">(1) 插装式单向阀
图(a)中，控制油从A口引入，构成B→A自由流通反向截止的单向阀；图(b)中，控制油从B口引入，构成A→B自由流通反向截止的单向阀
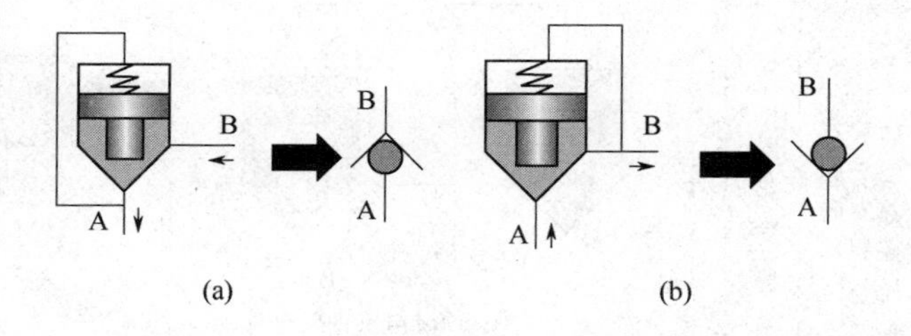
</td></tr>
<tr><td colspan="3">(2) 插装式二位二通电液方向阀
下图为两位两通插装式电液方向阀的工作原理，图(a)中，当电磁铁断电时，控制油通过先导电磁阀到油箱，油液可从A→B；图(b)中，当电磁铁通电时，控制油由A引入压力油，A到B不通
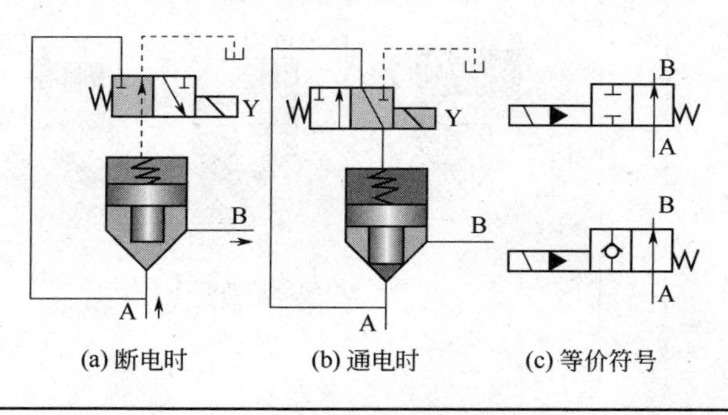

(a) 断电时 (b) 通电时 (c) 等价符号</td></tr>
</table>

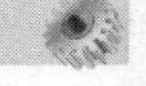

续表

<table>
<tr><th>插件功能</th><th>外观</th><th>插件结构</th><th>盖板形式及图形符号</th><th>说明</th></tr>
<tr><td>插装式电磁阀的方向控制功能与组合阀</td><td>组合阀</td><td colspan="3">（3）插装式二位三通电液方向阀
如图(a)所示，当电磁铁断电时，先导电磁阀左位工作，右边插件控制腔通入控制压力油而关闭，左边插件控制腔通回油而打开，实现主油路A与T通，不与P通
图(b)中，当电磁铁通电时，先导电磁阀右位工作，左边插件控制腔通入控制压力油而关闭，右边插件控制腔通回油而打开，实现主油路P与A通，不与T通
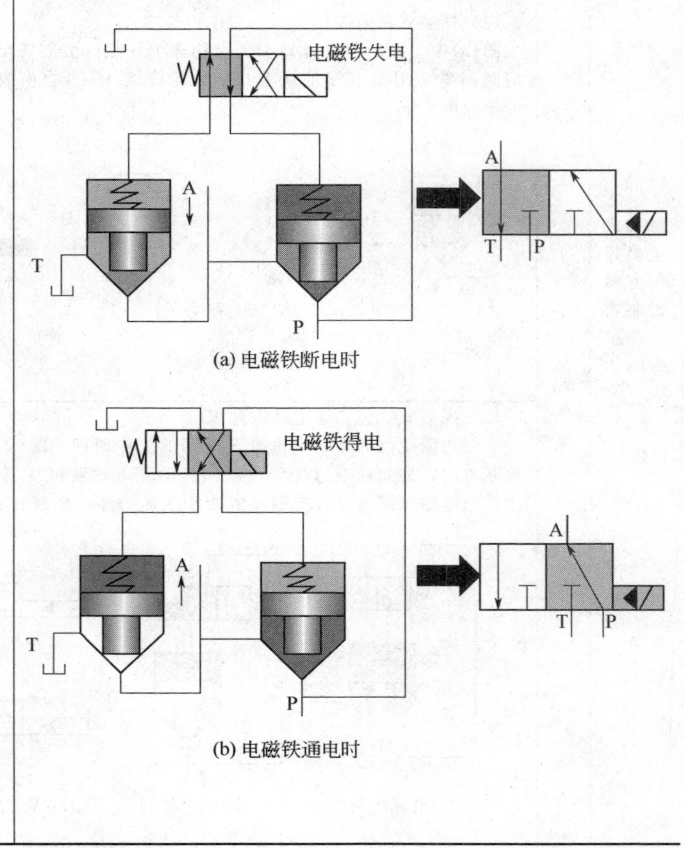

(a) 电磁铁断电时
(b) 电磁铁通电时</td></tr>
</table>

续表

插件功能	外观	插件结构	盖板形式及图形符号	说明
插装式电磁阀的方向控制功能与组合阀	组合阀	（4）插装式三位四通电液方向阀 如图(a)所示，1DT 与 2DT 均断电时，先导电磁阀处于中位，P 来控制油进入所有插装件的控制腔，插件 1、2、3 与 4 都关闭，主油口 P、A、B、T 均互不相通，主阀实现 O 型中位机能 图(b)中，2DT 通电，1DT 断电时，先导电磁阀右位工作，P 来控制油进入 2、4 插装件的控制腔，所以 2、4 两个插件关闭，1、3 两个插件打开，实现主油口 P→B，A→T 图(c)中，1DT 通电，2DT 断电时，先导电磁阀左位工作，P 来控制油进入 1、3 插装件的控制腔，所以 1、3 两个插件关闭，2、4 两个插件打开，实现主油口 P→A，B→T 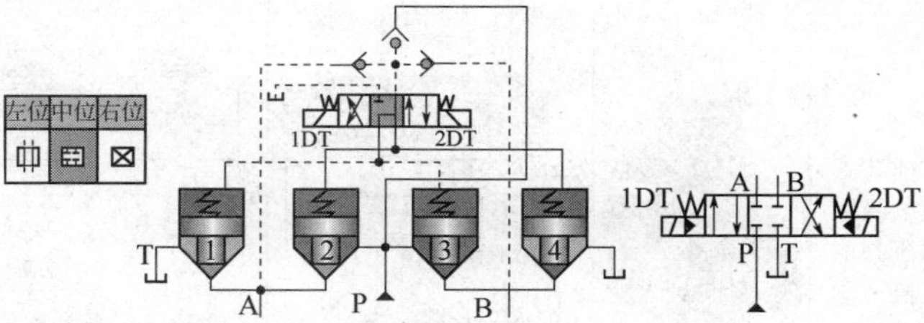 (a) 1DT与2DT均断电时 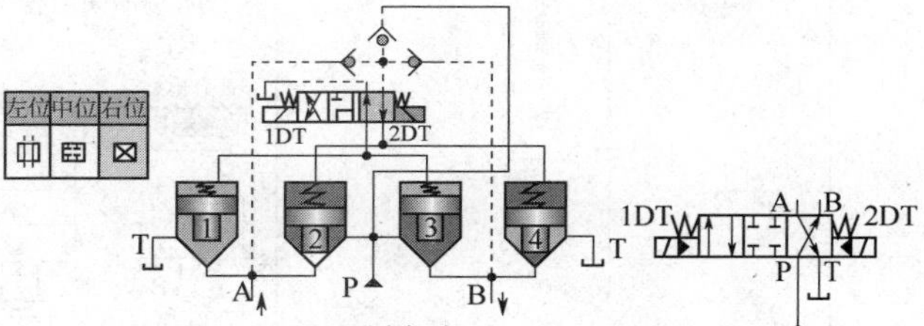 (b) 2DT通电时 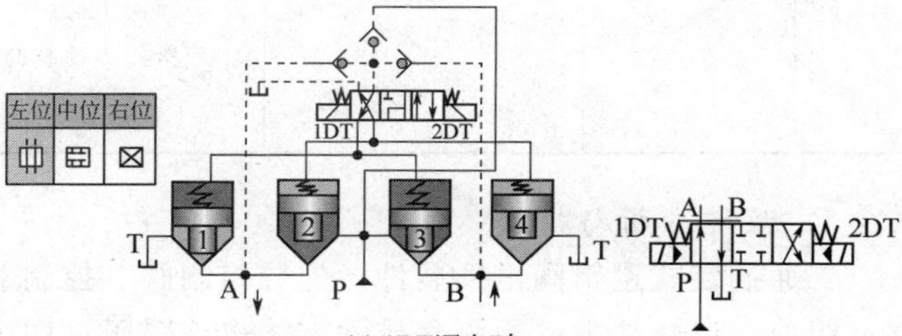 (c) 1DT通电时		

续表

插件功能	外观	插件结构	盖板形式及图形符号	说明
插装式电磁溢流阀的控制功能		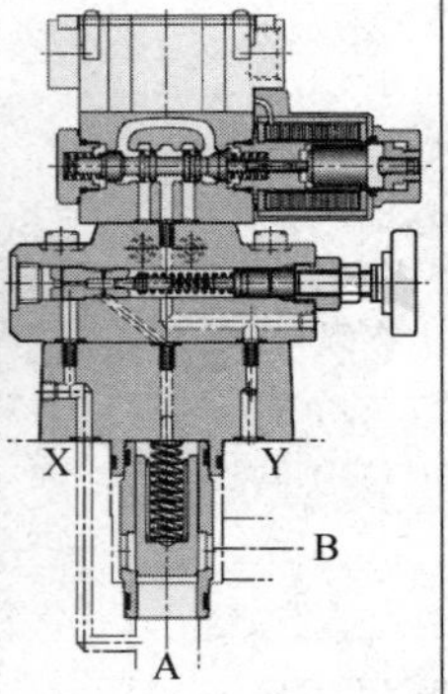 X Y B A	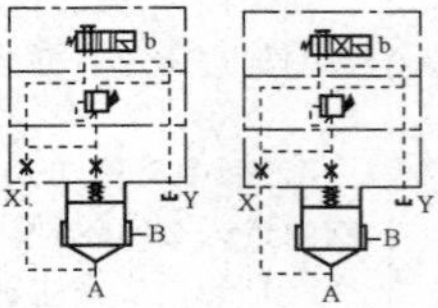 b X Y B A b X Y B A 常闭与常开电磁阀加上先导调压阀的盖板 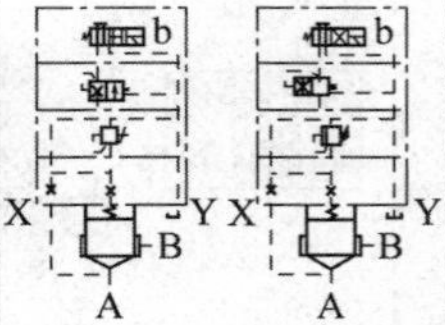 b X Y B A b X Y B A 常闭与常开电磁阀、先导调压阀、加上带防缓冲阀的盖板 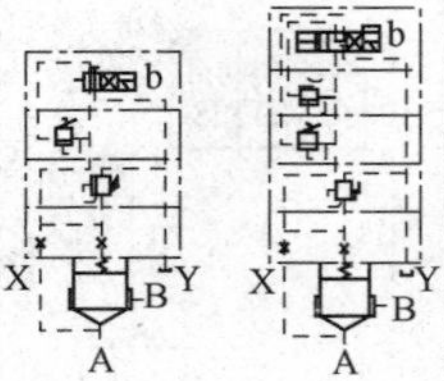 b X B Y A b X Y B A 二级压力控制与三级压力控制的盖板	构成插装式电磁溢流阀。可用于卸荷、调压、二级压力控制与三级压力控制

5.5.3 故障分析与排除

二通插装式逻辑阀由插装件、先导控制阀、控制盖板和块体四部分组成。产生故障的原因和排除方法也着眼于这四个地方。

先导控制阀部分和控制盖板内设置的阀与一般常规的小流量电磁换向阀、调压阀及节流阀等完全相同。插装件不外乎三种：滑阀式、锥阀式及减压阀芯式。从原理上讲，均起开启或关闭阀口两种作用，从结构上讲，形如一个单向阀，因而也可参考单向阀的相关内容。现补充说明如下（请读者注意：插装阀的故障有许多来自设计不当）。

故障	图示	故障原因	排除方法
丧失“开”或“关”的逻辑功能，阀不动作	污物卡住 阀芯 阀套 密封破损或漏装 弹簧漏装或折断 B 此处不密合 A	① 先导控制阀与控制盖板来的控制腔油的输入有故障 ② 油中污物楔入插装阀芯与阀套之间的配合间隙，将主阀芯卡死在“开”或“关”的位置 ③ 阀芯或阀套棱边处有毛刺 ④ 阀芯外圆与阀套内孔几何精度超差，产生液压卡紧 ⑤ 阀套嵌入集成块体内，因外径配合过紧而导致内孔变形；或者因阀芯与阀套配合间隙过小而卡住阀芯	① 检查先导控制油的压力大小与高低压切换可靠性 ② 清洗插装件，必要时更换干净油液 ③ 倒毛刺 ④ 检查有关零件精度，必要时修复或重配阀芯，酌情处理 ⑤ 阀芯和阀套的配合间隙应符合规定，用加热集成块体的方法嵌入阀套

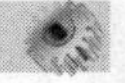

续表

故障	图示	故障原因	排除方法
应关阀时不能可靠关闭	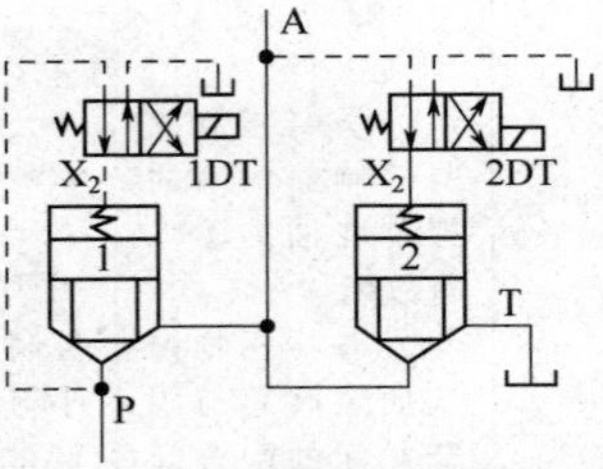 (a) 插装单元不能可靠关闭的情况 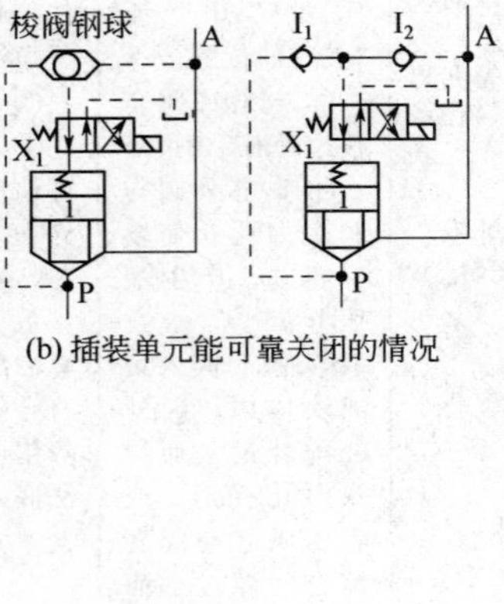 (b) 插装单元能可靠关闭的情况	如图(a)所示，当 1DT 与 2DT 均断电时，两个逻辑阀的控制腔 X_1 与 X_2 均与控制油接通。此时两插装阀均应关闭。但当 P 腔卸荷或突然降至较低的压力，A 腔还存在比较高的压力时，阀 1 可能开启，A、P 腔反向接通，不能可靠关闭，而阀 2 的出口接油箱，不会有反向开启问题	采用图(b)所示的方法，在两个控制油口的连接处装一个梭阀，或两个反装的单向阀，使阀的控制油不仅引自 P 腔，而且还引自 A 腔，当 $p_P > p_A$ 时，P 腔来的压力控制油使插装阀 1 处于关闭，且梭阀钢球（或单向阀 I_2）将油腔与 A 腔之间的通路封闭，当 P 腔卸荷或突然降压使 $p_A > p_P$ 时，来自 A 腔的控制油推动梭阀钢球（或 I_1）将来自 P 腔的控制油封闭，同时经电磁阀与插装阀的控制腔接通，使插装阀仍处于关闭状态。这样不管 P 腔或 A 腔的压力发生什么变化，均能保证插装阀的可靠关闭

续表

故障	图示	故障原因	排除方法
不能很好地封闭保压	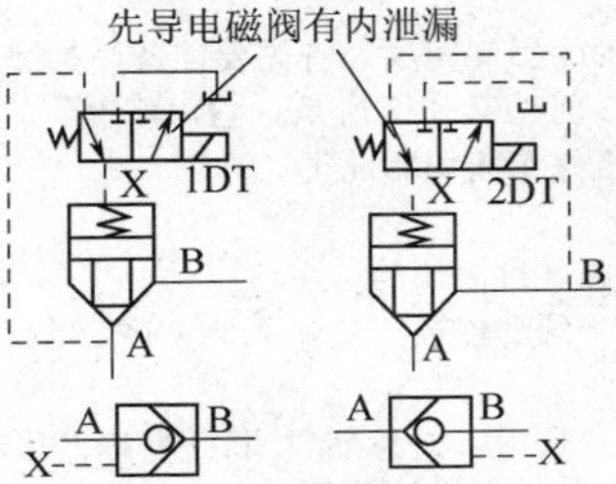 先导电磁阀有内泄漏 (a) 存在内泄漏液控单向阀 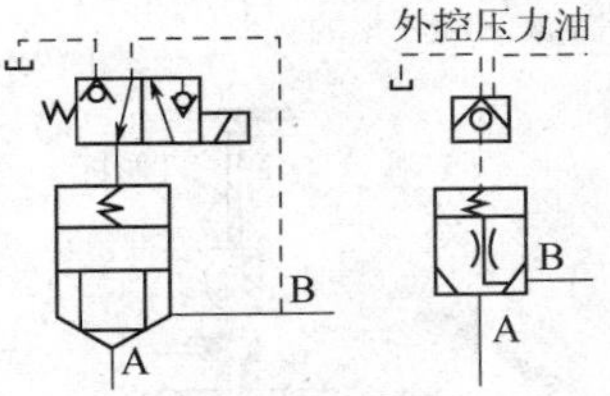 外控压力油 (b) 无内泄漏的液控单向阀	① 以图(a)所示采用电磁阀作先导阀的插装式液控单向阀进行保压时，由于滑阀式电磁阀不可避免存在内泄漏而不能很好地封闭保压 ② 阀芯与阀套配合锥面不密合，导致 A 与 B 腔之间的内泄漏 ③ 阀套外圆柱面上的 O 型密封圈密封失效。 ④ 阀体或集成块体内部铸造质量（例如气孔、裂纹、缩松等）不好造成的渗漏以及集成块连接面的泄漏	① 采用图(b)所示座阀式电磁阀或者使用带外控的液控单向阀作先导阀的插装式液控单向阀 ② 查明配合锥面不密合的原因予以排除 ③ 更换成合格密封 ④ 检查阀体或集成块体的质量，采取对策
插装阀“开”或“关”的速度过快或者过慢	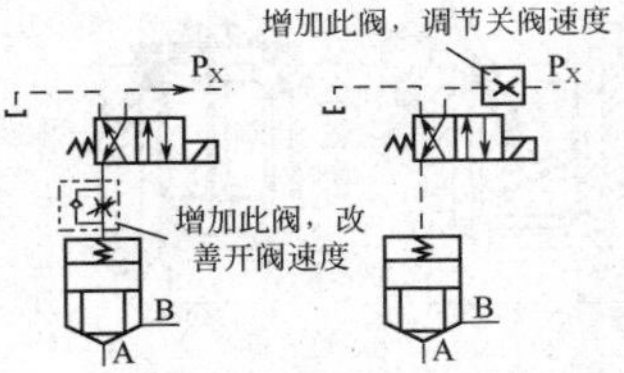 增加此阀，调节关阀速度 增加此阀，改善开阀速度 (a) 调节启闭速度回路两例 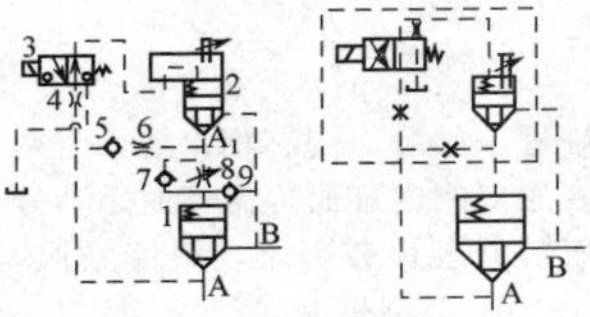 (b) 快速启闭回路两例	过快造成冲击；过慢造成动作迟滞，系统各元件不能协调动作 过快原因： ① 控制油压力流量太高太大 ② 插装阀为特大通径时 过慢原因： ③ 先导阀的通径设计时选小了 ④ 先导回油不畅或与主回油共用了同一管路，背压太大	① 采用图(a)所示的回路调节插装阀开启与关闭速度 ② 采用图(b)所示的回路可加快插装阀开启与关闭速度 ③ 选用稍大通径的先导阀 ④ 先导回油与主回油不共用同一管路

5.5.4 插装阀的修理

<table>
<tr><th>项目</th><th>图示及说明</th></tr>
<tr><td>拆卸</td><td>修理插装阀时，会遇到插装件的拆卸问题，首先要准备好拆卸工具，拆卸工具可购买或自制，拆卸插装件的工具如图所示，它由胀套、支承手柄、T形杆和冲击套管等组成，一般机修车间均有此类工具
拆卸插装件的步骤与方法：
① 卸下插装阀的盖板或先导阀、过渡块等；
② 按图示卸下挡板，如挡板与阀套连成一体，无此工序；
③ 取出弹簧，小心取出阀芯；
④ 将拆卸工具的胀套插入阀套孔内，并旋转T形杆，撑开胀套，借助冲击套的冲击将阀套从集成块孔内取出，也可按图示的方法取出阀套
必须注意：拆卸前须设法排干净集成块体内的油液，并注意与油箱连接回油管，不要因虹吸现象发生油箱油液流满一地的现象
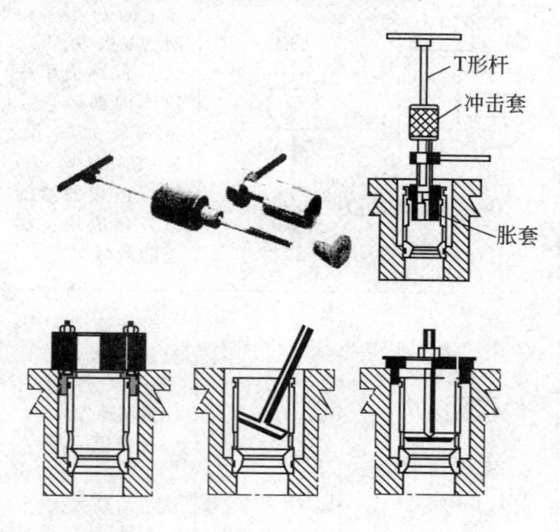
</td></tr>
<tr><td>修理</td><td>阀芯的修理可参阅单向阀芯的修理，阀套与阀芯相接触面有两处：一为圆柱相接触的内孔圆柱面，一为阀套底部的内锥面，修理时重点修复阀芯与阀套圆柱配合面的间隙，阀套内锥面的修理比较困难，只能采取与阀芯对研，更换一套新的插装件价格较贵</td></tr>
</table>

5.6　伺服阀

5.6.1　液压伺服系统的工作原理简介及其特点

<table>
<tr><th>项目</th><th>图示及说明</th></tr>
<tr><td>工作原理</td><td>以图所示机液伺服系统为例进行说明：
液压泵1以恒定的压力p_S向系统供油，溢流阀2溢流多余的油液。当滑阀阀芯3处于中间位置时，阀口关闭（图中双点划线表示），阀的a、b口没有流量输出，液压缸不动，系统处于静止状态 。若阀芯3向右移动一段距离X_i，则b处便有一个相应的开口$X_v = X_i$，压力油经油口b进入液压缸右腔后使其压力升高，由于液压缸采用杆固定 ，故缸体右移，液压缸左腔的油液经油口a到T流回油箱。由于缸体与阀体做成一体，因此阀体也跟随缸体一起右移。其结果使阀的开口量X_v逐渐减小。当缸体位移X_P等于X_i时，阀的开口量$X_v=0$，阀的输出流量就等于零，液压缸便停止运动，处于一个新的平衡位置上。如果阀芯不断地向右移动，则液压缸就拖动负载不停地向右移动，则液压缸就拖动负载不停地向右移动。如果阀芯反向运动，则液压缸也反向跟随运动
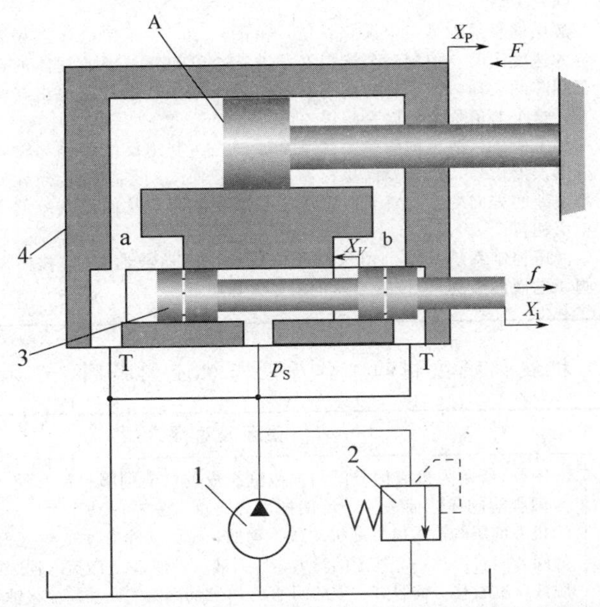

在这个系统中，滑阀作为转换放大元件（控制阀），把输入的机械信号（位移或速度）转换并放大成液压信号（压力或流量）输出至液压缸，而液压缸则带动负载移动。由于滑阀阀体和液压缸缸体做成一个整体，从而构成反馈控制，使液压缸精确地表现输入信号的变化</td></tr>
</table>

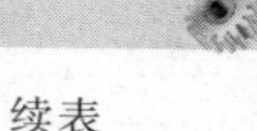

续表

项目	图示及说明
特点	液压伺服系统的特点（功能）： （1）跟踪 液压伺服系统是一个位置跟踪系统，由图可知，缸体的位置完全由滑阀阀芯3的位置来确定，阀芯3向前或向后一个距离时，缸体4也跟着向前或向后移动相同的距离 （2）放大 液压伺服系统是一个力放大系统，执行元件输出的力或功率远大于输入信号的力或功率，可以多达几百倍甚至几千倍。移动阀芯3的力很小，而缸体输出的力F却很大（$=p_s \times A$） （3）反馈 液压伺服系统是一个负反馈系统，所谓反馈是指输出量的部分或全部按一定方式回送到输入端，回送的信号称为反馈信号。若反馈信号不断地抵消输入信号的作用，则称为负反馈。负反馈是自动控制系统具有的主要特征。由工作原理可知，液压缸运动抵消了滑阀阀芯的输入作用 （4）误差 液压伺服系统是一个误差系统，由图可知，为了使液压缸克服负载并以一定的速度运动，控制阀节流口必须有一个开口量，因而缸体的运动也就落后于阀芯的运动，即系统的输出必然落后于输入，也就是输出与输入间存在误差，这个差值称为伺服系统误差 综上所述，液压伺服控制的基本原理是：利用反馈信号与输入信号相比较得出误差信号，该误差信号控制液压能源输入到系统的能量，使系统向着减小误差的方向变化，直至误差等于零或足够小，从而使系统的实际输出与希望值相符 液压控制系统基本上由执行元件（液压马达或油缸）、控制阀（机液伺服阀、电液伺服阀）、传感器及伺服放大器组成

5.6.2 机液伺服控制的工作原理与机液伺服阀

项目	图示及说明
机液伺服阀（控制系统）工作原理	图(a)所示为机液伺服阀与伺服缸组成的机液伺服控制系统，伺服缸缸体与伺服阀阀体连成一体，反馈杆可绕支点b左右摆动 机液伺服阀输入信号是机动或手动的位移。一个很小的输入力F_1将伺服阀的阀芯向右推动一个规定的量L，压力油从进油口经P_1流入伺服缸的左腔，伺服液压缸右移，伺服缸右腔的回油经P_2和伺服阀的回油口流入油箱。反馈杆的作用是：当活塞杆右移时，反馈杆也绕支点b向右摆动，带动连杆并通过连杆使阀体也向右移动L，直至关闭阀芯，封闭伺服缸的进回油通路。于是给定阀一个输入运动量L，伺服缸就跟踪产生一个确定的输出运动控制量，这种输出被反馈回来修正输入的系统叫做闭环系统［图(b)］

续表

<table>
<tr><th>项目</th><th>图示及说明</th></tr>
<tr><td>机液伺服阀（控制系统）工作原理</td><td>这类机液伺服阀常用在仿形机床的仿形刀架、车辆和船舶的液压转向系统、雷达和战车的跟踪系统等
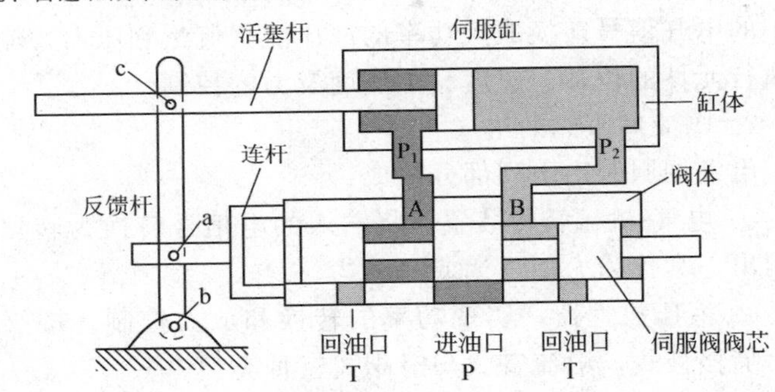

(a) 机液伺服阀与伺服缸的组成
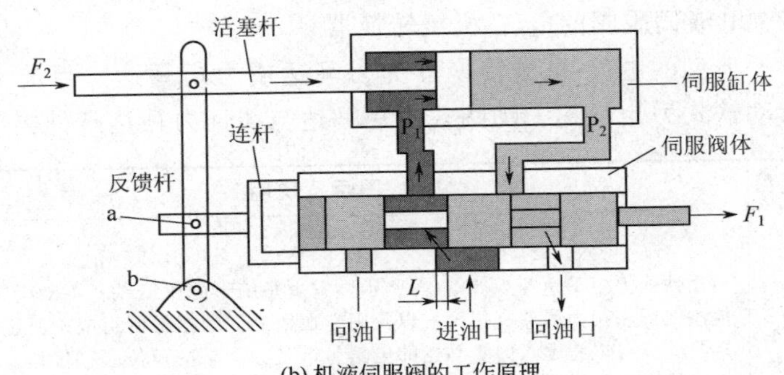

(b) 机液伺服阀的工作原理</td></tr>
<tr><td>机液伺服阀结构例与图形符号</td><td>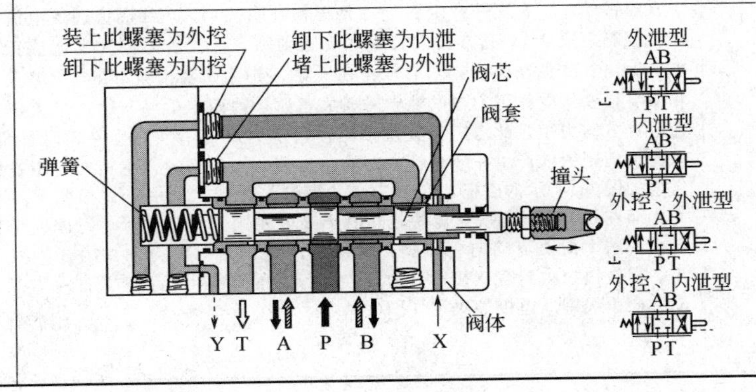
</td></tr>
</table>

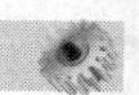

5.6.3 电液伺服阀

(1) 简介

1）什么是电液伺服阀

电液伺服阀既是电液转换元件，又是功率放大元件，它能够把微小的电气信号转换成大功率的液压能（流量和压力）输出，实现对执行元件的位移、速度、加速度及力的控制。

2）电液伺服阀的组成

电液伺服阀由下列部分组成：

① 电气-机械转换装置：将输入的电信号转换为转角或直线位移输出，常称为力矩马达或力马达。

② 液压放大器：实现功率的转换和放大控制。按阀结构分类有喷嘴挡板式、射流管式与滑阀式三种类型。

③ 反馈平衡机构：使阀输出的流量或压力与输入信号成比例。

(2) 电液伺服阀的电气-机械转换器

典型的电气-机械转换器为力马达或力矩马达。目前力矩马达有动铁式力矩马达、动圈式力矩马达与线性力马达三种类型。

项目	图示及说明
动铁式力矩马达的工作原理	动铁式力矩马达外观如图(a)所示。它由马蹄形的永磁铁、可动衔铁、轭铁、控制线圈、扭力弹簧（扭轴）以及固定在衔铁上的挡板所组成。通过动铁式力矩马达，可以将输入力矩马达的电信号，变为挡板的角位移（位移）输出。可动衔铁由扭轴支承，处于气隙间。永磁铁产生固定磁通 Φ_P 永磁铁使左、右轭铁产生 N 与 S 两磁极［图(b)］，当线圈上通入电流时，将产生控制磁通 Φ_c。其方向按右手螺旋法则确定，大小与输入电流成正比。气隙 A、B 中磁通为 Φ_P与 Φ_c合成：在气隙 A 中为二者相加，在气隙 B 中为二者相减。衔铁所受作用力与气隙中磁通成正比，因而产生一与输入电流成正比的逆时针方向力矩。此力矩克服扭轴的弹性反力矩使衔铁产生一逆时针角位移。电流反向则衔铁产生一顺时针方向的角位移。亦即当通入电流时，衔铁两端也产生如图(b)所示的磁极，在气隙 A，衔铁与轭铁之间由于磁极相反产生吸引力；而在气隙 B，衔铁与轭铁之间由于磁极相同，产生排斥力，因而衔铁上端向左偏斜，衔铁下端向右偏斜，这样便产生一逆时针方向的力矩。因为此力矩，衔铁以扭力弹簧（扭轴）为转心，产生角位移，带动弹簧杆左右摆动，摆动方向由线圈通电极性决定［图(c)］

续表

项目	图示及说明
动铁式力矩马达的工作原理	(a) 外观与组成　(b) 工作原理 (c) 通电极性决定弹簧杆摆动方向
动圈式力矩马达的工作原理	动圈式永磁力矩马达是按载流导线在磁场中受力的原理工作的。如图所示，它由永久磁铁、轭铁和动圈组成。永久磁铁在气隙中产生一固定磁通。当导线中有电流通过时，根据电磁作用原理，磁场给载流导线一作用力，其方向根据电流方向和磁通方向按左手定则确定，其大小为： $$F=10.2\times10^{-8}BLi$$ 式中　B——气隙中磁感应强度，Gs； L——载流导线在磁场中的总长度，cm； i——导线中的电流，A 动圈式结构简单、价廉，但体积较大，频率响应较低，一般用于工业伺服阀中；动铁式力矩马达动特性好，体积小，用于动态要求高的伺服阀和比例阀中 力矩马达常用于喷嘴-挡板结构形式的比例阀的先导控制级和伺服阀的前置级中。力矩马达根据输入的电信号通过同它连接在一起的挡板输出角位移（位移），改变挡板和喷嘴之间的距离，使流阻变化来进行压力控制。力矩马达也用在方向流量控制中，用输出流量进行反馈而起到压力补偿作用。为了与电磁式、电动式比例阀相区别，把由力矩马达构成的比例阀称为“电液式比例阀”，使之与采用比例电磁铁的电磁式比例阀和采用直流伺服电机的电动式比例阀相并列，构成比例阀的三种控制方式

续表

项目	图示及说明
动圈式力矩马达的工作原理	动圈 永久磁铁 轭铁 Φ_P Φ_P
线性力马达的工作原理	直动式电液伺服阀由线性力马达部分与阀部分组成。线性力马达是永磁铁式微分马达，马达包括线圈、一对高能稀土磁铁、衔铁和对中弹簧，对中弹簧有碟形与螺旋形两种 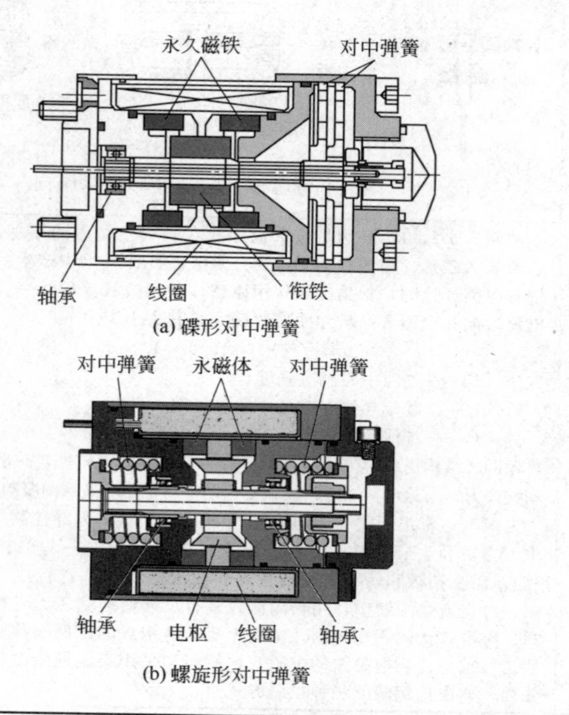 (a) 碟形对中弹簧 (b) 螺旋形对中弹簧

续表

<table>
<tr><th>项目</th><th>图示及说明</th></tr>
<tr><td>线性力马达的工作原理</td><td>在线圈内没有电流时，永磁铁磁力和弹簧力平衡，使衔铁静止不动［图(a)］；当线圈内通有一种极性的电流时，磁铁周围一个气隙内的磁通增加，另一个气隙内的磁通减小，这种不平衡使得衔铁向磁通强的方向移动［图 (b)］
改变线圈内电流的极性，衔铁就朝相反的方向移动
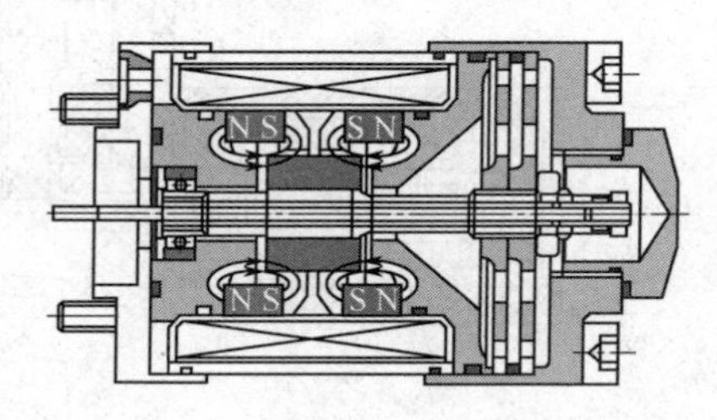

(a) 未通入电流时衔铁力平衡而静止不动
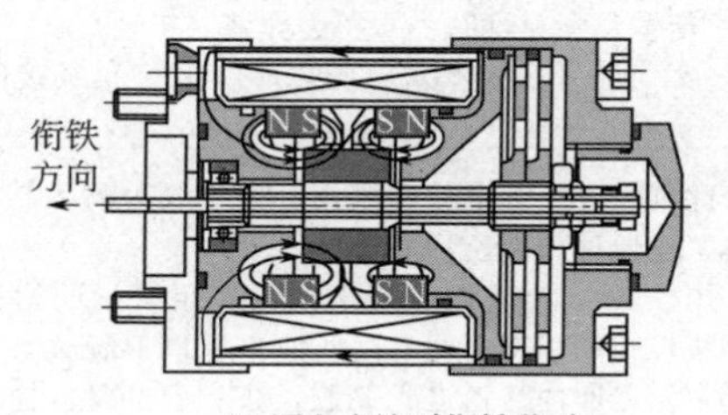

(b) 通入电流时衔铁移动</td></tr>
</table>

(3) 电液伺服阀的结构原理例

项目		图示及说明
动铁式力矩马达型	1. 直动式	如图所示，这种伺服阀在线圈 2 通电后衔铁 1 产生受力略为转动，通过连接杆 4 直接推动阀芯 7 移动并定位，扭力弹簧 3 作力矩反馈。这种伺服阀结构简单。但由于力矩马达功率一般较小，摆动角度小，定位刚度也差，因而一般只适用于中低压（7MPa 以下）、小流量和负载变化不大的场合

续表

<table>
<tr><th colspan="2">项目</th><th>图示及说明</th></tr>
<tr><td rowspan="2">动铁式力矩马达型</td><td>1. 直动式</td><td>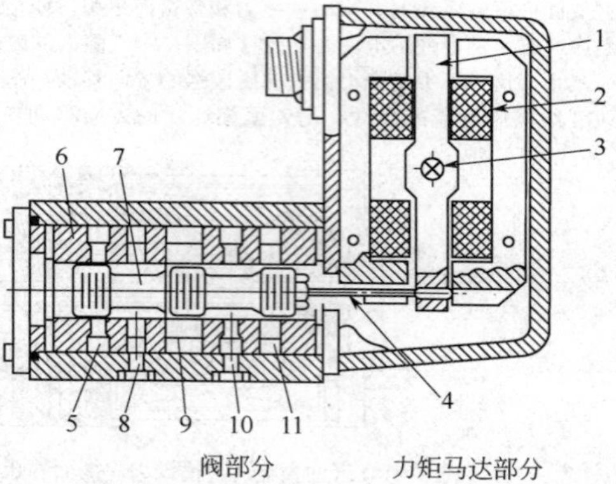

1—衔铁；2—线圈；3—扭力弹簧（扭轴）；4—连接杆；5、11—T 口；6—阀套；7—阀芯；8、10—负载接口；9—P 口</td></tr>
<tr><td>2. 先导式二级电液伺服阀（多级电液伺服阀）</td><td>此例中为二级电液伺服阀，先导级为喷嘴挡板式，主级为滑阀式。其工作原理如图所示
图(a)中，当线圈未通电时，力矩马达的衔铁处于水平平衡位置，挡板停在两喷嘴中间，高压油自油口 P 流入，经油滤后分四路流出。其中两路经内流道进入 P 腔，止步于主阀芯左、右两凸肩盖住的窗口处，而不能流入负载油路 A、B；两路流经左、右固定节流孔 R 到阀芯左、右两端，再经左、右喷嘴喷出，汇集后从回油口 T 流出，此时由于挡板与两喷嘴处于对称位置，$p_s = p_{s'}$，主阀芯对中，P、A、B、T 均互不相通
当有控制信号线圈通电时，衔铁根据输入线圈电流的大小和极性逆或顺时针方向转动对应角度，图(b)中为力矩马达衔铁顺时针方向偏转一个角度，带动反馈杆向左偏斜，挡板与左喷嘴之间的间隙小，挡板与右喷嘴之间的间隙大，因喷嘴阻力不同使 $p_s > p_{s'}$，致使主阀芯偏离中间位置向右移动，阀芯的移动打开了供油压力口 P 和一个控制油口 A，同时也连通了回油口 T 和另一个控制油口 B，形成 P→A 与 B→T 相通，使与 A、B 相连的执行元件动作。改变电流大小，可控制执行元件动作的速度大小，改变电流的极性，可控制执行元件动作的方向
阀芯的运动在悬臂弹簧上作用了力，在衔铁/挡板部件上产生回复力矩，当回复力矩等于电磁力矩时，衔铁/挡板部件就回到中间位置，阀芯就又保持着平衡的状态，直到控制信号再一次改变
总之，阀芯位置与输入电流成正比，在通过阀的压降恒定时，负载流量与阀芯位置成正比</td></tr>
</table>

续表

<table>
<tr><th colspan="2">项目</th><th>图示及说明</th></tr>
<tr><td>动铁式力矩马达型</td><td>2. 先导式二级电液伺服阀（多级电液伺服阀）</td><td>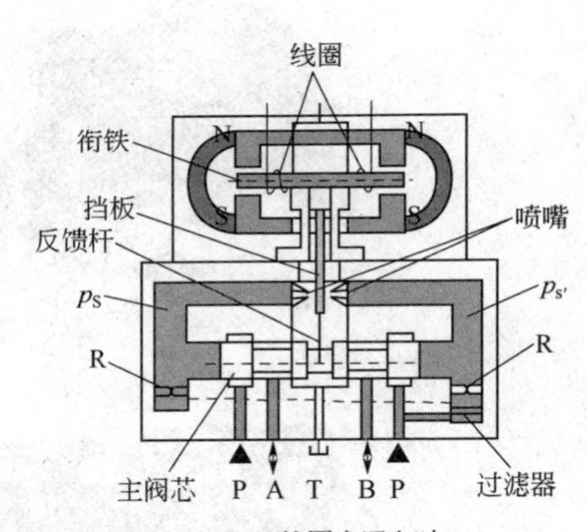

(a) 线圈未通电时
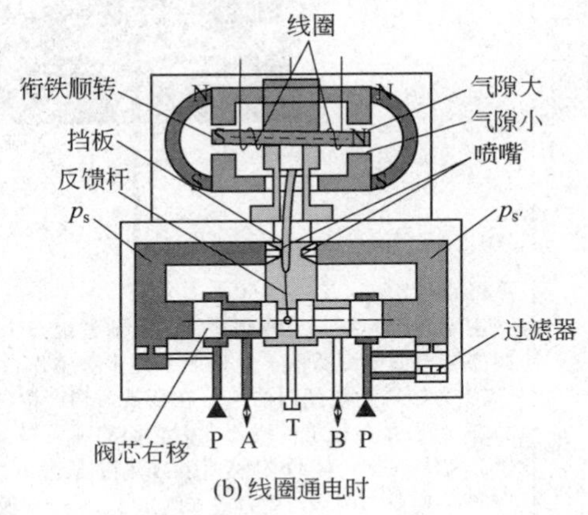

(b) 线圈通电时
结构例：
(1) 前置级
本例中的二级电液伺服阀，由力矩马达、前置级（喷嘴挡板）与主级（滑阀）所组成，下图为前置级结构图</td></tr>
</table>

续表

项目		图示及说明
动铁式力矩马达型	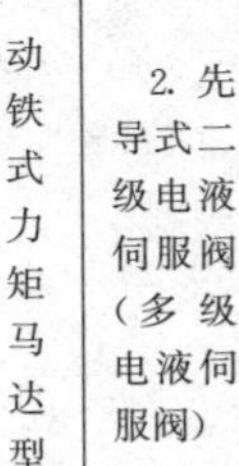2. 先导式二级电液伺服阀（多级电液伺服阀）	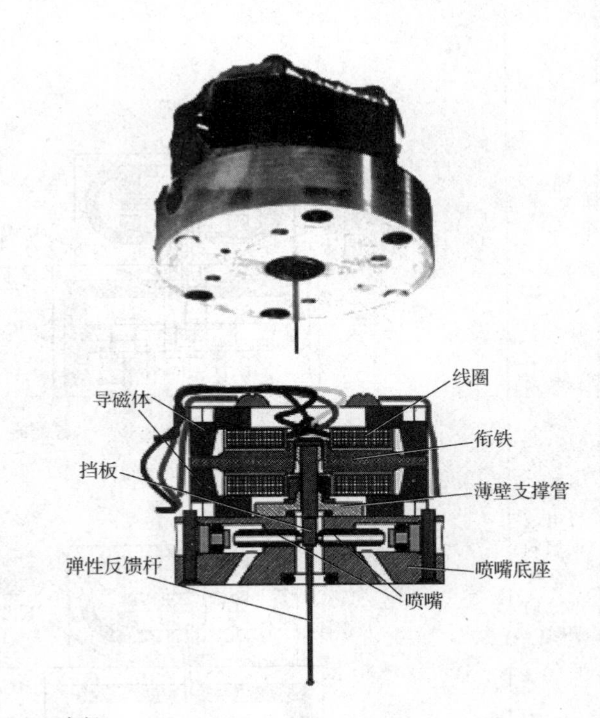 （2）主级 主级为放大级，为滑阀式结构。前置级与主级构成的二级电液伺服阀的结构如下图所示，它按照下述步骤工作： ① 力矩马达线圈内的电流在衔铁两端产生磁力 ② 衔铁和挡板组件绕着支撑它们的弹簧管（薄壁支撑管）旋转 ③ 挡板关闭一侧的喷嘴，使得该侧的压力 p_s大于另一侧的压力 $p_{s'}$ ④ 主滑阀芯两端因受力差（例如 $p_s > p_{s'}$）而移动，连通 P 和一个控制口（图中为 A），同时连通回油口 T 和另一个控制口（图中为 B） ⑤ 阀芯推动反馈杆末端的钢球，在衔铁/挡板上产生回复力矩 ⑥ 当反馈力矩与磁力矩相等时，衔铁/挡板就又回复到中位 ⑦ 阀芯在反馈力矩与输入电流产生的力矩相等时停止运动 ⑧ 阀芯位置与输入电流成正比 ⑨ 在压力恒定的情况下，负载流量与阀芯位置成正比

续表

项目		图示及说明
动铁式力矩马达型	2. 先导式二级电液伺服阀（多级电液伺服阀）	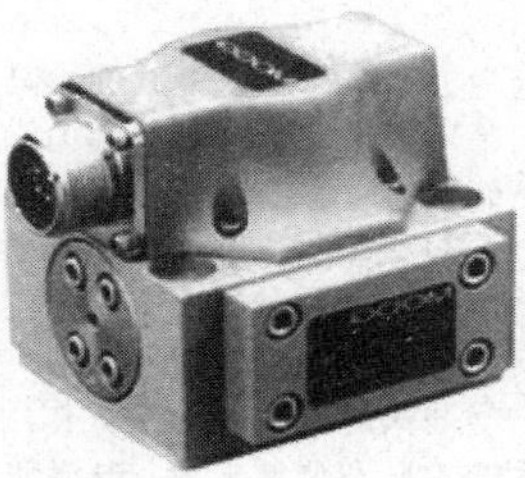 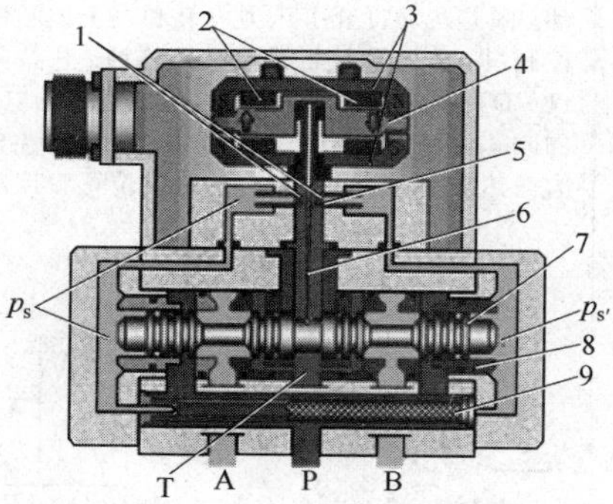 1 2 3 4 5 6 7 8 9 p_s $p_{s'}$ T A P B 1—喷嘴挡板（先导级）；2—线圈；3—衔铁；4、5—反馈杆；6—主阀芯；7、9—过滤器；8—阀套
动圈式力矩马达型		如图所示，永磁铁产生一磁场，动圈通电后在该磁场中产生力，驱动阀芯运动，阀芯承力弹簧作力反馈。阀芯右端设置的位移传感器，可提供控制所需的补偿信号 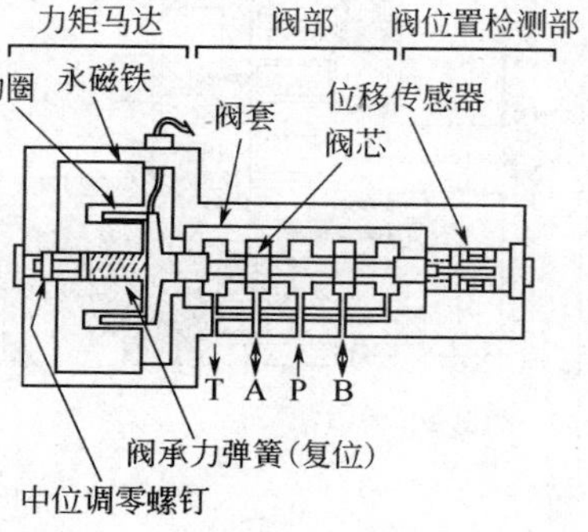 力矩马达 阀部 阀位置检测部 动圈 永磁铁 阀套 阀芯 位移传感器 T A P B 阀承力弹簧(复位) 中位调零螺钉

续表

项目	图示及说明
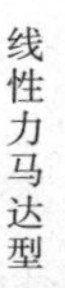 线性力马达型	图示为 D636 / D638 型线性力马达型电液伺服阀结构，这种直动式伺服阀采用碟形对中弹簧线性力马达，阀芯在阀套或直接在阀体孔内滑动，阀套上有方孔（槽）或环形槽与供油压力 p_s和回油口 T 相连。在零位，阀芯在阀套中央，阀芯的凸肩（台阶）正好遮盖住 P 和 T 的开口。阀芯向任一方向移动都会使得液流从 P 向一个控制口（A 或 B）、另一个控制口（B 或 A）向 T 流动 电信号与阀芯位置相对应，作用于积分电子设备上，在线性力马达线圈内产生脉宽调制电流。电流使得衔铁运动，衔铁随之触发阀芯运动。阀芯运动打开了压力口 P 和一个控制口（A 或 B），同时使另一个控制口（B 或 A）与回油口 T 连通。机械附着于阀芯上的位置传感器（LVDT）通过产生与阀芯位置成正比的电信号来测量阀芯位置。解调的阀芯位置信号与控制信号相比较，产生的误差电信号驱动电流流向力马达线圈。因此，阀芯的最终位置与控制电信号成正比 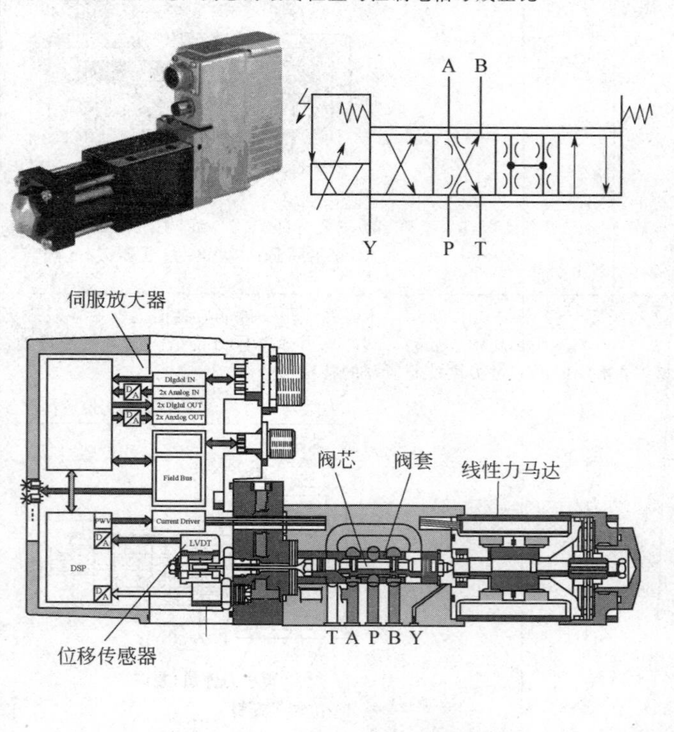

（4）电液伺服控制系统例

此处仅列举如图所示的钢材轧机带钢跑偏控制：光电头射出一束调制光，经反光板反射后被光敏管吸收，随着带材偏离正常位置，其遮光量也发生变化，使接收光敏管输出一个与遮光量成比例的调制电流信号，此信号经解调后输入电流放大器，经放大后作为伺服阀的控制电流，使伺服阀动作。受伺服阀控制的调整液压缸推动卷取机的摆动辊，纠正带材位置。

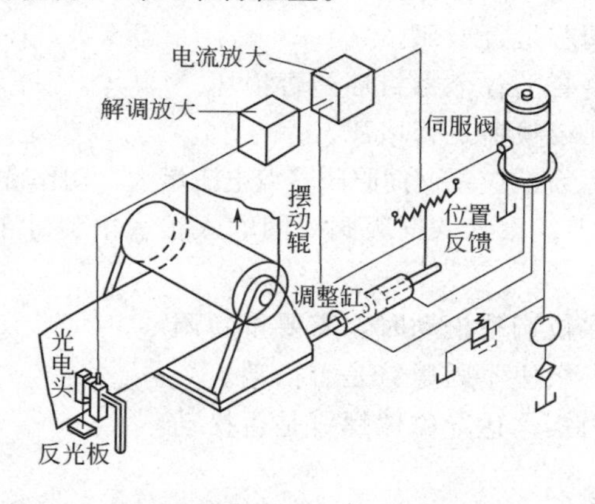

（5）喷嘴挡板式电液伺服阀故障排查

故障1：伺服阀不工作（执行机构停在一端不动或缓慢移动）

① 检查线圈的接线方向是否正确。

② 检查线圈引出线是否松焊。

③ 检查两个线圈的电阻值是否正确。

④ 检查输入电缆线是否接通。

⑤ 检查进、回油管路是否畅通。

⑥ 检查进、回油孔是否接反。

故障2：伺服阀只能从一个控制腔出油，另一个不出油（执行机构只向一个方向运动，改变控制电流不起作用）

① 检查节流孔是否堵塞（清洗时注意两个节流孔拆前各自位置，切不可把两边的位置倒换）。

② 检查阀芯是否卡死。

③ 检查喷嘴挡板是否堵塞。

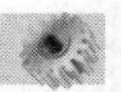

④ 检查弹簧片是否断裂。

故障3：流量增益下降（执行机构速度下降，系统振荡）

① 用500V兆欧表检查线圈是否短路（如果需要更换线圈，阀要重新调试）。

② 检查阀内滤油器是否堵塞？（堵塞的要更换滤油器）

③ 检查油源是否正常供油。

故障4：只输出最大流量（系统振荡，闭环后系统不能控制）

① 检查阀芯是否卡死。

② 检查阀套上各个密封环是否损坏。

③ 节流孔或喷嘴是否堵死。

故障5：系统响应差（伺服阀零偏电流增大，动作慢，输出滞后）

故障6：零偏太大（伺服阀线圈输入很大电流才能维持执行某一稳定位置）

① 机械零位调整松动时，需要重新调零。

② 检查一级座紧固螺钉是否松动。

③ 检查力矩马达导磁体螺钉是否松动。

5.7 比例阀

5.7.1 简介

比例阀是在通断式控制元件和伺服元件的基础上发展起来的一种新型的电-液控制元件，能像伺服阀那样，电子与液压相结合，根据电信号的大小对压力或流量按比例进行远距离控制；但比例阀从阀的基本结构来讲与通断式液压阀更接近或相同。一般来讲比例阀的主阀结构和工作原理雷同于通断式液压阀，先导控制的结构取自伺服阀，但简单得多。因而虽然比例阀在控制精度和速度响应度上比不上伺服阀，但其加工制造的难度、对油液的污染度要求、价格、管理、维修等方面却远低于伺服阀，同一般的通断式液压阀相近，比例阀是廉价的伺服阀。

比例阀与传统的开关式阀相比，可大大简化液压系统，同时可以实现无冲击控制，特别适用于注塑机、压铸机、挤压机、机床与液压冲床等设备。通常比例阀用在开环控制的液压系统中。

(1) 比例阀的分类

这里指的是电液比例阀，它如同普通通断式控制阀一样，也可分为 3 大类：

① 电液比例压力阀：其输出压力与输入的电信号成比例。包括电液比例先导阀、电液比例溢流阀、电液比例减压阀、电液比例顺序阀等。

② 电液比例流量阀：其输出流量与输入电信号成比例。包括电液比例节流阀、电液比例调速阀等。

③ 电液比例方向阀：其输出压力和流量与输入电信号成比例，并能按输入电信号的极性改变输出液流方向。

(2) 比例阀的控制系统的组成

比例阀的控制系统的组成	说明
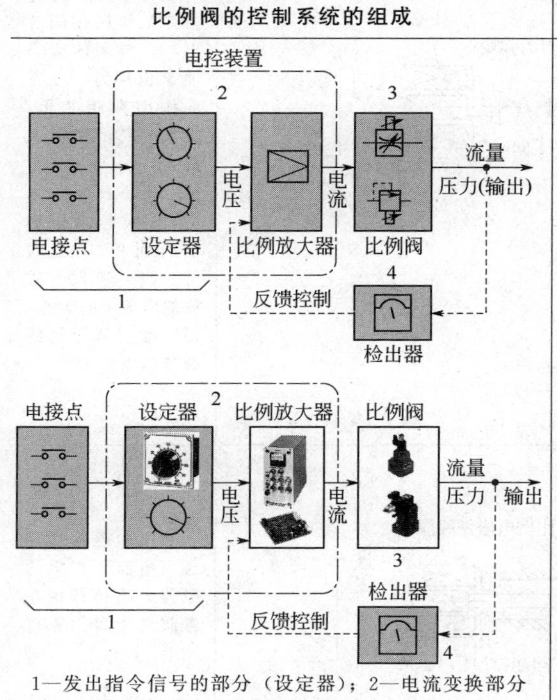 1—发出指令信号的部分（设定器）；2—电流变换部分（放大器）；3—液压变换部分（比例阀）；4—检测控制量的部分（检出器）	比例控制阀由两部分组成：电-机械转换器和液压阀部分。前者可以将电信号比例地转换成机械力与位移，后者接受这种机械力和位移后可按比例地、连续地提供油液压力、流量等的输出，从而实现电-液两个参量的转换过程 比例阀从阀的基本结构来讲与通断式液压阀更接近或相同，但比例阀输入的是电流信号而输出的是液压参数（压力、流量等），只要改变输入电流的大小，就能实现连续比例地改变输出的压力或流量，因而其控制原理又和伺服控制阀是相同的，而与通断式液压阀又是不相同的。简言之，比例阀是以电-机械转换器代替普通常规式（通断式）液压阀的调节手柄，用电调代替手调

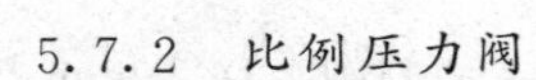

5.7.2 比例压力阀

(1) 比例溢流阀

① 比例溢流阀的工作原理。

项目		图示	说明
直动式	有传力弹簧		比例电磁铁的吸力 F 与通入的电流 i 成正比，即 $F=ai$（a 为比例常数）。当给比例电磁铁线圈通入电流 i 产生的吸力 F，通过传力弹簧作用在阀芯上，系统来的压力油 P 也从另一反方向作用在阀芯上，根据阀芯的平衡方程有：$pA=KX=F$，所以 $P=ai/A$（A 为阀芯承压力油的面积）。由式可知改变通入电磁铁的电流 i 的大小，便可改变调压阀的调节压力的大小
	无传力弹簧		除了电磁铁线圈通入电流 i 产生的吸力 F 直接作用在锥阀芯上外，原理同上

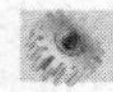

续表

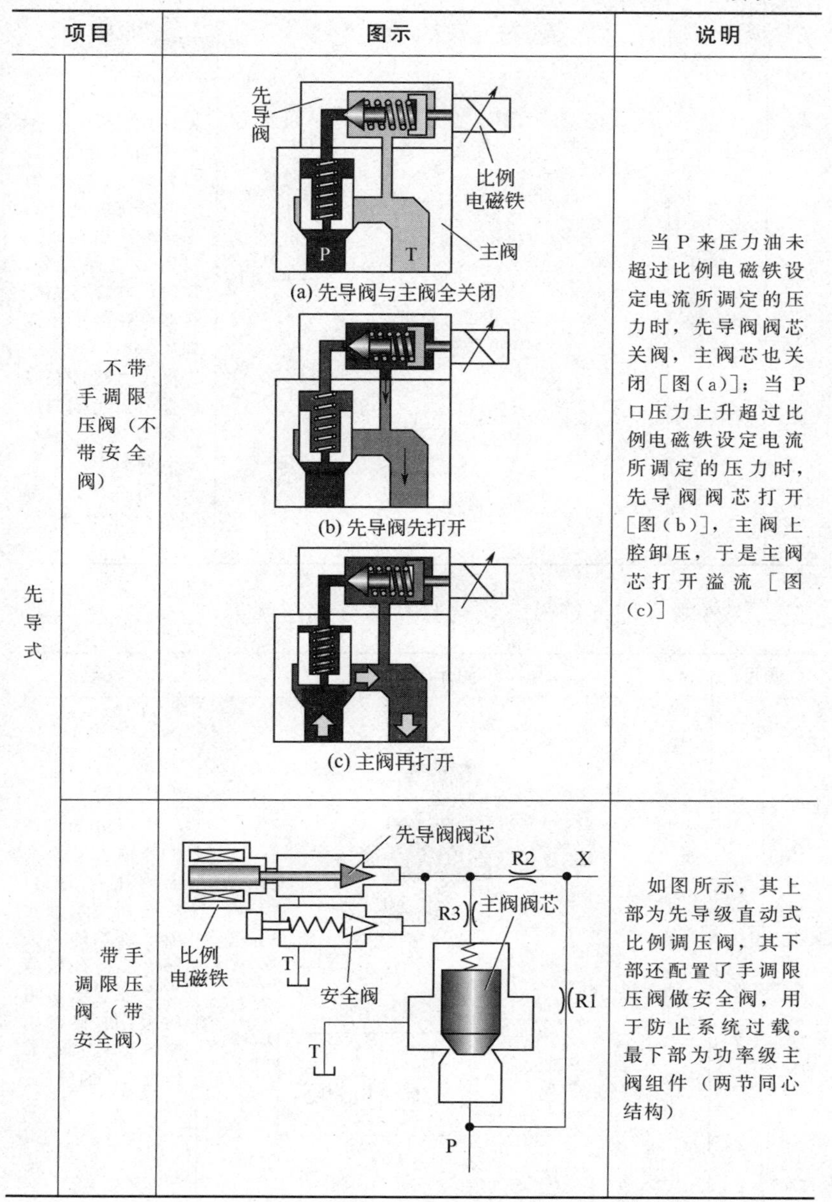

项目		图示	说明
先导式	不带手调限压阀（不带安全阀）	(a) 先导阀与主阀全关闭 (b) 先导阀先打开 (c) 主阀再打开	当P来压力油未超过比例电磁铁设定电流所调定的压力时，先导阀阀芯关阀，主阀芯也关闭［图(a)］；当P口压力上升超过比例电磁铁设定电流所调定的压力时，先导阀阀芯打开［图(b)］，主阀上腔卸压，于是主阀芯打开溢流［图(c)］
	带手调限压阀（带安全阀）		如图所示，其上部为先导级直动式比例调压阀，其下部还配置了手调限压阀做安全阀，用于防止系统过载。最下部为功率级主阀组件（两节同心结构）

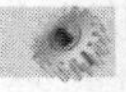

续表

项目		图示	说明
先导式	带手调限压阀（带安全阀）		先导式比例溢流阀的工作原理是：P为泵来的压力油口，T为溢流口。此阀的工作原理也是除先导级采用直动式比例溢流阀之外，其他均与普通先导式溢流阀的工作原理基本相同 当压力超过先导级直动式比例调压阀所设定压力时，安全阀打开，系统压力不再升高，起到安全保护作用

② 外观、图形符号、结构与立体分解图例。

项目		图示	说明
直动式比例溢流阀	外观与图形符号	PROPORTIONAL RELIEF VALVE 不带安全阀 带安全阀 P T	比例电磁铁产生与输入电流大小成比例的力，随电流的增加比例电磁铁的推力增大。指令信号改变控制电流值的大小，比例电磁铁便可进行对压力大小的调节

续表

项目		图示	说明
直动式比例溢流阀	结构	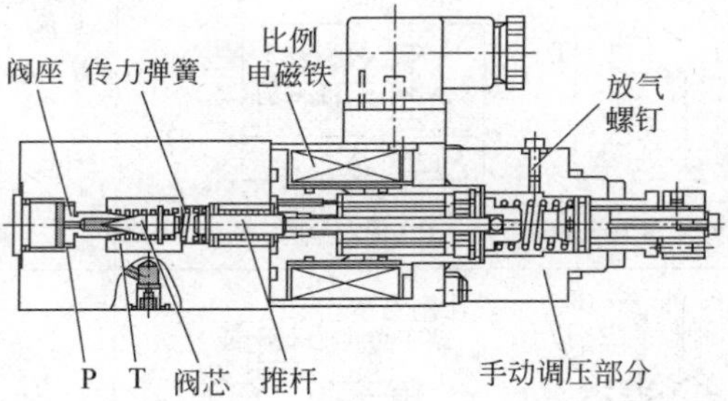 比例电磁铁 阀座 传力弹簧 放气螺钉 P T 阀芯 推杆 手动调压部分	比例电磁铁产生的力通过推杆再通过传力弹簧作用在阀芯上，并将其推压在阀座上。P口产生的液压力向右也作用在锥阀芯上，与比例电磁铁产生的向左的力相抗衡 当压力油P产生的力超过比例电磁铁对阀芯的力时，阀芯开启，压力油由P向T流出回油箱。通过这种动作控制设定压力。指令电压为0或最小控制电流时，为最小设定压力
	立体分解图	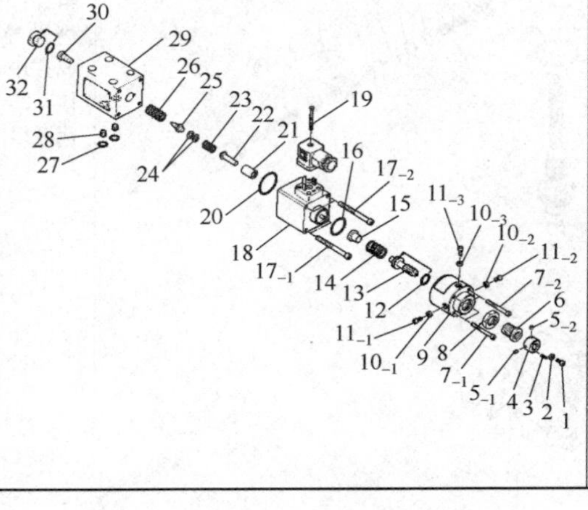 30 29 32 31 26 25 19 23 22 28 21 27 24 16 17_{-2} 20 15 11_{-3} 10_{-3} 10_{-2} 18 11_{-2} 17_{-1} 14 13 7_{-2} 6 12 5_{-2} 11_{-1} 9 8 10_{-1} 7_{-1} 5_{-1} 4 3 2 1	1～18—比例电磁铁；19—螺钉；20—O形圈；21～32—调压阀

续表

项目		图示	说明
先导式比例溢流阀	外观与图形符号	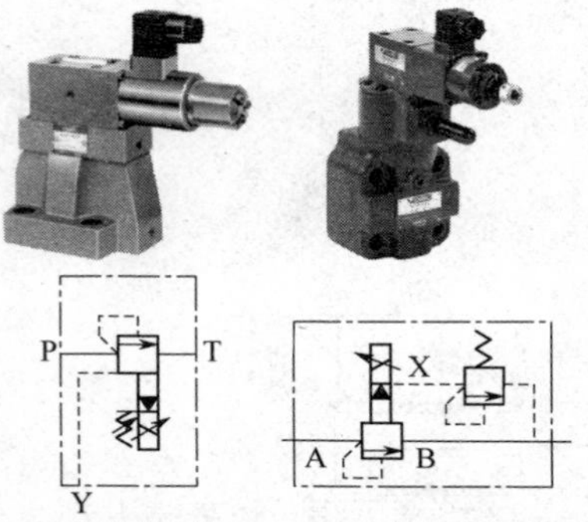 (a) 不带安全阀　(b) 带安全阀	先导式比例溢流阀除了先导级（导阀）采用直动式比例调压阀外，主级（主阀）与普通溢流阀相同
	结构与立体分解图	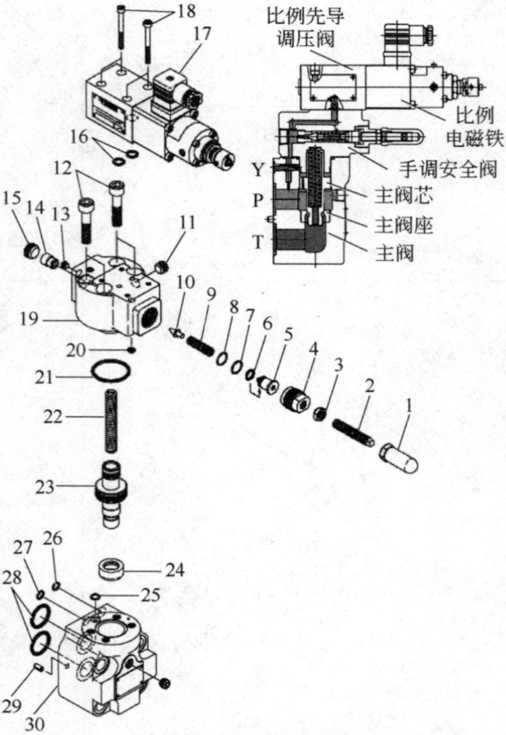	1～16—安全阀组件；17、18—比例先导调压阀总成；19—安全阀阀体；20～30—主溢流阀组件

(2) 比例减压阀

与普通减压阀一样，比例减压阀也有直动式和先导式、二通式与三通式之分。其作用也是油液从一个以较高的输入压力从 P 口进入，通过减压口的节流作用产生减压，减压后变成二次压力从 A 口流出。即比例减压阀与普通减压阀，无论是先导式还是直动式，无论是二通式还是三通式，其工作原理均相同。不同之处仅在于比例减压阀用比例电磁铁代替普通减压阀的调节手柄而已。因此比例减压阀的工作原理可参阅普通减压阀中的相应的内容。

① 比例减压阀的工作原理。

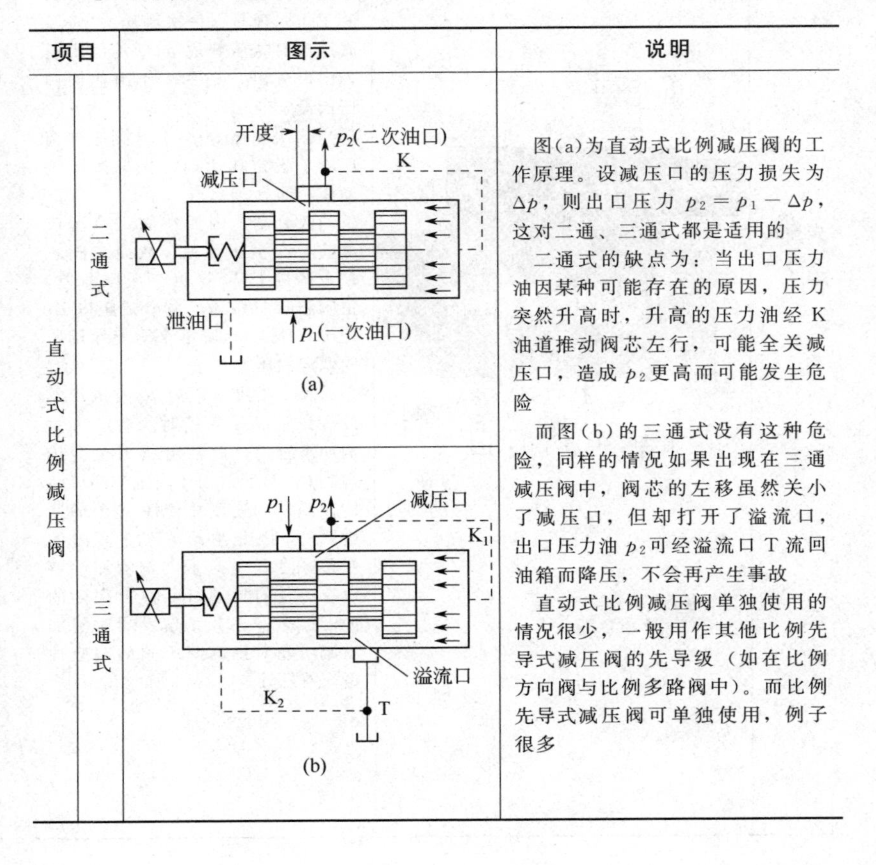

项目		图示	说明
直动式比例减压阀	二通式	(a)	图(a)为直动式比例减压阀的工作原理。设减压口的压力损失为 Δp，则出口压力 $p_2=p_1-\Delta p$，这对二通、三通式都是适用的 二通式的缺点为：当出口压力油因某种可能存在的原因，压力突然升高时，升高的压力油经 K 油道推动阀芯左行，可能全关减压口，造成 p_2 更高而可能发生危险 而图(b)的三通式没有这种危险，同样的情况如果出现在三通减压阀中，阀芯的左移虽然关小了减压口，但却打开了溢流口，出口压力油 p_2 可经溢流口 T 流回油箱而降压，不会再产生事故 直动式比例减压阀单独使用的情况很少，一般用作其他比例先导式减压阀的先导级（如在比例方向阀与比例多路阀中）。而比例先导式减压阀可单独使用，例子很多
	三通式	(b)	

续表

项目	图示	说明
先导式比例减压阀	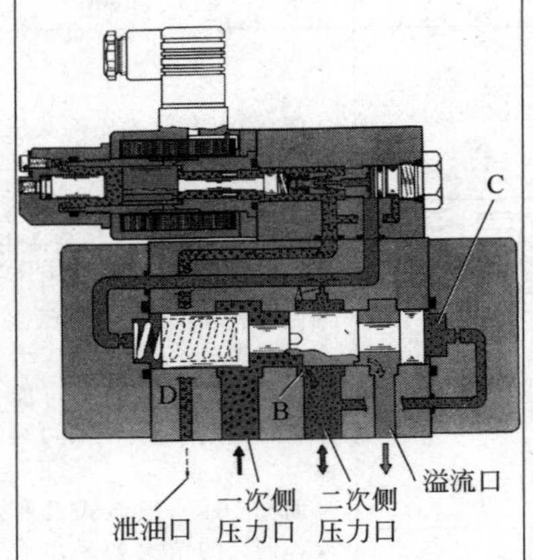	先导式比例减压阀也有二通、三通之分。图为三通（三个油口）：一次油口（进油口）p_1，二次出油口 p_2，回油口 T。当负载增大，二次压力 p_2 过载时能产生溢流，防止二次压力异常增高。其工作原理是：一次侧压力 p_1 经减压口 B 减压变成 p_2 后从二次压力出口流出，p_2 的大小由比例调压阀设定 当二次侧压力 p_2 上升到先导调压阀 1 设定压力时，先导调压阀动作，即针阀打开，节流口 A 产生油液流动，因而在固定节流口 A 前后产生压力差，从而主阀芯左右两腔 C 与 D 也产生压力差，主阀芯向左移动，关小减压口 B，使出口压力 p_2 降下来至先导调压阀调定的压力为止 另外，当出口压力 p_2 因执行元件碰到撞块等急停时，会产生大的冲击压力，此冲击压力也会传递到 C、D 腔，由于固定节流口 A 传往 D 腔的速度比传往 A 腔的速度要慢，因此主阀芯产生短时的左移，使出口 p_2 腔与溢流回油口也有短时的导通，可将二次侧的冲击压力（p_2）消解。同时附加溢流功能对提高减压阀的响应性也大有好处

② 比例减压阀的结构例。

<table>
<tr><th>项目</th><th>图示及说明</th></tr>
<tr><td>三通直动式比例减压阀</td><td>

外观
型号DBE6… 型号DBE6…Y..
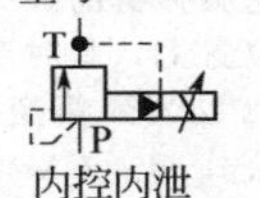

内控内泄 内控外泄
型号DBEE6… 型号DBEE6…Y..
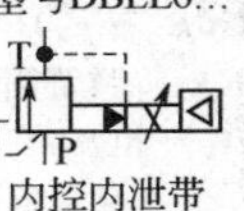

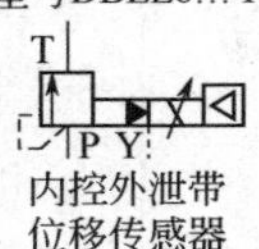

内控内泄带位移传感器 内控外泄带位移传感器
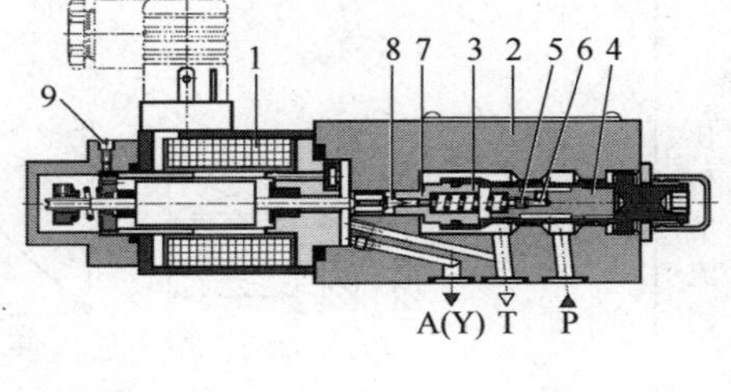

1—比例电磁铁；2—阀体；3—阀组件；4—阀芯；5、7—喷嘴；6—控制油路；8—先导锥阀芯；9—放气螺钉
</td></tr>
<tr><td>先导控制型比例减压阀</td><td>
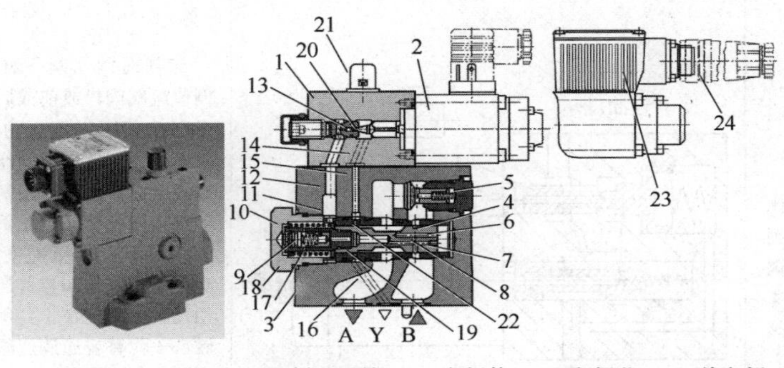

1—比例先导调压阀；2—比例电磁铁；3—主阀体；4—主阀芯；5—单向阀；6、11、12、20—油道；7— 主阀芯端面；8—油口；9—流量稳定控制器；10—弹簧腔；13—阀座；14～16—通Y口流道；17—弹簧；18—螺堵；19—控制边；21—安全阀；22—控制油路；23—电子放大板；24—接电端子
</td></tr>
</table>

5.7.3　比例流量阀

（1）比例流量阀的工作原理

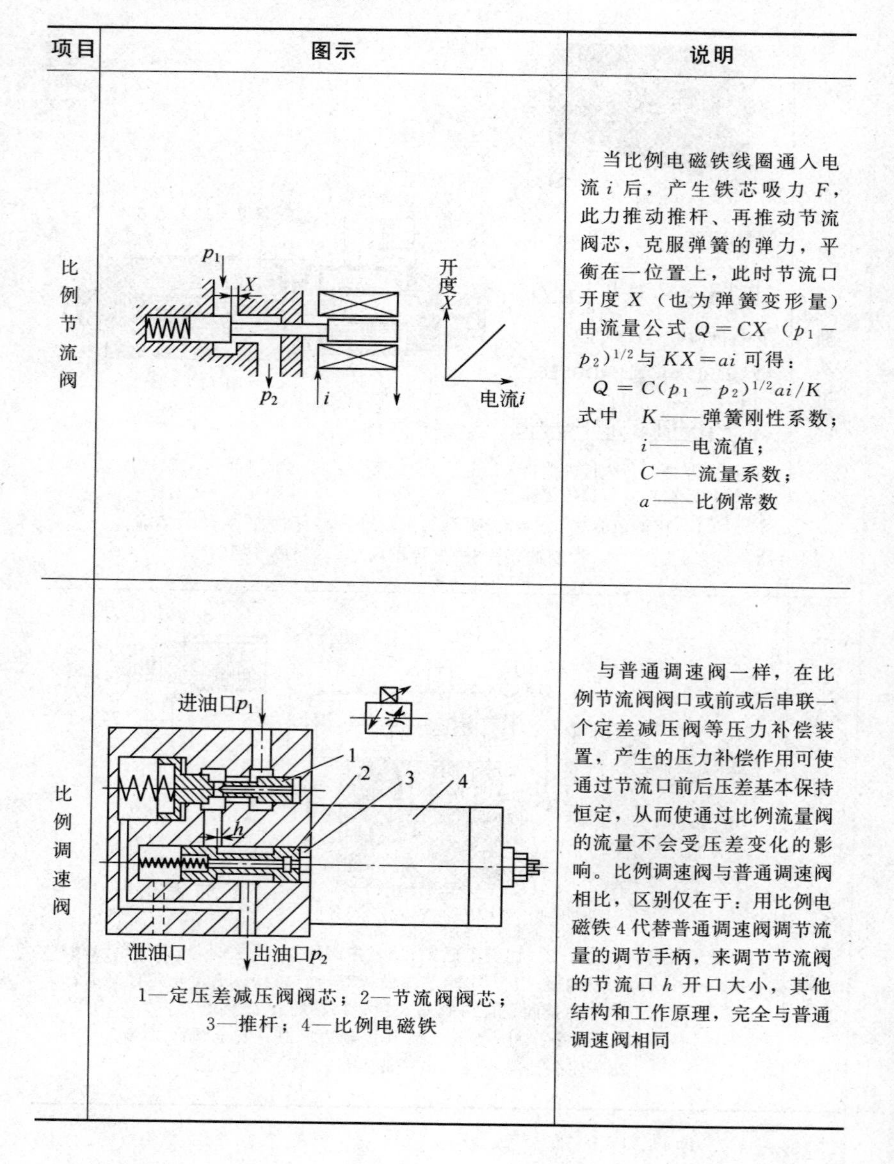

项目	图示	说明
比例节流阀		当比例电磁铁线圈通入电流 i 后，产生铁芯吸力 F，此力推动推杆、再推动节流阀芯，克服弹簧的弹力，平衡在一位置上，此时节流口开度 X（也为弹簧变形量）由流量公式 $Q=CX(p_1-p_2)^{1/2}$ 与 $KX=ai$ 可得： $Q=C(p_1-p_2)^{1/2}ai/K$ 式中　K——弹簧刚性系数； i——电流值； C——流量系数； a——比例常数
比例调速阀	1—定压差减压阀阀芯；2—节流阀阀芯；3—推杆；4—比例电磁铁	与普通调速阀一样，在比例节流阀阀口或前或后串联一个定差减压阀等压力补偿装置，产生的压力补偿作用可使通过节流口前后压差基本保持恒定，从而使通过比例流量阀的流量不会受压差变化的影响。比例调速阀与普通调速阀相比，区别仅在于：用比例电磁铁4代替普通调速阀调节流量的调节手柄，来调节节流阀的节流口 h 开口大小，其他结构和工作原理，完全与普通调速阀相同

（2）结构与图形符号例

项目	图示及说明
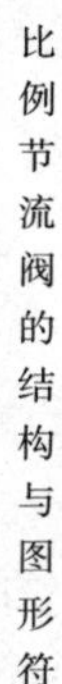比例节流阀的结构与图形符号	如图(a)所示，为带行程控制型比例电磁铁的单级比例节流阀的结构例。阀芯的位移与输入的电信号成比例，而改变节流口开度，进行流量控制，没有阀口进、出口压差或其他形式的检测补偿，所以控制流量受阀进出口压差变化的影响。这类阀一般采用方向阀阀体的结构型式 图(b)为位置调节型的比例节流阀结构，与图(a)的主要区别在于配置了位移传感器，可检测阀芯的轴向位移量，并通过电反馈闭环控制，消除了其他干扰力的影响，使阀芯位移更精确地与输入电信号成比例，因而可提高控制精度，但价格稍贵 由于比例电磁铁的功率有限，所以直动式只能用于小流量系统的控制，更大流量的比例节流阀须采用先导多级控制 注意：比例节流阀的图形符号与方向阀类似 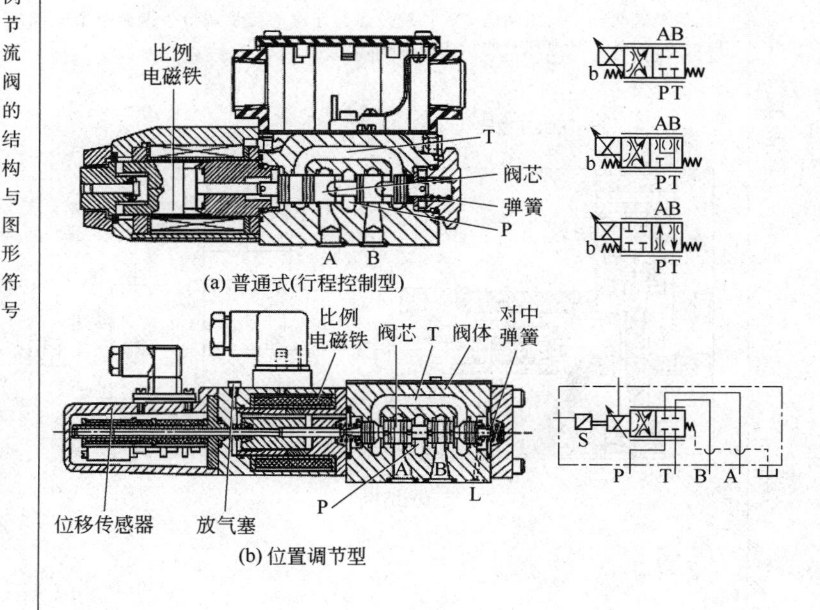 (a) 普通式(行程控制型) (b) 位置调节型

续表

<table>
<tr><th>项目</th><th>图示及说明</th></tr>
<tr><td>比例调速阀</td><td>
(a) 外观与图形符号

比例调速阀除了用比例电磁铁代替普通调速阀的流量调节手柄调节节流阀的开口大小以外，其他部分的结构均基本相同

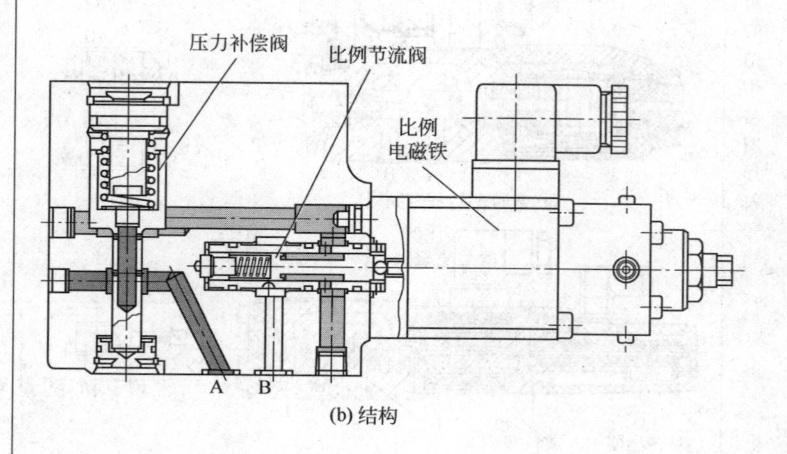
(b) 结构</td></tr>
</table>

续表

项目	图示及说明
比例调速阀	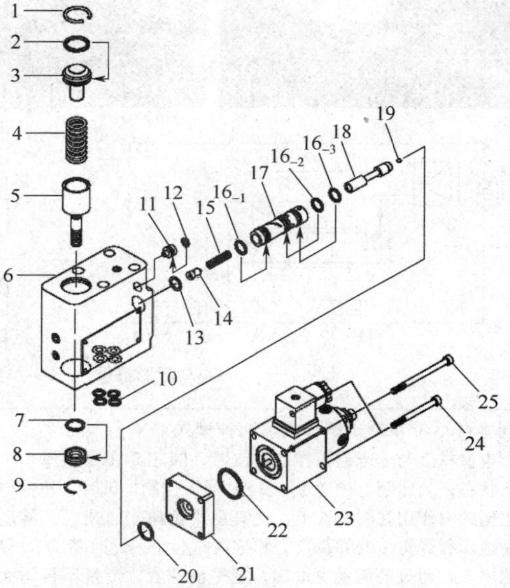 1～9—压力补偿阀组件；10、20、22—O形圈； 11～19—比例节流阀组件；21—盖板； 23～25—比例电磁铁组件 (c) 爆炸图

5.7.4　比例方向阀

比例方向阀是具有对液流方向控制功能的比例阀。然而比例方向阀除了能按输入电流的极性和大小控制液流方向外，还能控制流量的大小，属多参数比例控制阀。因此比例方向阀又叫比例方向流量阀。比例方向阀的外观和结构与普通开关式阀相似。

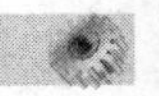

项目	图示及说明
	这是一种利用比例电磁铁控制方向和流量的电磁比例方向阀。通过电信号可对液流方向和流量进行无级设定 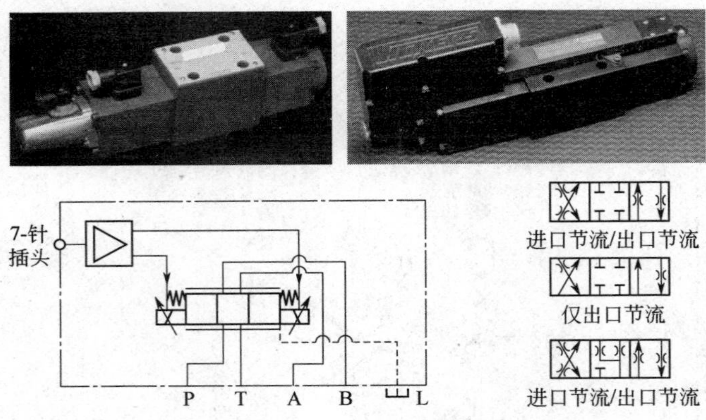 外观与图形符号
直动式	有阀本身不带和带比例放大器两种型式 比例电磁铁 2 与 8 未通入控制电流时，阀芯 5 在回程弹簧 7 的作用下保持初始的中位状态；当比例电磁铁 2（或 8）通入控制电流时，比例电磁铁产生与控制电流成比例的力作用在阀芯 5 上，使其由中位向右（或左）移动，到与比例电磁铁力与左边回程弹簧 7 的弹簧反力相抗衡时为止。此时随着 P→A 及 B→T 油路节流开口的增大，通过的流量也增加，至平衡位置，流量不再增大。比例电磁铁 2 控制电流切断时，阀芯 5 在回程弹簧 7 的作用下再次回到中位 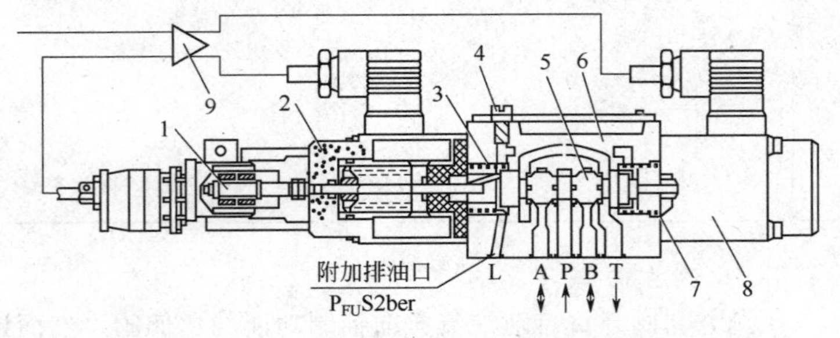 (a) 不带比例动大器，带位移传感器 1—位移传感器；2、8—比例电磁铁；3、7—弹簧； 4—节流螺钉；5—阀芯；6—阀体

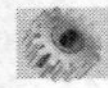

续表

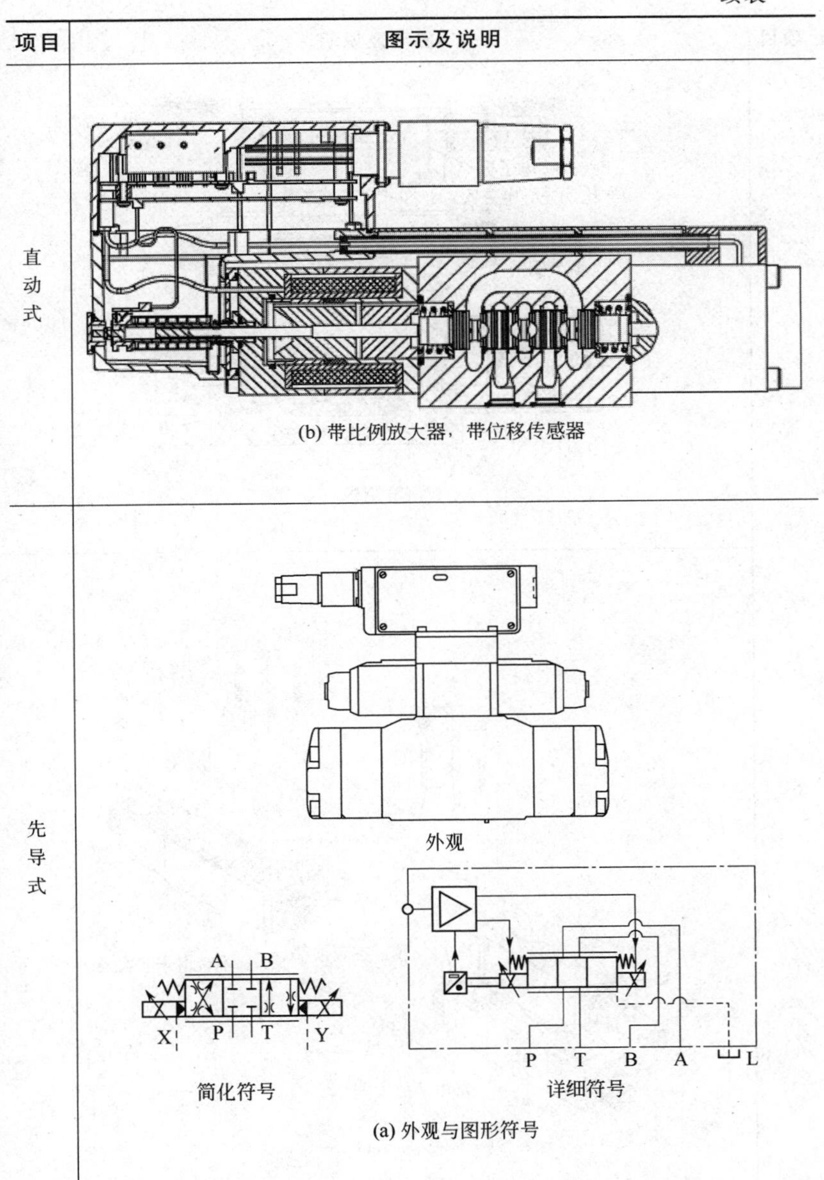

(b) 带比例放大器，带位移传感器

外观

简化符号

详细符号

(a) 外观与图形符号

续表

<table>
<tr><th>项目</th><th>图示及说明</th></tr>
<tr><td rowspan="2">先导式</td><td>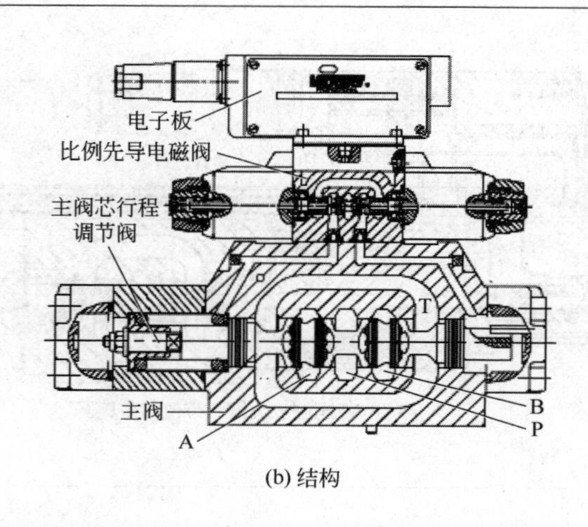(b) 结构</td></tr>
<tr><td>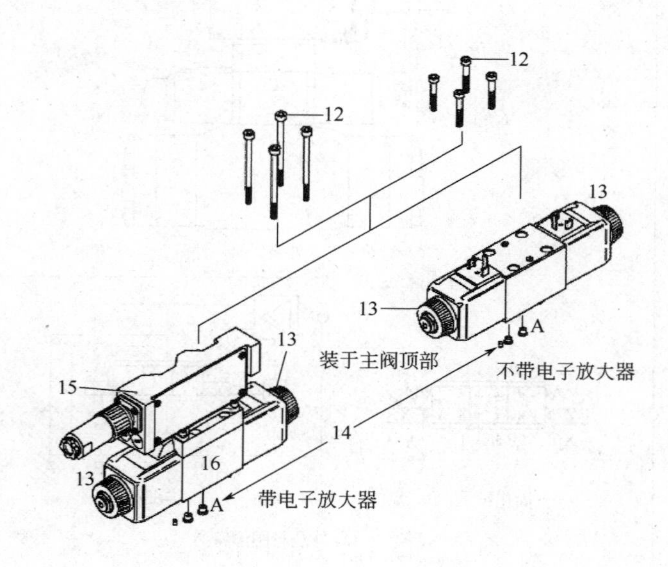</td></tr>
</table>

续表

项目	图示及说明
先导式	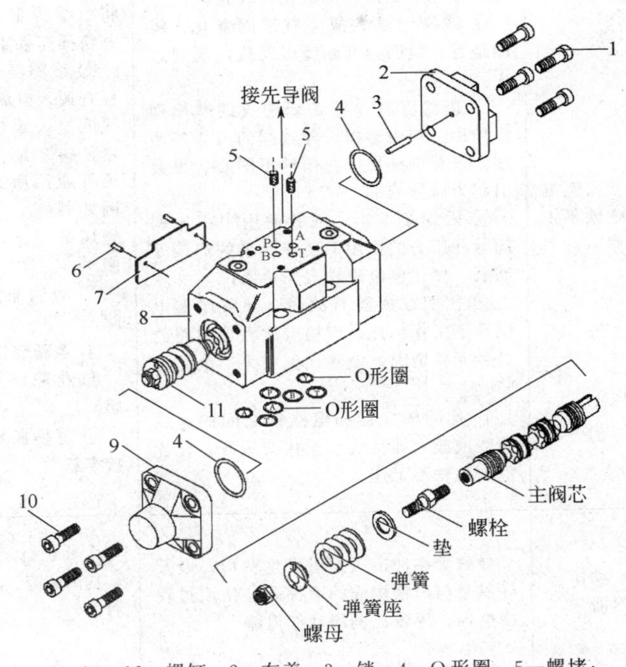 1、10、12—螺钉；2—右盖；3—销；4—O形圈；5—螺堵； 6—铆钉；7—标牌；8—主阀体；9—左盖； 11—主阀芯组件；13—比例电磁铁； 14—塞子；15—电子放大器； 16—先导比例方向阀 (c) 立体分解图例

5.7.5 比例阀的故障分析与排除

比例阀的主阀和本章中所述的普通阀完全相同，先导阀部分也只是改手调为比例电磁铁控制。因此，有关比例阀的故障分析与排除可参考前述普通阀以及伺服阀的有关内容，下面为补充内容。

<table>
<tr><th>项目</th><th>故障现象</th><th>故障原因</th><th>排除方法</th></tr>
<tr><td rowspan="2">比例电磁铁故障</td><td>比例电磁铁不工作</td><td>① 插头组件的接线插座（基座）老化、接触不良以及电磁铁引线脱焊
② 线圈组件的故障有线圈老化、线圈烧毁、线圈内部断线以及线圈温升过大
③ 衔铁因其与导磁套构成的摩擦副在使用过程中磨损，导致阀的力滞环增加。还有推杆导杆与衔铁不同心，也会引起力滞环增加
④ 因焊接不牢，或者使用中在比例阀脉冲压力的作用下使导磁套的焊接处断裂，使比例电磁铁丧失功能；
⑤ 比例放大器有故障，导致比例电磁铁不工作。此时应检查放大器电路的各种元件情况，消除比例放大器电路故障；
⑥ 比例放大器和电磁铁之间的连线断线或放大器接线端子接线脱开，使比例电磁铁不工作</td><td>① 用电表检测，如发现电阻无限大，可重新将引线焊牢，修复插座并将插座插牢
② 线圈温升过大，可检查通入电流是否过大，线圈是否漆包线绝缘不良，阀芯是否因污物卡死等原因所致，查明原因并排除；对于断线、烧坏等现象，须更换线圈
③ 查明原因，予以排除
④ 重新焊接
⑤ 排除比例放大器故障
⑥ 更换断线，重新连接牢靠</td></tr>
<tr><td>动作迟滞</td><td>导磁套在冲击压力下发生变形，以及导磁套与衔铁构成的摩擦副在使用过程中磨损，导致比例阀动作迟滞</td><td>找出原因，减少冲击压力</td></tr>
<tr><td rowspan="2">比例压力阀</td><td colspan="3">比例压力阀只不过是在普通的压力阀的基础上，将调压手柄换成比例电磁铁而已。因此，它也会产生对应的各种压力阀所产生的那些故障，其对应的故障原因和排除方法完全适用</td></tr>
<tr><td>比例电磁铁无电流通过，使调压失灵</td><td>同上述比例电磁铁故障</td><td>调压失灵时，可先用电表检查电流值，断定究竟是电磁铁的控制电路有问题，还是比例电磁铁有问题，或者阀部分有问题，对症处理</td></tr>
</table>

续表

项目	故障现象	故障原因	排除方法
比例压力阀	虽然流过比例电磁铁的电流为额定值，但压力一点儿也上不去，或者得不到所需压力	如图所示的比例溢流阀，在比例先导调压阀1和主阀5之间，仍保留了普通先导式溢流阀的先导手调调压阀4，在此处起安全阀的作用。当阀4调压压力过低时，虽然比例电磁铁3的通过电流为额定值，但压力也上不去。若阀4的设定压力过低，则先导流量从阀4流回油箱，使压力上不来 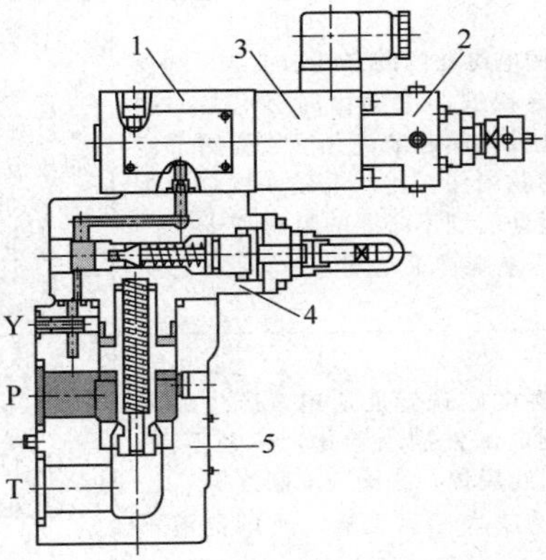 1—比例先导调压阀；2—位移传感器；3—比例电磁铁；4—先导手调调压阀；5—主阀	此时应将阀4调定的压力比阀1的最大工作压力高1MPa左右
	流过比例电磁铁的电流已经过大，但压力还是上不去，或者得不到所要求的压力	比例电磁铁线圈内部断路	此时可检查比例电磁铁的线圈电阻，若远小于规定值，那么是电磁铁线圈内部断路了；若电磁铁线圈电阻正常，那么是连接比例放大器的连线短路

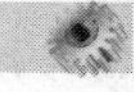

续表

项目	故障现象	故障原因	排除方法
比例压力阀	使压力阶跃变化时，小振幅的压力波动不断，设定压力不稳定	① 比例电磁铁的铁芯和导向部分（导套）之间有污物附着，妨碍铁芯运动 ② 主阀芯滑动部分粘有污物，妨碍主阀芯的运动 ③ 铁芯与导磁套的配合副因污物导致拉伤磨损，间隙增大	① 清洗污物，使铁芯运动灵活 ② 拆开阀进行清洗 ③ 拆开比例电磁铁进行清洗，并检查液压油的污染度，必要时换油；加大铁芯外径尺寸，保持与导套的良好配合
	压力响应迟滞，压力改变缓慢	① 比例电磁铁内的空气未被放干净 ② 电磁铁铁芯上设置的阻尼用的固定节流孔及主阀芯节流孔（或旁路节流孔）被污物堵住，比例电磁铁铁芯及主阀芯的运动受到不必要的阻碍 ③ 液压系统进了空气	① 比例压力阀在刚开始使用前要先拧松放气螺钉，放干净空气，有油液流出为止 ② 拆开清洗 ③ 排除液压系统中的空气
比例流量阀	流量不能调节，节流调节作用失效	① 比例电磁铁未能通电，产生原因有：比例电磁铁插座老化，接触不良；电磁铁引线脱焊；线圈内部断线等 ② 比例放大器有毛病，所调电流不改变	① 排除故障 ② 检修比例放大器
	调好的流量不稳定，调好的流量（输入同一信号值时）在工作过程中常发生某种变化	存在径向不平衡力，机械摩擦等	尽量减小衔铁和导磁套的磨损；推杆导杆与衔铁要同心；注意油液清洁，防止污物进入衔铁与导磁套之间的间隙内而卡住衔铁，使衔铁能随输入电流值按比例地均匀移动，不产生突跳现象；导磁套衔铁磨损后，要注意修复，使二者之间的间隙保持在合适的范围内

续表

项目	故障现象	故障原因	排除方法
比例方向阀和其他比例阀	产生振荡	① 阀两端压差 Δp 太高 ② 比例电磁铁内有空气 ③ 电磁铁与阀内零件磨损，或有污物进入 ④ 先导控制压力不足 ⑤ 电磁干扰 ⑥ 比例增益设定值太高	① 降低压差 ② 松开放气螺钉，排除比例电磁铁内空气 ③ 修复磨损零件，清洗换油 ④ 调高先导控制压力 ⑤ 排除电磁干扰 ⑥ 调低比例增益设定值

第6章

液压系统中不可缺的“配角”——辅助元件

6.1 管道与管接头

6.1.1 管接头的类型与结构

类型	结构图及分拆图	说明
焊接式管接头	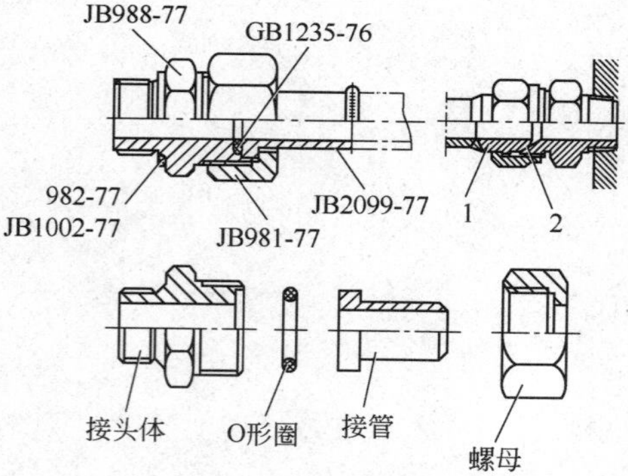 JB988-77 GB1235-76 982-77 JB1002-77 JB981-77 JB2099-77 1 2 接头体 O形圈 接管 螺母	适用于连接管壁较厚的油管，主要由接头体、螺母和接管组成。接头体拧入机体，采用垫圈（紫铜或尼龙）端面密封。接头体与接管之间用O形橡胶密封圈密封，也有采用图右上角中球面密封的结构，用在压力较高的系统中 标准代号：JB/T 966—1003—1977

续表

类型	结构图及分拆图	说明
扩口薄管接头	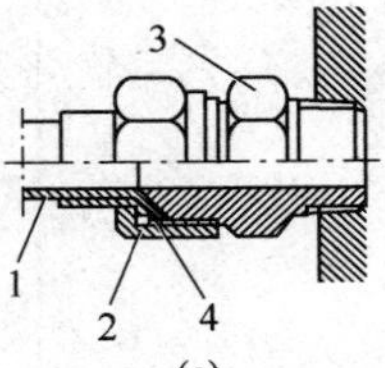 (a) 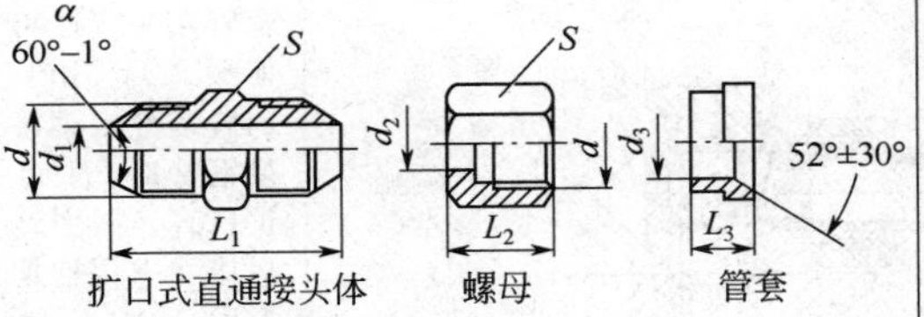 扩口式直通接头体　螺母　管套 (b)	适用于铜管和薄壁钢管。也可以用来连接尼龙管和塑料管 利用油管 1 管端的扩口，在管套 2 与接头体 3 锥面的夹持、紧压下进行密封，用于中低压者多，少量（扩口角小者）的也用于中高压（3.5～16MPa） 标准代号：GB/T 3733.1～3765－1983
卡套式管接头	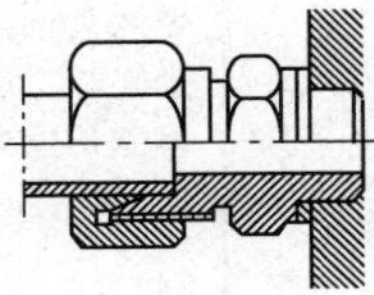 (a) 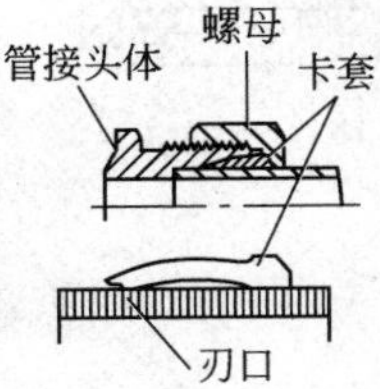　(b)	旋紧管接头的螺母，利用卡套上两端的锥面使卡套产生弹性变形夹紧油管，管接头和体部用圆柱螺纹连接，用密封垫圈密封，卡套式管接头装配方便，不需事先扩口或焊接，但油管要用高精度冷拔钢管，这种管接头可用于高压系统中 GB/T 5625.1～5653－1985

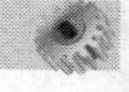

续表

类型	结构图及分拆图	说明
高压软管接头	 (a) 1—卡套管接头； 2—密封垫 (b)	图（a）中，1为卡套管接头（还可为其他形式），用于连接铜管或冷拔钢管。连接铜管时，1可换成扩口式。图中2为密封垫（采用紫铜或O形圈）。它的优点是在连接管道时不受方向限制，颇为方便，而结构上稍微复杂些 图（b）为工程机械上用的中心回转接头，一般接头体与转台紧配固定连接，随转台一起回转，管芯与底盘连接，在旋转时压力油也能通过接头体上的环形槽不断进入管芯内的孔内，并通过管芯上的孔与接头体上其他环槽进入其他部位

续表

类型	结构图及分拆图	说明
高压软管接头	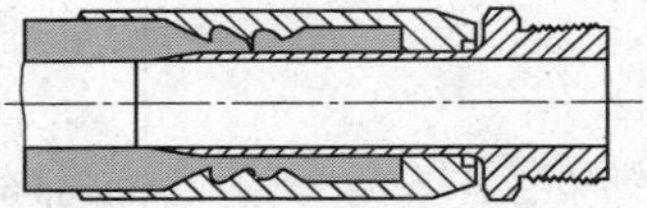 (a) 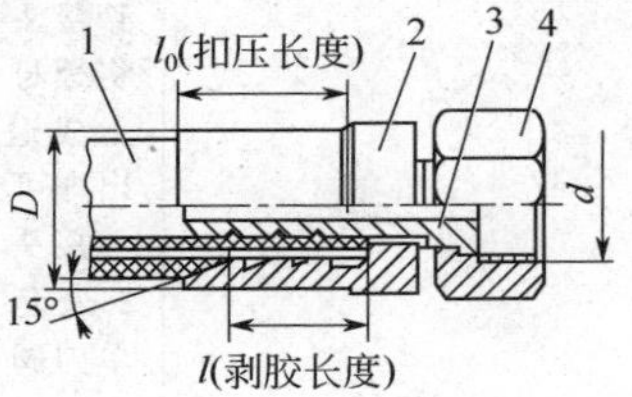 1　l_0(扣压长度)　2　3　4 D　d　15° l(剥胶长度) (b)	由钢丝编织胶管 1、外套 2、芯子 3 和螺母 4 组成 固定式需一套扣压设备，将胶管 1 接头外套 2 压紧在接头芯子 3 上，它连接可靠。自行制造时，可先将胶管切成需要长度，按规定尺寸剥去一段外胶层，胶层端应有一个与轴线成 15°的倒角 可拆卸软管接头和软管连接只需简单工具便可进行 标准代号：GB/T9065.1～9065.3—1988 JB/T 8727—1998
直线伸缩管接头	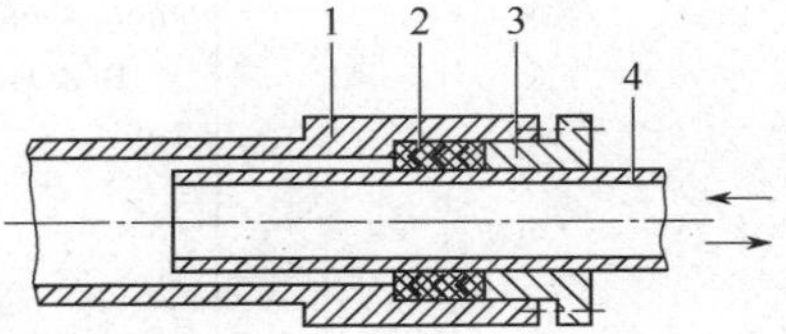 1　2　3　4	由外管 1（固定）的接口处加导管套 3、密封件 2 和可伸缩作直线运动的管 4（外径光滑）所组成。它的结构类似一个柱塞缸，作直线往复运动的管 4 外圆需精加工（高精度冷拔管），否则会因密封不良而产生漏油

续表

类型	结构图及分拆图	说明
快速自封式管接头	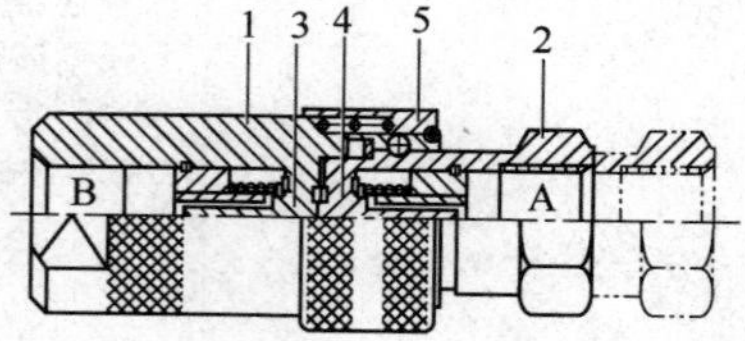	主要功能是能快速装卸并能自动封闭油路。它不需要像一般管接头那样需用扳手将螺母一圈一圈地拧上或退出，套上或抽出即可 接头体 1 和接头套 2 未套上时，各自的单向阀 3 与 4 在弹簧作用下被推压，单向阀均处于关闭状态而构成单向阀的自封封油作用。当二者套上时，钢球 5（8 个）卡住接头体和接头套，起连接作用，同时单向阀 3 与 4 互相顶开，打开油路，A 与 B 互通，油液可在 A→B 或 B→A 来回流动 标准代号：GB/T 8606—1988 JB/ZQ4078 4079—1997

续表

类型	结构图及分拆图	说明
法兰连接	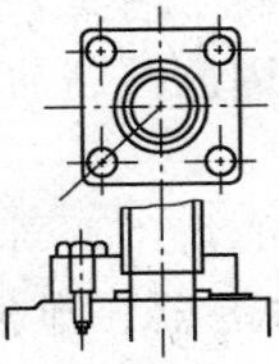 (a) 整体式 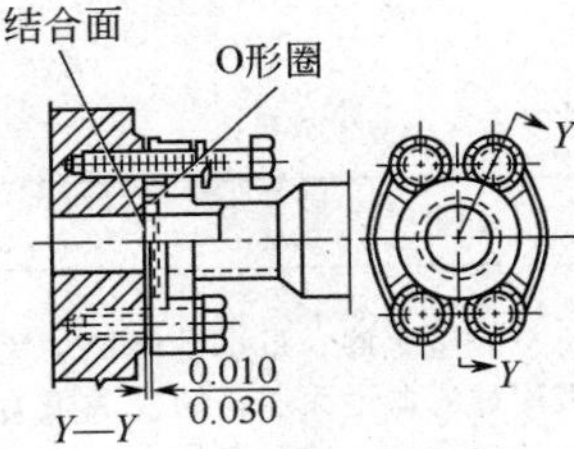 结合面 O形圈 Y Y 0.010 0.030 Y—Y (b) 对分式	法兰连接方法简单、连接牢固、密封可靠、抗振性好、拆卸方便。缺点是体积较大。在液压系统中，法兰连接主要用于高压大流量的场合。法兰体与钢管的连接多用焊接，也有采用螺纹连接和卡环连接的。图（a）为整体式法兰连接，图（b）为对分式法兰（法兰为两块拼成）。对分式只要取下一只螺钉，便可松开压板，取下管子，所以这种法兰在狭窄场所安装特别方便

6.1.2　管接头漏油原因与排除方法

故障部位	排除方法
管接头未拧紧	按一般经验拧紧
螺纹部分热膨胀	热态下重新拧紧
管接头振松	重新拧紧，并采用带有减振器的管夹作支承
接头体或螺帽的螺纹尺寸过松	检查尺寸，重新更换
公制细牙螺纹的管接头拧入到锥牙螺纹孔中	更换，用锥牙管接头时须缠绕聚四氟乙烯生胶带拧紧
螺纹或螺孔在安装前磨损、弄脏或损坏	用丝攻或板牙重新修整螺纹或螺孔，或换新
管接头拧得太紧使螺纹孔口裂开	更换新件

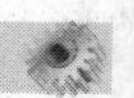

6.2 过滤器

污染是指油中存在一定数量的化学反应生成物和固体杂质。固体杂质有外界进入的灰尘，有系统运动造成的机械磨损物及系统使用前残留的切屑、焊渣、型砂等。有了污染，油液便不干净了。不干净的液压系统会产生许多故障，因此控制油的污染极为重要，而过滤器就承担净化油液的任务。

过滤器安装在不同位置，担当的角色不同，过滤器可分为吸油过滤器、高压管路过滤器、回油过滤器、泄油过滤器、旁路过滤器、安全保护过滤器、通气过滤器（空气滤清器）、注油过滤器、充油过滤器等。

6.2.1 过滤器的分类与作用

种类	作用
吸油过滤器	保护系统所有液压元件。重点是保护泵免遭污染颗粒的直接损害。但吸油过滤器增大了泵的吸油阻力，所以要选用流通能力大、过滤效率高、纳垢容量大、较小的压力损失的网式和线隙式过滤器
高压管路过滤器	保护泵以外其他液压件，安装在压力管路中，耐高压是其首选。如果用于保护抗污染能力差的液压元件（如伺服阀等），则特别需要考虑其过滤精度和通流能力，一般宜选用带壳体的高压滤油器
回油过滤器	减少过滤系统内磨损颗粒，使系统油液流回油箱之前，将侵入系统和系统内部生成的污物进行过滤
空气过滤器与加油过滤器	过滤进入油箱的空气，防止尘埃混入 防止往油箱加（补）油时，外界污物带入油箱内
旁路过滤器	又叫单独回路过滤器，是用小泵和过滤器组成一个独立于液压系统之外的另外一条专门用于过滤的回路

6.2.2 过滤器的种类与结构

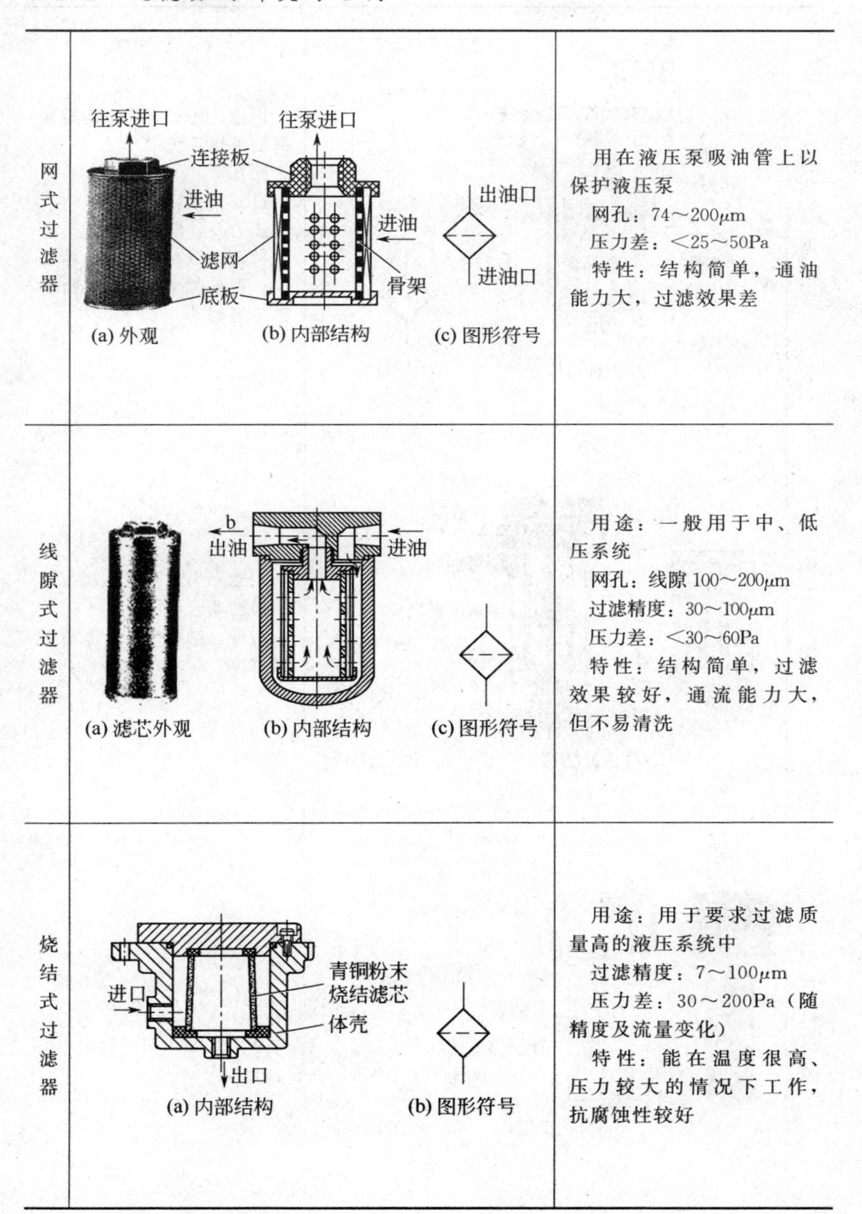

名称	结构	说明
网式过滤器	(a) 外观 (b) 内部结构 (c) 图形符号	用在液压泵吸油管上以保护液压泵 网孔：74～200μm 压力差：＜25～50Pa 特性：结构简单，通油能力大，过滤效果差
线隙式过滤器	(a) 滤芯外观 (b) 内部结构 (c) 图形符号	用途：一般用于中、低压系统 网孔：线隙100～200μm 过滤精度：30～100μm 压力差：＜30～60Pa 特性：结构简单，过滤效果较好，通流能力大，但不易清洗
烧结式过滤器	(a) 内部结构 (b) 图形符号	用途：用于要求过滤质量高的液压系统中 过滤精度：7～100μm 压力差：30～200Pa（随精度及流量变化） 特性：能在温度很高、压力较大的情况下工作，抗腐蚀性较好

续表

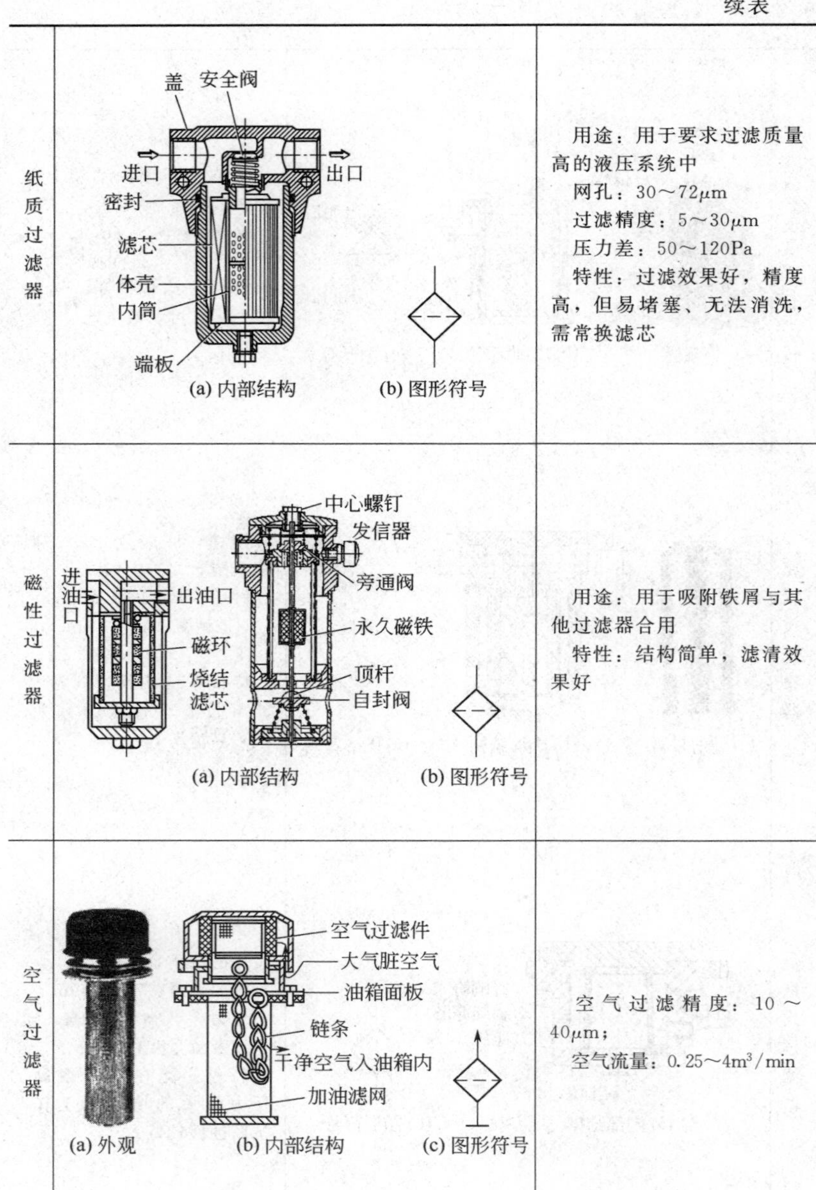

纸质过滤器	(a) 内部结构 (b) 图形符号	用途：用于要求过滤质量高的液压系统中 网孔：30～72μm 过滤精度：5～30μm 压力差：50～120Pa 特性：过滤效果好，精度高，但易堵塞、无法消洗，需常换滤芯
磁性过滤器	(a) 内部结构 (b) 图形符号	用途：用于吸附铁屑与其他过滤器合用 特性：结构简单，滤清效果好
空气过滤器	(a) 外观 (b) 内部结构 (c) 图形符号	空气过滤精度：10～40μm； 空气流量：0.25～4m³/min

6.2.3　过滤器的故障分析与排除

故障	故障分析与排除
滤芯破坏变形	包括滤芯的变形、弯曲、凹陷吸扁与冲破等 产生原因：①滤芯在工作中被污染物严重阻塞而未得到及时清洗，流进与流出滤芯的压差增大，使滤芯强度不够而导致滤芯变形破坏；②滤油器选用不当，超过了其允许的最高工作压力。例如同为纸质滤油器，型号为ZU－100×20Z的额定压力为6.3MPa，而型号为ZU－H100×20Z的额定压力可达32MPa，如果将前者用于压力为20MPa的液压系统，滤芯必定被击穿而破坏；③在装有高压蓄能器的液压系统，因某种故障蓄能器油液反灌冲坏滤油器 排除方法：①及时定期检查清洗滤油器；②正确选用滤油器，强度、耐压能力要与所用滤油器的种类和型号相符；③针对各种特殊原因采取相应对策
滤油器脱焊	这一故障对金属网状滤油器而言，当环境温度高，滤油器处的局部油温过高，超过或接近焊料熔点温度，加上原来焊接就不牢，油液的冲击造成脱焊。例如高压柱塞泵进口处的网状滤油器曾多次发现金属网与骨架脱离，柱塞泵进口局部油温达100℃之高的现象。此时可将金属网的焊料由锡铅焊料（熔点为183°C）改为银焊料或银镉焊料，它们的熔点大为提高（235～300°C）
滤油器掉粒	多发生在金属粉末烧结式滤油器中。脱落颗粒进入系统后，堵塞节流孔，卡死阀芯。其原因是烧结粉末滤芯质量不佳造成的。所以要选用检验合格的烧结式滤油器
滤油器堵塞	一般滤油器在工作过程中，滤芯表面会逐渐纳垢，造成堵塞是正常现象。此处所说的堵塞是指导致液压系统产生故障的严重堵塞，滤油器堵塞后，至少会造成泵吸油不良、泵产生噪声、系统无法吸进足够的油液而造成压力上不去，油中出现大量气泡以及滤芯因堵塞而可能压力增大而被击穿等故障 滤油器堵塞后应及时进行清洗，清洗方法如下： ① 用溶剂清洗：常用溶剂有三氯乙烯、油漆稀释剂、甲苯、汽油、四氯化碳等，这些溶剂都易着火，并有一定毒性，清洗时应充分注意。还可采用苛性钠、苛性钾等碱溶液脱脂清洗，界面活性剂脱脂清洗以及电解脱脂清洗等，后者清洗能力虽强，但对滤芯有腐蚀性，必须慎用。在洗后须用水洗等方法尽快清除溶剂 ② 用机械及物理方法清洗 a. 用毛刷清扫：应采用柔软毛刷除去滤芯的污垢，过硬的钢丝刷会将网式、线隙式的滤芯损坏，使烧结式滤芯烧结颗粒刷落，并且此法不适用于纸质滤油器。此法一般与溶剂清洗相结合

续表

故障	故障分析与排除
滤油器堵塞	b. 超声波清洗：超声波作用在清洗液中，将滤芯上污垢除去、但滤芯是多孔物质，有吸收超声波的性质，可能会影响清洗效果 c. 加热挥发法：有些滤油器上的积垢，用加热方法可以除去，但应注意在加热时不能使滤芯内部残存有炭灰及固体附着物 d. 压缩空气吹：用压缩空气在滤垢积层反面吹出积垢，采用脉动气流效果更好 e. 用水压清洗：方法与上同，二法交替使用效果更好 ③ 酸处理法 采用此法时，滤芯应为用同种金属的烧结金属。对于铜类金属（青铜），常温下用光辉浸渍液［H_2SO_4 43.5%（体积，下同），HNO_3 37.2%，HCl 0.2%，其余水］将表面的污垢除去；或用 H_2SO_4 20%，HNO_3 30%，其余水配成的溶液，将污垢除去后，放在由 Cr_3O、H_2SO_4和水配成的溶液中，使它生成耐腐蚀性膜 对于不锈钢类金属用 HNO_3 25%、HCl 1%，其余用水配成的溶液将表面污垢除去，然后在浓 HNO_3 中浸渍，将游离的铁除去，同时在表面生成耐腐蚀性膜 ④ 各种滤芯的清洗步骤和更换 a. 纸质滤芯：根据压力表或堵塞指示器指示的过滤阻抗，更换新滤芯，一般不清洗 b. 网式和线隙式滤芯：清洗步骤为溶剂脱脂—毛刷清扫—水压清洗—气压吹净，干燥—组装 c. 烧结金属滤芯：可先用毛刷清扫，然后溶剂脱脂（或用加热挥发法，400℃以下）→水压及气压吹洗（反向压力 0.4～0.5MPa）→酸处理→水压、气压吹洗→气压吹净脱水、干燥 拆开清洗后的滤油器，应在清洁的环境中，按拆卸顺序组装起来，若须更换滤芯的应按规格更换，规格包括外观和材质相同，过滤精度及耐压能力相同等。对于滤油器内所用密封件要按材质规格更换，并注意装配质量，否则会产生泄漏、吸油和排油损耗以及吸入空气等故障
带堵塞指示发信装置的过滤器，堵塞后不发信	当滤芯堵塞后，如果过滤器的堵塞指示发信装置不能发信或不能发出堵塞指示（指针移动），则如过滤器用在吸油管上，则泵不进油；如过滤器用在压油管上，则可能造成管路破损、元件损坏甚至使液压系统不能正常工作等故障，失去了包括过滤器本身在内的液压系统的安全保护功能和故障提示功能 排除办法是检查堵塞指示发信装置的活塞是否被污物卡死而不能右移，或者弹簧是否错装成刚度太大的弹簧，查明情况予以排除 与上述相反的情况是发信装置在滤芯未堵塞时也老发信，则是活塞卡死在右端或者弹簧折断或漏装的缘故

续表

故障	故障分析与排除
带旁通阀的过滤器故障	带旁通阀的过滤器产生的故障有：当密封圈破损或漏装、弹簧折断或漏装；或者旁通阀阀芯的锥面不密合或卡死在开阀位置，过滤器将失去过滤功能。可酌情排除，例如更换或补装密封和弹簧 当阀芯被污物卡死在关闭位置，且当滤芯严重堵塞时，失去了安全保护作用。系统回油背压太大，击穿滤芯，产生液压系统执行元件不动作甚至破坏相关液压元件的危险情况。此时可解体过滤器，对旁通阀（背压阀）的阀芯重点检查，清除卡死等现象

6.2.4　过滤器的拆装例

类别	拆装例图	拆装步骤
不带弹簧	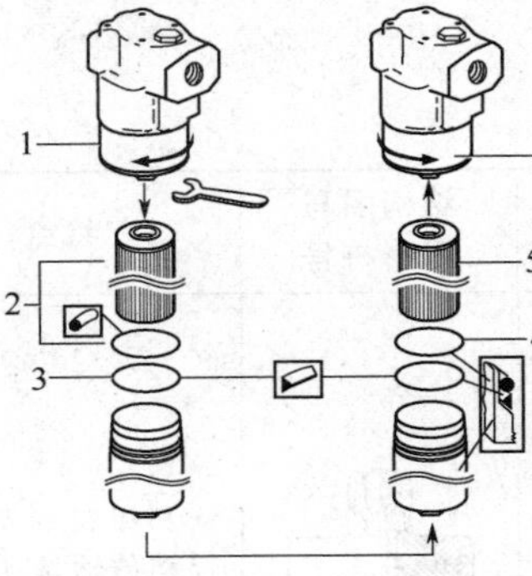	1—松开底部螺母，卸下体壳； 2—卸下抽出污染的滤芯和旧 O 形密封； 3—清洗，以新密封环换旧密环； 4—清洗壳体并装上新 O 形密封圈和密封环； 5—换上新滤芯； 6—装入体壳
带弹簧	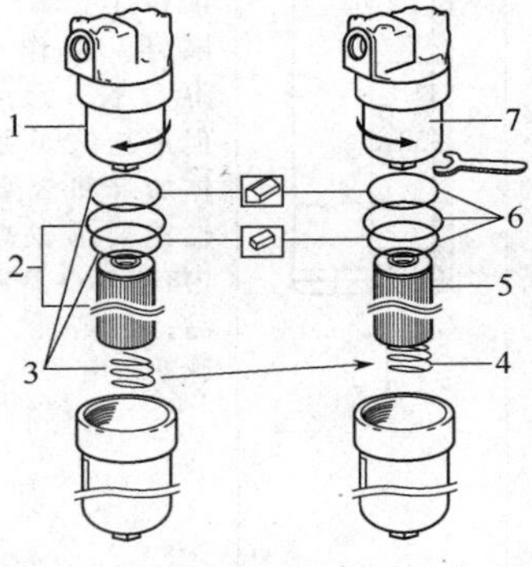	1—卸下体壳； 2—卸下抽出污染的滤芯和旧 O 形密封； 3—清洗去除密封环、垫圈等污物，弹簧断了的更换弹簧； 4—弹簧装入； 5—换上新滤芯； 6—壳体上装新 O 形密封圈和密封环； 7—装入体壳

6.3 蓄能器

6.3.1 简介

（1）蓄能器的功用

蓄能器是一种能够储存液体压力并能在需要时把它释放出来的能量储存装置。它的主要用途有：作辅助动力源，系统保压、吸收压力冲击和吸收压力脉动等。

（2）蓄能器的类型

蓄能器按结构分为弹簧式、重力式和气体式等。工程中主要应用的是气体式，气体式蓄能器分为气囊式和活塞式。

活塞式蓄能器是利用活塞把气体和液体分开，利用气体的被压缩储存能量，气囊式蓄能器是利用气体的膨胀、压缩来储存和释放液压能的。

6.3.2 蓄能器的结构与特点

名称	结构图与图形符号	特点	名称	结构图与图形符号	特点
重锤式	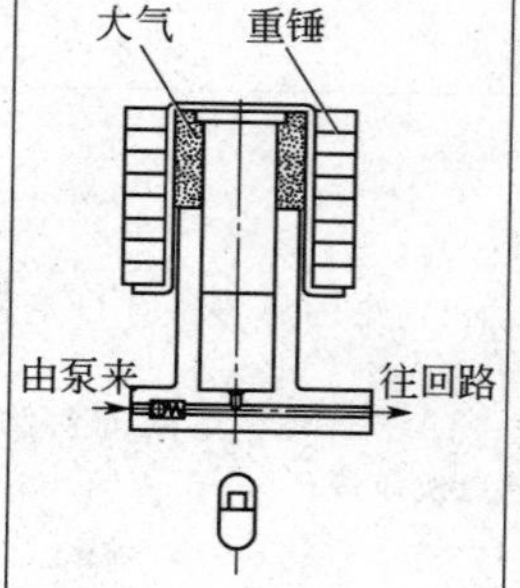 大气 重锤 由泵来 往回路	结构简单，压力稳定；体积大，笨重，运动惯性大。反应不灵敏，密封处易漏油，有摩擦损失仅作蓄能用，在大型固定设备中采用，例如轧钢设备中的轧辊平衡等	活塞式	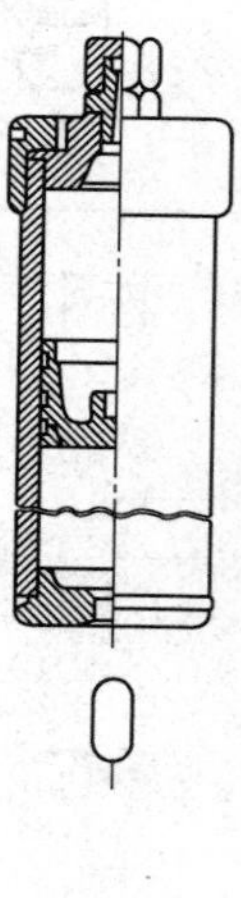	利用在缸筒2中浮动的活塞1把缸中从a进入的液压油和缸上端的气体隔开。工作可靠，寿命长，尺寸小；但反应欠灵敏，缸体加工和活塞密封性能要求较高。国内有HXQ型定型产品。起蓄能、吸收脉动作用

续表

名称	结构图与图形符号	特点	名称	结构图与图形符号	特点
弹簧加载式	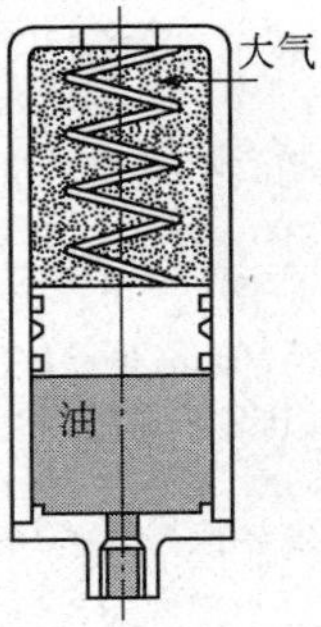  大气 油	靠油液压缩弹簧而蓄能。仅供小容量及低压（$p \leqslant 1 \sim 12$MPa）系统作蓄能及缓冲用	皮囊式	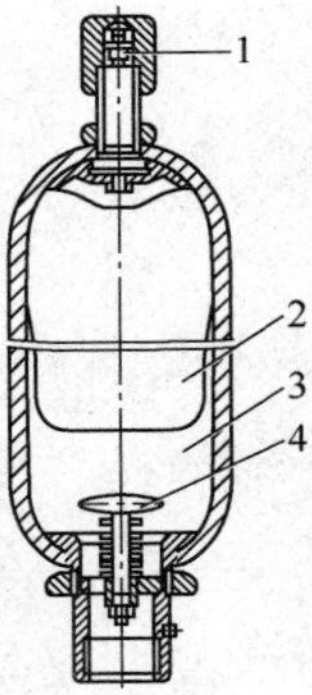 1—充气阀； 2—皮囊； 3—体壳； 4— 提升阀 	皮囊式蓄能器油气隔离，油不易氧化，具有体积小、质量轻、惯性小、反应灵敏等优点，皮囊及壳体制造较困难，目前应用最为普遍（如NXQ型）。橡胶气囊要求温度范围为－20～70℃，用于蓄能和吸收冲击。橡胶皮囊2耐油，囊内充氮气，囊外储油。皮囊2与充气阀1一起压制而成，提升阀4能使油液通过阀口进入蓄能器，又能防止油液全部排出时气囊膨胀出容器之外。充气阀1在蓄能器工作前用来为皮囊充气，充气后关死。在整个工作过程中，皮囊的体积随着充油压缩而减小，随着排油膨胀而增大，蓄能器的压力也随之上升或下降，在最高工作压力 p_2 和最低工作压力 p_1 时体积分别为 V_2 和 V_1，皮囊体积改变量 $\Delta V=V_1-V_2$，称为皮囊式蓄能器的工作容积，p_0 为充气压力，V_0 为充气体积，$p_2 > p_1 > p_0$，$V_2 < V_1 < V_0$，所以通过皮囊体积内压力和体积的变化，实现蓄能和释能

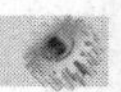

6.3.3 蓄能器的故障分析与排除

<table>
<tr><th>故障</th><th>故障分析与排除</th></tr>
<tr><td>皮囊式蓄能器压力下降严重，经常需要补气</td><td>皮囊式蓄能器，皮囊的充气阀为单向阀的形式，靠密封锥面密封。当蓄能器在工作过程中受到振动时，有可能使阀芯松动，使密封锥面 1 不密合，导致漏气。或者阀芯锥面上拉有沟槽，或者锥面上粘有污物，均可能导致漏气。此时可在充气阀的密封盖 4 内垫入厚 3mm 左右的硬橡胶垫 5，以及采取修磨密封锥面使之密合等措施解决
另外，如果出现阀芯上端螺母 3 松脱，或者弹簧 2 折断或漏装的情况，有可能使皮囊内氮气顷刻泄完
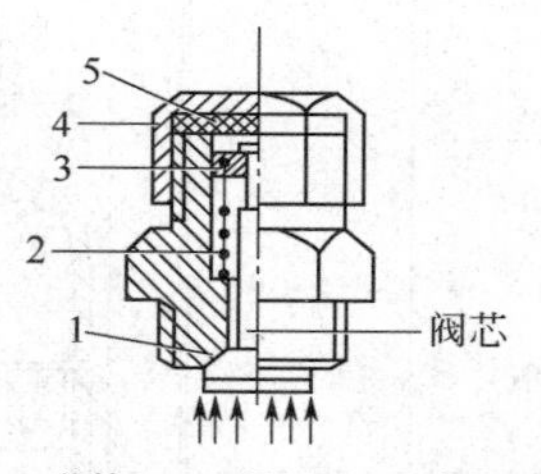

1—密封锥面；2—弹簧；3—螺母；4—密封盖；5—硬橡胶垫</td></tr>
<tr><td>皮囊使用寿命短</td><td>其影响因素有皮囊质量、使用的工作介质与皮囊材质的相容性；或者有污物混入；选用的蓄能器公称容量不合适（油口流速不能超过 7m/s）；油温太高或过低；作储能用时，往复频率是否超过 1 次/10s，超过则寿命开始下降，若超过 1 次/3s，则寿命急剧下降；安装是否良好，配管设计是否合理等
另外，为了保证蓄能器在最小工作压力 p_1时能可靠工作，并避免皮囊在工作过程中常与蓄能器下端的菌型阀相碰撞，延长皮囊的使用寿命，p_0一般应在 0.75～0.9p_1的范围内选取；为避免在工作过程中皮囊的收缩和膨胀的幅度过大而影响使用寿命，要有 $p_0 \geqslant 2.5\% p_2$，即要有 $p_1 \geqslant 1/3 p_2$</td></tr>
<tr><td>蓄能器不起作用（不能向系统供油）</td><td>产生原因主要是气阀漏气严重，皮囊内根本无氮气，以及皮囊破损进油。另外当 $p_0 \geqslant p_2$，即最大工作压力过低时，蓄能器完全丧失储能功能（无能量可储）
排除办法是检查气阀的气密性。发现泄气，应加强密封，并加补氮气；若气阀处泄油，则很可能是皮囊破裂，应予以更换；当 $p_0 \geqslant p_2$时，应降低充气压力或者根据负载情况提高工作压力</td></tr>
</table>

续表

<table>
<tr><th>故障</th><th>故障分析与排除</th></tr>
<tr><td>吸收压力脉动的效果差</td><td>为了更好地发挥蓄能器对脉动压力的吸收作用，蓄能器与主管路分支点的连接管道要短，通径要适当大些，并要安装在靠近脉动源的位置。否则，它消除压力脉动的效果就差，有时甚至会加剧压力脉动</td></tr>
<tr><td>蓄能器释放出的流量稳定性差</td><td>蓄能器充放液的瞬时流量是一个变量，特别是在大容量且 $\Delta p=p_2-p_1$ 范围又较大的系统中，若要获得较恒定的和较大的瞬时流量时，可采用下述措施：
① 在蓄能器与执行元件之间加入流量控制元件；
② 用几个容量较小的蓄能器并联，取代一个大容量蓄能器，并且几个容量较小的蓄能器采用不同档次的充气压力；
③ 尽量减少工作压力范围 Δp，也可以采用适当增大蓄能器结构容积（公称容积）的方法；
④ 在一个工作循环中安排好足够的充液时间，减少充液期间系统其他部位的内泄漏，使在充液时，蓄能器的压力能迅速和确保能升到 p_2，再释放能量
国产 NXQ-L 型皮囊式蓄能器的允许充放流量
<table>
<tr><td>蓄能器公称容积/L</td><td>NXQ-L0.5</td><td>NXQ-L1.6～NXQ-L6.3</td><td>NXQ-L10～NXQ-L40</td></tr>
<tr><td>允许充放流量/(L/s)</td><td>1</td><td>3.2</td><td>6</td></tr>
</table></td></tr>
<tr><td>蓄能器充压时，压力上升得很慢，甚至不能升压</td><td>这一故障泵的原因有：① 充气阀密封盖未拧紧或使用中松动而漏了氮气；② 充气阀密封用的硬橡胶垫漏装或破损；③ 充气的氮气瓶已经气压太低；④ 充气液压回路的问题：如图所示的用卸荷溢流阀组成的充液回路，当阀的阀芯卡死在微开启时，蓄能器充压上压速度很慢，阀的阀芯卡死位置的开口越大，充压速度越慢，完全开启，则不能使蓄能器蓄能升压
解决办法可在检查的基础上对症下药。系统的后续油路有问题也可能出现此类故障
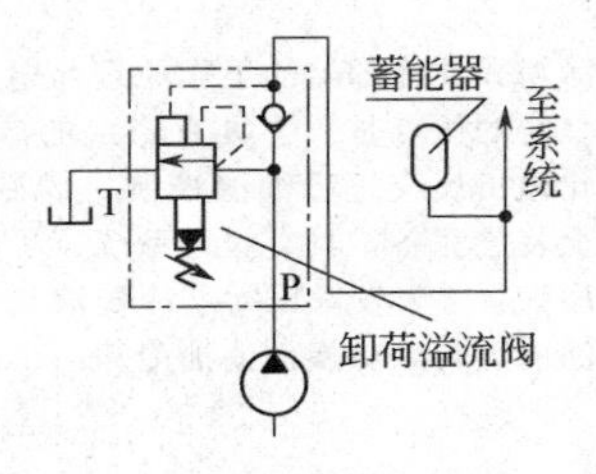
</td></tr>
</table>

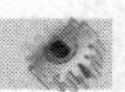

6.4 冷却器

6.4.1 冷却器例

<table>
<tr><th>项目</th><th>图示及说明</th></tr>
<tr><td>列管式</td><td>如图所示，列管式油冷却器由多条冷却水管、侧端盖板、壳体以及密封垫等零件所组成。冷却水管的管内与管外被隔开。冷却水从管内走，热油从管外走，通过管壁进行热交换而使热油降温后从出口流出
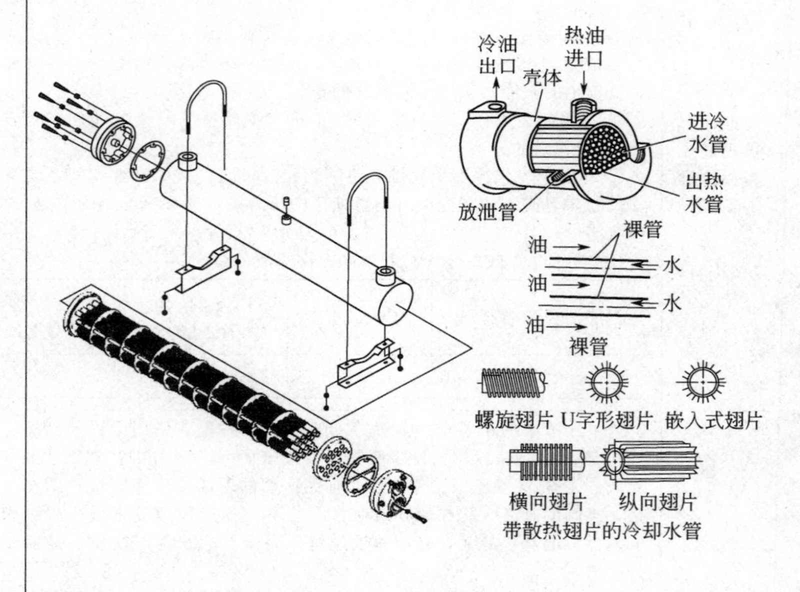

带散热翅片的冷却水管</td></tr>
<tr><td>冰箱式油冷却器</td><td>如图所示的冰箱式油冷却器的工作原理与电冰箱类似，它用在缺水的场合，冷却效果最优。它的优点是：①具有稳定的冷却能力；②能对室温和机床机体温度二者变化做出反应进行油温控制；③冷却可靠；④无需冷却水；⑤操作容易；⑥安全装置完备，具有报警系统
它的工作程序为："蒸发—压缩—冷凝液化—节流—再蒸发"的循环过程，在蒸发器内与油液进行热交换而使油冷却</td></tr>
</table>

续表

项目	图示及说明
冰箱式油冷却器	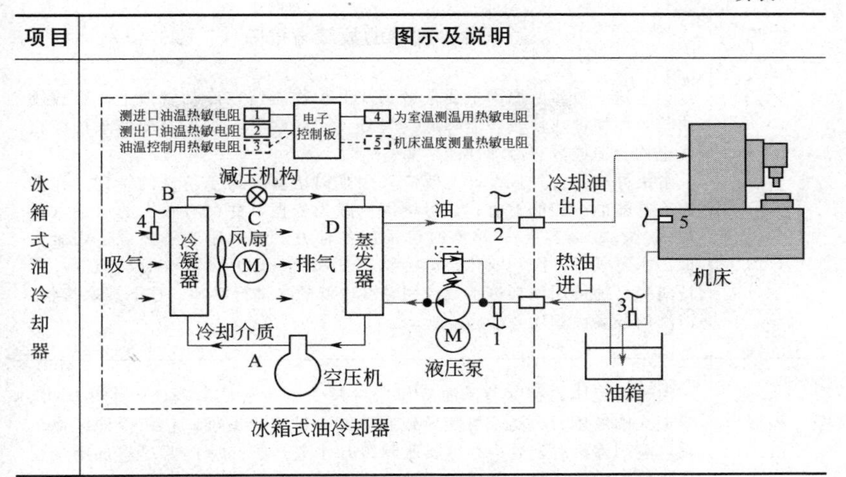冰箱式油冷却器

6.4.2　油冷却器的故障分析与排除

故障	油冷却器的故障与排除
油冷却器被腐蚀	产生腐蚀的主要原因是材料、环境（水质、气体）以及电化学反应三大要素 选用耐腐蚀性的材料，是防止腐蚀的重要措施，而目前列管式油冷却器多用散热性好的铜管制作，其离子化倾向较强，会因与不同种金属接触产生接触性腐蚀（电位差不同），例如在定孔盘、动孔盘及冷却铜管管口往往产生严重腐蚀的现象，解决办法，一是提高冷却水质，二是选用铝合金、钛合金制的冷却管 另外，冷却器的环境包含溶存的氧、冷却水的水质（pH 值）、温度、流速及异物等。水中溶存的氧越多，腐蚀反应越激烈；在酸性范围内，pH 值降低，腐蚀反应越活泼，腐蚀越严重，在碱性范围内，对铝等两性金属，随 pH 值的增加腐蚀的可能性增加；流速的增大，一方面增加了金属表面的供氧量，另一方面流速过大，产生紊流涡流，会产生气蚀性腐蚀；另外水中的砂石、微小贝类细菌附着在冷却管上，也往往产生局部侵蚀 还有，氯离子的存在增加了使用液体的导电性，使得电化学反应引起的腐蚀增大，特别是氯离子吸附在不锈钢、铝合金上也会局部破坏保护膜，引起孔蚀和应力腐蚀。一般温度增高腐蚀增加 综上所述，为防止腐蚀，在冷却器选材和水质处理等方面应引起重视，前者往往难以改变，后者用户可想办法 对安装在水冷式油冷却器中用来防止电蚀作用的锌棒要及时检查和更换

续表

故障	油冷却器的故障与排除
冷却性能下降	产生这一故障的原因主要是堵塞及沉积物滞留在冷却管壁上，结成硬块与管垢使散热换热功能降低。另外，冷却水量不足、冷却器水油腔积气也均会造成散热冷却性能下降 解决办法是首先从设计上就应采用难以堵塞和易于清洗的结构。在选用冷却器的冷却能力时，应尽量以实践为依据，并留有较大的余地（增加10%～25%容量）。堵塞时可采用各种方法（如用刷子擦洗，用压力油、水蒸气等冲洗）或化学的方法（如用Na_2CO_3溶液及清洗剂等）进行清扫。还可用增加进水量或用温度较低的水进行冷却、拧下螺塞排气、清洗内外表面积垢等措施
破损	由于两流体的温度差，油冷却器材料受热膨胀的影响，产生热应力，或流入油液压力太高，可能导致有关部件破损。另外，在寒冷地区或冬季，晚间停机时，管内结冰膨胀将冷却水管炸裂。所以要尽量选用难受热膨胀影响的材料，并采用浮动头之类的变形补偿结构；在寒冷季节每晚都要放干冷却器中的水
漏油、漏水	出现漏油、漏水，会出现流出的油发白，排出的水有油花的现象 漏水、漏油多发生在油冷却器的端盖与筒体结合面，或因焊接不良、冷却水管破裂等原因造成漏油、漏水。此时可根据情况，采取更换密封、补焊等措施予以解决。更换密封时，要洗净结合面，涂敷一层“303”或其他黏结剂
过冷却	由于将冷却器装在溢流阀回油口的冷却回路，溢流阀的溢流量是随系统的负载流量变化而变化的，因而发热量也将发生变化，有时产生过冷却，造成浪费。为保证系统有合适的油温，可采用可自动调节冷却水量的温控系统。若低于正常油温，停止冷却器的工作，或者可接通加热器
冷却水质不好（硬水），冷却钢管内结垢，造成冷却效率降低	此时可清洗油冷却器，方法如下： ① 用软管引洁净水高速冲洗回水盖、后盖内壁和冷却管内表面，最后用压缩空气吹干 ② 用三氯乙烯溶液进行冲洗，使清洁液在冷却器内循环流动，清洗压力为0.5MPa左右，清洗时间视溶液情况而定。最后将清水引入管内，直至流出清水为止 ③ 用四氯化碳的溶液灌入冷却器，经15～20min后视溶液颜色而定，若混浊不清，则更换新溶液重新浸泡，直至流出溶液与洁净液差不多为止，然后用清水冲洗干净，此操作要在通风环境中进行，以免中毒。清洗后进行水压试验，合格方可使用

6.5　油箱

6.5.1　液压油箱的功用与分类

油箱的主要作用是储油、散热和分离油中空气、杂质等。因此，油箱应有足够的容量、较大的表面积，且液体在油箱内流动应平缓，以分离气泡和沉淀杂质。

一般油箱容积等于泵每分钟流量的 3～4 倍（具体根据工作压力及负载而定）。例如，泵流量为 25L/分，推荐油箱容积为 75～100L。油箱的油温不应超过 50℃（最大 60℃）。在 40～50℃范围内最佳。

油箱加上其上安装的泵-电机装置及控制阀等叫做液压站。

6.5.2　油箱例

在油箱底部正确位置开一个放油口，以便排水、沉淀，以及维护时清空油箱。为使清空更容易，要求油箱底面高于地面。如可能向放油口倾斜。油箱必须能够检查液面，并备有显示最大和最小液面的液位计。最小液面必须限制空气进入泵吸油口。

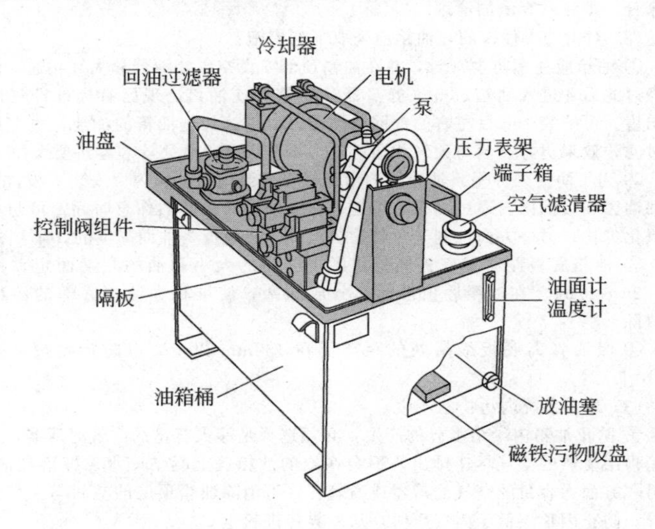

6.5.3 油箱的故障

故障	故障分析与排除
油箱温升严重	油箱起着“热飞轮”的作用，可以在短期内吸收热量，也可以防止处于寒冷环境中的液压系统短期空转被过度冷却。油箱的主要矛盾还是温升，温升到某一范围平衡不再升高。严重的温升会导致液压系统故障 引起油箱温升严重的原因有：①油箱设置在高温热辐射源附近，环境温度高；②液压系统各种压力损失（如溢流、减压等）产生的能量转换大。③油箱设计时散热面积不够；④油液的黏度选择不当，过高或过低 解决油箱温升严重的办法是：①尽量避开热源，②正确设计液压系统，如系统应有卸载回路、采用压力适应、功率适应、蓄能器等高效液压系统，减少高压溢流损失，减少系统发热；③正确选择液压元件，努力提高液压元件的加工精度和装配精度，减少泄漏损失、容积损失和机械损失带来的发热现象；④正确配管：减少过细过长、弯曲过多、分支与汇流不当带来的局部压力损失；⑤正确选择油液黏度；⑥油箱设计时应考虑有充分的散热面积和油箱容量。一般油箱容量应按泵流量（L/min）的2～6倍选取，流量大的系统取下限，反之取上限，低压系统取下限，反之取上限；⑦在占地面积不容许加大油箱体积的情况下或在高温热源附近，可设油冷却器
油箱内油液污染	油箱内油液污染物有从外界侵入的，有内部产生的以及装配时残存的 （1）装配时残存的：例如油漆剥落片、焊渣等。在装配前必须严格清洗油箱内表面，并严格去锈、去油污，如果是铸件则需清理干净芯砂等，如果是焊接床身，则注意焊渣的清理 （2）对由外界侵入的，油箱应采取下列措施： ① 油箱应注意防尘密封，并在油箱顶部安设空气滤清器和大气相通，使空气经过滤后才进入油箱。空气滤清器往往兼作注油口，现已有标准件（EF型）出售。可配装100目左右的铜网滤油器，以过滤加进油箱的油液，也有用纸芯过滤，效果更好。但与大气相通的能力差些，所以纸质滤芯容量要大 ② 为了防止外界侵入油箱内的污物被吸进泵内，油箱内要安装隔板，以隔开回油区和吸油区。通过隔板，可延长回到油箱内油液的休息时间。可防止油液氧化劣化；另一方面也利于污物的沉淀。隔板高度为油面高度的3/4［图（a）］ ③ 油箱底板倾斜：底板倾斜程度视油箱的大小和油的黏度而定，一般为1/24～1/64。在油箱底板最低部分放油塞，使堆积在油箱底部的污物得到清除 ④ 吸油管离底板最高处的距离要在150mm以上，以防污物被吸入［图（b）］ （3）减少系统内污物的产生 ① 防止油箱内凝结水分的产生：必须选择足够大容量的空气滤清器，以使油箱顶层受热的空气尽速排出，不会在冷的油箱盖上凝结成水珠掉落在油箱内；另一方面大容量的空气滤清器或通气孔，可消除油箱顶层的空间与大气压的差异，防止因顶层低于大气压时，从外界带进粉尘 ② 使用防锈性能好的润滑油，减少磨损物的产生和防止锈的产生

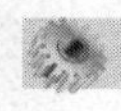

续表

<table>
<tr><th>故障</th><th>故障分析与排除</th></tr>
<tr><td>油箱内油液污染</td><td>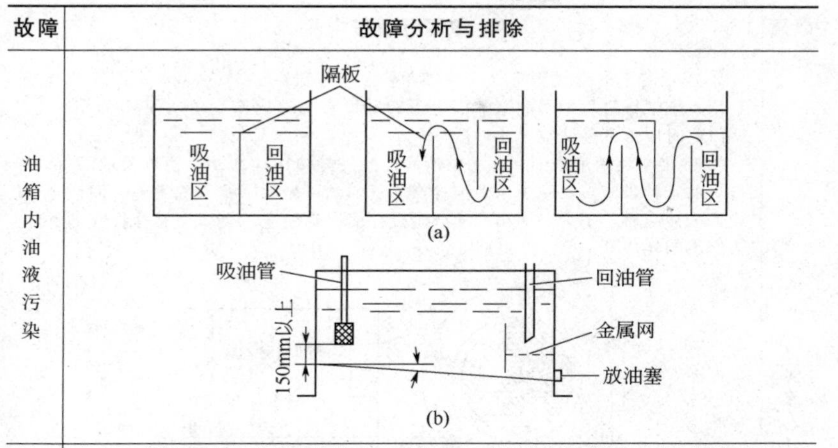</td></tr>
<tr><td>油箱内油液空气泡难以分离</td><td>由于回油在油箱内的搅拌作用，易产生悬浮气泡夹在油内。若被带入液压系统会产生许多故障（如泵噪声气穴及油缸爬行等）
为了防止油液气泡在未消除前便被吸入泵内，可采取如图所示的方法：
① 设置隔板，隔开回油区与泵吸油区，回油被隔板折流，流速减慢，利于气泡分离并溢出油面。但这种方式分离细微气泡较难，分离效率不高
② 设置金属网：在油箱底部装设金属网捕捉气泡
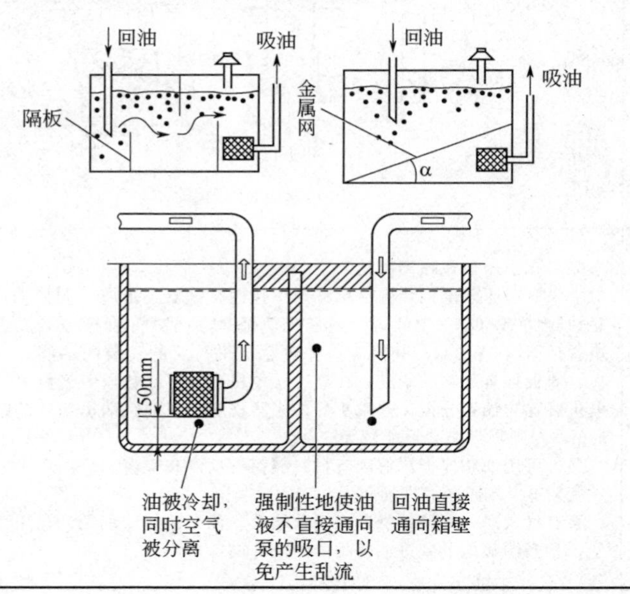</td></tr>
</table>

续表

故障	故障分析与排除
油箱内油液空气泡难以分离	③ 当箱盖上的空气滤清器被污物堵塞后，也难于与空气分离，此时还会导致液压系统工作过程中因油箱油面上下波动而在油箱内产生负压使泵吸入不良。所以此时应拆开清洗空气滤清器 ④ 除了上述消泡措施，并采用消泡性能好的液压油之外，还可采取图（a）、（b）的几种措施，以减少回油搅拌产生气泡的可能性以及去除气泡。回油经螺旋流槽减速后，不会对油箱油液产生搅拌而产生气泡；金属网有捕捉气泡并除去气泡的作用 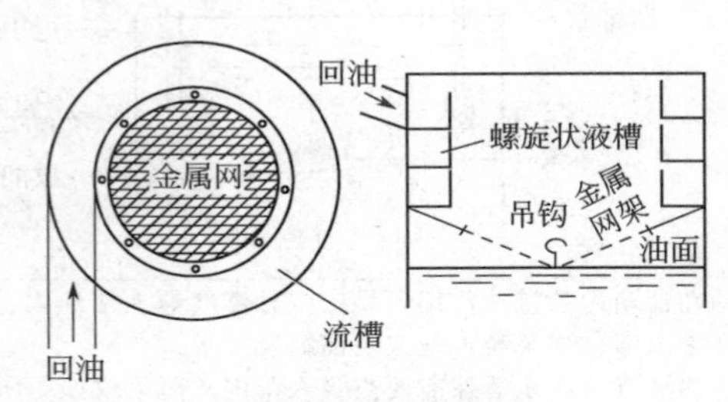 (a) 螺旋状回油槽 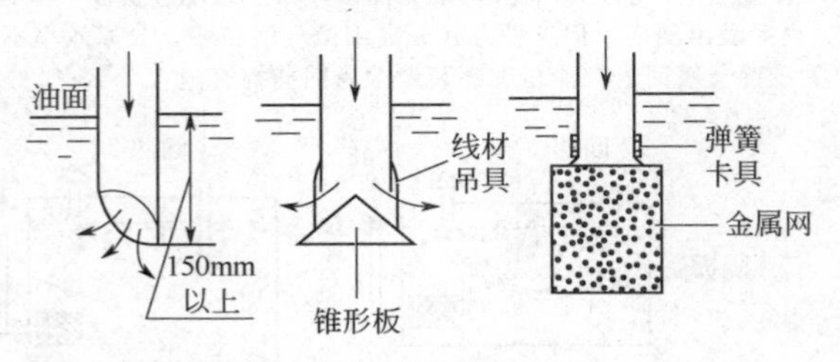 (b) 设置回油扩散器
油箱振动和噪声	（1）减小振动和隔离振动 主要对液压泵电机装置使用减振垫弹性联轴器类措施。例如 HL 型弹性柱销联轴器（GB5014—85）、ZL 型带制动轮弹性柱销联轴器（GB5015—85）和滑块联轴器（GB4384—86）等。并注意电机与泵的安装同轴度；油箱盖板、底板、墙板须有足够的刚度；在液压泵电机装置下部垫以吸音材料等；若液压泵电机装置与油箱分设，效果更好。实践证明，回油管端离箱壁的距离不应小于 5cm，否则噪声振动可能较大 另外可用油箱保护罩等吸音材料隔离振动声和噪声。 （2）减少液压泵的进油阻力 泵有气穴时，系统的噪声级显著增大。而泵的气穴现象和输出压力脉动的发生，相当明显地受到进油阻力的影响［图(a)］

续表

故障	故障分析与排除
油箱振动和噪声	为了保证泵的轴密封和避免进油侧发生气穴，泵吸油口容许压力的一般控制范围是正压力 0.35×10^5 Pa。而难燃液压油由于密度大，吸油高度高，故合成油的真空度为 1Pa，水-乙二醇为 0.8Pa，另外，液压油所能溶解的空气量与液体压力成正比［图(b)］。在大气压下空气饱和的液体，在真空度下将成为过饱和液体，而析出空气，产生显著的噪声和振动。所以，有条件时尽量使用高位油箱。这样既可对泵形成灌注压力，又使空气难以从油中析出。但是，增高油面的有效高度对悬浮气泡的溢出油面会变得困难一些。一般情况下应根据 Stekes 定律和 ϕ0.6mm 以下的气泡不会增加压力脉动的经验值，按图(c)所示的斜线范围来确定油箱油面的高度，而不要随意加大 (3) 保持油箱比较稳定的较低油温 油温升高会提高油中的空气分离压力，从而加剧系统的噪声。故应使油箱油温有一个稳定的较低值范围（30～55℃）相当重要 (4) 油箱加罩壳，隔离噪声 油泵装在油箱盖以下，即油箱内，也可隔离噪声 (5) 在油箱结构上采用整体性防振措施 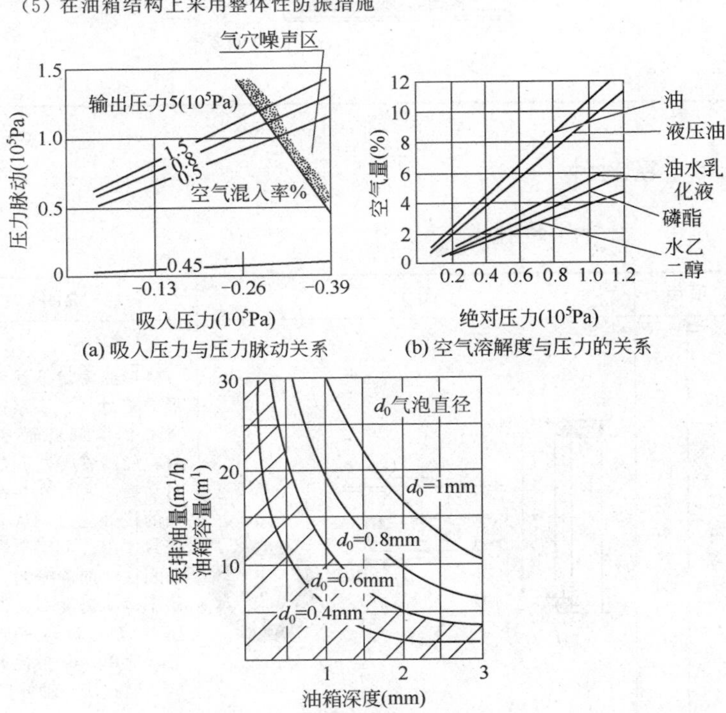 (a) 吸入压力与压力脉动关系 (b) 空气溶解度与压力的关系 (c) 油箱油液深度

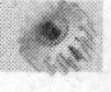

续表

<table>
<tr><th>故障</th><th>故障分析与排除</th></tr>
<tr><td>油箱振动和噪声</td><td>例如：油箱下地脚螺钉固牢于地面，油箱采用整体式较厚的电机-泵座安装底板，并在电机泵座与底板之间加防振垫板；油箱薄弱环节，加设加强筋等（见下图）
（6）努力减少噪声辐射
例如注意选择声辐射效率较低的材料（阻尼材料，包括阻尼涂层）；增大油箱的动刚度，以提高固有频率并减少振幅，如加筋等
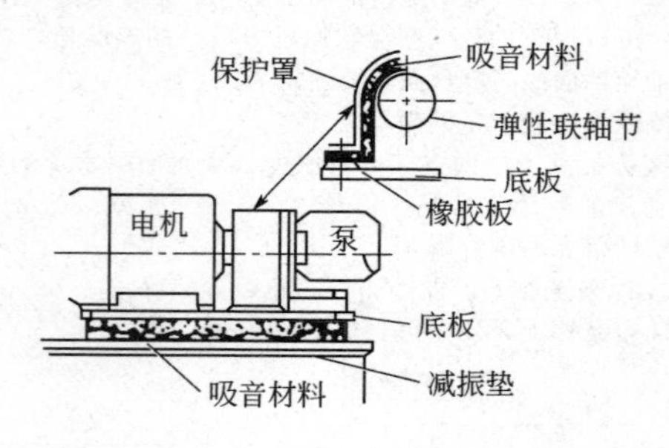
</td></tr>
</table>

6.6 密封件

6.6.1 密封件的种类

<table>
<tr><th colspan="2">项目</th><th>图示</th><th>说明</th></tr>
<tr><td>静密封</td><td>O形密封圈</td><td>(a) (b)</td><td>O形圈密封是截面为圆形的密封件，依靠预压缩量δ消除间隙而实现密封，能随着压力 p 的增大自动提高密封件与密封表面的接触应力，从而提高密封作用。可用于高压端面和柱面的静密封，也可用于运动速度不太快的低压往复运动动密封。价廉、简单、密封性好、易购、磨损后自动补偿</td></tr>
</table>

续表

项目		图示	说明
静密封	各种密封垫	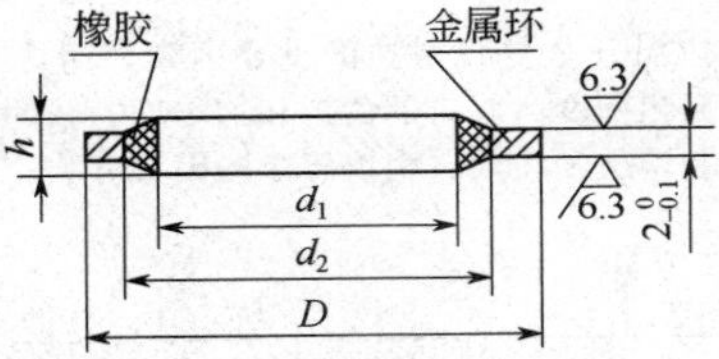 橡胶 金属环 h d_1 d_2 D 6.3 $2_{-0.1}^{0}$	由耐油橡胶内圈和钢制外圈压制而成的组合密封垫圈，安装方便、密封可靠，较紫铜垫圈便宜。多用于螺纹管接头等处的端面密封
	密封胶	密封胶涂覆时具有流动性，可充满两结合面之间的缝隙和凹陷，在一定紧固力下起密封防漏作用。耐振动和耐冲击，适合大面积涂敷。液态密封胶和厌氧密封胶使用方法为：预处理（去油、去锈、去污）→涂覆（涂层0.06～0.1mm）→干燥→紧固	
动密封件	油封	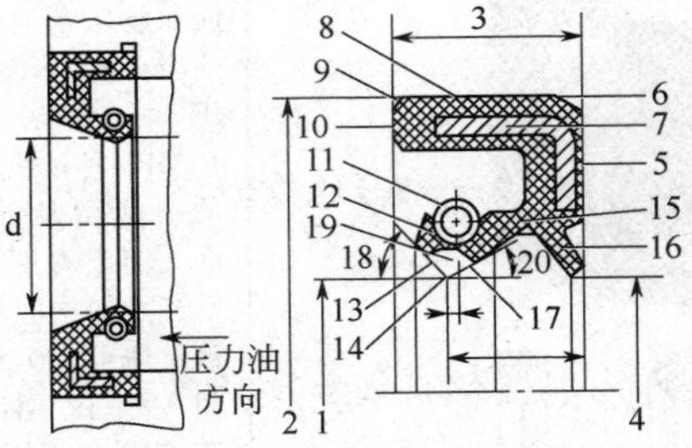 (a) 形状 (b) 结构 1—唇部内径；2—油封外径；3—油封宽度；4—防尘内径；5—后面；6—后面倒角；7—骨架；8—油封外圆；9—前面倒角；10—前面；11—自紧螺旋弹簧；12—弹簧包唇；13—工作面；14—唇部唇口；15—腰部；16—防尘唇部；17—密封面；18—工作面角；19—唇部尖角；20—密封面角	油封广泛用于旋转动密封，油封内有一直角形环状骨架（金属）作支撑，包有橡胶，一条螺旋弹簧将油封内唇收紧，密封唇口施加给轴径向力而实现密封。例如液压泵与液压马达轴上全都使用油封，防止工作介质沿轴泄漏到壳体之外和外部空气尘埃反向侵入机体内部。一般油封承受压力的能力较差，承压限度为0.2～0.3MPa，氟橡胶耐压油封承压限度为0.25～0.7MPa，个别的已达8MPa，一般压力较高的油封都要自行设计制造

续表

项目		图示	说明
动密封件	油封	油封的摩擦特性和唇边温升是导致漏油的重要因素，而这与油封过盈量、转速、轴径、轴表面粗糙度、唇口的尖锐和均匀度、轴的动偏心、橡胶材质、弹性变形、安装误差和振动、尘埃等多种因素有关	
	V形密封圈	压紧环 密封环 支承环 压紧环 密封环 支承环 3 2 1 1—支承环；2—密封环；3—压环	V形密封圈是由多层涂胶织物压制而成，通常由三个或多个环叠在一起使用。一般当压力小于10MPa时，使用三个组成的一套已足够保证密封性。当压力更高时，只需适当增加中间的密封环的数量即可。V形密封圈的相关标准为GB/T10708.1—1989

续表

项目		图示	说明
动密封件	Y形密封圈	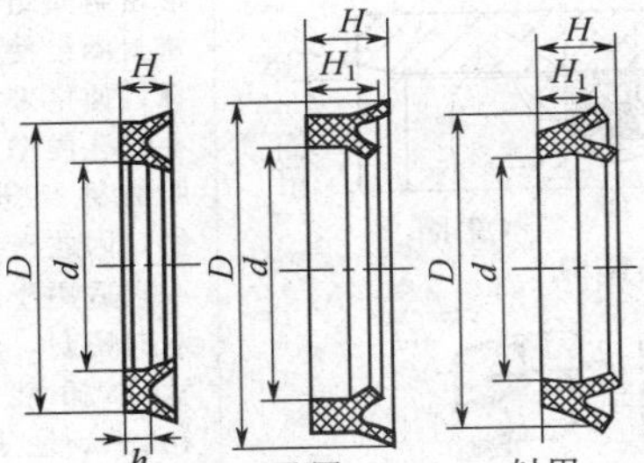 孔用 轴用 (a) Y形密封圈 (b) Y_x形密封圈	如图所示，工作时因油压作用使两唇张开，各自贴紧在轴和轴孔表面而起密封作用。所以装配时唇边要面对有压力的油腔，反向无密封作用。Y形密封圈有窄断面（ZY形）和宽断面（KY形）之分；如果内外形不等高，又有小Y形（Y_x形）之称。有关Y形和Y_x形密封圈的标准可参阅GB10708.1—1989《往复运动橡胶密封结构尺寸系列》第一部分：“单向橡胶密封圈” Y形密封与Y_x形密封广泛用于液压缸的活塞密封中，还可作活塞杆密封用
	斯特封	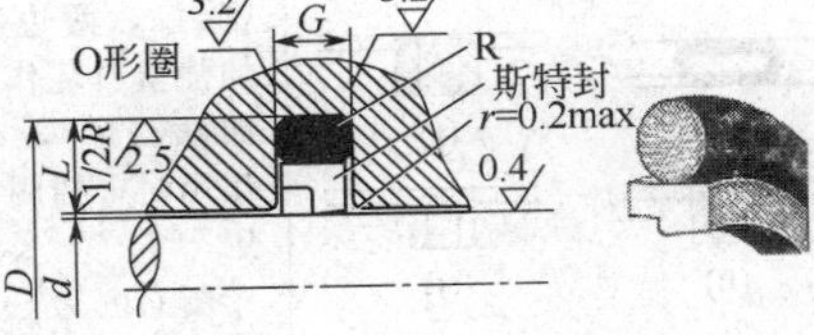 O形圈 斯特封 r=0.2max	斯特封由一个低摩擦、填充有青铜粉的聚四氟乙烯（PTFE）阶梯形环和O形橡胶密封圈组合而成的组合密封，源自美国霞板公司。O形圈提供足够的弹性箍紧力，使斯特封紧贴在密封面上起密封作用，并对PTFE环的磨耗起磨损补偿作用，主要用于液压缸活塞杆密封，也用于大直径插装阀中，耐压可达60MPa，往复运动速度5m/s，使用温度 −50～255℃，摆动和螺旋运动也可应用（3m/s），摩擦系数仅为0.002～0.004，且静摩擦系数等于或小于动摩擦系数，是防止爬行故障的优秀密封，泄漏量几乎为零

续表

项目		图示	说明
动密封件	格来圈	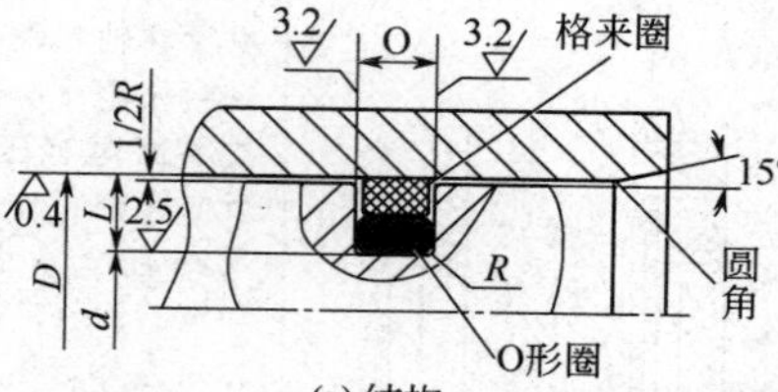 (a) 结构 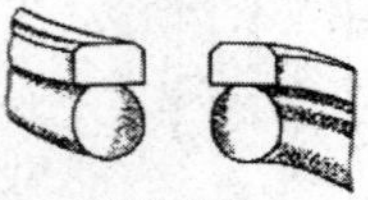 (b) 断面	格来圈由一抗磨的充填有青铜粉的聚四氟乙烯（PTFE）方形环和一个O形密封圈组合而成。O形密封圈组使格来圈均匀外撑，使格来圈紧密地贴合在缸孔内壁上，并对格来圈的磨耗进行走自动补偿，因此密封效果佳 它适用于液压缸活塞的双向密封，也已用在大尺寸的插装阀上。耐压40MPa，往复速度≤5m/s，摆动或螺旋速度≤3m/s，使用温度约225℃，耐油、汽、水等工作介质
	其他密封	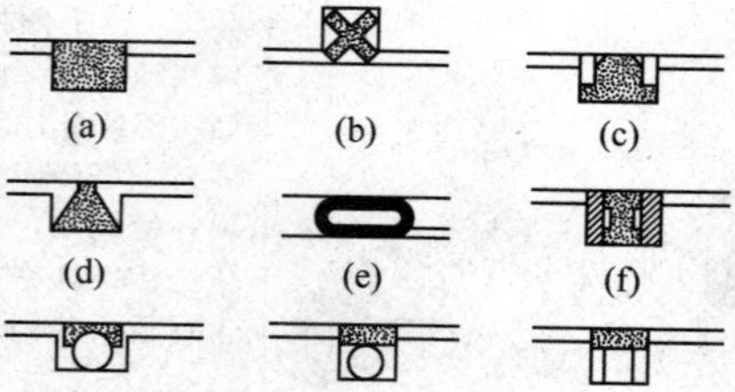 (a) (b) (c) (d) (e) (f) (g) (h) (i)	图(a)的D形（矩形）密封圈，能避免产生翻转和拧扭损伤，与钢的摩擦系数小，耐磨 图(b)的X形密封圈可以双向密封，两唇之间的弧形空间可储存润滑油，摩擦阻力较小，不易产生拧扭 图(c)为T形密封（主密封），两边用两片薄的加强塑料环作挡圈（如聚四氟乙烯），在有液压力作用时，挡圈也起密封作用 图(d)为三角形密封，不会产生翻转和拧扭，但密封压力不能太高，否则易破损和漏油 图(e)为金属中空密封圈，适合在高低温下工作，在液压机械中很少采用

续表

项目		图示	说明
动密封件	其他密封		图（f）为HSD型密封，在日本生产的液压机上有所应用，为双向密封，无挡圈时密封压力为14MPa，使用挡圈时，密封压力可达21 MPa，不产生翻转和拧扭，不会因背压高而破损，常用于油缸活塞密封 图（g）～（i）为组合密封，用聚四氟乙烯环作为滑动面的密封，用O形圈或D形等其他密封圈从背后施以弹力
	防尘密封	污物	防尘圈的唇部对活塞杆有一定的过盈量，利用此过盈量防止外界污物入内，为单向低压密封。有骨架式和无骨架式两类。无骨架防尘圈的相关标准为GB/T 10708.3—1989

6.6.2 密封圈漏油原因和排除方法

项目	原因	排除方法
设计与制造不好	① 安装尺寸、公差设计不正确：例如密封圈沟槽尺寸过浅过深、过宽过窄，密封缝隙太大，压力高时也未设置密封挡圈 ② 安装时损伤	① 应按密封圈的沟槽尺寸标准设计 ② 正确安装，不要装扭

续表

项目	原因	排除方法
设计与制造不好	 (a) 安装时损伤　(b) 安装时密封件扭曲 ③ 密封槽过深，密封圈无压缩余量，会因预压过小而泄漏，不能起密封作用（图为 O 形密封圈） 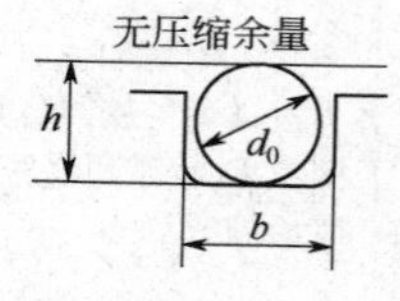 $\varepsilon=\frac{d_0-h}{d_0}100\%$ ε—压缩余量(压缩率) ④ 密封槽过浅，压缩余量过大，密封接触压力过高，密封圈易产生永久变形，失去密封作用；密封件也易磨损  (c) 过度压缩  (d) 压缩永久变形 ⑤ 密封缝隙太大，易楔（挤）入缝隙而切破、咬伤密封圈 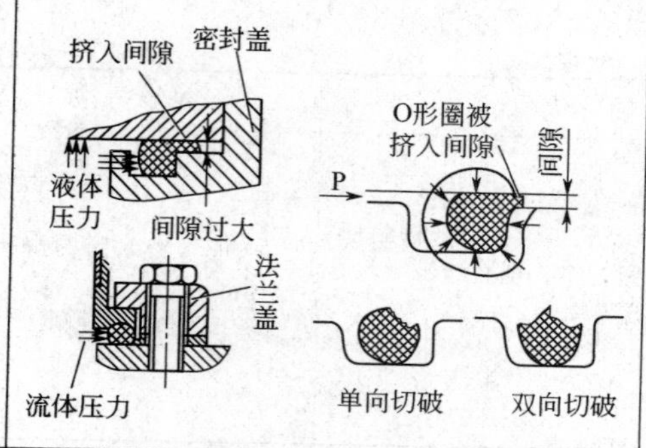 	③ 应按标准设计密封圈沟槽尺寸，并选用标准尺寸的密封圈（图为 O 形密封圈） 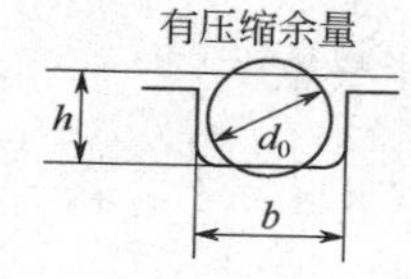 ④ O 形圈用于回转密封时，考虑到卡夫-焦耳效应，一般旋转用 O 形圈的内径宜比轴径大 3%～5%，半径的压缩率 ε＝3%～8%；对低摩擦运动用 O 形圈为了减少摩擦力，一般应选取较小的压缩率，即 ε＝ 5% ～8%：低温与高温交替变化时，压缩率推荐为 25%。O 形圈用于静密封时，压缩率可适当大些 ⑤ 设置密封挡圈和支承环，防挤出 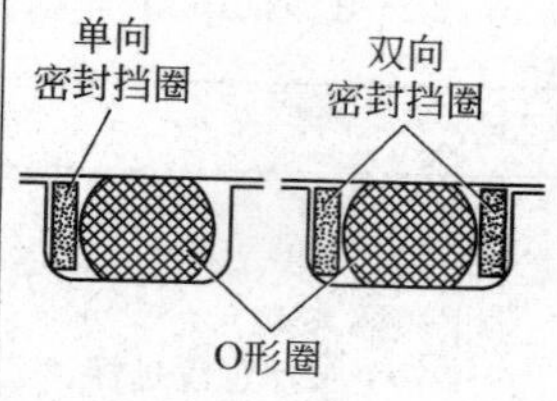

续表

项目	原因	排除方法
设计与制造不好	P　δ　被咬伤 背压造成的困油现象，低压侧密封圈挤入间隙而导致切破密封唇部 压力P ⑥ 未设计密封圈装配导引部分，密封圈易切破 此处尖角毛刺切破O形圈应去掉 ⑦ 加工制造不好：例如表面太粗糙 飞边　A向 铣削后产生多棱不平纹路 A向 此处用车刀车掉为好	支撑圈　开小孔 活塞 ⑥ 密封圈装配导引部分应设计正确的导引部分 此处应设计较大的R圆角　此处应为光滑过渡锥面 ⑦ 加工时要保证密封部位的尺寸精度和表面粗糙度要求

续表

项目	原因	排除方法
安装不好	① 安装方向和步骤不对头 O形圈松脱错位 ② 未使用必要的装配工具安装密封圈，密封圈在安装时被切伤 密封圈子通过螺纹部分易被切破 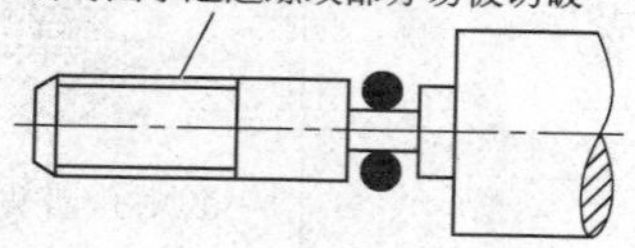 ③ 油封装配时不注意，唇部弹簧脱落 ④ 油封安装孔与传动轴心的同轴度过大，密封唇不能跟随轴运动	① 注意安装方向和步骤 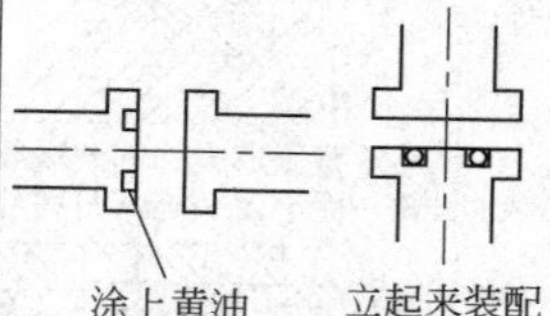 ② 要用导引工具安装密封圈，密封槽边倒角，修毛刺，装密封圈前要涂润滑油或油脂。如密封圈必须通过尖槽或尖锐的螺纹时，要使用保护垫片或保护套 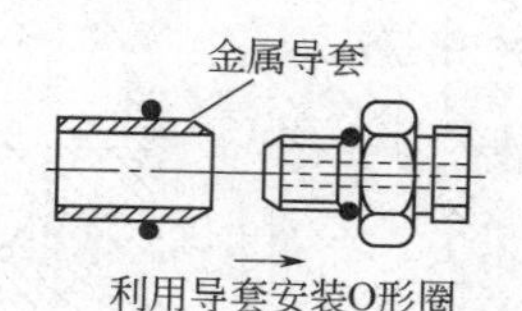 利用导套安装O形圈 ③ 用导向工具装油封 ④ 进行校准
系统中的污物	① 由于脏物颗粒拉伤密封圈表面或密封圈唇部，密封圈严重磨损 ② 密封圈老化硬化，产生裂纹 ③ 密封圈过分压缩永久变形，失去弹性	① 注意油液清洁与密封圈部位的清洁 ② 更换成新的密封圈 ③ 更换成新的密封圈，并确认液压系统油温是否过高，密封件材质、硬度的选择是否合适

续表

项目	原因	排除方法
密封件的选择不当	1. 橡胶密封材质和液压油不相容 2. 密封材质的性能与实际需要不相符	

1. 橡胶密封材质和液压油不相容

类型	乙丙胶	丁钠胶	丁腈胶	氟碳胶	聚丙烯酸酯胶	丁基胶	氯丁胶	丁二烯胶	氯磺酰聚乙烯	合成异戊二烯胶	氟硅胶	聚脲胶	天然胶	聚硅氧烷胶	聚硫胶
磷酸酯液体	◎	×	×	×	×	○	×	×	×	×	√	×	×	√	×
卤化物液体	○	×	√	◎	×	○	×	×	×	×	○	×	×	√	√
硅酸酯液体	×	×	○	◎		×	◎	×	○	×	○	×	×	×	
聚硅氧烷液体	◎	◎	◎	◎	◎	◎	◎	◎	◎	◎	◎	◎	◎	√	◎
水-乙二醇液体	◎	◎	◎	◎	×	○	○				○	×		○	
水油乳化液	×	×	◎	◎	×	×	○	×	○	×	◎	×	×		
矿物油	×	×	◎	◎	◎	×	○	×	○	×	◎	◎	×	×	◎

注：◎—优；○—良；√—可；×—不可。

2. 密封材质的性能与实际需要不相符

胶料类型	丁腈胶	丁二烯胶	丁基胶	氯丁胶	氯磺酰聚乙烯	乙丙胶	氟碳胶	合成异戊二烯胶	天然胶	聚丙烯酸酯胶	聚硫胶	硅酸胶	聚四氟乙烯
抗臭氧性	×	×	◎	◎	◎	◎	◎	×	×	◎	◎	◎	◎
耐气候变化	○	○	◎	◎	◎	◎	◎	○	○	◎	◎	◎	◎
抗热	√	○	√	√	√	◎	◎	○	○	◎	×	◎	◎
耐化学性	√	√	◎	○	◎	◎	◎	√	√	×	√	√	◎

续表

项目	原因	排除方法
密封件的选择不当	（见下表）	

续表

胶料类型	丁腈胶	丁二烯胶	丁基胶	氯丁胶	氯磺酰聚乙烯	乙丙胶	氟碳胶	合成异戊二烯胶	天然胶	聚丙烯酸酯胶	聚硫胶	硅酸胶	聚四氟乙烯
耐油性	◎	×	×	√	○	×	◎	×	×	◎	◎	√	◎
耐渗透性	√	○	◎	√	√	√	√	○	○	◎	◎	×	√
耐冷性	√	√	√	√	○	◎	○	√	√	×	√	◎	◎
抗撕裂性	√	◎	√	√	○	◎	○	◎	◎	√	×	×	
抗磨性	√	◎	√	○	√	◎	√	◎	◎	○	×	×	◎
动力性能	◎	√	○	○	○	◎	√	√	◎	○	○	×	×
抗酸性	○	√	√	√	√	√	◎	√	√	×	×	√	◎
增强伸长应力	◎	◎	√	√	○	◎	◎	◎	◎	○	○	×	
电性	○	√	√	○	○	√	○	◎	√	√	○	√	◎
耐水性	√	√	√	○	○	◎	√	√	√	×	◎	√	◎
抗燃性	×	×	×	√	√	×	◎	×	×	×	×	○	√

注：◎—优；○—良；√—好；×—差

第7章

液压系统的维修

7.1　液压维修工常用维修工具

项目	图示及说明
常用修理工具	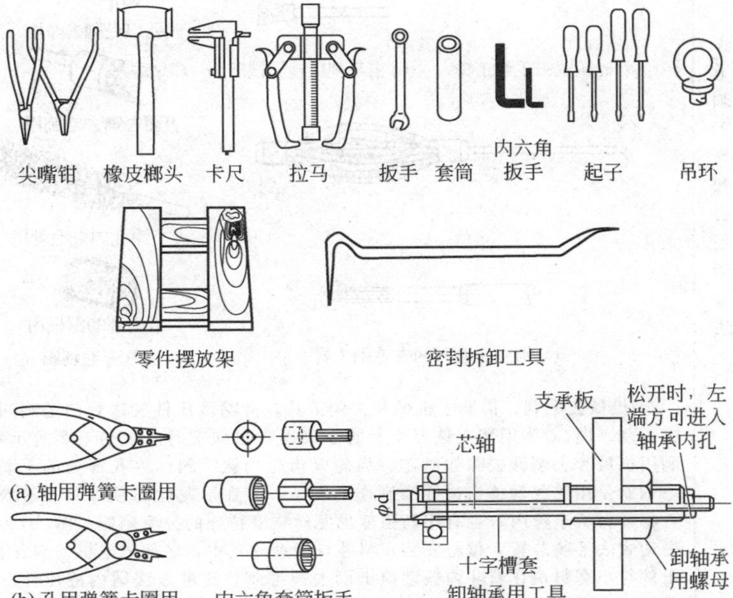 尖嘴钳　橡皮榔头　卡尺　拉马　扳手　套筒　内六角扳手　起子　吊环 零件摆放架　密封拆卸工具 (a) 轴用弹簧卡圈用　(b) 孔用弹簧卡圈用　各种钳子 内六角套筒扳手　套筒扳手 支承板　松开时，左端方可进入轴承内孔　芯轴　ϕd　十字槽套　卸轴承用螺母　卸轴承用工具 力矩扳手

续表

项目	图示及说明
去毛刺工具和去毛刺方法	① 手工去毛刺：工具有如图所示的几种，在液压件单件小批生产以及维修中可采用此法。这种方法一般使用刮刀、锉刀、刷子、油石砂条以及金相砂纸等来手工消除液压件尖边处的毛刺。去毛刺刷已有专门厂家生产供货 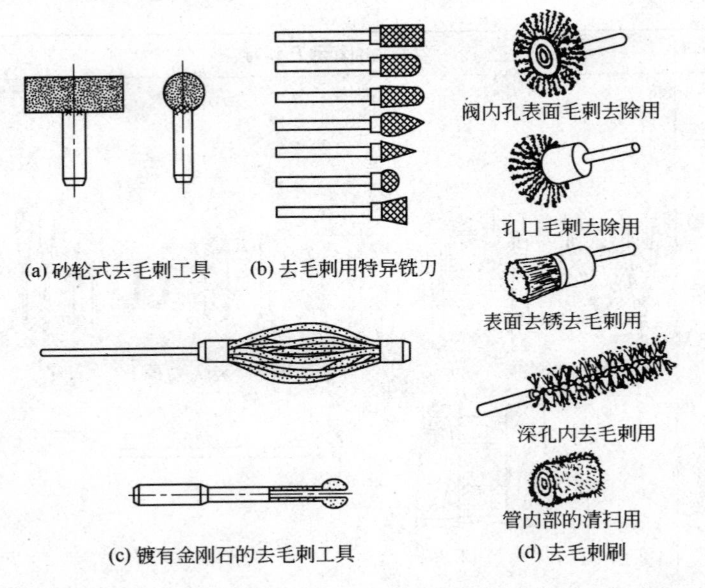 (a) 砂轮式去毛刺工具　(b) 去毛刺用特异铣刀 (c) 镀有金刚石的去毛刺工具　(d) 去毛刺刷 ② 机械去毛刺：借助于机械和去刺工具，清除液压件尖边处的毛刺叫机械去毛刺。图(a)为用装在铣刀盘上的金属锯除粗加工时产生的毛刺的示意图，利用机械和去刺刷去除如阀芯、齿轮泵齿轮内孔、阀体内孔等处的毛刺。去毛刺刷是用尼龙丝或植物纤维制作的刷子，并在尼龙丝的顶部粘有磨粒。或者将磨料熔于丝内，也有用高强度尼龙丝粘磨粒球的去毛刺刷。图(b)为机械振动式去毛刺装置，偏心安装在料斗（振动斗）中，底部的电机使料斗振动，工件与小磨料块在料斗内振动撞击而去掉毛刺。这种方法国内液压件厂普遍采用 还有热能去毛刺、电解去毛刺、磁性研磨去毛刺、高压水喷射去毛刺、磨粒流动去毛刺等方法

续表

项目	图示及说明
去毛刺工具和去毛刺方法	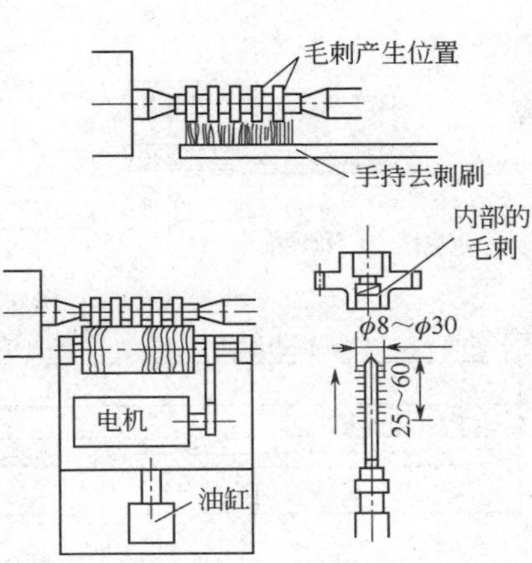 机动去刺装置 用去刺刷去除齿轮内花键毛刺 (a) 刷子去毛刺实例 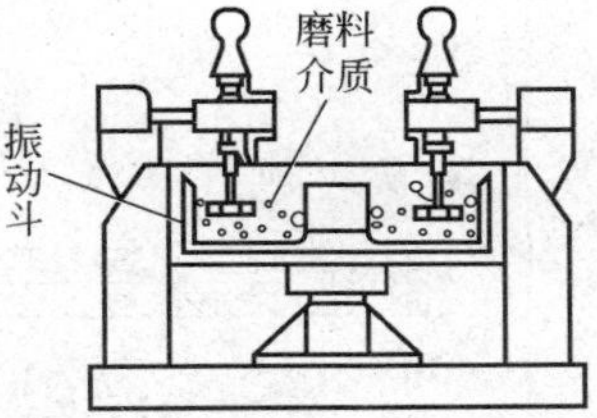 (b) 振动去毛刺
阀孔修复工具	目前用于孔的精加工和修理方法有珩磨、研磨及金刚石铰刀铰孔等。珩磨和研磨是大家熟悉的工艺，此处仅对金刚石铰刀予以介绍： 金刚石铰刀加工阀孔，加工精度高（圆度和圆柱度可在0.001mm以内），为实现完全互换性装配提供良好条件。尺寸分散度少，便于生产管理，生产率高而经济，每个阀孔加工时间只需20s左右，孔的表面质量好，没有磨粒残存。它是阀孔最终精加工的理想工具，是国内外孔加工的一项新工艺，也非常适合在维修中使用 前导向套的作用是引导待加工或欲维修的阀孔，使铰刀套顺利进入被加工孔内；后导向套用于退刀导向用，以保证工件加工孔的直线性；前后导向套为被加工孔长的2/3左右，前导向套外经尺寸比待加工孔尺寸小0.02～0.03mm，后导向套外经尺寸比已加工孔经尺寸小0. 015～0.02mm 金刚石铰刀的关键零件——刀套外圆表面上均匀地电镀上一层经筛选的形状、颗粒、尺寸基本一致的金刚石颗粒或微粉；金刚石颗粒锋利的尖角形成铰刀众多的切削刃来切除阀孔余量。铰刀套上开有螺旋槽，便于通过1∶50锥面调节阀孔不同加工尺寸

续表

项目	图示及说明
阀孔修复工具	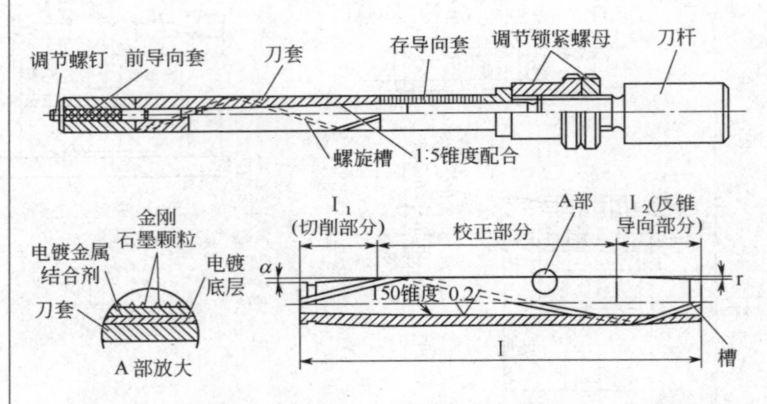 铰刀套上的电镀金刚石主要根据加工余量与粗糙度来选择。由于人造金刚石磨削性能好，砂轮消耗小；天然金刚石适于大负荷，比人造金刚石铰刀更适应大的切削量。为此，根据维修特点以降低表面粗糙度为主，宜用粒度细的人造金刚石铰刀修复阀孔 一般可在普通机床夹持金刚石铰刀进行加工，一般工件往复一次10～20s，主轴头转速以400～750r/min为宜。过高容易产生振动，太慢会使孔径和精度降低。切削时以煤油或弱碱性乳化液或者煤油80%加20%的20#机械油作冷却液。 金刚石铰刀国内有供，可购买以备维修之用，但价格稍贵 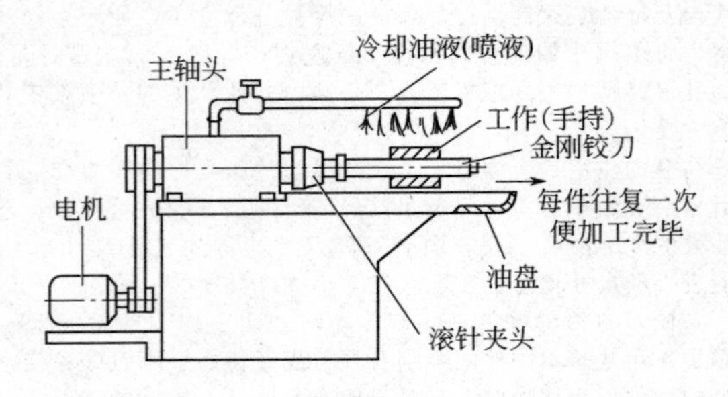

7.2　液压元件零件磨损后的几种修复方法

项目	图示及说明
镀铬工艺	磨损了的液压件零件，可采用电镀法恢复零件尺寸，并经精加工恢复零件精度。由于电镀法的电镀层沉积过程温度不高，不会使零件表面受损、变形，也不影响基体的组织结构，而且可以提高表面硬度，改善耐磨性能，所以电镀是修复液压件零件的重要方法之一。但由于镀层的物理机械性能随厚度增加而变化，而生产率远比堆焊、喷涂等修复方法要低，所以电镀主要用于修复磨损量不大于 0.1～3mm 的零件，其中用得最多的是镀硬铬工艺，镀铁工艺也在推广 镀铬电解液的主要成分是铬酐（CrO_3），溶于水生成重铬酸（$H_2Cr_2O_7$）和铬酸（H_2CrO_4）。铬酸与重铬酐处于动态平衡状态，反应进行方向取决于铬酐浓度及电解液的 pH 值 电镀时，工件为阴极，镀层材料为阳极。电镀时阴极反应是铬酸根直接还原成金属铬，重铬酸根还原成三价铬，并有氢气生成。即： $CrO_4{}^{2-}+6e+8H^+\rightarrow Cr+4H_2O$ $Cr_2O_7{}^{2-}+6e+14H^+\rightarrow 2Cr^{+3}+7H_2O$ $2H^++2e\rightarrow H_2\uparrow$ 阳极反应为三价铬氧化成六价铬，并有氧气析出。即： $Cr^{3+}-3e\rightarrow Cr^{6+}$ $4OH^--4e\rightarrow 2H_2O+O_2\uparrow$ 镀铬电解液中，应含有一定的外来阴离子（$SO_4{}^{2-}$）和维持一定量的三价铬离子（Cr^{3+}），否则镀铬就不能实现 镀铬采用的电流密度比其他镀种高得多。槽电压一般应为 12V，由于电流密度高，为防止因边缘效应产生烧焦、毛刺等缺陷，必须采用辅助阴极等保护措施。镀铬温度一般只允许在±（1～2)℃内变化，不允许中途断电，阳极和阴极形状要有很好的配合，距离均匀一致。才能保证镀层厚度均匀，得到较满意的镀层 镀铬时，先测量镀件尺寸，计算镀敷面积和工作电流，根据镀层厚度计算电镀时间 t： $t=hS\gamma/(EI\eta)$ 式中　h——镀层厚度，mm； S——镀敷表面积，dm^2； γ——沉积金属的比重，g/cm^3； E——沉积金属的电化当量。即单位电能所能析出的核金属重量，$g/(A\cdot h)$ I——通过的工作电流 $I=D_Ks$，A D_K——阴极电流密度，A/dm^2； η——电流效率（金属实际沉积量 G'/金属理论沉积量 G），镀铬时，$\eta=8\%\sim16\%$

续表

项目	图示及说明
镀铬工艺	镀铬的工艺过程为：① 磨削抛光；② 汽油清洗；③ 化学除油（在碳酸钠和氢氧化钠溶液中，70～100℃下煮沸 3～5min）；④ 冷水冲洗；⑤ 石灰浆擦洗；⑥ 再次冷水冲洗；⑦ 装挂及绝缘：挂具要设计合理，以保证镀层均匀。导电部分应保证接触良好，非镀区应涂绝缘物或用塑料带包扎；⑧ 冷水冲洗：检查除油质量，若表面仍残留油污，可再用石灰浆擦洗，然后冲净；⑨ 悬挂零件及预温：检查配合情况，使两极间各处距离一致。在镀槽内预温，使镀件温度升到接近或等于镀液温度（一般 1～3min）；⑩ 阳极处理：通以反向电流，对镀件进行阳极腐蚀，也就是利用电流的作用，溶解镀件表面的氧化膜，镀液温度为 55～58℃，电流密度 35～45A/dm^2，处理时间根据不同材质而定，钢制阀芯件为 0.5～3min，阀体等铸铁零件不能进行阳极处理，可采用酸蚀；⑪ 镀铬：为保证结合强度，开始时铸铁件可先以 80～120A/dm^{2}的大电流密度冲击 1～3min，然后再转为正常电流。而合金钢零件采用“阶梯式给电”法，逐渐加大电流密度；大约在 10min 时间里，达正常值。镀铬时应当注意控制好电流及温度，不得中途断电；⑫ 回收镀液：按所需电镀时间电镀后，为减少铬酐损失，取出零件，在镀液上方用蒸馏水冲洗镀件及挂具，或在蒸馏水槽中荡洗；⑬ 冷水冲洗及拆除挂具及绝缘物；⑭ 中和酸值：将镀件放入 5% 的碳酸钠溶液中，经 3～5min 后取出，并用冷水冲洗；⑮ 质量检查：测量镀后尺寸和镀层缺陷，合格后交配磨 镀铬的工艺规范为： 铬酐（CrO_3）150g/L 硫酸（H_2SO_4）1.5g/L 电流密度（D_K）45～55A/dm^2 电镀温度（T）50～55℃
刷镀工艺	刷镀是修复液压件零件的一种常用方法。电镀速度快，结合强度高，简单灵活，刷镀可获得小面积、薄厚度（0.001～1.0mm）的快速镀层。它可以用于液压件的修复： ① 修复滑动摩擦面：如配油盘端面、齿轮泵齿轮端面等； ② 修复阀类零件阀芯外圆面和阀孔； ③ 修复与各种相配合的油封密封面； ④ 修复泵轴、矩形花键轴； ⑤ 修复泵、油马达的轴承座或轴承相配合表面等； ⑥ 修复其他磨损和配合间隙超差的液压件零件 刷镀从本质上讲都是溶液中的金属离子在负极（工件）上放电结晶的过程，与一般槽镀相同。工件接电源负极，镀笔接电源正极，靠浸满镀液的镀笔在工件表面上擦拭而获得电镀层。但是，刷镀中镀笔和工件有相对运动，因而被镀表面不是整体而只是在镀笔与工件接触的地方发生瞬时放电结晶，因而允许使用比槽镀大几倍到几十倍的电流密度（最高可达 500A/dm^2），因而刷镀速度比槽镀快 5～50 倍

续表

<table>
<tr><th>项目</th><th>图示及说明</th></tr>
<tr><td>刷镀工艺</td><td>用刷镀方法修复液压件需要购置专用电源设备（如 ZKD-1 型）和镀笔（如 ZDB1～ZDB4 号）。
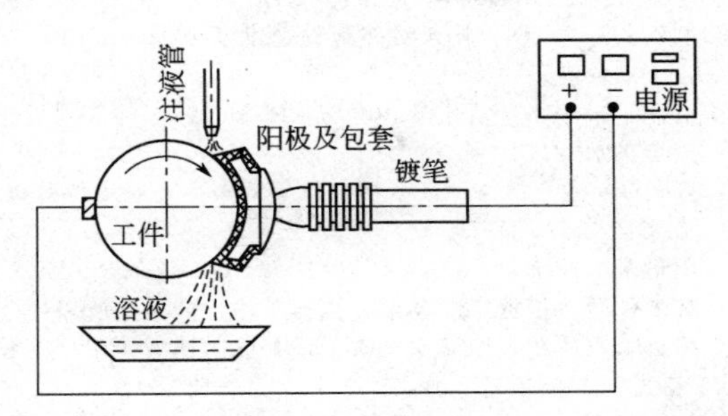

根据零件不同形状，阳极有圆柱（SMⅠ）、圆棒（SMⅡ）、半圆（SMⅢ）、月牙（SMⅣ）、带状（SMⅤ）、平板（SMⅥ）及线状扁条（PI）等多种，石墨和铂-铱合金是比较理想的不溶性阳极材料。
刷镀电镀溶液包括：①预处理溶液：提高镀层与基体的结合强度；②电镀溶液；③退镀溶液及钝化溶液：除去不合格镀层，改善镀层质量。
液压件常用金属材料的刷镀工艺如下：
(1) 低碳钢和普通低碳合金钢的刷镀工艺
① 电净工件接阴极，在 8～15V 电压下，阴-阳极相对运动，速度为 9～18m/min，时间为 15～60s；
② 用自来水冲洗，去除残留的电净液；
③ 活化：采用 1 号或 2 号活化液，电压 8～14V，时间 10～30s，阴阳极相对运动速度 9～18m/min；
④ 自来水冲洗，去除残留活化液；
⑤ 打底层（镀过渡层）：可用特殊镍在工件上镀 0.001～0.002mm 的镀层，电压 8～12V，阳阴极相对运动速度 6～12m/min；
⑥ 自来水冲洗：去除残留电镀液；
⑦ 镀工作层：根据修理要求镀至所需厚度；
⑧ 用自来水冲洗．用压缩空气吹干或涂防锈液
(2) 铸铁、铸钢的刷镀工艺
① 电净同上，但电压稍高（10～20V），时间较长（30～90s）；
② 用自来水冲洗电净液；
③ 活化：采用 2 号活化液，工件接阳极，电压 15～25V，时间 30～90s；
④ 自来水冲洗掉活化液；
⑤ 打底层：选择中性、碱性镍或碱铜作为底层；
⑥ 用自来水冲洗；
⑦ 镀工作层：根据工况要求选择工作层，但酸性镀液尽量避免；
⑧ 用自来水冲洗：用压缩空气吹干并涂防锈液</td></tr>
</table>

续表

项目	图示及说明
刷镀工艺	(3) 中碳钢、高碳钢、淬火钢的刷镀工艺 ① 电净工件接阴极，电压 10～15V，时间 15～60s，为了减少工件渗氢，电净时间尽量短，阴－阳极相对运动速度 9～18m/min； ② 自来水冲洗； ③ 活化：采用 1 号活化液，电压 10～18V，工件接阴极或阳极； ④ 用自来水冲洗； ⑤ 打底层：这类材料零件承受工作负载重，一般用特殊镍打底层，电压 8～12V，相对运动速度同上； ⑥ 用自来水冲洗； ⑦ 镀工作层：根据工况要求，选择工作层镀液至所需尺寸； ⑧ 用自来水冲洗，压缩空气吹干，并涂防锈液。 (4) 镀青铜合金工艺 这种工艺可用来修复诸如泵体内孔、阀体内孔等铸铁和铸铝合金件的磨损，现简介如下 ① 电镀修复前，须用油石或金刚砂粉修整光洁，并去油去污。可参阅一般镀青铜合金工艺。 ② 电解液配方： 氰化亚铜　20～30g/L 锡酸钠　60～70g/L 游离氰化钠　3～4g/L 三乙醇胺胶　50～70g/L ③ 电镀条件： 温度 50～60℃ 阴极电流密度 1～15A/dm² 阳极合金板（含锡 10%～12%） ④ 镀后处理：120℃恒温处理
化学镀镍	化学镀镍有很好的均镀能力，镀层厚度均匀。镀层是由磷和镍组成的合金层，含磷量约为 4%～12%，具有较高的硬度（可达 45HRC）。经热处理后，硬度还可提高，比电镀镍层的化学稳定性高，孔隙率少，抗腐蚀能力强，并具有光亮的外观，缺点是价格较高，沉积速度低（约 0.01～0.03mm/h），而且镀液维护较困难。尽管这样，化学镀镍层有较优越的物理力学性能，而且能在许多非金属材料上沉积镀层，可以用来修复轻微磨损的液压件零件 (1) 化学镀镍液的配方 ① 典型的碱性镀镍液配方： 氯化镍　30g/L； 次亚磷酸钠（还原剂）　10g/L 柠檬酸钠　100g/L pH 值　8～10 温度　88～95℃

续表

项目	图示及说明
化学镀镍	② 典型的酸性镀镍液配方： 氯化镍 30g/L 羟基醋酸钠 50g/L 次亚磷酸钠 10g/L pH值 4～6 温度 88℃ (2) 化学镀镍反应过程 ① 次亚磷酸钠与水作用，生成氢原子： $NaH_2PO_2+H_2O \rightarrow NaH_2PO_3+2[H]$ ② 氢原子吸附在镀件表面上，使镍离子还原而沉积出镀层： $Ni^{2+}+2H \rightarrow Ni+2H^+$ 同时，含磷的化合物与原子状态的氢反应还原后，磷进入镀层： $H_3PO_3+3[H] \rightarrow [P]+3H_2O$ 镀层中磷的含量，由溶液的酸度决定。酸度越大，可以用于还原磷的氢原子越多，镀层的含磷量也高，反应中还产生氢气： $2[H] \rightarrow H_2\uparrow$ 化学镀镍总的反应用下式表示为： $NiCl_2+2NaH_2PO_2+2H_2O \rightarrow Ni+NaH_2PO_3+2HCl$ $NaH_2PO_2+H_2O \rightarrow H_2\uparrow+NaH_2PO_3$ 可见在镀镍过程中有酸生成，所以溶液的酸度会在工作中升高，当pH＝3时，镍的沉积便停止。因此生产中常加入缓冲剂（如醋酸钠等）。此外，还可用氨水提高pH值，使反应正常进行。下图为化学镀镍设备示意图 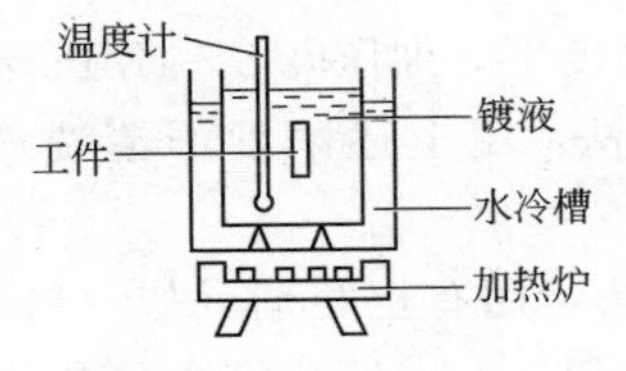 (3) 化学镀镍设备和工艺过程 1) 设备：包括镀前处理和镀后处理操作所需的设备，与其他电镀设备相似。镀敷设备方面，不需要电源，也不需阳极，为了保证镀液的稳定性，对加热和温度控制方面的设备要求严格些 ① 镀槽采用工业耐酸搪瓷槽、陶瓷或玻璃容器 ② 镀槽尺寸及形状随工件而定。一般选用 $0.8dm^2/L$

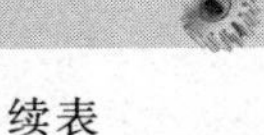

续表

项目	图示及说明
化学镀镍	2）化学镀镍的工艺过程 ① 抛光：为得到光亮的镀层，应对基体材料严格地进行抛光 ② 除油：和其他镀种的方法相同，可采用有机溶剂除油、化学除油等 ③ 浸酸：目的是充分活化表面，以保证镀层结合强度。一般钢铁零件可采用1∶1盐酸或浓盐酸在室温下（冬季可适当加温）酸蚀，时间为1～3min。然后用冷水冲干净后即可下槽施镀 ④ 化学镀镍 ⑤ 镀后处理：化学镀镍层一般要经热处理，以提高镀层的抗磨性和耐腐蚀性。其方法是在250～400℃温度下保温1～2h。热处理应在箱式电炉中进行，以便减少工件与空气的接触 3）镀液的维护 ① 防止有害杂质（如铅、锌、锡、锰等）带入镀液而使镀液报废； ② 镀液加温一定要均匀，局部过热和温度过高，都会引起镀液自然分解； ③ 镀槽每次使用后要清洗干净，槽壁不能残留镍层。否则将成为镀液自然分解的活性中心

7.3 液压元件与液压系统安装调试

7.3.1 液压系统的清洗

① 常温手洗法：用煤油、柴油、汽油或浓度为2%～5%的水剂清洗液在常温下浸泡刷洗。

② 加压机械喷洗法：用2%～3%（特殊情况可用10%）水剂清洗液，在适当温度下，加压0.5～1MPa喷洗零件表面。

③ 加温浸洗法：用上述浓度的清洗液加热至70～80℃浸洗5～45min。

④ 蒸汽清洗法：用有机溶剂（如三氯乙烯、三氯乙烷等）在高温高压下共同作用，有效地清除油污层。这是一种生产率高、三废少的清洗法。

⑤ 超声波清洗：这是国内外都在使用的方法，适用于几何形状复杂、清洁度要求高的小型零件，但它对人体有些危害。

金属清洗剂主要有两类：水基清洗剂和有机溶剂。水基清洗剂主要由磷酸盐、硅酸盐、表面活性剂和水组成。有机溶剂清洗剂分为汽油、煤油和柴油（能源类）和三氯乙烯、三氯乙烷、碳氟化合物 113 及其共沸混合物（非能源类）。目前美国、日本等国用水基清洗剂非常广泛，大约占 60%～70%，而有机溶剂清洗剂的非能源类则由于原料来源丰富，不易燃，容易回收循环使用，更没有脱水干燥和防锈问题，被许多国家公认为最佳清洗溶剂，但有毒性，对人的神经和皮肤有不良影响，故设计清洗设备时应加以注意。

清洗液的实例：

① LX302 金属净洗剂 3%＋苯甲酸钠 10%＋三乙醇胺 5%＋尿素 5%＋水 77%并加温到 60～70℃；

② 广州机床研究所研制的 GY-1 型除蜡水（金属清洗剂）。

为解决水基清洗的防锈，可使用防锈油（如 SM-1 防锈油），零件清洗后浸在这种水膜置换型的防锈油中，零件中的水立即被脱出，同时工件表面上生成一层防锈油膜，金属不受锈蚀。

7.3.2　液压系统的安装

安装液压设备除了应按普通机械设备那样进行安装并注意有关事项（例如固定设备的地基、水平校正等，行走设备的相关事项）外，由于液压设备有其特殊性，还应注意下列有关事项。

(1) 一般安装注意事项

① 安装前要准备好适用的通用工具和专用工具，严禁用起子、扳手等代替榔头，严禁任意敲打等不符合操作规程的不文明的装配现象；

② 安装装配前，对装入主机的液压元件和辅件须经严格清洗，去除有害于工作液的一切污物（包括表面的防锈剂等），液压件和管道各油口所有的堵头、塑料塞子、管堵等随着工程的进展不要先行卸掉，防止污物从油口进入元件内部；

③ 必须保证油箱的内外表面、主机的各配合表面及其他可见组成元件是清洁的；

④ 与工作液接触的元件外露部分（如活塞杆）应予以保护，以防污物进入；

⑤ 油箱盖、管口和空气滤清器须充分密封，以保证未被过滤的空气不进入液压系统；

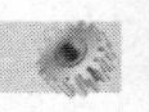

⑥ 在油箱上或近油箱处，应提供说明油品类型及系统容量的铭牌；

⑦ 将设备指定的工作液过滤到要求的清洁度水准，然后方可注入系统油箱；

⑧ 液压装置与工作机构连接在一起，才能完成预定的动作，因此要注意两者之间的连接装配质量（如同心度、相对位置、受力状况、固定方式及密封好坏等）。

（2）油泵和液压马达的安装

① 泵轴与电机驱动轴连接的联轴器安装不良是噪声振动的根源之一，因而要安装同心，同轴度应在0.1mm以内，两者轴线倾角不大于1°，一般应采用挠性连接，避免用三角皮带或齿轮直接带动泵轴转动（单边受力），并避免过分用力敲击泵轴和液压马达轴，以免损伤转子；

② 泵的旋转方向要正确，泵与液压马达的进出油口不得接反，以免造成故障与事故；

③ 泵与马达支架或底板应有足够的强度和刚度，防止产生振动；

④ 泵的吸油高度应不超过使用说明书中的规定（一般为500mm），安装时尽量靠近油箱油面；

⑤ 泵吸油管不得漏气，以免空气进入系统，产生振动和噪声。

（3）油缸的安装

① 油缸安装时，先要检查活塞杆是否弯曲，特别对长行程油缸。活塞杆弯曲会造成缸盖密封损坏，导致爬行和动作失灵，并且加剧活塞杆的偏磨损；

② 油缸轴心线应与导轨平行，特别注意活塞杆全部伸出时的情况。若两者不平行，会产生较大的侧向力，造成油缸别劲、换向不良、爬行和油缸密封破损失效等故障，一般可以导轨为基准，用百分表调整液压缸，使活塞杆（伸出）的侧母线与V形导轨平行，上母线与平导轨平行，允差为0.04～0.08mm/m；

③ 活塞杆轴心线对两端支座的安装基面，其平行度误差不得大于0.05mm；

④ 对行程较长的油缸，活塞杆与工作台的联结应保持浮动（以球面副相连），以补偿安装误差产生的别劲和补偿热膨胀的影响。

(4) 阀类元件的安装

安装前应参阅有关资料了解该元件的用途、特点和安装注意事项。其次要检查购置的液压件外观质量和内部锈蚀情况，检查是否为合格品，必要时返回制造单位修复或更换，一般不要自行拆卸。其安装步骤如下：

① 安装前，先用干净煤油或柴油（忌用汽油）清洗元件表面的污物，此时注意不可将塞在各油口的塑料塞子拔掉，以免脏东西进入阀内；

② 对自行设计制造的专用阀应按有关标准先进行如性能试验、耐压试验等；

③ 板式阀类元件安装时，要检查各油口的密封圈是否漏装或脱落，是否突出安装平面而有一定的压缩余量，各种规格同一平面上的密封圈突出量是否一致，安装 O 形圈各油口的沟槽是否拉伤，安装面上是否碰伤等，做出处置后再进行装配。O 形圈涂上少许黄油可防止脱落。

在上述考虑的基础上确定调试内容、步骤及调试方法。

7.3.3　液压系统的调试

(1) 调试前的检查

① 试机前对裸露在外表的液压元件及管路等再进行一次擦洗，擦洗时用海绵、禁用棉纱；

② 导轨、各加油口及其他滑动副按要求加足润滑油；

③ 检查油泵旋向、油缸、油马达及油泵的进出油管是否接错；

④ 检查各液压元件、管路等连接是否正确可靠，安装错了的予以更正；

⑤ 检查各手柄位置，确认为“停止”、“后退”及“卸荷”等位置，各行程挡块应紧固在合适位置，另外溢流阀的调压手柄基本上全松，流量阀的手柄接近全关（慢速挡），比例阀控制压力流量的电流设定值应为小电流值等；

⑥ 旋松溢流阀手柄，适当拧紧安全阀手柄，使溢流阀调至最低工作压力。流量阀调至最小；

⑦ 检查电机电源是否与标牌规定一致，电磁阀上的电磁铁电流形式（交流或直流）和电压是否适合，电气元件有无特殊的启动规定等，全弄清楚后合上电源。

(2) 调试

① 点动：先点动泵，观察油泵转向是否正确。电源接反不但无油液输出，有时还可能出事故，因此切记运转开始时只能“点动”。待泵声音正常并连续输出油液以及无其他不正常现象时，方可投入连续运转和空载调试。

② 空载调试：先进行 10～20min 低速运转，有时需要卸掉油缸或油马达与负载的连接。特别是在寒冷季节，这种不带载荷低速运转（暖机运转）尤为重要，某些进口设备对此往往有严格要求，有的装有加热器使油箱油液升温。对在低速低压能够运行的动作先进行试运行。

③ 逐渐均匀升压加速，具体操作方法是反复拧紧又立即旋松溢流阀、流量阀等的压力或流量调节手柄数次，并以压力表观察压力的升降变化情况和执行元件的速度变化情况，油泵的发热、振动和噪声等状况。发现问题针对性地分析解决。

④ 按照动作循环表结合电气机械先调试各单个动作，再转入循环动作调试，检查各动作是否协调，调试过程中普遍会出一些问题：诸如爬行、冲击与不换向等故障，特别是对复杂的国产和进口设备，如果出现大的问题，可大家共同会诊，必要时可求助于液压设备生产厂家。

⑤ 最后进入满负载调试，即按液压设备技术性能进行最大工作压力和最大（小）工作速度试验，检查功率、发热、噪声振动、高速冲击、低速爬行等方面的情况。检查各部分的漏油情况，往往空载不漏的部位压力增高时却漏油。发现问题，及时排除，并做出书面记载。

如一切正常，可试加工试件，试车完毕，停车后机床一般要复原，并做好详细调试记录存档。有些进口设备调试记录可作为索赔的依据。

⑥ 经上述方法调试好的液压设备各手柄，一般不要再动。对即将包装出厂的设备应将各手轮全部松开，对长期不用的设备，应将压力阀的手轮松开，防止弹簧产生永久变形而影响到机械设备启用时出现各类故障，影响性能。

7.3.4　液压系统的保养

一个液压系统经过安装与调试，无需特别保养维护即能够长时间无故障地工作。好的维护的基本原则就是需要经常检查传动介质的质量和状态及油路清洁状况。一点决定了每台液压设备的可靠性。

系统维护包含很多定期进行的小的措施，所以这些虽然很简单的措施也应列入计划及写到设备的标牌上。这种标牌也是设备本身的一部分，应记载维护人员已做的服务及发现的问题。

推荐下列日常维护措施：

① 外部清洁，每月一次，以这种方式可容易地发现泄漏及故障隐患。

② 检查空气滤清器，每月一次。如有必要更换滤芯。检查周期可根据经验和环境条件变化确定。

③ 检查滤油器，对重要的设备，可用带电子显示的滤油器。这种方式可在控制室内显示故障信号，可避免遗忘维护的可能，并能提供油路块的自动检查顺序。

④ 加油。每当到最低油面时，需要加油。可通过安装最低油面电子显示计检查，并提供泵停顺序。新加的油必须保证与第一次加的相同。油的型号必须在油箱上表示出来。

⑤ 对油温的持续控制。由温度引起的油的变质是液压系统故障的原因之一。碳氢化合物分解的速度在很大程度上受热影响。到60℃时氧化速度可视为与正常相同。每增加10℃，该速度增加一倍。

⑥ 更换液压油：平均每2000～3000h进行一次。经常检测油液的物理化学特性及污染程度能使维护更及时。换油时，需要认真清洁油箱，如有必要冲洗整个油路。

⑦ 热交换器：大约每 6 个月必须清洁一次，清洁时间也可视用水类型及经验而定，水过滤器需要经常注意。每日检查油温能及时发现热交换条件的逐渐恶化和是否需要维护。

⑧ 检查蓄能器的预加载：每月 1 次。使用正确的检测和加载仪器。

⑨ 泵、电磁阀及调整元件：必须单独处理。可预先做一系列检测，已判定是否需要维护。对于很重要的系统，必须准备一套泵电机组备件，以便在系统运行中检测泵流量或检测泄漏，因在任何情况下，这两个指标显示效率及磨损情况。对于电磁阀也是一样，检测泄漏。如每 6 个月在试验台上对阀进行测试，以帮助决定是否需要更换。每套系统从调试起就应备有完整和充足的备件。